Hannelore & Bo Hanus

Heimwerken im Garten

Hannelore & Bo Hanus

Heimwerken im Garten

Leicht gemacht, Geld und Ärger gespart!

Mit 139 farbigen Abbildungen

Bibliografische Information der Deutschen Bibliothek
Die Deutsche Bibliothek verzeichnet diese Publikation in der Deutschen Nationalbibliografie;
detaillierte Daten sind im Internet über **http://dnb.ddb.de** abrufbar.

Hinweis
Alle Angaben in diesem Buch wurden vom Autor mit größter Sorgfalt erarbeitet bzw. zusammengestellt und unter Einschaltung wirksamer Kontrollmaßnahmen reproduziert. Trotzdem sind Fehler nicht ganz auszuschließen. Der Verlag und der Autor sehen sich deshalb gezwungen, darauf hinzuweisen, dass sie weder eine Garantie noch die juristische Verantwortung oder irgendeine Haftung für Folgen, die auf fehlerhafte Angaben zurückgehen, übernehmen können. Für die Mitteilung etwaiger Fehler sind Verlag und Autor jederzeit dankbar. Internetadressen oder Versionsnummern stellen den bei Redaktionsschluss verfügbaren Informationsstand dar. Verlag und Autor übernehmen keinerlei Verantwortung oder Haftung für Veränderungen, die sich aus nicht von ihnen zu vertretenden Umständen ergeben. Evtl. beigefügte oder zum Download angebotene Dateien und Informationen dienen ausschließlich der nicht gewerblichen Nutzung. Eine gewerbliche Nutzung ist nur mit Zustimmung des Lizenzinhabers möglich.

© 2008 Franzis Verlag GmbH, 85586 Poing

Alle Rechte vorbehalten, auch die der fotomechanischen Wiedergabe und der Speicherung in elektronischen Medien. Das Erstellen und Verbreiten von Kopien auf Papier, auf Datenträgern oder im Internet, insbesondere als PDF, ist nur mit ausdrücklicher Genehmigung des Verlags gestattet und wird widrigenfalls strafrechtlich verfolgt.

Die meisten Produktbezeichnungen von Hard- und Software sowie Firmennamen und Firmenlogos, die in diesem Werk genannt werden, sind in der Regel gleichzeitig auch eingetragene Warenzeichen und sollten als solche betrachtet werden. Der Verlag folgt bei den Produktbezeichnungen im Wesentlichen den Schreibweisen der Hersteller.

Satz: DTP-Satz A. Kugge, München
art & design: www.ideehoch2.de
Druck: Delo Tiskarna d.d., Ljubljana
Printed in Slovenia

Vorwort

Sie finden in diesem Buch viele praxisbezogene Ratschläge zu den am häufigsten anfallenden Gartenarbeiten technischer Art. Auch ein handwerklich ungeübter oder technisch unerfahrener Gartenbesitzer (hier sind Frauen und Männer gleichermaßen angesprochen) wird mithilfe dieses Buchs viele Arbeiten, die im Garten anfallen, eigenhändig meistern können.

Die Themen sind sowohl mit praktischen Tipps als auch mit inspirierenden Beispielen durchflochten, die Ihnen gezielt den leichtesten und dennoch technisch perfekten Weg zeigen, ein Vorhaben in die Praxis umzusetzen.

Viel Spaß beim Lesen dieses Buchs und viel Erfolg beim eigenhändigen Umsetzen Ihrer Ideen und Träume in die Tat wünschen Ihnen

Hannelore und Bo Hanus

Inhaltsverzeichnis

| 1 | **Anpassung des Gartens an die Bedürfnisse** | 9 |

2	**Kleinere Handwerksarbeiten**	11
2.1	Sägen im Garten – wie und womit am besten?	12
2.2	Kleine Betonarbeiten im Garten	14
2.3	Betonarbeiten an Kinderspielplätzen	19
2.4	Beeteinfassungen und Rasenkanten	20
2.5	Betonumrandungen von Blumenbeeten	28
2.6	Schneiden der Betonleistensteine	32
2.7	Bohren im Garten	34
2.8	Schrauben im Garten	40

3	**Pflastersteine selbst verlegen**	45
3.1	Womit kann ein Heimwerker pflastern?	52
3.2	Wahl der richtigen Pflastersteine	55
3.3	Die optimale Fugenbreite	59
3.4	Einbetonierte Pflasterrandsteine	61
3.5	Schneiden der Pflastersteine	65
3.6	Gepflasterte Gartengrillplätze und Sitzplätze	67
3.7	Pflaster- und Betonarbeiten an Gartenstellplätzen	68

| 4 | **Mauern im Garten** | 69 |

| 5 | **Treppen im Garten** | 71 |

| 6 | **Wasserleitungen im Garten** | 75 |

Inhaltsverzeichnis

7	**Stromleitungen im Garten**	83
7.1	Wissenswertes über die Hausnetzspannung	86
7.2	FI-Schutzschalter für Stromleitungen im Garten	89
7.3	Oberirdische Stromleitungen im Garten	92
7.4	Gartenstromleitungen mit Erdkabeln	93
7.5	Steckdosen im Garten	96
7.6	Netzanschlüsse für Elektropumpen und Lüfter im Garten	97
7.7	Verbindungen der elektrischen Leiter – wie wird es gemacht?	98

8	**Elektrisches Licht im Garten**	101
8.1	Gartenleuchten selbst installieren	102
8.2	Wandaußenleuchten	103
8.3	Sockelleuchten	105
8.4	Standleuchten, Pfeilerleuchten und Kandelaber	106
8.5	Dämmerungsschalter und Bewegungsmelder im Garten	108
8.6	Solarleuchten im Garten	110

9	**Teiche im Garten**	111
9.1	Kleine Kunststoff-Gartenweiher	112
9.2	Größere Gartenteiche	114
9.3	Springbrunnen-, Belüftungs- und Filterpumpen	115
9.4	Elektrische Beleuchtung im und um den Weiher	118

10	**Miniwasserfälle, Bachläufe und Wasserspiele**	121

11	**Garten-Pools und Planschbecken**	125

	Stichwortverzeichnis	127

Lieferantenhinweis – auch für Kataloganforderungen

Conrad Electronic, Klaus Conrad Str. 1, 92240 Hirschau
Tel. (01 80) 5 31 21 11, Fax (0180) 5 31 21 10
www.conrad.de

RUF Baustoffwerk Haundorf GmbH,
Tel. 07950/98000
www.ruf-baustoffwerk.de

Westfalia GmbH
Werkzeugstraße 1, 58082 Hagen
Tel.: (01 80) 5 30 31 32, Fax: (01 80) 5 30 31 30
www.westfalia.de

1 Anpassung des Gartens an die Bedürfnisse

Wer einen neuen Garten anlegen oder einen bestehenden Garten neu gestalten möchte, findet in der Literatur, in Fernsehsendungen und „in natura" viele Beispiele und Anleitungen, die als Inspirationen für die Gestaltung des „Traumgartens" dienen können.

In Bezug auf die Optik hat ein Garten für das in ihm stehende Haus eine ähnliche Funktion wie der

1 Anpassung des Gartens an die Bedürfnisse

Rahmen für ein Bild. Für die Hausbewohner ist der Garten zudem ein Teil des Wohnbereichs, in dem man sich wohlfühlt, bei schönem Wetter die Freizeit oder Fitnessaktivitäten genießt und an dem man Spaß hat.

Nicht zu unterschätzen ist dabei die Tatsache, dass ein Garten Pflege beansprucht. Von der Gartengestaltung hängt ab, wie pflegeintensiv der Garten sein wird. Es gibt Gärten, die sehr pflegeintensiv sind, und solche, die man relativ leicht pflegen kann. Die Pflege eines Gartens hängt vor allem von den individuellen Ansprüchen und persönlichen Maßstäben ab. Überlässt man den Garten voll der Natur, wird man ihn eine Zeit lang als einen „naturbelassenen Garten" bezeichnen können. Irgendwann aber wird er zu einem Urwald. Ein Garten kann jederzeit umgestaltet oder verschönert werden.

Oft ist eine Umgestaltung des Gartens dadurch vorprogrammiert, dass sich die Art seiner Nutzung durch die Schwerpunkte des Eigenbedarfs ändert: Ein Ehepaar mit kleinen Kindern wird den Garten so einrichten, dass er viel Freifläche für die Kinder bietet. Kleinkinder werden möglicherweise einen Sandkasten und auch ein Planschbecken benötigen, später kommen eine Schaukel und andere Vorrichtungen hinzu, die nach wenigen Jahren vielleicht durch eine größere Rasenfläche ersetzt werden, auf der z. B. Federball gespielt werden kann usw. Wenn einige Jahre später die Kinder das „Nest" verlassen, kann man den Garten romantisch umgestalten, sodass er sich zu einer traumhaften, grünen Oase entwickelt.

Wenn es heißt, dass die Gartenbesitzer in ihrem Traumgarten Erholung finden, ist darunter in erster Linie die seelische Erholung zu verstehen. In einem Garten wächst und gedeiht alles recht schnell – und leider auch das, was man im Garten nicht unbedingt haben möchte. Mit den gewünschten Pflanzen wächst die „Arbeit" in Gestalt von Unkraut in einem jeden Garten ständig nach. Je größer ein Garten ist, desto wichtiger ist es daher, dass er sich möglichst leicht pflegen lässt. Eine wichtige Rolle spielt dabei die Ausführung der Umrandungen, der Gartenwege und der Übergänge von einzelnen Gestaltungselementen. Überall, wo im Garten eine Umrandung zu finden ist, wachsen Gras und Unkraut kräftig nach. Es ist dann praktisch, wenn es sich mit einem Rasenmäher mähen lässt.

2 Kleinere Handwerksarbeiten

Niemand kann alles und auch ein erfahrener Heimwerker oder Profi wird manchmal mit Aufgaben konfrontiert, mit denen er keine Erfahrung hat. Das trifft sowohl auf männliche als auch auf weibliche Gartenbesitzer zu.

Der Begriff „Heimwerken im Garten" hat keine fest definierten Grenzen. Wir nehmen uns in diesem Buch Arbeiten technischer Art vor, die keine gehobenen Ansprüche an Fachwissen oder eine professionelle Handfertigkeit stellen.

2.1 Sägen im Garten – wie und womit am besten?

Sägen gehört zwar zu den bekanntesten handwerklichen Tätigkeiten, aber wenn etwas Spezielleres gesägt werden soll, stellt sich oft die Frage, wie man es am einfachsten meistern könnte. Vor allem sollte man bei maschinellem Sägen nicht übersehen, dass das Absägen eines Fingers oft schneller geschieht als z. B. das Absägen eines Baumzweigs. Gefährlich sind in dieser Hinsicht vor allem elektrische Kreis- und Kettensägen.

Für das Kürzen einer Latte, eines Bretts, Pfahls oder Balkens genügt eine einfache, „handbetriebene" Säge.

Kleine Elektrohandsägen sind oft mit verschiedenen Sägeblättern erhältlich, um damit wahlweise Holz oder Metall sägen zu können.

Eine elektrische Stichsäge ermöglicht geformte Schnitte im Holz, in Kunststoff (z. B. Plexiglas) oder dünnem Aluminium. Das verwendete Stichsägeblatt sollte jeweils an das gesägte Material angepasst werden: Auf den Verpackungen der Stichsägeblätter steht jeweils, für welches Material die einzelnen Sägeblätter vorgesehen sind.

Eine Alligatorsäge verfügt über zwei nebeneinander angeordnete Sägeblätter, die sich beim Sägen in Gegenrichtung bewegen. Sie erleichtert das Kürzen dicker Holzbalken und eignet sich auch sehr gut zum „Einfräsen" von Schlitzen und Vertiefungen z. B. in Balken, die für eine Stichsäge zu dick sind.

Eine elektrische Handkreissäge eignet sich gut für längere Schnitte.

Mit einem Winkelschleifer kann auch an einer schlecht zugänglichen Stelle gesägt oder geschliffen werden. Das Sägen von Beton, Pflastersteinen und Klinkern sollte grundsätzlich nur mit einem großen Zweihand-Win-

2.1 Sägen im Garten – wie und womit am besten?

Alligatorsäge
ausgefräst

Hinweis

Beim Sägen, Schleifen oder Fräsen ist immer das Tragen einer Schutzbrille erforderlich. Gute Handschuhe verringern die Gefahr von Verletzungen beim Sägen mit größeren elektrischen Handsägen und Winkelschleifern aller Art.

kelschleifer, der für Scheiben mit einem Durchmesser von 230 mm ausgelegt ist, vorgenommen werden. Bei dieser Art des Sägens ist jedoch höchste Vorsicht geboten, denn die Verletzungsgefahr ist hier vor allem bei tieferen Schnitten sehr groß.

Zweihand-Oberfräsen eignen sich für speziellere Arbeiten, wie das Abfräsen von Kanten oder das Einfräsen von Schlitzen, Vertiefungen und Öffnungen. Diese Elektro-Handwerkzeuge haben eine sehr hohe Drehzahl und der Umgang mit ihnen ist, auch in Hinsicht auf die Sicherheit, gewöhnungsbedürftig.

2.2 Kleine Betonarbeiten im Garten

Viele Objekte und Vorrichtungen müssen im Garten stabil aufgestellt werden. Manchmal genügt es zwar, dass etwas in den Boden nur fest eingerammt wird, aber in vielen Fällen ist nur ein kleines Fundament aus Beton eine zuverlässigere Lösung.

Ein „Kochrezept" für die Erstellung von Beton könnte lauten: Man nehme einen Teil Zement, drei bis vier Teile Sand, vermische alles gut miteinander und gebe anschließend etwas Wasser dazu, bis die Masse „erdfeucht" wird. Darunter versteht man eine Konsistenz, bei der sich der Beton durch Drücken formen lässt, aber nur leicht feucht glänzt. Wird Schotter beigemischt, wird der Beton fester. In größere Fundamente kann man noch Betoneisen als Armierung in Form von Eisenstäben oder Stahlmatten einbetonieren, um eine noch bessere Festigkeit zu erzielen oder um zu verhindern, dass sich z. B. ein Betonbalken durchbiegt oder eine Betonplatte reißt.

Für die meisten Heimwerker ist das Erstellen von eigenem Beton recht schwierig, denn Sand oder Schotter ist oft nur Lkw-weise erhältlich. Zement gibt es zwar als Sackware, aber in Baumärkten oder im Baustoffhandel auch als Fertig- oder Estrichbeton, was praktischer ist. Man braucht ihn danach nur portionsweise in einem Baueimer (siehe Abb. 2.1 rechts) mit einem elektrischen Zweihandmischer mit Wasser erdfeucht zu mischen.

Hinweis

Anstelle eines Zweihandmischers kann auch nur eine Mischspirale in einer ausreichend kräftige Handbohrmaschine (ca. 850 bis 1.200 Watt) eingesetzt werden. Achten Sie beim Kauf der Mischspirale darauf, dass sie robust ist und in Ihre Bohrmaschine passt. Zu kleine und zu filigrane Mischspiralen sind nur zum Mischen von Farben vorgesehen und können bestenfalls noch zum Mischen von Fliesenkleber oder kleinerer Mengen Mauermörtel verwendet werden. Robuste Mischspiralen sind recht teuer und mitunter kann man für fast den gleichen Preis gleich einen kompletten Elektromischer (Abb. 2.1) erhalten. Eine normale Handbohrmaschine wird zudem beim Betonmischen stark belastet und verschleißt schnell.

Was im Garten betoniert werden sollte

Es bleibt im persönlichen Ermessen, ob oder was betoniert werden soll bzw. was man aus Beton anfertigt.

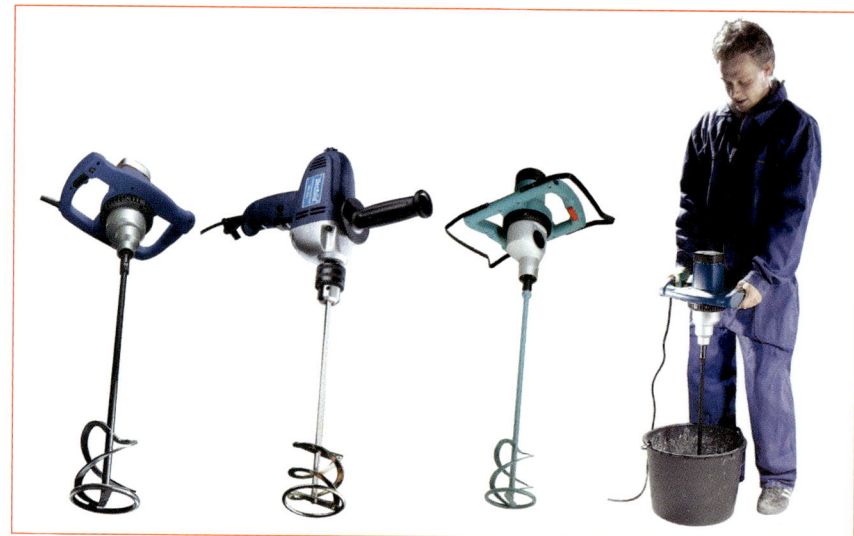

Abb. 2.1 – Für das Mischen von Fertigbeton sind gegenwärtig kostengünstige elektrische Beton-/Mörtelmischer erhältlich. (Foto: Westfalia)

2.2 Kleine Betonarbeiten im Garten

Sie können diverse einfache Trittsteine, Platten, Minifundamente oder auch echte Kunstwerke aus Beton erstellen. Der Handel führt auch weißen Zement und Zementfarben, mit denen man weißen oder grauen Zement färben kann. Die Vielfalt der Arbeit mit Beton ist sehr groß. Wir zeigen Ihnen verschiedene Arten der Anwendungsmöglichkeiten an praktischen Beispielen, die Sie auf Ihren Bedarf anpassen können.

Falls Sie Ihren Beton selbst herstellen möchten, zeigt Ihnen Tabelle 2.1 die optimalen Mischverhältnisse der Bestandteile.

Der handelsübliche Zement kann zwar unterschiedliche Qualität haben, aber für das einfache Betonieren im Garten sind eventuelle Abweichungen in der Zementqualität nicht relevant. Sie sollten jedoch Ihr Vorhaben mit dem Fachverkäufer im Baumarkt oder Baustoffhandel besprechen. Wichtig ist, dass Sie für Ihren Beton bzw. für Ihr Mauerwerk auf keinen Fall alten, verwitterten Zement verwenden. Alter Zement kann sogar als Zugabe zu gutem Zement die Bindung der Betonmischung beeinträchtigen.

Wenn Sie sparen möchten, können Sie für wenig anspruchsvolle Vorhaben einen etwas „leichteren" Beton verwenden, in dem der Sandanteil größer als das Drei- oder Vierfache des Zementanteils ist. Aber Vorsicht: Sparsamkeit kann sich hier rächen und der Beton kann reißen oder unter Umständen sogar zwei bis drei Wochen brauchen, bevor er begehbar gehärtet ist. Sie können nicht nur viel Zement bzw. viel Beton, sondern auch viel Muskelarbeit sparen, wenn Sie mit festem Beton und weniger massiven Betonteilen (= weniger Erdaushub) arbeiten.

Zu den einfachsten Betonarbeiten im Garten gehört das Einbetonieren von Pfosten, Stangen und Pfählen.

Einbetonieren von Stangen, Pfosten und Röhren

Wie tief und wie massiv eine Stange, ein Pfosten oder eine Röhre in das Erdreich einbetoniert wird, hängt von den Ansprüchen an die Stabilität ab. Ein wichtiger Faktor ist hier die Bodenbeschaffenheit. Lassen Sie sich dabei nicht durch die im Sprachgebrauch oft verwendete Formulierung irritieren, dass „auf Sand Gebautes" keine große Zukunft habe. Sandiges Erdreich ist stabiler als ein „rutschendes" lehmiges oder zu humusreiches. Wer also nicht auf Sand baut, sollte etwas mehr dafür tun, dass seine einbetonierten Objekte innerhalb der nächsten Jahre nicht zu sehr verrutschen, versinken oder schief stehen werden. Darunter ist nicht zu verstehen, dass die Tiefe, die Breite und die Form der Fundierung etwas großzügiger gewählt werden sollten.

Das beste Werkzeug, das Ihnen nicht nur verschiedenste Gartenarbeiten, sondern auch das Betonieren erleichtert, ist ein Handerdbohrer nach Abb. 2.2. Er ist nicht nur für das hier beschriebene Einbetonieren von Stangen, Pfosten und Röhren notwendig, sondern erleichtert auch die Erstellung vieler aufwendigerer Fundamente, auf die in späteren Kapiteln eingegan-

Betonart	Zement	Sand	Schotter/Kies
Beton ohne Steine, sehr stark	1 Teil	3 Teile	0
Beton ohne Steine, stark	1 Teil	4 Teile	0
Beton ohne Steine, leicht	1 Teil	bis zu 6 Teile	0
Beton mit Schotter/Kies	1 Teil	2 Teile	2,5 bis 3 Teile

Tab. 2.1 – Beton selbst herstellen

2.2 Kleine Betonarbeiten im Garten

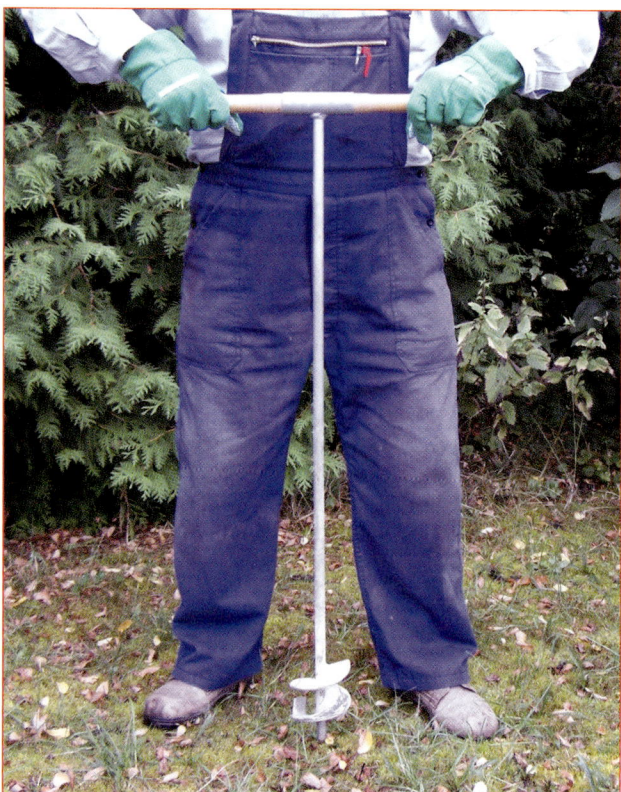

Abb. 2.2 – Ein Handerdbohrer erspart beim Betonieren viel Beton und viel Arbeit.

gen wird. Der Durchmesser der Bohrspirale sollte mindestens 100 mm betragen, kann aber auch größer gewählt werden.

Profis bohren natürlich maschinell: entweder mit großen Maschinen, manchmal auch nur mit motorbetriebenen größeren Handbohrern. Größere Motorbohrer sind als Werkzeug aber gewöhnungsbedürftig und für Ungeübte gefährlich. Oft ist es besser, das Bohren mit einem einfachen Handbohrer vorzunehmen, bei dem als Antriebskraft nur die Muskelkraft eingesetzt wird. Das Bohren geht am einfachsten am Ende der Winterperiode (im März/April), denn dann ist die Erde etwa zwei Wochen lang weich und lässt sich leicht bearbeiten. Dies gilt auch für kürzere Zeitspannen nach länger andauerndem Regen. Sie können aber auch die Stelle, an der Sie bohren wollen, vorher wässern und bei Bedarf auch während des Bohrens das teils vorgebohrte „unnachgiebige" Loch schrittweise mit Wasser füllen, damit die Erde weicher wird.

Eine Bohrung, die mit einem Erdhandbohrer mit einem Durchmesser von mindestens 10 cm ausgeführt wird, reicht für das Einbetonieren von Stangen, Pfosten und Röhren von einem Durchmesser bis zu etwa 5 cm. Offen bleibt nur noch die Frage der Tiefe der Bohrung und somit der Tiefe des „Minifundaments". Als ein Richtwert für die optimale Tiefe kann man die sogenannte „frostfreie Tiefe" in Betracht ziehen. Niemand wird Ihnen genau sagen können, in welchen Wintern der Boden unterhalb von etwa 40 cm und in welchen er erst unterhalb von 60 oder 80 cm frostfrei bleiben wird. Wenn Sie aber bei einem wichtigen Fundament auf „Nummer sicher" gehen möchten, sollte es etwa 80 bis 90 cm tief sein. Dann steht die Sohle des Fundaments auf einer Erdreichschicht, die frostunabhängig stabil bleibt.

Was man unter der Bezeichnung „wichtiges Fundament" versteht, hängt nur vom persönlichen Ermessen ab. Das Gleiche gilt auch für die Frage, was in einem Garten ohne Fundament auskommt und was ein Fundament benötigt. Eine Solargartenleuchte, die bereits mit einem Erdspieß versehen ist, braucht kein zusätzliches Fundament. Eine elektrische Kandelabergartenleuchte benötigt dagegen ein ordentliches Fundament, da sie andernfalls sehr bald schief stehen wird. Das Gleiche gilt auch für Zaun- und Torpfosten. Ein Rosenbogen braucht dagegen nicht zwingend ein Fundament, aber es lohnt sich, ihn zumindest leicht einzube-

2.2 Kleine Betonarbeiten im Garten

tonieren, damit er den oft aufkommenden Gewittern und stürmischen Winden leichter widerstehen kann.

Das Betonnieren in einzelnen Schritten:

Schritt 1

Messen Sie die Punkte für die Bohrungen aus, „zeichnen" Sie sie mit dünnen Streifen Sand ins Gras ein oder stecken Sie die Messung mit kleinen Holzstücken ab.

Schritt 2

Jetzt kann das Loch (bzw. mehrere Löcher) mit dem Bohrer wunschgerecht tief in die Erde gebohrt werden: für Zaunpfosten bis zu etwa 80 cm tief, für einen Rosenbogen etwa 40 bis 50 cm tief. Mit einer Gartenhandschaufel können Sie das Loch am oberen Rand etwas breiter ausstechen, damit der „Betonkragen" stabiler und frostunempfindlicher wird. Erdreste auf dem Boden des gebohrten Lochs können Sie z. B. mit einem Staubsauger heraussaugen.

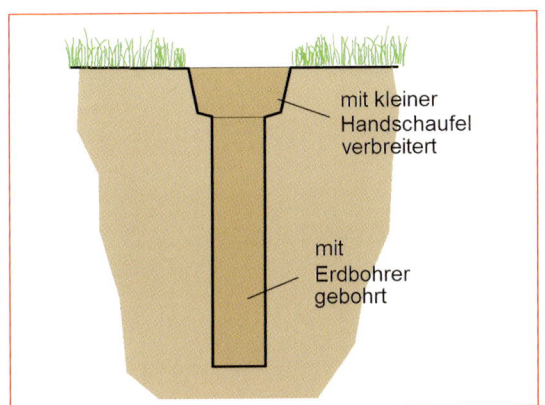

Schritt 3

Das Loch wird nach und nach in Schichten von ca. 10 bis 15 cm mit Beton mithilfe einer kleinen Stuckateurkelle gefüllt. Anschließend wird der Beton jeweils mit einem kleinen Holzklotz oder einer dicken Latte festgestampft, danach wieder nachgefüllt, festgestampft usw., bis das Loch zu etwa ¾ seiner ursprünglichen Tiefe mit Beton gefüllt ist.

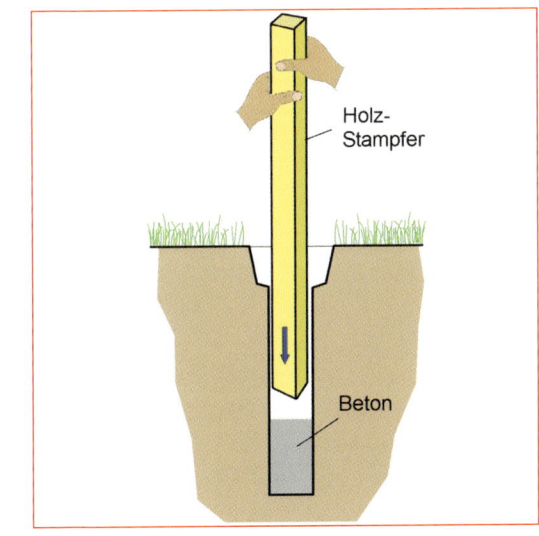

2.2 Kleine Betonarbeiten im Garten

Schritt 4

Der Zaunpfosten, das Rohr oder auch mehrere Füße eines Rosenbogens können nun in den Beton etwas hineingedrückt werden. Anschließend wird der noch offene Rest des Lochs (bzw. der Löcher) mit Beton gefüllt. Der Beton wird mit einem dünneren Balken oder mit einer Latte um das Rohr festgestampft, die sichtbare Oberfläche wird mit einer kleinen Stuckateurkelle oder einem Spachtel leicht abgerundet geglättet.

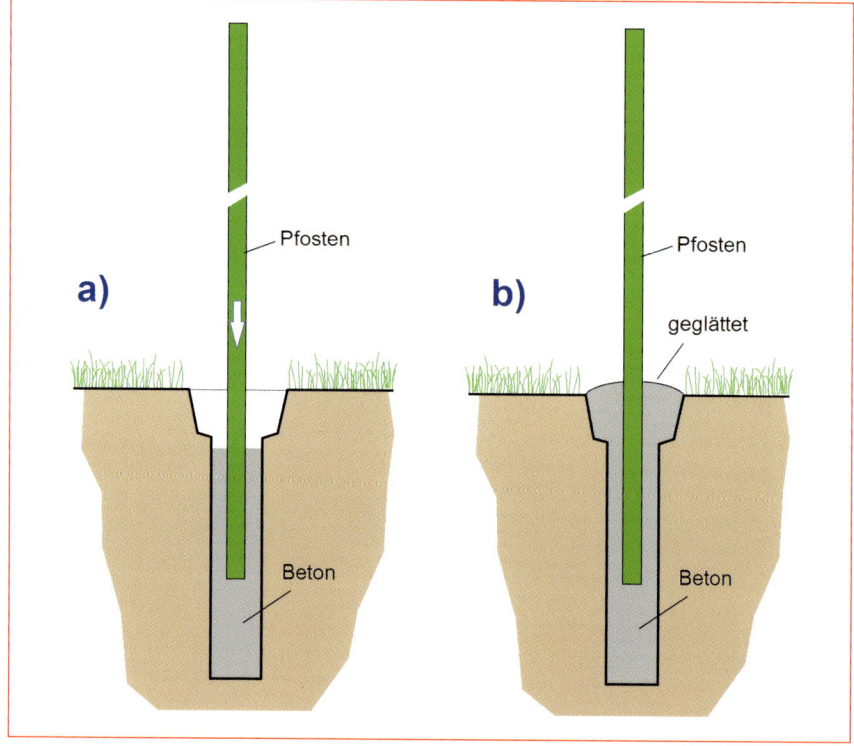

Wichtig

a) Ein Zaunpfosten sollte 20 bis 40 cm tief im Beton sitzen, damit er einen guten Halt hat. Das Füllen (und Nachfüllen) des Lochs sowie auch die letzten Schönheitsausbesserungen der sichtbaren Oberfläche mit Beton müssen ohne Pausen erfolgen, damit sich die einzelnen Betonschichten perfekt miteinander verbinden. Beton ist kein Leim und seine einzelnen Schichten binden sich nicht (oder nicht gut) miteinander, wenn eine von ihnen bereits angetrocknet ist. Eine Ausnahme bilden nur spezielle (und teure) Reparatur-Betonmischungen, die sich auch mit einem bereits gehärteten Beton noch gut binden.

b) Die Füße eines Rosenbogens, einer Kinderschaukel oder von Vorrichtungen, deren Stabilität durch zumindest drei Füße vorgegeben ist, müssen nicht so tief einbetoniert werden wie z. B. Zaunpfosten, da sie nicht ohne Weiteres umkippen können und damit ausreichend stabil bleiben. Das Einbetonieren, das nach individuellem Ermessen relativ flach (ca. 40 bis 50 cm) oder bis in Frosttiefe gewählt wird, soll die Vorrichtung nur besser stabilisieren.

2.3   Betonarbeiten an Kinderspielplätzen

Als Betonarbeiten an Kinderspielplätzen kommen hauptsächlich diverse „Minifundamente" für z. B. Schaukeln, Rutschen oder Kindersportgeräte infrage, die stabil verankert werden sollen. Dies kann bei weicheren Böden nur dann erzielt werden, wenn das Fundament angemessen tief in der Erde sitzt. Auch hier können die Fundamente nur als Betonpfeiler erstellt werden, wie sie bereits im vorhergehenden Kapitel u. a. mit den Zaunpfosten beschrieben wurden. In diesem Fall darf jedoch die Tiefe der Fundamente etwas geringer gewählt werden und braucht nicht bis in den frostfreien Bereich zu reichen, wenn es sich um Spielgeräte handelt, die nur einige Jahre lang gebraucht werden.

In der Heimwerkerliteratur werden zu diesem Zweck oft nur Betonplatten in Form einer größeren Schüssel empfohlen. Eine solche Lösung eignet sich jedoch nur für Sandböden, bei denen nicht die Gefahr besteht, dass die Betonplatten bereits nach dem ersten Winter in den Boden versinken oder „wegschwimmen". Viel besser ist es, wenn mit einem Erdbohrer zumindest ca. 40 bis 60 cm tiefe Bohrungen für Beton-Pfahlfundamente nach Abb. 2.3 erstellt werden.

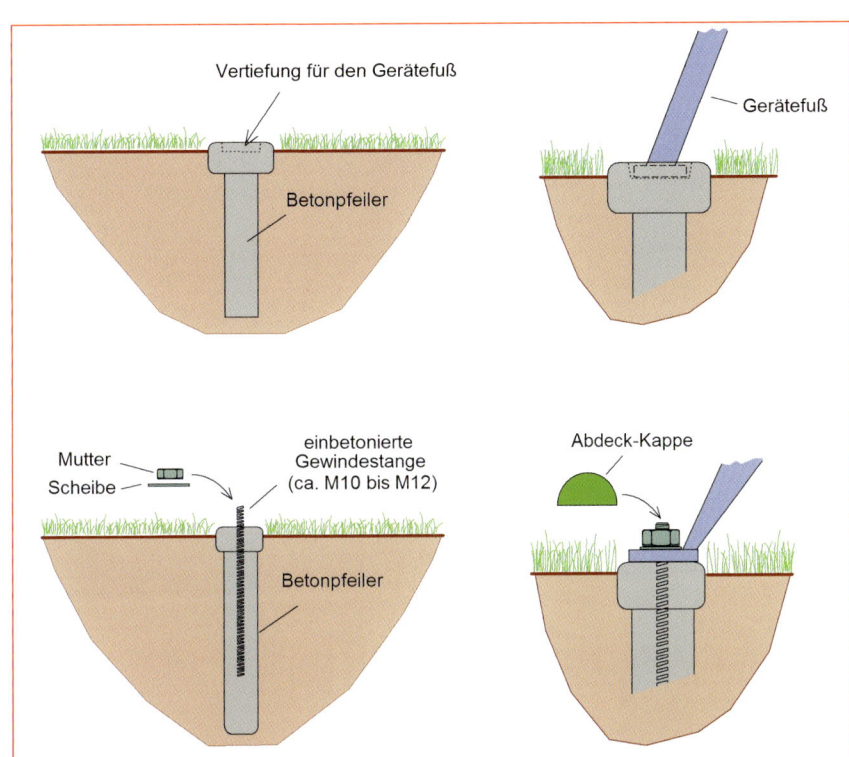

Abb. 2.3 – Einfache Betonfundamente (im Schnitt) z. B. für Kindersportgeräte

Wichtig

Betonteile auf einem Kinderspielplatz dürfen auf keinen Fall scharfe Kanten oder Ecken haben, an denen sich die Kinder verletzen könnten. Runden Sie alle solche Stellen entweder gleich beim Betonieren mit einer kleinen Maurerkelle oder einem Spachtel ab oder schleifen Sie sie im Nachhinein mit einem kleinen Winkelschleifer glatt und rund. Verschraubungen oder andere Befestigungen sollten mit Schutzkappen abgedeckt und mit Fugensilikon geschützt werden. Als Schutzkappen eignen sich u. a. kleine Kunststoffschüsseln.

2.4 Beeteinfassungen und Rasenkanten

Der Handel führt eine große Auswahl an Beetumrandungen, Beeteinfassungen und Rasenkanten aller Art. Trotz der unterschiedlichen Bezeichnungen handelt es sich bei all diesen Produkten um Umrandungen von Beeten, Rasen oder Gartenwegen, bei denen die Bezeichnung eine der möglichen Anwendungsmöglichkeiten hervorhebt. Einige dieser Umrandungssteine sind (nach Abb. 2.4) mit Nut und Feder versehen. Viele der reinen Beetumrandungen sind aus Kunststoff und können oft einfach nur in die Erde gesteckt werden. Es gibt aber auch massivere Umrandungen aus Beton- oder Natursteinen, die zwar wesentlich arbeitsintensiver, dafür aber unverwüstlich sind.

Der eigentliche Umgang mit solchen Bausteinen ist nicht erklärungsbedürftig. Auf Eines sollten Sie bei der Auswahl aber achten: Rasenkanten mit einer seitlichen Fahrbahn für einen Rasenmäher (Abb. 2.7) können Ihnen viel Arbeit ersparen. Dieser Vorteil kann vor allem bei größeren Gärten in Betracht gezogen werden – vorausgesetzt, die praktischen Vorteile kollidieren nicht mit der vorgesehenen gartenarchitektonischen Gestaltung.

Sehr strapazierfähig, langlebig und kostengünstig sind handelsübliche Beton-Beeteinfassungen (Um-

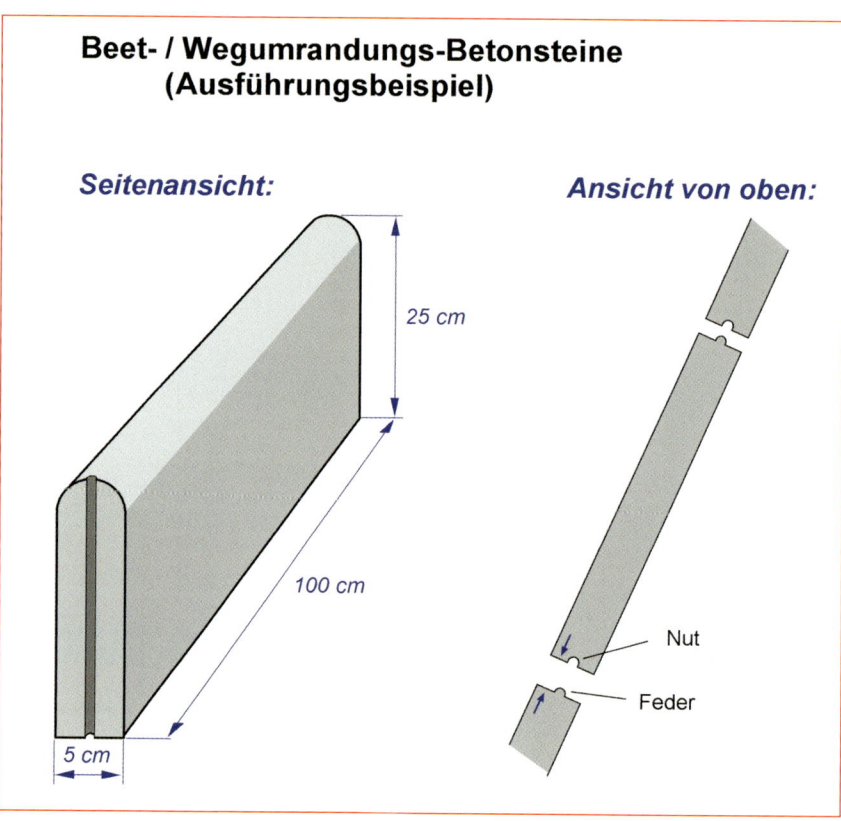

Abb. 2.4 – Beet-/Wegumrandungs-Betonsteine, die auch als Rasenkanten oder Beeteinfassungen bezeichnet werden, sind meist 1 m lang, 5 cm stark und wahlweise 20 oder 25 cm breit (= tief).

randungsleistensteine). Sie eignen sich vor allem für größere Gärten und können alternativ als Einfassungen von Gartenwegen, Terrassen u. Ä. verwendet werden. Auf konkrete Anwendungsbeispiele kommen wir noch im Zusammenhang mit weiteren Themen zurück.

Eine einheitliche Gestaltung der Gartenwege und ihrer Umrandungen macht einen Garten optisch größer und eleganter. Eine bunte und vielfältige Gestaltung Ihrer Gartenwege und Sitzplätze kann Ihrem Garten wiederum mehr Verspieltheit verleihen.

Wenn es sich z. B. nur um die Einfassungen von Gemüsebeeten (Abb. 2.5/2.6) handelt, wird höchstwahrscheinlich die Funktionalität

2.4 Beeteinfassungen und Rasenkanten

Abb. 2.5 – Anwendungsbeispiel einer kleinen Beetumrandung mit Umrandungssteinen aus Abb. 2.4

Abb. 2.6 – Ausführungsbeispiel einer Umrandung eines längeren Beets mit Umrandungssteinen aus Abb. 2.4

Abb. 2.7 – Einige der Beetumrandungen aus Kunststoff verfügen über eine praktische „Fahrbahn" für den Rasenmäher. (Foto: Westfalia)

2.4 Beeteinfassungen und Rasenkanten

Abb. 2.8 – In dem vielfältigen Angebot an diversen Beetumrandungssteinen gibt es z. B. auch leuchtende Umrandungssteine. (Foto: Westfalia)

Beton-Beetumrandungen (Betonleistensteine) sollten besser nicht einbetoniert werden, wenn das Beet mit Gemüse gepflanzt werden soll, das Kalk nicht verträgt (z. B. Gurken). Das Gleiche gilt z. B. auch für Beetumrandungen für Himbeer- oder Heidelbeerbeete. Es ist aber funktionell vorteilhaft, wenn z. B. die Ecken der Betonumrandungen mit Beton befestigt werden, da sie ansonsten in Lehmböden nicht ausreichend stabil bleiben.

Betonieren der Ecken von Betonumrandungen

Schritt 1

Bevor Sie mit dem Ausmessen des Beets anfangen, überlegen Sie, welche Breite und Länge mit den festen Maßen der Beetumrandungen sich am besten ohne Schneiden machen lässt. Sie können zwar die Beton-

dominieren. Eine Beeteinfassung macht das Beet pflegeleichter, verleiht ihm eine feste Form und erhebt es in gewisser Hinsicht von einem „dunklen Fleck Erde" zu einer architektonischen Einheit, die sich auch in einen Ziergarten gut integrieren lässt.

Abb. 2.9 – Betonumrandungssteine können bei Bedarf gleichzeitig als Beet- und Wegeinfassungen verwendet werden.

2.4 Beeteinfassungen und Rasenkanten

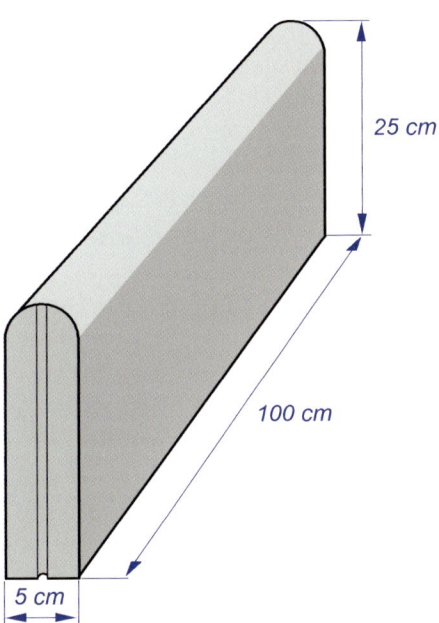

Beetumrandungs-Betonstein 100 x 25 x 5 cm

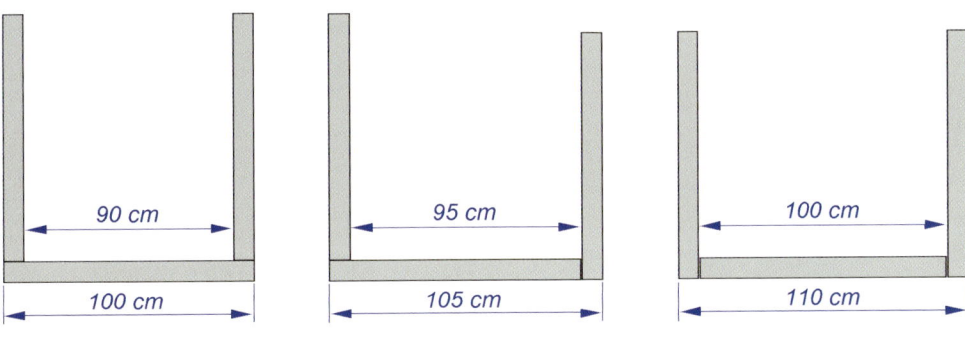

Eckverbindungen von Beetumrandungen in Ansicht von oben:

2.4 Beeteinfassungen und Rasenkanten

umrandungen mit einem größeren Winkelschleifer (Scheibendurchmesser 230 mm) und einem Diamantsägeblatt kürzen, aber wenn es der Platz im Garten erlaubt, ist das für ein Gemüsebeet nicht unbedingt erforderlich. Sie können durch die Art der Eckverbindungen der Umrandungen die Netto-Innenbreite eines Gemüsebeets zwischen ca. 90 und 100 cm bzw. zwischen ca. 180 und 200 cm ohne Sägen erhalten.

Schritt 2

Messen Sie die vorgesehene Lage des Beets aus und ziehen über die Eckpunkte – wie abgebildet – Schnüre (Maurerschnüre), die Sie an acht kleinen Pflöcken, Latten oder Stangen provisorisch befestigen. Streuen Sie nun über die Schnur bzw. unterhalb der Schnur einen dünnen Streifen Sand als Markierung für die Bahnen, in denen Sie anschließend die Rinnen für die Betonumrandungen mit einem Spaten herausstechen müssen. Die Schnur kann danach entfernt werden, damit sie beim Ausheben der Rinnen nicht im Weg steht.

Schritt 3

Stechen Sie die Rinnen für die Betonumrandungen so tief aus, dass noch ca. 3 bis 5 cm Platz für die Ausgleichsschicht aus Sand bleibt. Die Rinnentiefe ergibt sich aus der Höhe der vorgesehenen Sandschicht (von 3 bis 5 cm) und aus dem Teil des Betonrandsteins, der in der Erde versenkt werden soll. Der Stabilität wegen sollten mindestens 2/3 der Randsteine in der Erde versenkt sein. Die oberhalb der Erde stehende Betonumrandung ist bei der Verwendung dieser Randsteine maximal ca. 8 cm hoch, kann aber auch beliebig niedriger sein.

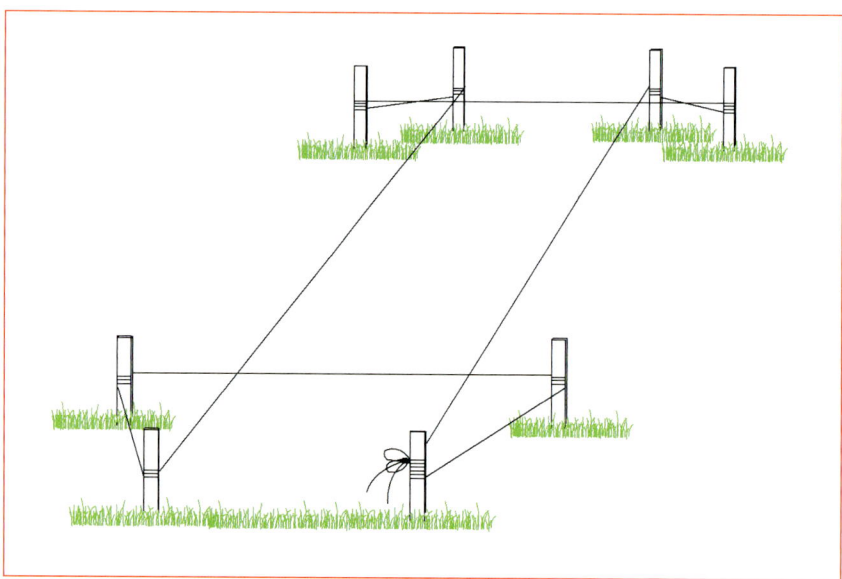

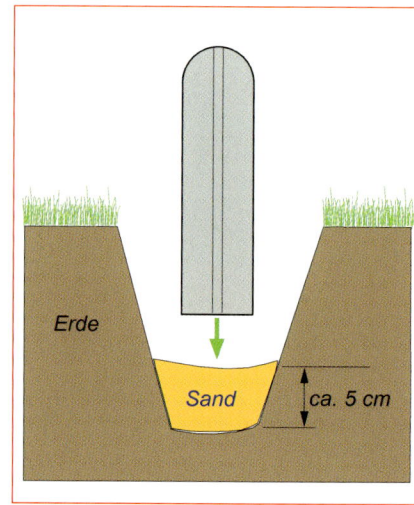

2.4 Beeteinfassungen und Rasenkanten

Schritt 4

Nachdem die Rinnen ausgehoben sind, muss das geplante Beet neu mit einer Schnur (Maurerschnur) ausgelegt werden. Diesmal sollten die Schnüre so gespannt werden, dass sie genau mit dem inneren Umriss des Beets und mit der Innenrandkante der Betonumrandungen übereinstimmen (wie abgebildet). Man könnte die Schnüre zwar auch so setzen, dass sie die Außenumrandung markieren, aber die Pflöcke, an denen die Schnüre gespannt werden, müssten dann mindestens einen halben Meter entfernt von den Beetecken stehen, um ausreichend federn zu können. Andernfalls würden die Schnüre bei Einsetzen der Umrandungen im Weg stehen bzw. reißen.

Schritt 5

Nachdem die Rinnen exakt ausgesetzt wurden, können an den Rinnen noch erforderliche Ausbesserungen (mit einem Spaten oder mit einer kleinen Gartenhandschaufel) vorgenommen werden. Anschließend sollten mit einer kleinen Handschaufel alle Erdreste aus den Rinnen entfernt werden. Danach werden die Rinnen mit Sand gefüllt, der als Ausgleichsschicht dient.

Schritt 6

Jetzt sind die Beton-Beetumrandungen an der Reihe. Es kommt oft vor, dass bei den gelieferten Betonsteinen in der Nut oder an der Feder noch harte Betonreste sind, die eine gute Verbindung von Nut und Feder verhindern könnten. Kontrollieren Sie alles rechtzeitig und schleifen Sie bei Bedarf mit einem kleinen Winkelschleifer alle unerwünschten Betonreste ab. Wenn es erforderlich ist, können Sie bei den abschließenden Betonsteinen die Feder mit einem Winkelschleifer (& Diamanttrennscheibe ⌀ 230 mm) absägen oder mit einem Meißel abhacken. Eine Betonumrandung mit den bereits erwähnten Abmessungen von 100 x 25 x 5 cm ist ca. 28 kg schwer und kann am leichtesten z. B. mit einer Sackkarre antransportiert werden.

Schritt 7

Setzen Sie erst einen Betonumrandungsstein (z. B. den linken oder rechten Endstein) in die Rinne auf die Sandausgleichsschicht und richten Sie ihn mithilfe einer Wasserwaage vertikal so aus, dass er mit etwa 1 mm Abstand an der Maurerschnur anliegt, diese aber nicht berührt (und nicht wegdrückt). Klopfen Sie den Beton-

2.4 Beeteinfassungen und Rasenkanten

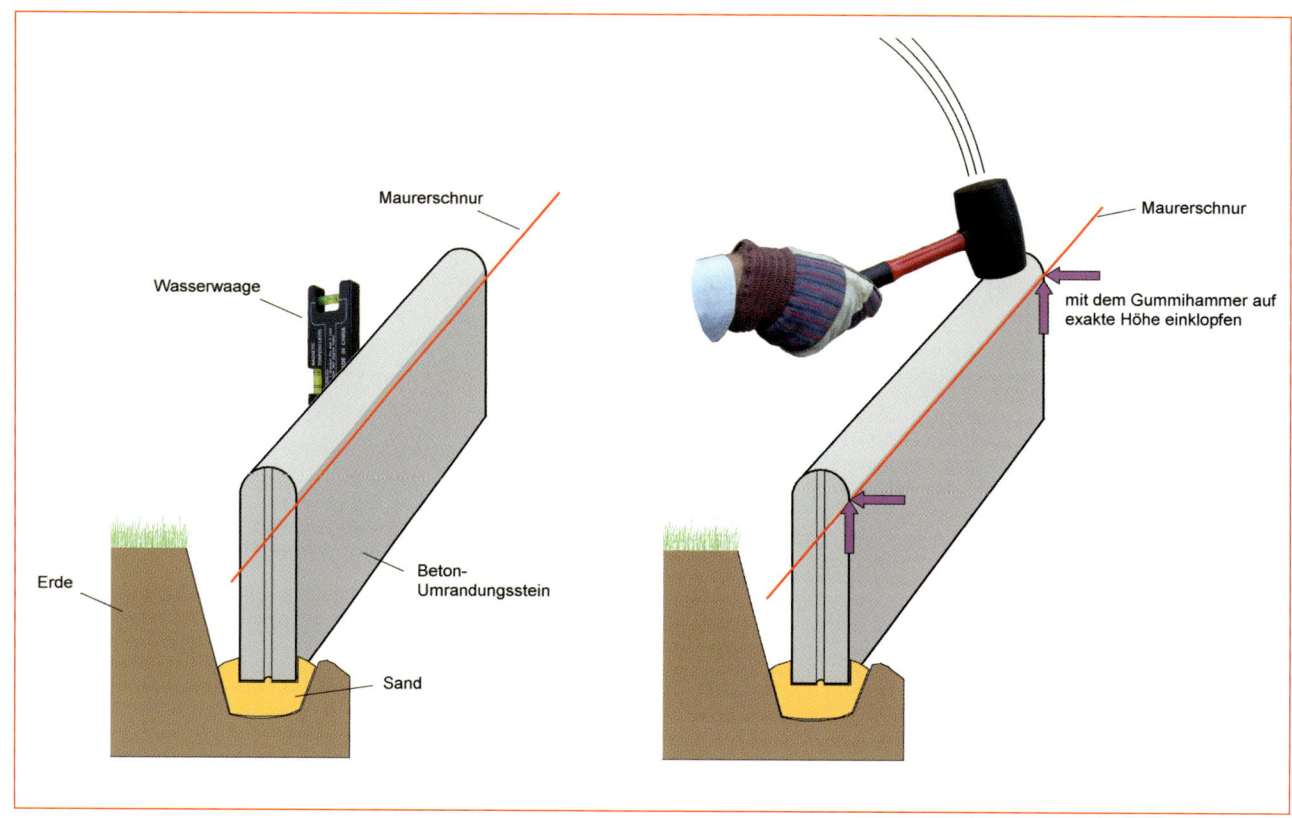

stein mit einem schweren Gummihammer kräftig in den Sand hinein. Zeigt sich dabei der Sand nicht ausreichend nachgiebig und erlaubt nicht, dass sich die Umrandung wunschgerecht tief hineinklopfen lässt, heben Sie den Betonstein an einer Seite leicht hoch und entfernen den überflüssigen Teil des Sands mit einer kleinen, schmalen Gartenschaufel. Stellt sich im Gegenteil heraus, dass unter dem Betonstein zu wenig Sand ist, füllen Sie auf dieselbe Weise etwas Sand nach. Wenn der Betonstein perfekt sitzt, füllen Sie in „seinen" Teil der Rinne an beiden seiner Seiten noch ca. 5 cm hoch Sand dazu, stampfen ihn mit einer dicken Latte fest und füllen und stampfen im mittleren Bereich anschließend noch bis zu seinem oberen Rand Erde dazu, um ihn zu stabilisieren.

Schritt 8

Setzen Sie nun die restlichen Betonumrandungen auf dieselbe Weise in die Rinnen ein, füllen Sie anschließend die noch benötigte Erde in die Lücken und stampfen alles mit einem kleinen Holzpfahl fest. Falls die gewünschte Länge des umrandeten Beets nicht mit den Standardlängen der Beton-Umrandungen auskommt, werden Sie an den betreffenden Seiten der Umrandung die Betonsteine kürzen müssen (siehe hierzu Kapitel 2.6).

2.4 Beeteinfassungen und Rasenkanten

> **Gut zu wissen**
>
> Manche der billigen Diamanttrennscheiben verbiegen sich, sobald sie sich stärker aufwärmen und bekommen beim Sägen eine gefährliche Unwucht. Wenn dies vorkommt, sollte das Sägen unterbrochen werden, um der Trennscheibe Zeit zum Abkühlen zu geben. Danach läuft die Trennscheibe wieder eine Zeit lang ohne zu eiern weiter. Wenn mit einem Winkelschleifer mehr als nur einige wenige Steine geschnitten werden sollen, lohnt es sich, einer teureren, aber wirklich guten Trennscheibe auch aus Sicherheitsgründen Vorrang zu geben. Wer zudem noch überhaupt keine Erfahrung mit zumindest vergleichbaren Arbeiten hat, der sollte das Kürzen der Betonumrandungssteine lieber einem erfahrenen Heim- oder Handwerker überlassen.

> **Hinweis**
>
> Wenn Sie die Beetumrandungen in einen sehr weichen Boden nur auf Sand setzen, wird die Umrandung nach einigen Jahren Unebenheiten aufweisen. Nachdem Sie mit dem Setzen einer Umrandung bereits Erfahrung haben, wird es Ihnen nicht schwerfallen, kleinere ästhetische Ausbesserungen vorzunehmen. Sollten Sie jedoch von vorneherein verhindern wollen, dass die Beetumrandung an ihrer schnurgeraden Form nach einigen Jahren zu wünschen übriglässt, müssten Sie die Betonumrandungssteine entweder nur in den Ecken oder auch in voller Länge ähnlich einbetonieren, wie es in weiteren Kapiteln im Zusammenhang mit einer Weg- oder Sitzplatzumrandung beschrieben wird.

2.5 Betonumrandungen von Blumenbeeten

Umrandungen für Blumenbeete können auf die gleiche Weise erstellt werden wie die vorher beschriebene Umrandung eines Gemüsebeetes mit Betonleistensteinen. Möchte man jedoch bei der Verwendung vorgefertigter Leistensteine von der rein rechteckigen Form abweichen, muss man den Beton schneiden (siehe hierzu Kapitel 2.6). Zudem sollten dann zumindest die Ecken oder Rundungen (Abb. 2.12/13) nach Abb. 2.14 einbetoniert werden, um einen besseren Halt zu bekommen.

Abb. 2.10 – Beetumrandung mit schräg abgesägten Leistensteinen

2.5 Betonumrandungen von Blumenbeeten

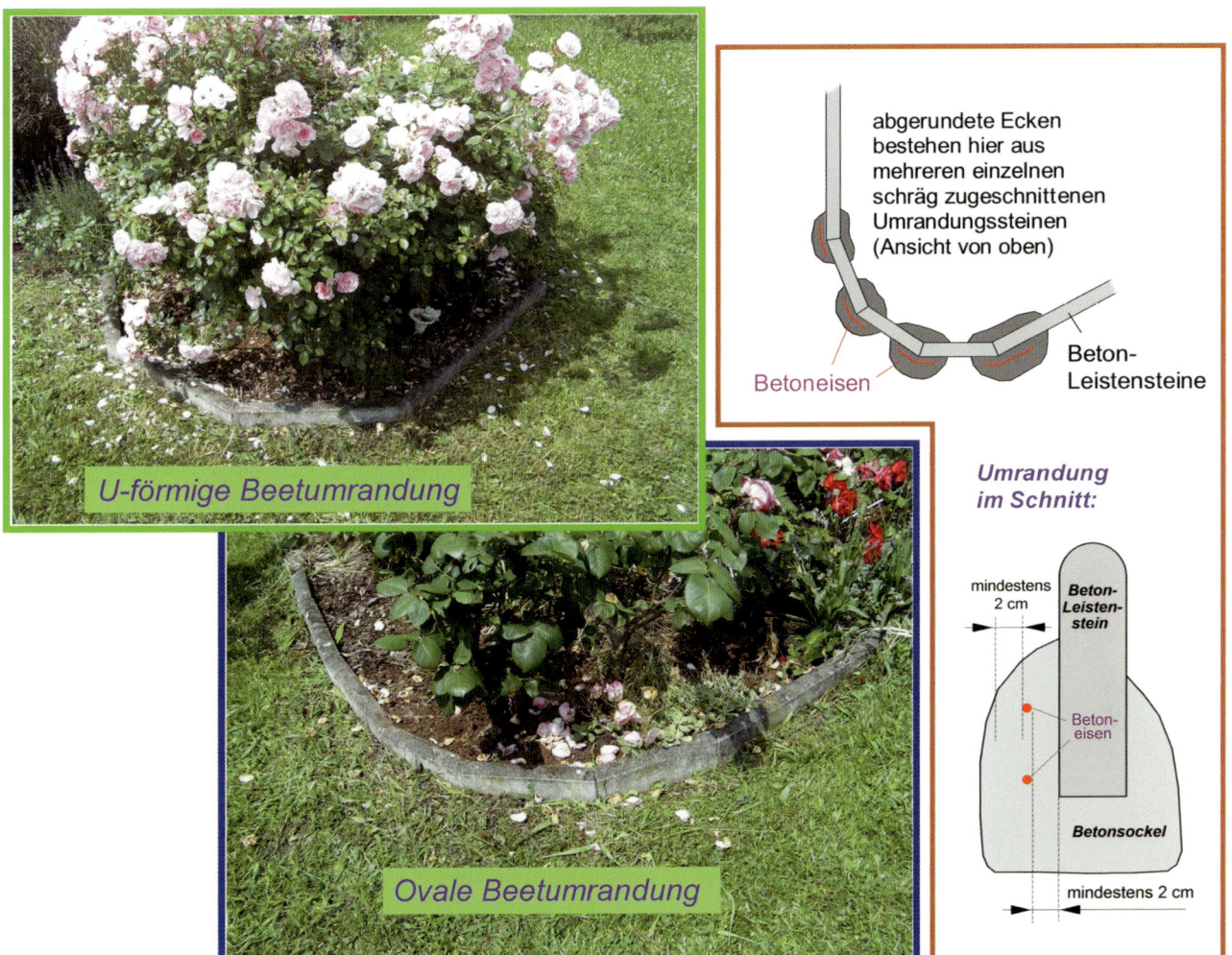

Abb. 2.11 – Die Form der Beetumrandung kann nach Belieben gewählt werden, aber bei der Verwendung von Betonleistensteinen muss viel (und genau) gesägt werden.

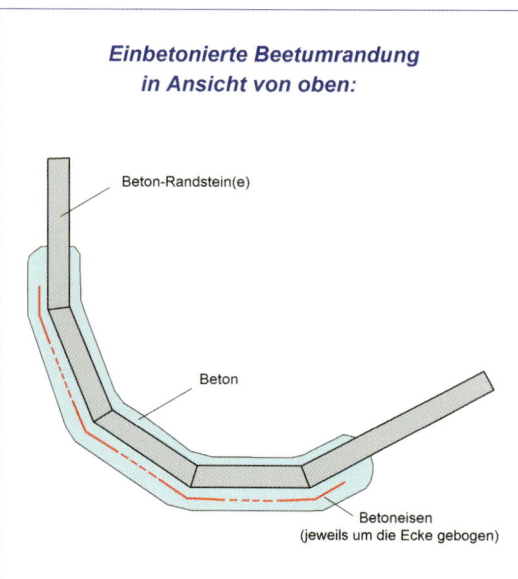
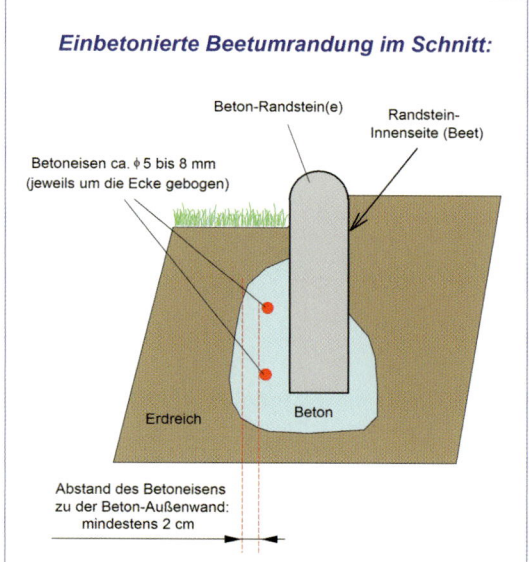

Abb. 2.12 – Sowohl der Betonsockel als auch das Betoneisen können unter den Ecken der Umrandungssteine durchlaufend (ununterbrochen) verlegt werden: oben zeichnerische Darstellung, unten Ausführungsbeispiel einer abgerundeten Rosenbeetumrandung.

2.5 Betonumrandungen von Blumenbeeten

Abb. 2.13 – Beispiel einer Umrandung von Rosenbeeten mit Betonleistensteinen

Abb. 2.14 – Eine Beetumrandung kann gleichzeitig als Wegumrandung dienen.

2.6 Schneiden der Betonleistensteine

Am einfachsten lassen sich Betonleistensteine schneiden, die etwa einen Meter lang, 5 cm dick und 20 bis 25 cm breit sind (Abb. 2.4). Sie wiegen zwischen ca. 22 und 28 kg und sind stabil genug, um ohne Hilfsmittel mit einem großen Winkelschleifer und einer Diamanttrennscheibe von 230 mm Durchmesser maßgerecht gekürzt werden zu können. Zeichnen Sie mit einem schwarzen Filzstift die Schnittstelle auf dem Betonstein ein und kürzen ihn anschließend langsam und vorsichtig mit einem Winkelschleifer mit Diamanttrennscheibe nach Abb. 2.15.

Profis schneiden Betonsteine mit Betonschneidemaschinen, die sich ein Heimwerker von einem Unternehmen ausleihen kann. Das ist zwar der relativ einfachste Weg, aber für einen Heimwerker, der nur einige wenige Betonsteine zuschneiden will, kommt diese Lösung nur bedingt infrage. Schon das Abholen, die Miete und das Zurückbringen einer solchen Maschine können recht kostspielig und kompliziert werden. Daher bevorzugen die meisten Heimwerker das Schneiden solcher Steine mit einem Zweihand-Winkelschleifer. Das ist jedoch ein recht anspruchsvolles Unterfangen, das eine angemessene Portion an handwerklicher Erfahrung, Geduld und guter Konditi-

Abb. 2.15 – Dünnere Betonumrandungssteine können bei Bedarf mit einer Diamanttrennscheibe gekürzt werden: Verwenden Sie zu diesem Zweck grundsätzlich nur einen schweren Zweihand-Winkelschleifer, der für Trennscheiben mit einem Durchmesser von 230 mm ausgelegt ist.

on voraussetzt: Der Winkelschleifer ist schwer, schlechte Diamanttrennscheiben wellen sich, sobald sie heiß werden. Die Trennscheibe beginnt dann zu zittern, und wenn zu hastig gesägt wird, kann sie sich in den Beton „hineinbeißen", herausspringen und im ungünstigsten Fall die Wade oder den Fuß verletzen.

Diese Arbeit empfiehlt sich nur für den, der bereits Erfahrung hat. Andere sollten sich die Steine von einem Handwerker oder bei einem

2.6 Schneiden der Betonleistensteine

Handwerksbetrieb schneiden lassen. Wer sich an die Arbeit wagt, sollte folgende Sicherheitsmaßnahmen treffen:

a) Feste, hohe Schuhe, bevorzugt mit Stahleinlagen an den Schuhspitzen, verwenden.
b) Eine möglichst dicke, feste Hose oder einen (evtl. provisorischen) Wadenschutz anziehen, um die Beine möglichst gut zu schützen.
c) Die Schutzbrille ist ein Muss.
d) Eine gute (und lieber etwas teurere) Diamanttrennscheibe verwenden, die sich nach dem Aufheizen nicht propellerartig verbiegt und einen ruhigen Schnitt ohne Zittern des Winkelschleifers erlaubt.
e) Stabile Unterlage als „Schneidetisch" errichten (zu diesem Zweck können z. B. zwei andere Umrandungssteine verwendet werden.
f) Die Markierung der Schnittstelle sollte mit einem Permanent-Textmarker vorgenommen werden.
g) Ist es erwünscht, dass die Betonleistensteine in einem anderen als dem 90°-Winkel aneinander anschließen, stellt das Schneiden höhere Ansprüche an die Geduld, da sich dadurch auch die Tiefe des Schnitts erhöht. Sie können sich die Arbeit erleichtern, indem Sie den Leistenstein erst mit einem senkrechten Schnitt maßgerecht kürzen und anschließend in einem zweiten Gang nochmals schräg in den erforderlichen Winkel schneiden. Eventuelle Schönheitsfehler, die an dem später sichtbaren Teil unerwünscht sind, können mit der Trennscheibe noch ausgebessert bzw. begradigt werden.

> **Wichtig**
>
> Der eine Griff eines Winkelschleifers ist mit einem Gewinde versehen und kann wahlweise an drei verschiedenen Stellen an dieses Werkzeug angebracht werden. Je nachdem, was und wie Sie zu schneiden oder zu schleifen beabsichtigen, sollten Sie sich jeweils vorher überlegen, an welcher Stelle sich der Griff befinden soll, damit Sie den Winkelschleifer bequem bedienen können.
>
> Der Winkelschleifer ist als Schneidewerkzeug nur für einen „Einrichtungsverkehr" geeignet und die Schnittrichtung erfolgt in Gegenrichtung zu dem Pfeil, der auf dem Winkelschleifer die Drehrichtung der Scheibe anzeigt.

2.7 Bohren im Garten

Übung macht auch hier den Meister, aber jeder muss selbst entscheiden, ob er solchen anstrengenden handwerklichen Arbeiten gewachsen ist.

Beginnen Sie mit einfacheren Übungen: Sägen Sie erst nur einige kleine Ecken oder dünne Streifen von einem längeren Betonleistenstein ab, der ohnehin gekürzt werden soll.

Eine einfache Bohrmaschine ist kostengünstig erhältlich. Wer des Öfteren bohrt, sollte sich zwei „ordentliche" Bohrmaschinen zulegen: eine kleine und leichte Bohrmaschine für feinere, präzisere Bohrungen (Abb. 2.16) und eine kräftigere Schlagbohrmaschine (ca. 850 bis 1.000 Watt) für Bohrungen oder das Mischen von Mörtel oder Beton (Abb. 2.17). Schlagbohrmaschinen verfügen über einen Umschalthebel, mit dem man von normalem Bohren auf Schlagbohren (Klopfbohren) umschalten kann, wenn in eine Mauer oder in Beton gebohrt wird.

Für gelegentliche Bohrungen im Garten kann sich auch ein Akku-Bohrschrauber nach Abb. 2.18 als praktisch erweisen. Es sollte sich jedoch bevorzugt um ein Gerät handeln, das mit einem Lithium-Ionen(Li-Ion)-Akku ausgelegt ist. Lithium-Ionen-Akkus haben eine

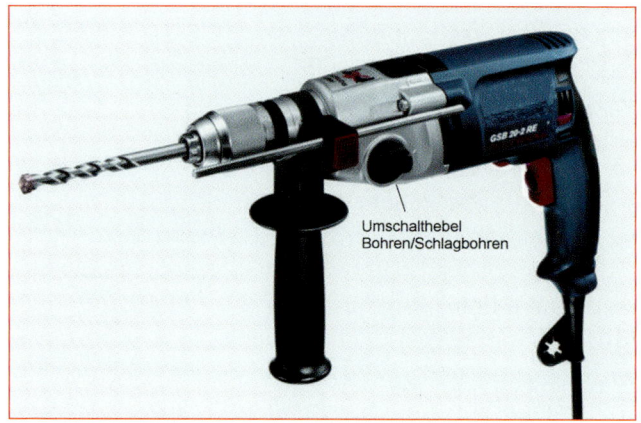

Abb. 2.17 – Für schwere Bohrungen, z. B. in Mauerwerk oder Beton, ist eine Schlagbohrmaschine erforderlich, deren Leistung mindestens 850 Watt beträgt.

niedrige Selbstentladung und halten die in ihnen gespeicherte Spannung zum großen Teil (oft zu 90 %) sogar ein Jahr lang ohne Nachladen. Sie leiden nicht unter dem sogenannten Memory-Effekt der älteren NiCd-Akkus: Werden diese nicht etwa alle drei Monate recht tief entladen und anschließend wieder voll aufgeladen, sind sie nach einigen wenigen Jahren nicht mehr

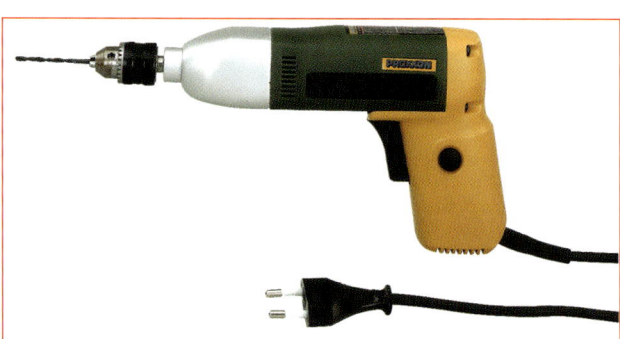

Abb. 2.16 – Für feinere und präzise Bohrungen eignet sich am besten eine kleine und leichte Bohrmaschine. (Anbieter: Conrad Electronic)

Abb. 2.18 – Akku-Bohrschrauber werden überwiegend fürs Schrauben, aber nur gelegentlich zum Bohren verwendet, denn ihre Drehzahl ist meist zu niedrig. (Anbieter: Conrad Electronic)

2.7 Bohren im Garten

verwendbar. Wenn man dann das Werkzeug braucht, ist der Akku leer. Wenn der Akku etwas älter ist, hält er die gespeicherte Energie oft nur noch wenige Stunden lang – egal ob das Gerät betrieben wurde oder nicht. Ein neuer Ersatzakku kostet dann fast genauso viel wie ein neuer Bohrschrauber samt Akku.

Die meisten Akku-Bohrschrauber eignen sich sehr gut als Akkuschrauber, aber oft nur dürftig als Bohrmaschinen, denn sie haben eine zu niedrige Drehzahl. Möchte man jedoch irgendwo im Garten schnell nur ein oder zwei Löcher bohren, ist die Unabhängigkeit von einem Netzkabel, die ein Akku-Bohrschrauber bietet, sehr vorteilhaft.

Zum Bohren braucht man natürlich Bohrer. Für das Bohren in Metalle, Kunststoffe oder auch Holz werden normale „Metallbohrer" verwendet, die ab einem Durchmesser von ca. 0,5 mm in Stufen von 0,1 mm aufwärts erhältlich sind (Abb. 2.19). Fürs Bohren in Holz sind zwar spezielle Holzbohrer vorteilhafter, aber für nur einige gelegentliche Bohrungen in Holz genügen auch normale Metallbohrer. Echte Holzbohrer bohren das Holz jedoch präziser, feiner und sollten vor allem für Dübelbohrungen verwendet werden.

Für das Bohren in Mauerwerk oder Beton werden Stein- oder Betonbohrer (Abb. 2.20) verwendet. Betonbohrer sind etwas teurer, aber dafür härter und strapazierfähiger als einfache Steinbohrer (Ziegelbohrer).

Stein- oder Betonbohrer sind nicht für das Bohren in Fliesen geeignet. Zu diesem Zweck gibt es spezielle Fliesenbohrer (Abb. 2.21): Bei Verwendung dieser Bohrer reißen die Fliesen nicht bzw. es entstehen keine Sprünge. Der Fliesenbohrer wird in der Regel nur für das eigentliche Durchbohren der Fliese verwendet und das restliche tiefere Bohren in den unter der Fliese liegenden Beton erfolgt anschließend nach Abb. 2.22 mit einem Stein- oder Betonbohrer.

Die Treffsicherheit des Bohrens mit einer Handbohrmaschine erfordert etwas Übung. Man kann auch erst

Abb. 2.19 – Metallbohrer sind ab einem Durchmesser von ca. 0,5 mm bis zu „faustdicken" Durchmessern in Abstufungen von 0,1 mm erhältlich.

Abb. 2.20 – Steinbohrer sind meist nur in Durchmessern ab ca. 3 mm erhältlich und auf die Durchmesser der handelsüblichen Dübel abgestimmt.

Abb. 2.21 – Für das Bohren in Fliesen gibt es spezielle Fliesenbohrer (Glasbohrer).

2.7 Bohren im Garten

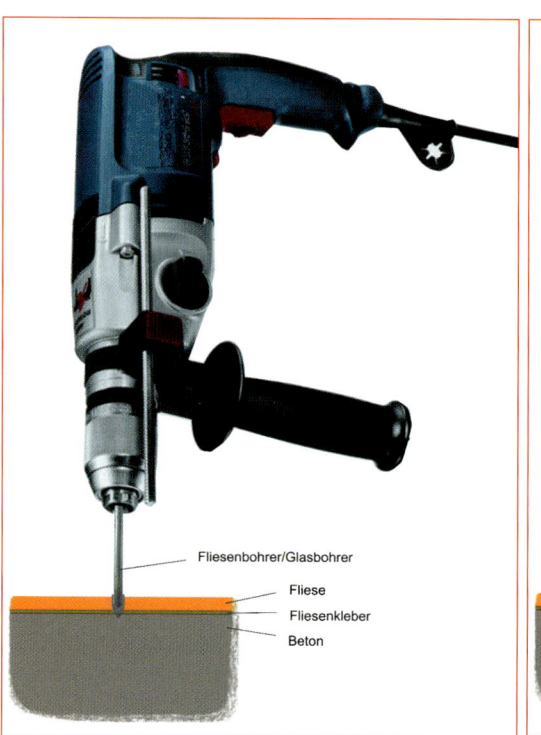
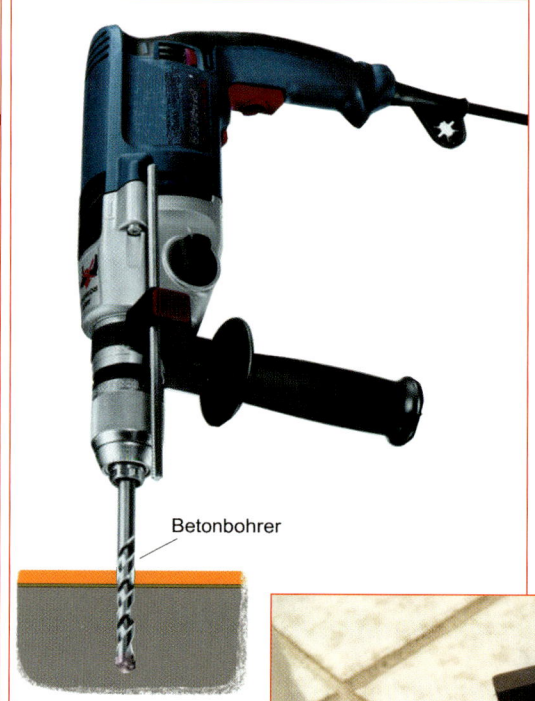

> **Hinweis**
>
> Der Durchmesser eines Metallbohrers wird mit einem Messschieber an seinem Schaft (Abb. 2.23a), der Durchmesser eines Steinbohrers an seiner Klinge (Abb. 2.23b) gemessen. Ein Messschieber mit Digitalanzeige erleichtert das Ablesen des Messwerts.

Abb. 2.22 – Werden in eine Fliesenwand oder in einen befliesten Boden Löcher für Dübel gebohrt, sollte jeweils nur die eigentliche Fliese mit einem Fliesenbohrer durch- oder vorgebohrt werden. Der restliche Teil der Bohrung wird anschließend mit einem Steinbohrer ausgeführt.

2.7 Bohren im Garten

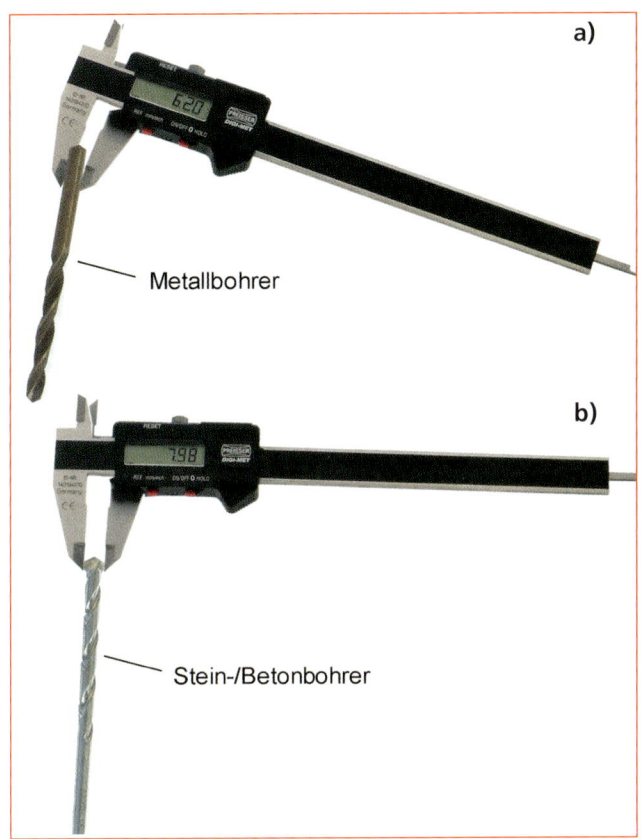

Abb. 2.23 – Ermittlung des Durchmessers eines Bohrers: Bei Metallbohrern wird der Durchmesser am Schaft, bei Stein- und Glasbohrern an der Klinge gemessen.

mit einem dünnen Bohrer vorbohren und anschließend auf den erforderlichen Durchmesser mit einem dickeren Bohrer nachbohren.

Bohrungen für Dübel
Am schwierigsten ist es mit der Präzision beim Bohren der Löcher für Dübel in eine Mauer oder in Beton, denn hier neigt der Bohrer zum seitlichen Abrutschen, weil er sich den Weg des geringsten Widerstands sucht. Auch hier hilft am besten das Vorbohren mit einem dünnen Steinbohrer, der einen Durchmesser von nur 3 bis 4 mm hat. Danach kann die Bohrung in zwei oder drei Schritten mit abgestuften Bohrerdurchmessern vollendet werden. Wir zeigen den Vorgang an einem praktischen Beispiel:

Schritt 1
Messen und markieren Sie mit einem Kreuz möglichst exakt die Punkte, in denen die Bohrungen für die Dübel vorzunehmen sind. Kontrollieren Sie nochmals nach, ob Ihnen dabei keine Mess- oder Denkfehler unterlaufen sind.

Schritt 2
Bohren Sie vorsichtig mit einem dünnen (Ø 3 bis 4 mm) Stein- oder Betonbohrer die Löcher für die Dübel vor. Der Bohrer lässt sich mit einer „festen Hand" wunschgerecht führen.

2.7 Bohren im Garten

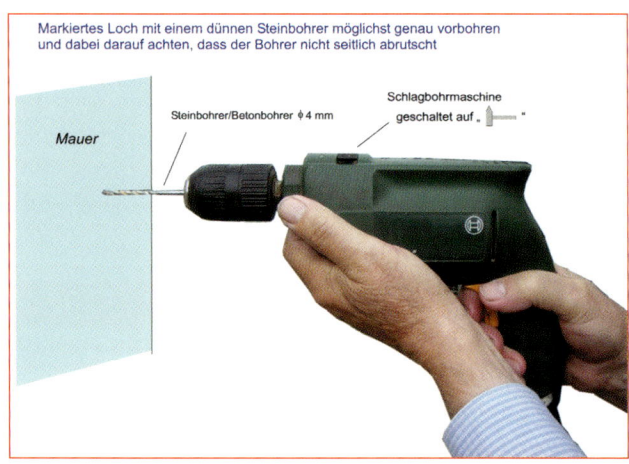

dass Sie nun den Bohrer in die „Wunschrichtung" drücken.

Schritt 4
Die letzte Bohrung erfolgt in diesem Beispiel mit einem 8-mm-Stein- oder Betonbohrer. Für 10-mm-Dübel wird diese Bohrung selbstverständlich mit einem 10-mm-Bohrer ausgeführt usw.

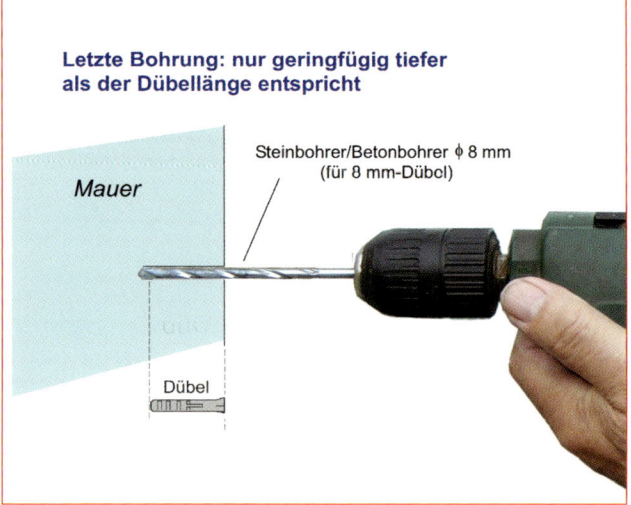

Schritt 3
Mit einem etwas dickeren Stein- oder Betonbohrer können Sie nun die zweite Bohrung ausführen. Wenn der Bohrer beim Vorbohren seitlich etwas ausgerutscht ist, können Sie die Abweichung noch dadurch beheben,

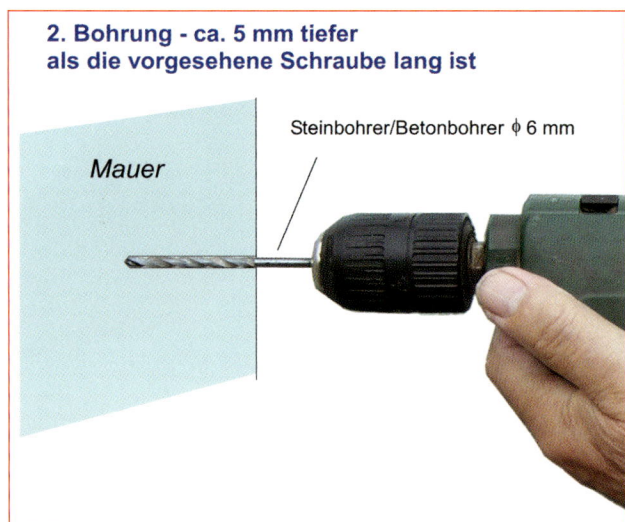

Schritt 5
Bevor Sie den Dübel in die Wand oder in eine Decke einsetzen, sollten Sie sich vergewissern, dass sowohl die Bohrung für den Dübel als auch die Bohrung für die vorgesehene Schraube tief genug sind. Erst danach kann der Dübel in die Bohrung eingesetzt bzw. mit einem kleinen Hammer sanft hineingeklopft werden.

2.7 Bohren im Garten

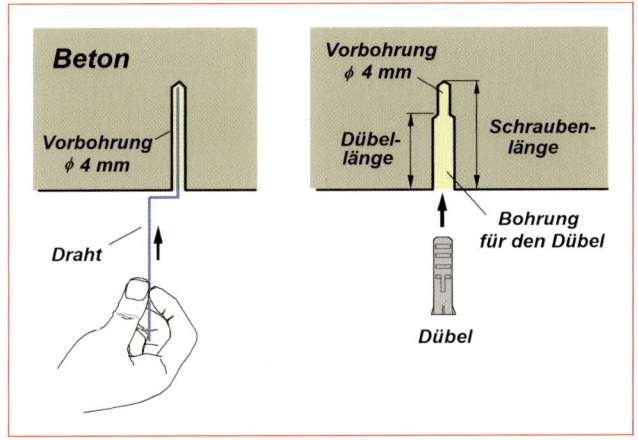

auch nicht mehr herausziehen lässt, schrauben Sie die vorgesehene Schraube nur knapp so in den Dübel hinein, dass sie die Schraube samt Dübel (bei Bedarf mit einer Zange) aus der Bohrung herausziehen können. Der Dübel wird dabei oft beschädigt und sollte für eine anspruchsvollere Befestigung nicht mehr verwendet werden.

Der Dübel sollte voll in der Bohrung sitzen bzw. darf etwa 1 bis 2 mm tiefer hineingedrückt sein, aber nicht überstehen.

Schritt 6

Kommt es dennoch vor, dass sich der Dübel nicht in voller Länge in die Bohrung hineindrücken lässt, sich aber

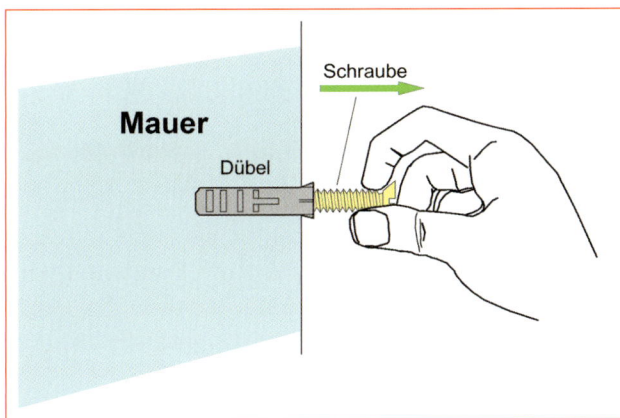

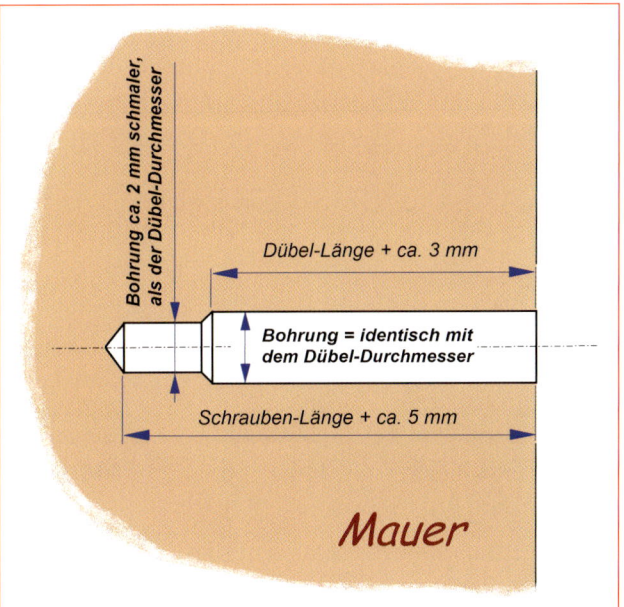

Abb. 2.24 – Optimale Dübelbohrung: So perfekt muss die Bohrung für einen Dübel zwar nicht sein, aber es erleichtert die Arbeit und verhindert nachträglichen Ärger.

2.8 Schrauben im Garten

Für die Auswahl oder für die Beschaffung der passenden Schrauben sollte man wissen, welche Schrauben es gibt und worauf beim Kauf zu achten ist.

Für die gängigen Schraubverbindungen oder Befestigungen werden überwiegend Standardschrauben benötigt, die in drei Grundarten erhältlich sind: als Holzschrauben, Spanplatten- oder Blechschrauben und Gewinde- oder Metallschrauben.

All diese Schrauben sind in unterschiedlichen Größen (Längen und Durchmessern) und mit unterschiedlichen Köpfen erhältlich. Abb. 2.25 zeigt die gängigsten Köpfe der handelsüblichen Schrauben.

Die Köpfe der Schrauben sind wahlweise mit einfachem Schlitz, Kreuzschlitz, Innensechskant oder auch sehr speziellen Schlitzen erhältlich bzw. werden in diversen Garten- und Haushaltsgeräten angewendet. Die Übersicht der gängigsten Schraubenschlitze zeigt Abb. 2.26.

In der Praxis werden überwiegend Schrauben mit einfachem Schlitz oder Kreuzschlitz verwendet. Wenn Sie selbst etwas an- oder zusammenschrauben wollen, werden Sie nach eigenem Ermessen entweder Schrauben mit Kreuzschlitz oder mit einfachem Schlitz verwenden. Sie können z. B. für die Wanddübelmontage von schweren Gegenständen oder Konstruktionen auch Schrauben mit einem Sechskantkopf (Schlüsselschrauben) verwenden. Schlüsselschrauben lassen sich mit einem Maulschlüssel, Ringschlüssel oder Steckschlüssel (Abb. 2.27) wesentlich kräftiger festdrehen als Schrauben mit Schlitzköpfen.

> **Hinweis**
>
> Schlüsselschrauben und Sechskantmuttern sollten grundsätzlich nicht mit einer Wasser- oder Kombizange fest- oder losgedreht werden. Abgesehen davon, dass dadurch die Arbeit erschwert ist, werden dabei die Köpfe der Schrauben beschädigt. Es gibt (manchmal auch kostengünstig in Lebensmittel-Discountern) praktische Schraubendreher- und Steckschlüsselsätze (Abb. 2.27), die Ihnen das Schrauben wesentlich erleichtern.

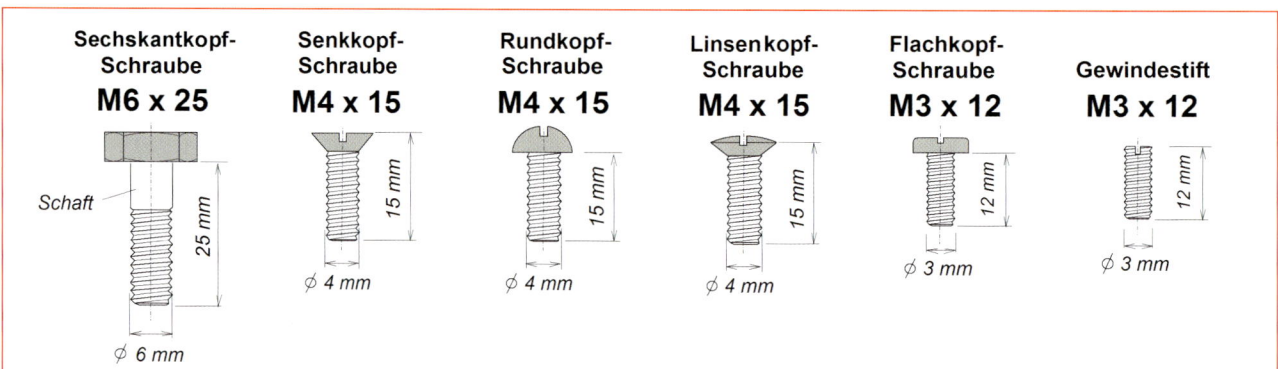

Abb. 2.25 – Übersicht der gängigsten Schraubenköpfe (Gewindestifte, die auch als „Madenschrauben" bezeichnet werden, haben allerdings keinen Kopf).

2.8 Schrauben im Garten

Abb. 2.26 – Übersicht der gängigsten Schraubenschlitze

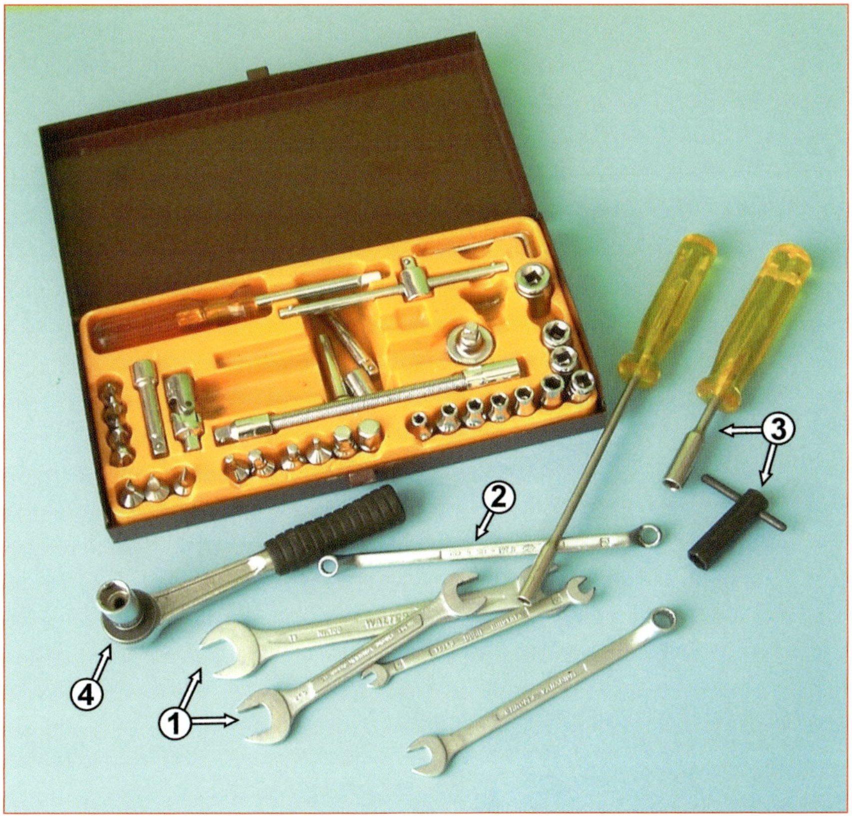

Der eigentliche Umgang mit einem Schraubendreher (auch „Schraubenzieher" genannt) ist zwar jedem von uns mehr oder weniger bekannt, aber weniger bekannt sind folgende Faustregeln:

An dem Schlitz einer fest eingeschraubten bzw. herausgeschraubten Schraube sollte nicht erkennbar sein, dass sie bereits verwendet wurde. Ihr Schlitz sollte auch nach dem Festschrauben wie neu aussehen. Das erreichen Sie, indem Sie für jede Schraube einen exakt passenden Schraubendreher verwenden. Bei Schrauben mit einfachem Schlitz, die mit einem Schlitzschraubendreher ein- oder herausgeschraubt werden, sollte die Klinge des Schraubendrehers möglichst genauso breit sein wie der Schraubenschlitz. Bei einem Kreuz-

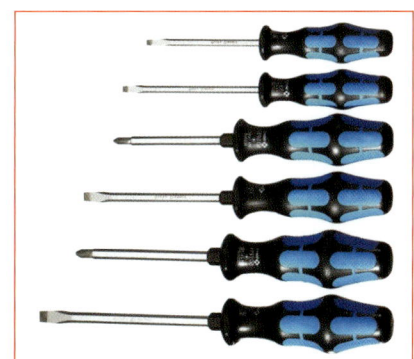

Abb. 2.28 – Gute Schraubendreher erleichtern die Arbeit und sollten daher in der Ausstattung eines Heimwerkers nicht fehlen.

Abb. 2.27 – **1** Kleinere Maulschlüssel, **2** Ringschlüssel und **3** Steckschlüssel bzw. **4** Steckschlüsseleinsätze mit Ratsche sollten bei einem Heimwerker in den gängigen Größen vorhanden sein.

2.8 Schrauben im Garten

schlitz-Schraubendreher (oder Bit) sollte vor seiner Anwendung grundsätzlich erst ausprobiert werden, ob er perfekt in dem Kreuzkopf-Schraubenschlitz sitzt: Er darf keinen spürbaren Spielraum haben, muss aber passend tief in dem Schlitz sitzen.

Um die vorhergehenden Faustregeln anwenden zu können, werden Sie in der Praxis nur wenige Schraubendreher oder einen einzigen, kostengünstigen Schraubendreher-Satz benötigen. Passende Schraubendreher werden Ihnen die Arbeit erleichtern, die Köpfe Ihrer Schrauben bleiben unversehrt und die Schrauben können bei Bedarf leicht wieder herausgedreht werden. Die Arbeit wird Ihnen zudem mehr Spaß machen, denn es ist sehr frustrierend, wenn eine Schraube mit einem verschlissenen oder unpassenden Schraubendreher fest- oder losgedreht werden muss.

Die Längen und die Durchmesser von Schrauben werden in Millimetern angegeben. Schrauben mit einem Gewinde haben nach DIN-Norm ein sogenanntes *metrisches Gewinde* und vor der Angabe ihres Durchmessers in Millimetern steht ein „M". Wird bei-

> **Unser Tipp**
>
> Für Anwendungen im Außenbereich sollten grundsätzlich nur rostfreie (Edelstahl-)Schrauben verwendet werden. Verzinkte oder mit einer dünnen Messingschicht *galvanisch veredelte* Schrauben verrosten oft schon nach wenigen Jahren und eignen sich eigentlich nur für Konstruktionen, die ebenfalls nach einigen Jahren verrosten – wie es z. B. bei den handelsüblichen Rankgittern vorprogrammiert ist. Die Herstellungskosten rostfreier Schrauben sind nur geringfügig höher als die rostender Eisenschrauben, aber in Packungen mit geringen Stückzahlen sind sie meist sehr teuer. In Großpackungen (Abb. 2.29) sind rostfreie Schrauben dagegen oft sogar bei Discountern oder im Versand kostengünstig erhältlich. Sie erhalten aber auch im Fachhandel rostfreie Schrauben preiswert, wenn Sie gleich eine ganze Packung von z. B. 200 Stück kaufen. Da im Garten des Öfteren etwas zusammen- oder angeschraubt werden muss, ist es praktisch, wenn man rostfreie Schrauben in verschiedenen Größen und Ausführungen vorrätig hat.

Abb. 2.29 – Rostfreie Edelstahlschrauben sind in Großpackungen auch preiswert erhältlich.

spielsweise eine Schraube als „M5 x 20" bezeichnet, bedeutet das, dass es sich um eine metrische Schraube handelt, deren Gewinde einen Durchmesser von 5 mm und eine Länge von 20 mm hat (Abb. 2.30 links). Eine Bezeichnung „M3 x 10" sagt aus, dass es sich um eine metrische Schraube mit einem Gewindedurchmesser von 3 mm und einer Gewindelänge von 10 mm handelt (Abb. 2.30 rechts). Metrische Schrauben werden in den meisten europäischen Ländern verwendet. Es gibt aber auch (bei manchen ausländischen Produkten) z. B. das Withworth-Gewinde, das eine andere Form hat.

Manchmal braucht man Schrauben, die eine exakt passende Länge haben. Da ist es dann wichtig zu wissen, dass sich die angegebenen Längen der Schrauben

2.8 Schrauben im Garten

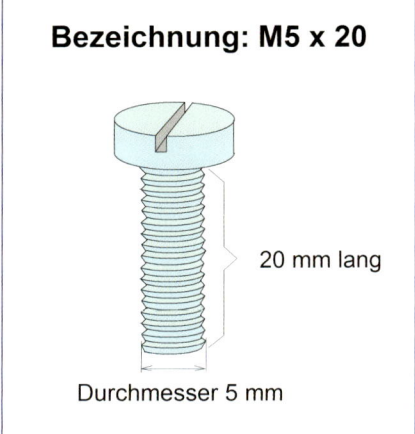
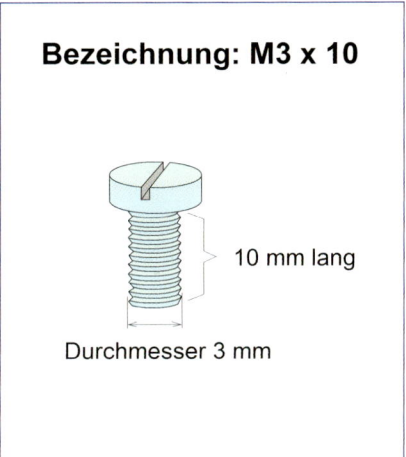

Abb. 2.30 – Schrauben mit metrischem Gewinde

> **Empfehlung**
>
> Schrauben, die mit einem Zylinder-, Halbrund- oder Sechskantkopf ausgelegt sind, sollten nur mit Unterlegscheiben eingeschraubt werden. Wenn es erforderlich ist, dass die Schraube wirklich fest an ihrer Position bleibt, kann zusätzlich unter dem Kopf der Schraube nach der Skizze in Abb. 2.33 noch ein Federring angebracht werden. Unterlegscheiben geben weichen Materialien (zu denen auch Holz oder Kunststoff gehört) einen besseren Halt und schützen sie vor Rissen oder lackierte Materialien davor, dass die Schraubenköpfe den Lack beschädigen.

immer nur auf den Teil der Schrauben beziehen, der nach vollem Einschrauben nicht sichtbar ist. Bei Schrauben mit einem Zylinder- oder Halbrundkopf bezieht sich daher die Längenangabe nur auf das eigentliche Gewinde (bzw. auch auf den Schaft). Bei Senkkopfschrauben bezieht sich dagegen die Schraubenlänge jeweils auch auf den Kopf und bei Linsenkopfschrauben nur auf den unteren Teil des Kopfes, der nach dem Einschrauben nicht sichtbar ist. Dieses Prinzip gilt auch für Holz-, Spanplatten- und Blechschrauben. Das Gewinde dieser Schrauben ist aber nicht metrisch, sondern hat typenbezogen unterschiedliche Formen. Die Abmessungen dieser Schrauben werden dann nur mit z. B. „Ø 4 x 50" oder „4 x 50" angegeben (Abb. 2.31). Die erste Zahl (in unserem Beispiel „Ø 4" oder „4") bezieht sich auf den Durchmesser in mm, die zweite Zahl auf die Länge in mm.

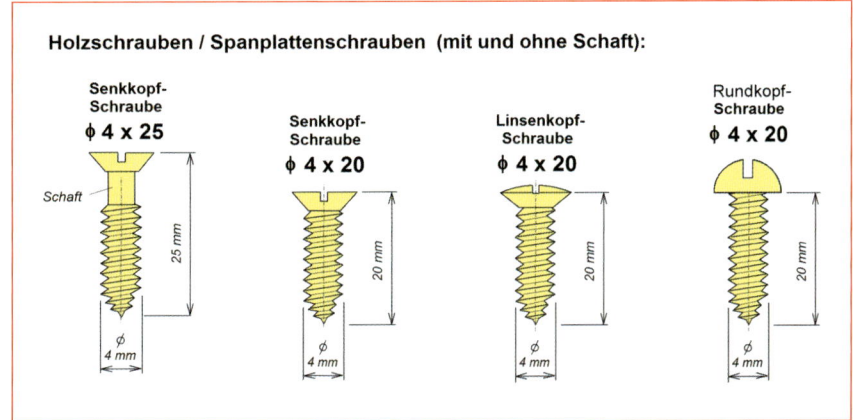

Abb. 2.31 – Auch aus der Holzschraubenbezeichnung geht hervor, wie dick und wie lang die Schraube ist.

2.8 Schrauben im Garten

Bei Muttern werden nur die Type und das Gewinde, z. B. als „Sechskantmutter M6", angegeben. Handelsübliche Muttern gibt es ebenfalls in verschiedenen Ausführungen. Einige der gängigsten zeigt Abb. 2.32.

Schrauben kennt zwar jeder, aber es ist von Vorteil, wenn man auch etwas genauer weiß, was für Schrauben es gibt und worauf es bei der Suche nach passenden Schrauben ankommt, denn das erleichtert so manche Planungsüberlegungen.

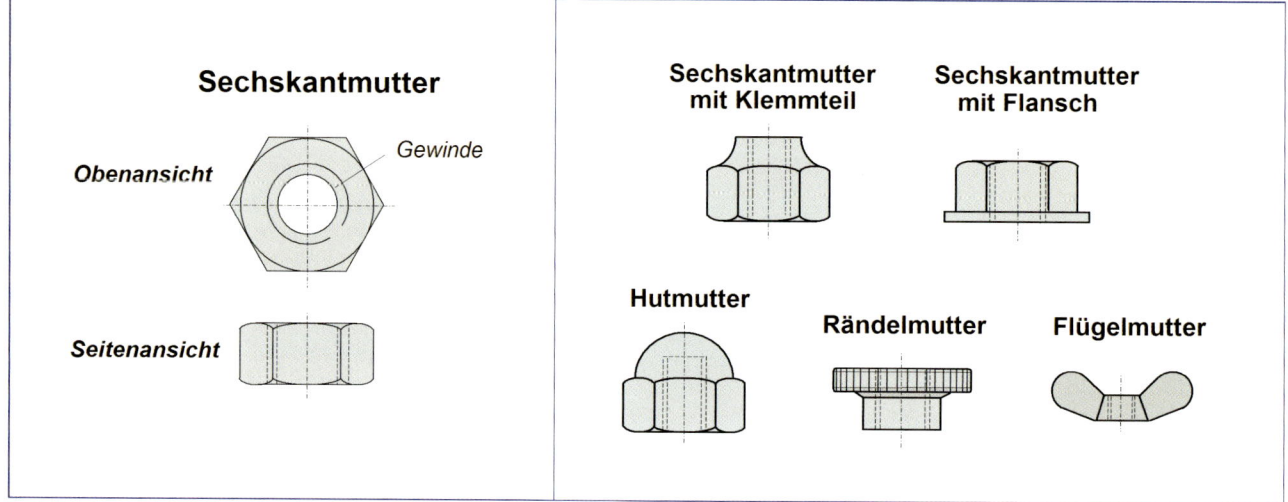

Abb. 2.32 – Handelsübliche Muttern gibt es in verschiedenen Ausführungen.

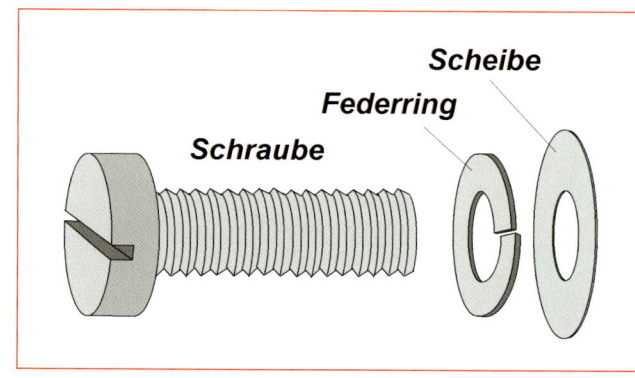

Abb. 2.33 – Unter Schraubenköpfe, die nicht als Versenkköpfe ausgelegt sind, sollten Unterlegscheiben oder bei Bedarf Federringe angebracht werden (Federringe verhindern, dass sich eine stärker beanspruchte Schraube lockert).

3 Pflastersteine selbst verlegen

Das Verlegen von Pflastersteinen gehört zu den Arbeiten, die sehr viel Spaß machen und große Erfolgserlebnisse bringen können. Auch wenn Sie noch nie Pflastersteine verlegt haben, können Sie es problemlos meistern. Sie müssen nur wissen, worauf es ankommt.

Das Schöne am Legen von Pflastersteinen ist, dass Sie hier – im Gegensatz zu vielen anderen handwerklichen Tätigkeiten – jeden Arbeitsschritt so oft wiederholen können, bis Ihnen das Ergebnis gefällt. Es geht dabei nichts kaputt, nichts wird beschädigt, denn es ist wie

3 Pflastersteine selbst verlegen

Wenn Sie ohne Eile und mit Geduld an die Arbeit gehen, kann das Endergebnis sogar noch schöner sein, als wenn ein Profi am Werk gewesen wäre. Ein Profi kann sich nicht mit zu zeitraubenden Spielereien aufhalten und z. B. jeden einzelnen Stein zweimal in der Hand umdrehen, um zu kontrollieren, ob vielleicht eine seiner Ecken etwas angeschlagen ist. Ein Profi wird auch nicht mit dem Enthusiasmus eines Feinmechanikers jeden Stein so exakt absägen, dass er millimetergenau in die für ihn bestimmte Lücke passt. Sie dagegen können sich beliebig viel Zeit nehmen.

Abb. 3.1 – Gerader Gartenweg mit zweifarbigen Betonverbundsteinen

beim Spielen mit den Bausteinen eines Baukastens: Sitzt ein Stein nicht gut, nimmt man ihn heraus und versucht es nochmals. Sitzt eine Reihe nicht gut, schaut man sich alles erst an, überlegt, worauf man beim nächsten Versuch achten sollte, nimmt dann die Steine wieder heraus und beginnt nochmals von vorn.

Abb. 3.2 – Elegant geschwungener Gartenweg (Foto: Ruf Baustoffwerk, Schnelldorf)

3 Pflastersteine selbst verlegen

Abb. 3.3 – Die Auswahl an schönen Pflastersteinen ist sehr groß. Mit etwas Fantasie lassen sich geschmackvolle Gartenwege verlegen. (Foto: Ruf Baustoffwerk, Schnelldorf)

3 Pflastersteine selbst verlegen

Das Verlegen von Pflastersteinen im Garten kann ohne Rücksicht auf die eigentlichen Formen und Materialien der Steine oder Platten auf verschiedene Arten erfolgen, aber auf einen gewissen stabilen Unterbau darf dabei unter Umständen nur dann verzichtet werden, wenn der Boden stark sandig ist. Andernfalls treten sich auch große Stein- oder Betonplatten im Laufe der Zeit tief in den Boden ein oder wachsen sogar zu.

Von den individuellen Ansprüchen an Glätte und Muster der gepflasterten Pfade, Wege oder Stellplätze hängt dann ab, welcher Unterbau für das Vorhaben am günstigsten ist und wie perfekt die ganze Gestaltung entworfen und ausgeführt wird.

Der Aufbau einer Pflasterfläche besteht nach Tabelle 3.1 aus zwei Schichten: einer Schotterschicht als Unterbau und einer Splittschicht als Bettung. Die in der Tabelle empfohlenen Höhen der Unterbau- und Bettungsschichten sind nur als Richtwerte zu betrachten. Eigentlich müsste hier auch die Körnung des Schotters und des Splitts genauer spezifiziert werden. Das ist zwar theoretisch leicht machbar, aber in der Praxis kann sich der Heimwerker die Körnung meist nur dann aussuchen, wenn er eine ganze Lkw-Ladung bestellt. Ansonsten ist er darauf angewiesen, welche Körnung er bei der kostengünstigsten Bezugsquelle erhalten kann. Meist handelt es sich dabei aber ohnehin um Körnungen, die auch andere professionelle Pflasterer für vergleichbare Arbeiten (z. B. das Pflastern von Gehsteigen oder Parkplätzen) verwenden. Die Höchstmaße der Schottersteine liegen oft bei etwa 32 bis 45 mm (Länge/Breite), der Splitt hat meist eine Körnung (Kornabstufung) von etwa 2 bis 8 mm.

Am Anfang des Vorhabens ist natürlich ein Aushub notwendig, dessen Tiefe von der Höhe der Pflastersteine und der Höhe der Unterbau- und Bettungsschicht abhängt. In der Heimwerkerliteratur werden oft Abbildungen von Baumaschinen gezeigt, die theoretisch die Arbeit erleichtern können. In der Praxis kann Ihnen z. B. ein Minibagger sicher viel Arbeit bei einem größeren Aushub ersparen, aber er kann einen bereits angelegten Garten derart verwüsten, dass Sie anschließend die ersparte Zeit und Arbeit in die Wiederherstellung der Anlage investieren müssen.

Das Gleiche gilt für die Anlieferungen der Baustoffe: Wird eine größere Menge Schotter auf den Rasen oder auf den weichen Boden Ihres Gartens aufgeschüttet, werden Sie später die restlichen Steine aus dem

Die richtigen Unterbau- und Bettungsschichten für Ihr Pflaster

	Erdreich	Unterbau (Schotter)	Bettung (Splitt)
schmaler Gartenpfad	sandig	kein	3 bis 5 cm
	lehmig	ca. 10 cm	3 bis 5 cm
Gartenweg	sandig	ca. 15 cm	ca. 5 cm
	lehmig	ca. 20 cm	ca. 5 cm
Sitzplatz / Stellplatz	sandig	ca. 20 cm	ca. 6 cm
	lehmig	ca. 25 cm	ca. 6 cm
Garageneinfahrt	sandig	ca. 25 cm	ca. 6 cm
	lehmig	ca. 35 cm	ca. 8 cm

Tab. 3.1 – Aufbau eines gepflasterten Pfads, Gartenwegs oder Gartensitz-/-Stellplatzes

3 Pflastersteine selbst verlegen

weichen Grund mühevoll herausklauben müssen. Dann ist es oft praktischer, wenn Sie von vorneherein alles so einplanen, dass eventuelle Schäden an Ihrem Garten vermieden werden: Anstelle eines Minibaggers genügen ein guter Spaten und ein Schubkarren. Der Schubkarren ist für den Abtransport der ausgehobenen Erde sowie für den Transport des Schotters, des Splitts und der Pflastersteine gedacht, die Sie bevorzugt an einen Standort liefern lassen, dem Sie solche Strapazen zumuten können – vorausgesetzt, es steht ein solcher Platz zur Verfügung.

> **Wichtige Hinweise**
>
> a) In der Heimwerkerliteratur wird als Bettung meist Sand oder Splitt empfohlen. Es fehlt aber in der Regel der wichtige Hinweis darauf, dass es sich bei Sand und Splitt um zwei Materialien handelt, die sehr unterschiedliche Eigenschaften aufweisen: Splitt braucht nur am Anfang der Arbeit in den Unterbau (in den Schotter) eingestampft (Abb. 3.4) und anschließend mit einem Brett gerade abgezogen zu werden (Abb. 3.5) und verhält sich danach als relativ fester Untergrund. Auf diesem Untergrund können anschließend die Steine quasi nur aufgelegt und ganz leicht angeklopft werden und bilden einen schönen, glatten Weg. Splitt bildet eine relativ harte Bettung, die recht unnachgiebig ist. Man könnte vereinfacht sagen: einmal glatt, immer glatt. Genau genommen sinkt ein solcher Unterbau bzw. das ganze Pflaster mit der Zeit um etwa 1 cm. Profis setzen daher das Pflaster präventiv jeweils ca. 1 cm höher, damit es letztendlich die optimale Höhe hat.
>
> Sand ist im Vergleich zu Splitt als Bettung sehr nachgiebig und lässt sich durch Rütteln und Klopfen sehr zusammendrücken. Seine Nachgiebigkeit hängt zudem auch noch vom Feuchtigkeitsgehalt ab. Hier hilft anfängliches Einstampfen und Abziehen des auf den Unterbauschotter aufgeschütteten nassen oder zu feuchten Sands nicht allzu viel. Ist der Sand zu feucht, dringt er in die Lücken zwischen dem Schotter nicht gut hinein und holt es oft erst dann nach, wenn er gut getrocknet ist – und nachdem der Weg bereits verlegt und gerüttelt wurde.
>
> Das Verlegen von Pflaster in eine Sandbettung ist generell unvergleichbar arbeitsintensiver, als wenn es in eine Bettung aus Splitt verlegt wird. Dennoch eignet sich Sand als preiswerte (und nur einige cm dünne) Bettung z. B. für kleinere Trittsteine oder für kleinere Pfade, die nicht zu arbeitsintensiv sind, oder für Aufgabenbewältigungen, bei denen seine Nachgiebigkeit willkommen ist. Wenn beispielsweise Beetumrandungen nur ohne Betonierung verlegt werden, ist für die Bettung nicht Splitt, sondern Sand zu verwenden. Seine Nachgiebigkeit bietet hier den Vorteil, dass sich die Umrandungssteine mit einem Gummihammer leichter maßgerecht auf die gewünschte Höhe hineinklopfen lassen.
>
> b) Die obligatorischen Hinweise auf die Verwendung eines motorbetriebenen Rüttlers (Rüttelplatte) haben einen Schönheitsfehler, auf den wir mit Nachdruck hinweisen möchten: Mit einer kleinen Rüttelplatte werden Sie einen neu verlegten Gartenweg kaum so gut begradigen können wie mit einem etwas größeren Gummihammer. Verwenden Sie wiederum eine schwere Rüttelplatte, werden Sie im ungünstigsten Fall anschließend Risse im Mauerwerk Ihres Hauses finden.

3 Pflastersteine selbst verlegen

> **Fazit**
>
> Wenn Sie eine Bettung mit Splitt errichten und die Pflastersteine mit einem Gummihammer mit Geduld und Muskelkraft gerade einklopfen, werden Sie für Ihre Gartenwege oder Gartenstellplätze keine motorbetriebene Rüttelplatte benötigen. Ihr Pflaster wird trotzdem glatt sein. Und wenn nicht? Dann klopfen Sie einfach einige der zu hoch stehenden Steine noch etwas mehr mit einem Gummihammer hinein oder nehmen die zu tief liegenden Steine wieder heraus, unterlegen sie mit Sand oder Splitt und klopfen sie dann wieder ein.

Abb. 3.4 – Der Splitt kann mit einem einfachen, selbst gemachten Stampfer in den Schotter eingestampft werden: Je nachdem, ob Sie nur einmalig einen kleineren Gartenweg oder eine größere Fläche stampfen müssen, können Sie den Stampfer provisorisch oder perfekt herstellen.

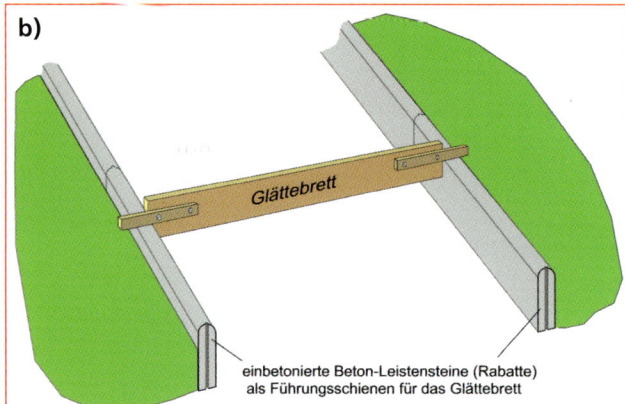

Abb. 3.5 – Für das Abziehen der Splittbettung werden Sie ein gerades Brett brauchen, das bei Bedarf links und rechts des Pflasters jeweils eine Art „Führungsschiene" braucht: **a)** Aluminium-Rechteckrohre eignen sich gut für die Glättung von Splittbettung für Pflaster ohne einbetonierte Umrandungssteine; **b)** einbetonierte Leistensteine können ebenfalls als Führungsschienen für das Glättebrett (Abziehbrett) dienen.

3   Pflastersteine selbst verlegen

Der Splitt sollte erst etwas dünner auf den Schotterunterbau aufgetragen und anschließend gut in den Schotter hineingestampft werden. Als Stampfer genügen ein einfacher Balken nach Abb. 3.4 und Muskelkraft. Anschließend kann der Splitt nur noch mit einem Glättungsbrett nach Abb. 3.5 glatt abgezogen werden. Das Glättungsbrett muss den Splitt in der Regel tiefer abziehen, als die Führungsschienen liegen: Es benötigt daher seitlich zwei zusätzliche Führungslatten, die auf den Führungsschienen gleiten können und maßgerecht so an das Glättungsbrett angeschraubt sind, dass die Glättung des Splitts in der erforderlichen Tiefe erfolgt.

An größeren gepflasterten Flächen (Gartensitzplätze, Grillplätze, Stellplätze für Gerätehäuser u. Ä.) kann der Splitt auch ohne Führungsschienen geglättet werden, wenn dabei mithilfe einer ca. 2 m langen Wasserwaage die Fläche nach Abb. 3.6 optimal begradigt wird. Alternativ kann das Splittbett auf größeren Flächen, zu denen z. B. auch Gartensitzplätze gehören, in mehrere Sektionen eingeteilt werden, in denen nach Abb. 3.7 Rohre als Führungsschienen bedarfsgerecht exakt waagrecht verlegt werden.

> **Unser Tipp**
>
> Um den Schotter von einem Haufen leicht in einen Schubkarren schaufeln zu können, sollte er auf einem festen und glatten Untergrund liegen. Sie stoßen dann die Schaufel jeweils direkt auf den Boden unter den Schotter, denn da ist der Widerstand der Steine am geringsten. Diese Arbeit ist nicht schwer, sondern nur gewöhnungsbedürftig.

Abb. 3.6 – Für die Kontrolle oder Nachbesserung der Glättung von größeren Splittflächen ist eine ca. 2 m lange Wasserwaage erforderlich. (Foto: RUF Baustoffwerk, Schnelldorf)

Abb. 3.7 – Für größere gepflasterte Flächen kann die Bettung für das Pflaster in mehrere Bahnen eingeteilt werden, in die Rohre als Führungsschienen waagrecht verlegt werden, damit das Splittbett optimal gerade wird. (Foto: Ruf Baustoffwerk)

3.1 Womit kann ein Heimwerker pflastern?

Pflastersteine gibt es in Form von Natursteinen, Betonsteinen und Klinkern. Die ältesten Pflaster, die in der Vergangenheit mit Natursteinen verlegt wurden, kennen wir als Kopfsteinpflaster. Solche Kopfsteinpflaster strahlen zwar einen Hauch von Nostalgie aus, sind aber schlecht begeh- oder befahrbar und wurden daher schon vor langer Zeit durch „harte" Natursteine mit einer etwas flacheren Oberfläche ersetzt. Diese Pflastersteine werden allerdings nicht formgerecht gesägt, sondern nur annähernd formgerecht behauen. Ihre Oberfläche ist daher recht grob (Abb. 3.8/3.9).

Naturpflastersteine teilen sich in zwei Gruppen: Hart- und Weichgestein-Pflastersteine bzw. Pflasterplatten.

Der Hartgesteingruppe gehören Pflastersteine aus Basalt, Gneis, Granit, Porphyr und Quarz an. Für Weichgesteinpflaster werden überwiegend Kalk- und Sandstein verwendet.

Hartgesteine sind in verschiedenen Grundabmessungen erhältlich: Die größten der handelsüblichen Pflastersteine haben Kantenlängen von bis etwa 19 cm, die kleinsten, die als *Mosaikpflastersteine* bezeichnet werden, haben Abmessungen von ca. 3/5, 4/6, 5/7 oder 6/8 cm. Es handelt sich allerdings um keine exakten Abmessungen und die Formen dieser Steine entsprechen der Bezeichnung „wie gehauen".

Abb. 3.9 – Natursteine werden oft auch mit Betonpflastersteinen kombiniert. (Foto RUF Baustoffwerk, Schnelldorf)

Abb. 3.8 – Harte Naturpflastersteine (Hartgesteine) haben eine grobe Oberfläche und weisen recht große Maßtoleranzen auf.

Weichgesteine wie z. B. Sandstein oder Kalkstein, lassen sich – im Gegensatz zu den Hartgesteinen – formgerecht und glatt sägen, wodurch sie genauso einfach verlegt werden können wie Betonsteine oder Klinker. Sie sind geringer belastbar als Hartgesteine, eignen sich daher zwar nicht für den normalen Straßenbau, können jedoch im Garten sogar für die Garagenzufahrt verwendet werden, sofern diese nur für Pkws vorgesehen ist.

3.1 Womit kann ein Heimwerker pflastern?

Abb. 3.10 – Betonsteine (Verbundsteine) sind oft in mehreren Farben erhältlich. Durch passende Farbmuster lässt sich die Eintönigkeit des Betons beleben.

Abb. 3.11 – Einem Garten mangelt es nicht an Farben. Eine gut durchdachte Formgestaltung des Pflasters kann den Garten oft mehr beleben als das eigentliche Material der Pflastersteine.

Betonpflastersteine sind in verschiedensten Größen, Formen und Farben erhältlich. Die Form von einigen Betonpflastersteinen ist so gewählt, dass sie zu einem Verbundpflaster (Abb. 3.10) verlegt werden können. Die Hersteller bieten hier oft zu der Grundform noch zusätzliche Randsteine an. Bei Verwendung dieser Steine entfällt, je nach den Gegebenheiten, das Schneiden von Steinen entweder ganz oder ist nur teilweise für passende Anschlüsse erforderlich. Solche Verbundsteine lassen sich leicht verlegen, können mit maßgerechten Anschlusssteinen (Abb. 3.12), kombiniert werden und sind zudem in mehreren Farben lieferbar. Sie schließen beim Verlegen aneinander an und der Abstand für die Fugen ist bereits werkseitig vorgefertigt (Abb. 3.13). Einige der Verbundsteine dürfen laut Hersteller auch ohne Umrandungen und ohne Einbetonieren der Randsteine verlegt werden und garantieren sogar bei stärker befahrenen landwirtschaftlichen Verkehrswegen eine gute Stabilität. Sie benötigen allerdings die übliche Bettung (Splitt) und einen stabilen Schotterunterbau, der in einem zu weichen Erdreich nicht seitlich abrutschen kann.

Pflasterklinker werden, ähnlich normalen Ziegeln, aus Ton gebrannt. Das Material wird aber bei guten Klinkern stärker verdichtet und bei sehr hohen Temperaturen gebrannt.

3.1 Womit kann ein Heimwerker pflastern?

Abb. 3.12 – Bei einigen Verbundpflastern sind auch Anschlusssteine (Randsteine) erhältlich.

Beton hat sich in der Vergangenheit als Baumaterial einen schlechten Ruf eingehandelt. Teilweise zu Recht, aber nur in Hinsicht auf die Anwendung. Viel zu oft wird dabei vergessen, dass Beton aus einem Gemisch von Zement, Sand und Steinen entsteht – natürlichen Materialien. Aus dieser Sicht sind Pflastersteine aus Beton kaum unnatürlicher als z. B. Klinker. Wenn es allerdings um die Verwendung von Betonziegeln anstelle von Tonziegeln z. B. beim Bau eines Einfamilienhauses geht, ist die Sachlage anders: Eine Kellermauer aus Betonsteinen (oder harten Natursteinen) wird das Erdgeschoss des Hauses während der Wintermonate von unten kräftig abkühlen. Kellermauern aus Tonziegeln schützen das Haus dagegen vor der Außenkälte.

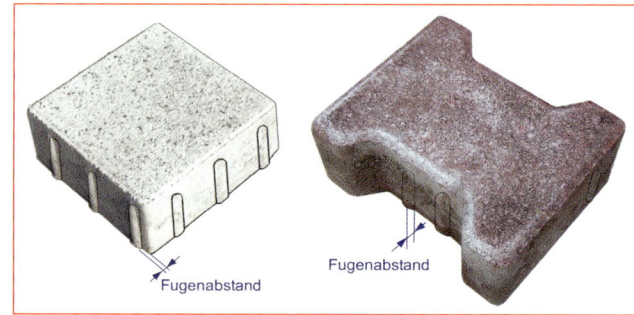

Abb. 3.13 – Der Fugenabstand ist bei vielen Verbundsteinen durch ihre Grundform vorgegeben: Die Steine können einfach mit einem Gummihammer direkt aneinandergeklopft werden.

3.2 Wahl der richtigen Pflastersteine

Die Wahl der richtigen Pflastersteine wird sich in vielen Fällen vor allem an der Optik und dem individuellen Geschmack orientieren. Oft hat man dennoch mehrere Alternativen ins Auge gefasst und sollte dann in die Kaufüberlegungen auch praktische Vorteile einbeziehen. Zu achten ist dabei auf folgende Vor- und Nachteile: Je größer die einzelnen Pflastersteine oder Platten sind, desto schneller lassen sie sich verlegen. Es gibt dennoch eine Grenze, an der dieser Vorteil mit dem Nachteil verbunden ist, dass der Höhenausgleich mit einem Gummihammer zu schwierig wird: Pflastersteine oder Platten, deren Fläche in etwa die Größe dieses Buchs überschreitet, sind beim Einklopfen auf die erwünschte Höhe unvorteilhaft. Der zusätzliche Zeitaufwand mit dem Höhenausgleich entfällt allerdings, wenn solche Platten nur in größeren Abständen verlegt werden oder wenn man kleinere Höhenunterschiede in Kauf nimmt. Verbundpflastersteine lassen sich leicht verlegen: Sie haben als „Einhandsteine" geringes Gewicht und passen wie Spielzeugbausteine aneinander.

Größere Pflastersteine können mit einem Winkelschleifer leichter geschnitten werden als zu kleine Steine, die sich zum Schneiden nicht gut einklemmen lassen (siehe hierzu Kapitel 2.6).

Natursteine mit grober Oberfläche oder mit etwas unterschiedlichen Maßen und Formen lassen sich schwieriger verlegen als z. B. glatte und maßgerechte Betonsteine. Sie haben aber andererseits wieder den Vorteil, dass man mit ihnen leichter Rundungen oder kreisförmige Mosaiken verlegen kann (Abb. 3.17).

Dünnere Gartenweg-Pflastersteine (bis zu einer Höhe von ca. 6 cm) lassen sich leichter sägen als z. B. 8 cm dicke Pflastersteine, die für Garageneinfahrten vorteilhafter sind. Wenn Sie diese beiden Pflastersteinausführungen benötigen und Wert darauf legen, dass alle Pflaster in Ihrem Garten mit den gleichen Steinen verlegt werden, erkundigen Sie sich bei der Bezugs-

Abb. 3.14 – Verbundpflaster lässt sich leicht verlegen: Beispiel eines selbst verlegten Pflasters an der Garageneinfahrt.

Abb. 3.15 – Betonpflastersteine sind in vielen Farben lieferbar und ein Heimwerker kann sich die Zeit nehmen, attraktive Muster zu verlegen. (Foto: Ruf Baustoffwerk)

quelle, für welche Anwendungen sich die einen oder anderen Steine eignen. Es gibt auch Pflastersteine, die z. B. bei gleicher Form und Farbstruktur wahlweise 6

3.2 Wahl der richtigen Pflastersteine

Abb. 3.16 – Eine dezente Kombination unterschiedlicher Formate kann das Pflaster ähnlich beleben, wie eine Kombination von Farben. (Foto: RUF Baustoffwerk)

Abb. 3.17 – Natursteine sind wahlweise mit kleineren Abmessungen erhältlich und werden daher oft mit Betonpflastersteinen kombiniert, um kleinere Kreise oder Rundungen zu erstellen. (Foto: Ruf Baustoffwerk)

oder 8 cm hoch sind. Die höheren Pflastersteine sind dann für die Garageneinfahrt, die niedrigeren für die Gartenwege geeignet.

Vergessen Sie bei der Suche nach den passenden Pflastersteinen nicht, dass auch der eigentliche Verband (die von Ihnen vorgesehene oder von der Type des Pflastersteins vorgegeben Art des Verlegens) dafür bestimmend ist, wie viele der Endsteine geschnitten werden müssen. Manche Pflastersteine – z. B. Verbundsteine – sind auch mit passenden Randsteinen erhältlich. Bei Verwendung dieser Steine entfällt, je nach den Gegebenheiten, das Schneiden von Steinen entweder ganz (Abb. 3.12) oder ist nur teilweise für passende Anschlüsse erforderlich. Solche Verbundsteine lassen sich leicht verlegen, können mit maßgerechten Anschlusssteinen kombiniert werden und sind zudem in mehreren Farben lieferbar. Sie schließen beim Verlegen aneinander an und der Abstand für die Fugen ist bereits werkseitig vorgefertigt.

3.2　Wahl der richtigen Pflastersteine

Abb. 3.18 – Betonpflastersteine lassen sich mit einem großen Zweihand-Winkelschleifer und einer Diamanttrennscheibe problemlos sägen. Wer sich die Mühe machen will, kann sie passgenau zuschneiden.

Es gehört zu Ihren künstlerischen Freiheiten, mit welchen Steinen bzw. Klinkern Sie Ihre Gartenwege, Ihre Terrasse oder Ihre Garagenzufahrt pflastern möchten. Bedenken sollte man aber, dass ein aufgezeichnetes Pflaster immer anders aussieht als „in natura". Wenn Sie die Möglichkeit haben, sich ein bereits verlegtes Pflaster mit den Steinen Ihrer Wahl in Ihrer Nähe anzusehen, bewahrt es Sie eventuell vor falschen Vorstellungen. Hier kann Ihnen vielleicht der Verkäufer des Baustoffhändlers einen Tipp geben, wo Sie sich das identische Pflaster ansehen können.

Kritisch kann es bei Kombinationen verschiedener Pflastersteingrößen oder -arten werden. Das Endergebnis kann leicht den Eindruck erwecken, dass das Pflaster aus diversen Restposten notdürftig erstellt wurde. Abb. 3.19 verdeutlicht, was mit diesem Hinweis gemeint ist. Es bleibt aber eine Sache des individuellen Geschmacks und der künstlerischen Freiheit, wie und womit ein Gartenbesitzer sein Pflaster im Garten legt. Abgesehen davon hat nicht jeder Pfad im Garten eine Zierfunktion, denn es gibt auch Verbindungspfade oder Stellplätze, die nur rein zweckbezogen errichtet werden.

3.2 Wahl der richtigen Pflastersteine

Abb. 3.19 – Die Harmonie der Gartengestaltung bzw. einer gepflasterten Fläche kann unter Umständen in Mitleidenschaft gezogen werden, wenn zu unterschiedliche Pflastersteine miteinander kombiniert werden.

Welche Komponente bei der Wahl des Pflasters aus Ihrer Sicht Priorität verdient, hängt von der Funktion und dem Stellenwert ab, die Sie einem Gartenweg oder einem Gartenstellplatz zuordnen. Ein dekorativer Sitzplatz verdient selbstverständlich ein schöneres Pflaster als z. B. ein Stellplatz für ein Gerätehaus oder für die Mülltonnen. Bei der Wahl des Pflasters für Gartenwege kommt es u. a. darauf an, inwiefern Sie Wert darauf legen, dass der Gartenweg zu einer echten Augenweide wird, oder ob Sie ihn lieber bescheidener gestalten möchten, um die Schönheit der Blumen und Pflanzen mehr hervorzuheben. Nicht zu unterschätzen ist dabei die Tatsache, dass ein zu auffallendes Pflaster wie ein Fremdkörper im Garten wirken könnte, der mit dem Garten nie „zusammenwächst" und große Ansprüche an die Pflege stellt.

Wichtiger Hinweis

Bei manchen Pflastersteinen achten die Lieferanten nicht auf eventuelle kleinere Beschädigungen der Steine und die Pflasterer, die mit solchen Steinen z. B. größere öffentliche Plätze pflastern, auch nicht. Sie als privater Anwender stellen möglicherweise höhere Ansprüche daran, dass die gelieferten Steine keine angeschlagenen Kanten haben und dass alle Ecken noch intakt sind. Ein solider Lieferant wird Ihnen beschädigte Steine kostenlos ersetzen, wenn Sie ihn beizeiten darauf ansprechen.

3.3 Die optimale Fugenbreite

Wir haben bereits darauf hingewiesen, dass viele Verbundsteine herstellerseitig so ausgelegt sind, dass sie dicht aneinander verlegt werden können und trotzdem Aussparungen für Fugen haben. Hier braucht man sich mit der Frage der optimalen Fugenbreite nicht zu befassen und es wäre auch nicht ratsam, solche Verbundsteine gezielt mit größeren Fugenabständen zu verlegen. Das würde die ansonsten hervorragende Stabilität des Pflasters in Mitleidenschaft ziehen. Anders ist es bei Pflastersteinen, deren Formgestaltung keine Fugenbreite aufzwingt. Hier gibt es einfache Richtgrenzwerte: Für sehr kleine Steine eignet sich eine Fuge von 3 bis 4 mm, für mittelgroße Steine eine Fuge von 4 bis 5 mm und für Steine in der Flächengröße dieses Buchs kann die Fuge etwa 6 bis 10 mm breit sein.

Die Fugenbreite ist selbstverständlich eine Frage der Optik und somit auch des individuellen Ermessens. Zu breite Fugen haben den Nachteil, dass beim Kehren des Pflasters der Sand mit dem Besen leichter herausgekehrt wird und des Öfteren etwas nachgefüllt werden muss. Zudem setzen sich hier mit größter Vorliebe angewehte Samen hinein (vor allem wenn die Fugen tief „ausgewaschen" sind) und das Pflaster wird von Unkraut überwuchert. Wenn Sie sich für schmale Fugen entschließen, messen Sie vorher die tatsächlichen Abweichungen bei den gelieferten Pflastersteinen gut aus. Es kommt manchmal vor, dass ein Teil der Lieferung abweichende Abmessungen hat als die Steine, die man zuerst in die Hand genommen hat, um ihre Abmessungen zu ermitteln.

Wenn Sie z. B. vorhaben einen Pflastergartenweg zwischen einbetonierte Randsteine zu verlegen, ist es wichtig, dass Ihnen keine Denk- oder Messfehler unterlaufen. Das lässt sich am einfachsten verhindern, indem man eine Reihe der Pflastersteine in der vorgesehenen Breite nach Abb. 3.20 auf einen geraden Untergrund auflegt und ihre tatsächliche Länge genau ausmisst. Vergessen Sie aber nicht zur Breite des ge-

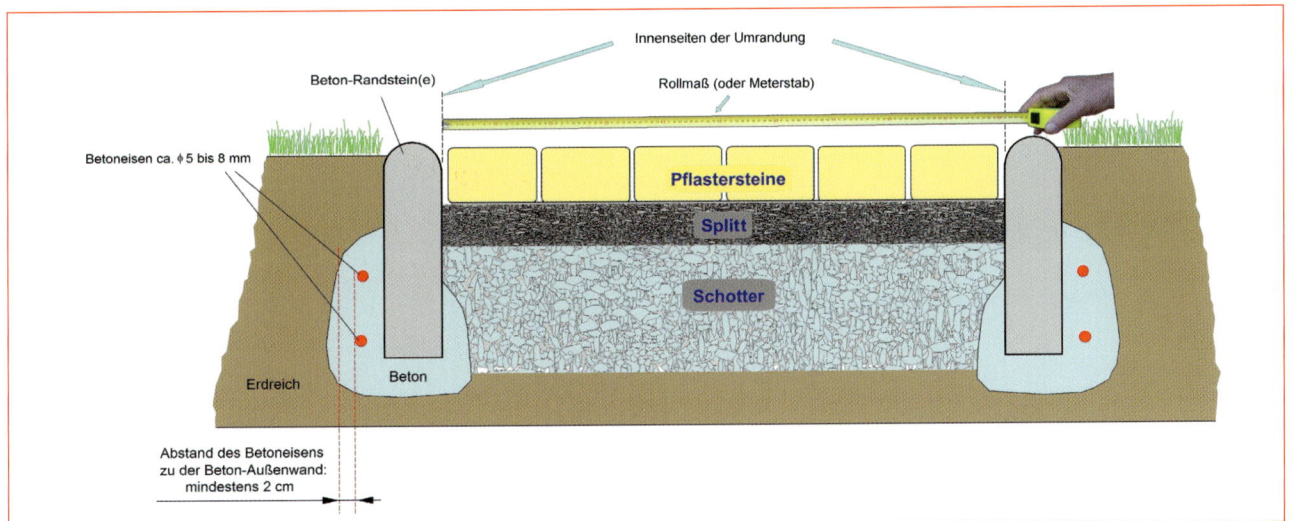

Abb. 3.20 – Zweimal genau messen und danach nochmals kontrollieren ist bei solchen Arbeiten grundsätzlich erforderlich: Machen Sie es sich zu Gewohnheit, denn das erspart unnötigen Ärger, der durch Fehler verursacht wird.

3.3 Die optimale Fugenbreite

Abb. 3.21 – Spezielle Rasenpflastersteine sind herstellerseitig so ausgelegt, dass der Abstand zwischen ihnen genügend Platz für einen Raster aus Gras bietet. (Foto: RUF Baustoffwerk)

pflasterten Wegs die zwei zusätzlichen Fugen links und rechts zwischen dem Pflaster und der Umrandung mit einzubeziehen. Diese zwei Fugen können um ca. 50 % breiter gewählt werden als die Fugen zwischen den Pflastersteinen, um eventuelle Abweichungen im Maß leichter aufgefangen zu können.

Ausgenommen bei Rasenpflastersteinen, deren Fugen mit Erde gefüllt werden, wird in die Fugen normaler Pflaster Sand oder Splitt mit harten Kunststoffborsten nach Abb. 3.22 hineingefegt. Was der Besen nicht schafft, kann dem nächsten Regen überlassen werden. Danach muss ohnehin noch weitere zwei- bis dreimal Sand oder Splitt in die offenen Fugen (meist jeweils nach dem Regen) nachgefüllt werden.

Einige füllen die Fugen mit Splitt, statt mit Sand oder sie füllen nur etwa die unteren 2/3 der Fugentiefe mit Splitt und den Rest mit Sand. Für die Pflastersteine spielt das keine Rolle und so manches Unkraut findet anfänglich am Splitt weniger Gefallen als am Sand. Mit der Zeit füllen sich jedoch die Fugen ohnehin mit angewehtem Staub und das Wachstum des Unkrauts ist nicht aufzuhalten.

Abb. 3.22 – Der Sand oder Splitt wird mit einem Besen in die Fugen zwischen den Pflastersteinen hineingefegt.

Unser Tipp

Messen Sie bei solchen Arbeiten immer so genau, als käme es auf einen halben Millimeter an. Das ist zwar nicht der Fall, aber wenn Sie von vorneherein davon ausgehen, dass es auf einen Millimeter nicht ankommt, werden sich ins Endergebnis Abweichungen einschleichen, die weit mehr als einen Millimeter betragen.

3.4 Einbetonierte Pflasterrandsteine

Gut einbetonierte Randsteine (Leistensteine) stabilisieren den gepflasterten Weg und können an beiden Rändern des eines Wegs, z. B. nach Abb. 3.23/3.24, gleich nach dem Aushub als nächster Arbeitsschritt verlegt (einbetoniert) werden. Perfektes Messen, fehlerfreies Rechnen und genaues Verlegen der Randsteine sind dabei erforderlich. Wenn der Beton erst einmal härtet oder sogar schon hart ist, gibt es keine einfachen Tricks, um Fehler zu beheben. Erst nachdem der Beton unter der Umrandung einigermaßen hart ist, was mindestens zwei bis drei Tage dauert, kann zwischen die Randsteine als Unterbau der Schotter hineingeschüttet werden. Das Stampfen des Schotters sowie auch das Anbringen und Stampfen des Splitts sollte erst dann stattfinden, wenn der Beton der Umrandung ausreichend durchgehärtet ist. Dazu sollte man ihm, abhängig von Wetter und Außentemperatur, mindestens eine Woche bis 10 Tage Zeit lassen. Diese Empfehlung gilt allerdings nicht grundsätzlich, sondern hängt von der Art des Betons ab. Fragen Sie bei dem Lieferanten nach, was er empfiehlt, und weisen Sie dabei auf die Art der Anwendung hin. In der Baubranche wird zwar ein Betonfußboden bereits nach zwei Tagen als begehbar hart betrachtet, aber bei einer filigranen Umrandung kann ein zu wenig durchgehärteter Beton beim Stampfen reißen.

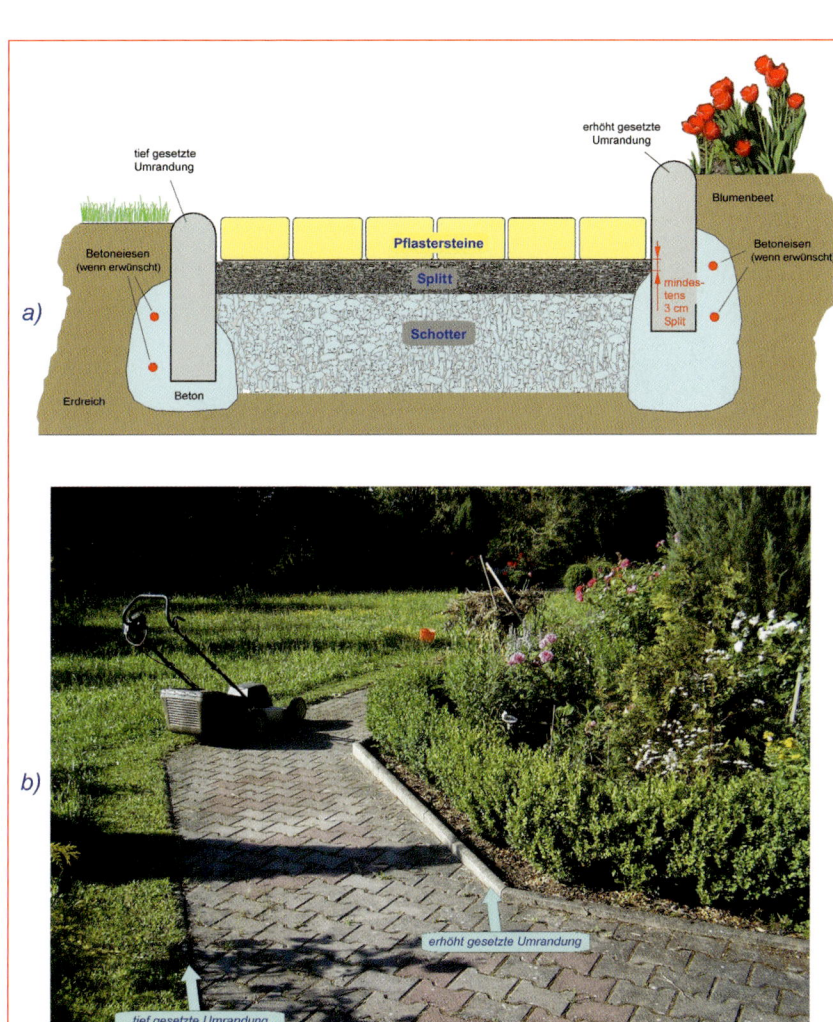

Abb. 3.23 – Das maßgerechte Einbetonieren der Leistensteine ist der erste Schritt, der nach dem Aushub erfolgt.

Es liegt an Ihnen, ob sie in den Betonsockel der Leistensteine noch zusätzliche Stücke Betoneisen (Stangen von ca. 5 bis 8 mm Durch-

3.4 Einbetonierte Pflasterrandsteine

messer) einlegen oder auf diese zusätzliche Maßnahme verzichten. Normalerweise werden solche Betonsockel ohne Betoneisen – also nur mit Beton – erstellt, aber ein Heimwerker kann sich viel Arbeit mit dem Betonieren sparen, wenn er Betoneisen verwendet. Der Betonsockel darf dann wesentlich schmaler und dünner sein und das spart Zeit, die auf das Betonmischen und den Schubkarrentransport entfällt. Das Betoneisen sollte grundsätzlich mindestens 2 cm tief im Beton sitzen, da es ansonsten rostet (meist ist es bereits bei der Anschaffung recht angerostet, aber das macht nichts aus). Wenn es sich nicht tief genug in den Beton hineindrücken lässt, muss es einfach noch etwas überbetoniert werden. Dies muss jedoch unmittelbar geschehen, da sich sonst der zusätzliche Beton mit dem Sockel nicht mehr gut verbindet.

Wenn Sie die Wegumrandung mit längeren Betonleistensteinen erstellen, brauchen Sie das Betoneisen nicht in ganzer Länge des Betonsockels, sondern nur an den Verbindungen der Steine in den Beton hineinzudrücken (wie Abb. 3.25 zeigt). Es genügt dabei, zu

Abb. 3.24 – Anstelle langer Leistensteine können auch kleinere Steine als Randsteine verwendet werden, die jedoch müssen ebenfalls ein Betonfundament erhalten und zudem auch mit z. B. Naturstein-Verlegmörtel gut miteinander verbunden sein. (Foto: RUF Baustoffwerk)

Abb. 3.25 – Bei Verwendung längerer Leistensteine kann das Betoneisen jeweils nur an den Verbindungen in kurzen Stücken in den Beton des Sockels hineingedrückt werden.

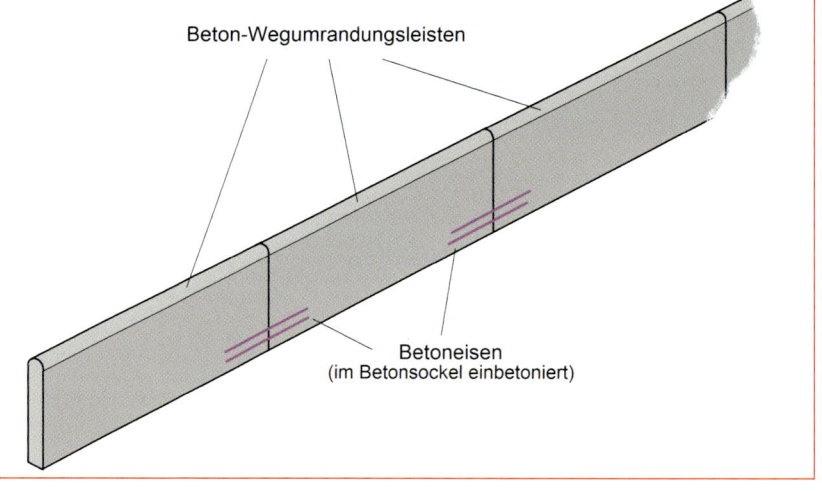

3.4 Einbetonierte Pflasterrandsteine

> **Unser Tipp**
>
> In vielen Betonwerken sammeln sich kurze Stücke Betoneisen als Abfall an, die man kostenlos oder für ein kleines Trinkgeld bekommen kann. Alternativ können Sie die benötigten Betoneisenstücke auch wunschgerecht auf Länge geschnitten erhalten.

diesem Zweck Betoneisenstücke in ca. 25 bis 30 cm Länge zu verwenden. Dies gilt sowohl für gerade verlaufende Sockel als auch für Rundungen und Ecken.

Werden Wegumrandungen aus kleineren einbetonierten Steinen erstellt, kann der Betonsockel ebenfalls mit Betoneisen verstärkt werden, das jedoch bei dieser Lösung durchlaufend im Sockel einbetoniert wird. Auch hier spart solche „Bewehrung" viel Arbeit, denn der Betonsockel kann dadurch viel schmaler sein und verbraucht weniger Beton.

In unseren Abbildungen wurden jeweils nur zwei Betoneisen pro Verbindung eingezeichnet, aber das ist reine Ermessenssache. Zwei Betoneisen mit einem Durchmesser von 5 mm genügen. Drei stabilisieren vor allem höhere Umrandungen besser und können hauptsächlich bei weichen Böden verhindern, dass der Betonsockel

Abb. 3.26 – Anstelle dünnerer Betonleistensteine können bei Bedarf auch massivere Wegumrandungssteine verwendet werden, die allerdings für „Ein-Mann-Projekte" recht schwer sind. (Foto: Ruf Baustoffwerk)

im Laufe der Jahre an einigen Stellen reißt.

Neben den hier abgebildeten Betonleistensteinen, die oft kostengünstig als Rasenkanten erhältlich sind, können auch andere beliebige Steine für die Wegumrandung verwendet werden. Profis bevorzugen oft stärkere und schwerere Umrandungssteine (Abb. 3.26). Diese sind jedoch für einen Heimwerker, der nur über bescheidene Arbeitsmittel und zudem oft nur über seine eigenen zwei Hände verfügt, meist zu schwer.

Ungeachtet der Art der Umrandungssteine: Ein möglichst genaues Ausmessen und Aussetzen der Wegbreite mit einer „Richtschnur" (Maurerschnur) nach dem Beispiel aus Abb. 3.27 ist wichtig, denn sobald die Umrandungen einbetoniert sind, gibt es kein Zurück mehr.

Wegumrandungen, die mit kleineren Randsteinen (Randeinfassungen) verlegt werden, sollten mit einem guten Zementmörtel miteinander verbunden werden. Zu diesem Zweck eignet sich z. B. ein Zementmörtel, der als Sackware

3.4 Einbetonierte Pflasterrandsteine

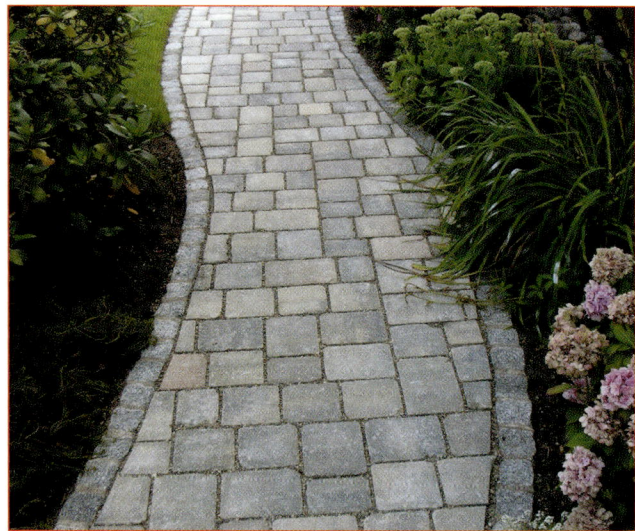

Abb. 3.28 – Umrandungen von Wegen, die nicht gerade verlaufen, werden oft mit kleineren Steinen erstellt. (Foto: RUF Baustoffwerk)

Abb. 3.27 – Beim Ausmessen und Aussetzen der Umrandungssteine ist höchste Präzision gefordert. (Foto: RUF Baustoffwerk)

(oft à 25 kg) unter der Bezeichnung „Trass-Naturstein-Verlegmörtel" in Baumärkten erhältlich ist. Dieser Mörtel kann auch für das Verlegen von Fliesen oder Platten verwendet werden.

Abb. 3.29 – Eine doppelte Umrandung macht den Gartenweg schmaler: Die innere Reihe der Umrandungssteine wird nicht einbetoniert, sondern nur normal in Splitt verlegt. (Foto: RUF Baustoffwerk)

3.5 Schneiden der Pflastersteine

In etlichen Heimwerkerbüchern finden sich Abbildungen mittelgroßer und großer Steinsägen, mit denen ein Heimwerker seine Pflastersteine bequem sägen kann. In der Praxis ist das aber nicht so einfach, denn es gibt kaum Unternehmen, die eine solche Steinsäge ausleihen.

Die meisten Heimwerker greifen in solchen Fällen einfach zu Ihrem Winkelschleifer und schneiden mit ihm die Steine (siehe Kapitel 2.6). Pflastersteine sind aber im Vergleich zu Umrandungsleistensteinen relativ leicht und klein. Kleinere Steine springen beim Sägen oft weg, reißen dabei den Winkelschleifer kräftig zur Seite und die Verletzungsgefahr ist dadurch sehr groß.

Wer bisher noch wenig Erfahrung im Umgang mit einem Winkelschleifer hat, sollte sich vorerst darauf beschränken, höchstens eine kleine Ecke von einem Pflasterstein abzuschneiden. Am besten geht es mit einem sogenannten Trennständer für Zweihand-Winkelschleifer nach Abb. 3.30. In der Praxis werden Pflastersteine und Betonfliesen oft risikofreudig mit einem Winkelschleifer ohne einen Trennständer geschnitten. Feste Stiefel und starke Handschuhe beugen einer Verletzungsgefahr vor. Ansonsten sollte Folgendes eingehalten werden:

Abb. 3.31 – Das direkte Schneiden von Pflastersteinen oder Betonfliesen frei Hand setzt handwerkliche Erfahrung voraus.

a) Grundsätzlich soll für das Schneiden von Pflastersteinen nur ein großer Winkelschleifer verwendet werden, der für einen Scheibendurchmesser von 230 mm ausgelegt ist und meist als ein *Zweihand-Winkelschleifer* bezeichnet wird. Seine Massenträgheit erleichtert eine sichere Führung des Schnitts.

b) Als Schneidewerkzeug eignet sich nur eine wirklich gute Diamanttrennscheibe aus Stahl. Sie darf nicht „eiern" und sich beim Aufwärmen nicht propellerähnlich krümmen.

c) Kleinere, geschnittene Steine sollten auf einer massiven Platte mit einer kräftigen Stahlklemme (nach Abb. 3.32) fest eingeklemmt sein. Eingeklemmt wird dabei immer der größere Teil des zu schneidenden Steins.

d) Der Schnitt muss langsam und mit Ruhe vorgenommen werden. Dabei ist darauf zu achten, dass die Trennscheibe immer nur ihrer Bahn folgt (der Winkelschleifer darf nicht um seine längliche Achse verdreht werden).

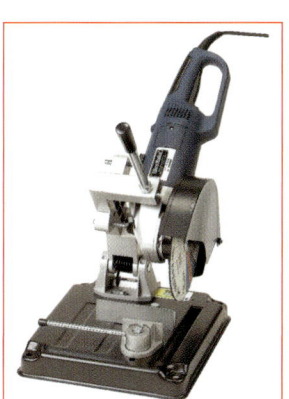

Abb. 3.30 – Ein Trennständer mit einem Zweihand-Winkelschleifer erleichtert das Schneiden von Pflastersteinen und verringert die Verletzungsgefahr. (Foto/Anbieter: Westfalia)

3.5 Schneiden der Pflastersteine

Abb. 3.32 – Der geschnittene Pflasterstein muss mit einer starken Stahlklemme auf einer massiven Platte festgeklemmt sein.

e) Zu den wichtigsten Maßnahmen, die die Verletzungsgefahr verringern, gehört konzentriertes Arbeiten. Hier darf man sich nicht erlauben, an etwas anders zu denken als an den Stein, die Trennscheibe und den Winkelschleifer, den man gerade in der Hand hat. Im Zweifelsfall sollte man sich die Steine von einem Fachmann schneiden lassen.

Abb. 3.33 – Beispiel eines achteckigen Rondells mit Verbundpflaster: In den Verbindungen müssen die Pflastersteine arbeitsintensiv geschnitten werden: **a)** Gesamtansicht; **b)** Detail einer Verbindung des Pflasters.

Abb. 3.34 – Ein V-förmig ausgeschnittener Pflasterstein (wie links abgebildet) sieht zwar elegant aus, stellt aber hohe Ansprüche an die „Schneidekunst": Einfacher ist es, wenn an seiner Stelle zwei einzelne Steine (wie in der Mitte und rechts abgebildet) verlegt werden.

3.6 Gepflasterte Gartengrillplätze und Sitzplätze

Das Pflaster von Gartengrillplätzen und Sitzplätzen sollte möglichst perfekt in der Waage und glatt ohne Höhenunterschiede zwischen einzelnen Steinen verlegt werden, um Stolpern zu vermeiden und z. B. bei Sitzplätzen zu verhindern, dass die Stühle wackeln. Die hierfür ausgewählten Pflastersteine oder Klinker sollten bevorzugt eine glatte Oberfläche und möglichst schmale Fugen haben. Dieser Anforderung können nur relativ wenige Natursteine, dafür jedoch die meisten Betonsteine oder Klinker gerecht werden. Bei vielen qualitativ hochwertigeren Betonpflastersteinen wird Feinsplitt aus Hartgestein in die Oberfläche eingemischt. Diese wird anschließend geschliffen oder strukturiert, wodurch edel aussehende Pflastersteine entstehen.

Ähnlich wie ein stabiler Gartenweg benötigt auch ein Gartengrill- oder Sitzplatz eine fest einbetonierte Umrandung aus Randsteinen oder Beetumrandungssteinen nach Abb. 3.35.

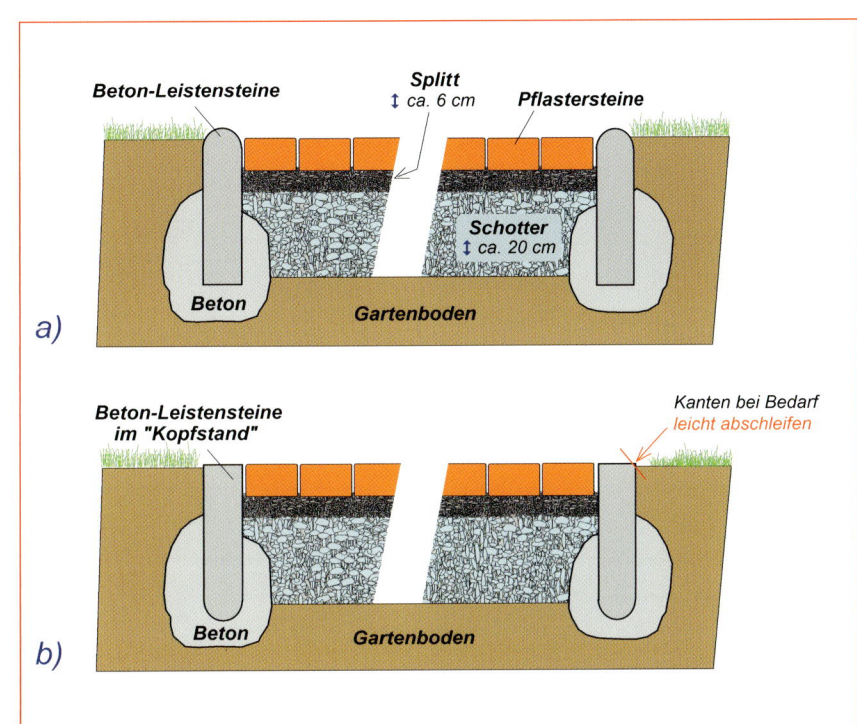

Abb. 3.35 – Eine stabile Umrandung eines Gartengrill- oder Sitzplatzes kann u. a. mit Beton-Beetumrandungssteinen errichtet werden: **a)** Beetumrandungssteine mit runden Kanten nach oben; **b)** Beetumrandungssteine mit runden Kanten nach unten, damit die Umrandung eine „glatte" Verbindung zu den Pflastersteinen und dem Rasen bildet.

3.7 Pflaster- und Betonarbeiten an Gartenstellplätzen

Die einfachsten Gartenstellplätze können z. B. zum Abstellen von Mülltonen dienen. In einem solchen Fall handelt es sich nicht um eine gartenarchitektonische Zierde, sondern nur z. B. um ein einfaches Pflaster bzw. einen nur mit Betonplatten belegten Boden. Solche „Kunstwerke" müssen nicht lange bestehen bleiben, denn es kommt oft vor, dass man sich im Lauf der Zeit für diesen Zweck einen anderen Standort einfallen lässt.

Ein Standortwechsel bzw. eine Änderung der Größe oder Art kann unter Umständen auch für andere Gartenstellplätze erforderlich sein. Andererseits gibt es Objekte wie Geräteschuppen, Gartenlauben, Gartenhäuser, Gartenpavillons oder Carports, die einen stabilen Standort benötigen, der wiederum nicht nur einen zumutbar soliden Fußboden, sondern auch Fundamente benötigt. In vielen Fällen dürfen solche Fundamente jedoch relativ einfach sein. Was man darunter verstehen darf, bleibt eine Ermessensfrage. Das betrifft bei den Fundamenten sogar auch die theoretische frostfreie Tiefe, die z. B. an der deutschen Seite der Grenze zu den Niederlanden 85 cm, aber ein paar Meter weiter an der niederländischen Seite der Grenze nur 65 cm beträgt.

Ein kleines Gartenhaus ist allerdings kein Hochhaus und seine Fun-

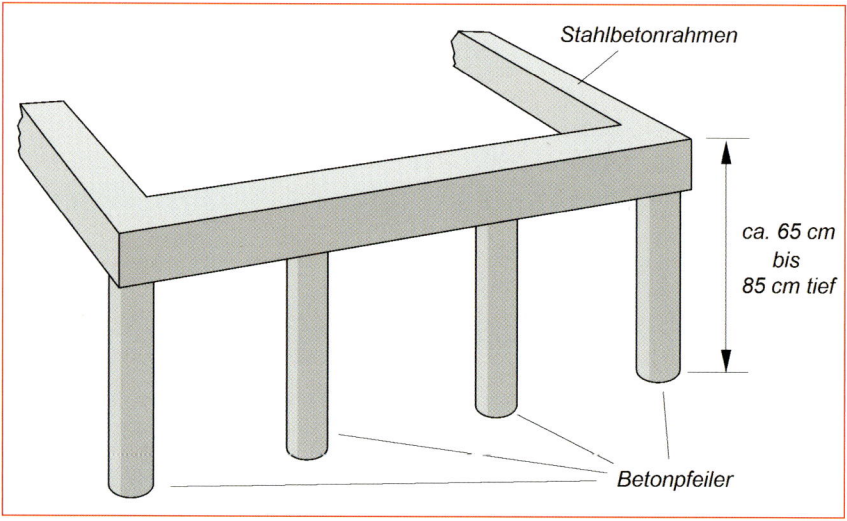

Abb. 3.36 – Einfache Betonfundamente für Geräteschuppen und ähnliche kleine Objekte im Garten.

damente dürften daher etwas bescheidener ausfallen, sofern der Boden nicht allzu weich ist. Das gilt auch für andere vergleichbare Objekte. Manche von ihnen benötigen keine echte Fundierung, sondern z. B. nur Betonpfeiler in den Ecken, die, ähnlich wie Betonpfeiler für den Gartenzaun, etwa 65 bis 85 cm tief in die Erde gesetzt werden sollten. Zwischen den vier Betonpfeilern können dann nach dem Beispiel aus Abb. 3.35b Betonumrandungen einbetoniert werden, zwischen denen dann – ebenfalls nach diesem Beispiel – das Pflaster verlegt wird bzw. größere Betonfliesen in ein Sandbett verlegt werden können.

Ist ein wesentlich stabileres Fundament erwünscht, kann z. B. nach Abb. 3.36 ein Stahlbetonrahmen mit einigen Betonpfeilern errichtet werden. Anstelle eines komplizierten Aushubs können hier mit einem Erdbohrer (Durchmesser ab ca. 10 cm) Löcher für die Betonpfeiler in die Erde gebohrt werden, in die der Beton fest eingestampft wird. Die ganze Betonierung sollte in einem Zug erfolgen, damit sich alles zu einer kompakten Einheit verbindet.

4 Mauern im Garten

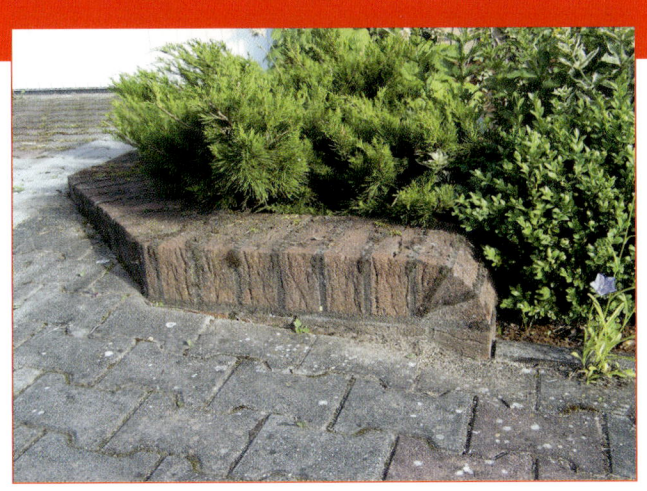

Kleinere Ziermauern, Trennmauern, Podeste für Skulpturen, gemauerte Stufen, Treppen und/oder Treppenumrandungen werden meist entweder mit Natursteinen oder mit Klinkern erstellt. Klinker lassen sich leichter beschaffen (im Baustoffhandel), leicht mit Diamanttrennscheiben (und Winkelschleifern) schneiden und problemlos zu beliebigen Formen gestalten. Sie sind als *harte Ziegelsteine* in unterschiedlichen Härten erhältlich. Die härtesten Klinker sind fast so hart wie Porzellan, die weichsten Klinker sind nur etwas härter als normale Tonziegel. Härtere Klinker eignen sich z. B.

4 Mauern im Garten

zum Mauern von Treppenstufen, weichere bzw. weiche Klinker für alle anderen Gartenmauerwerke. Klinker sind fast in allen Farben erhältlich und ihre Oberfläche ist an den drei „sichtbaren Seiten" entweder etwas strukturiert und besandet oder glatt. Die gängigsten Klinkerabmessungen (nach DIN) zeigt Abb. 4.1. Sehr beliebt sind bei Heimwerkern auch *Klinkerriemchen*, die als dekorative Abdeckungen bestehendes Mauerwerk verschönern können.

Wenn Sie den Mörtel selbst mischen möchten, eignet sich für weichere Klinker eine Mischung aus ca. 9 bis 10 Teilen Sand, 2 Teilen Zement und 1 Teil Kalk. Bei harten Klinkern kann der Zementanteil auf ca. 2,5 Teile erhöht werden, den Kalkanteil kann man halbieren. Vorteilhafter ist aber Fertigmörtel als Sackware (lassen Sie sich diesbezüglich von dem Verkäufer beraten).

Natursteine sind theoretisch in verschiedenen Größen und Ausführungen erhältlich. Wer über einen Pkw-Anhänger verfügt, kann sich bei einer Bezugsquelle seine Steine selbst aussuchen und abholen. Mit einem *Naturstein-Verlegmörtel*, der als Sackware erhältlich ist, kann dann das Mauerwerk spielend leicht verlegt werden.

Der Fertigmörtel kann portionsweise in einem größeren Baueimer gemischt werden. Dies lässt sich (siehe Kapitel 2.2) entweder nur mit einer Kelle, einer Mischspirale (die in eine Bohrmaschine ab ca. 850 Watt eingesetzte wird) oder einem preisgünstigen handelsüblichen Elektromischer bewerkstelligen. Welche Lösung gewählt wird, hängt vor allem vom Umfang und der voraussichtlichen Häufigkeit der vorgesehenen Arbeiten ab.

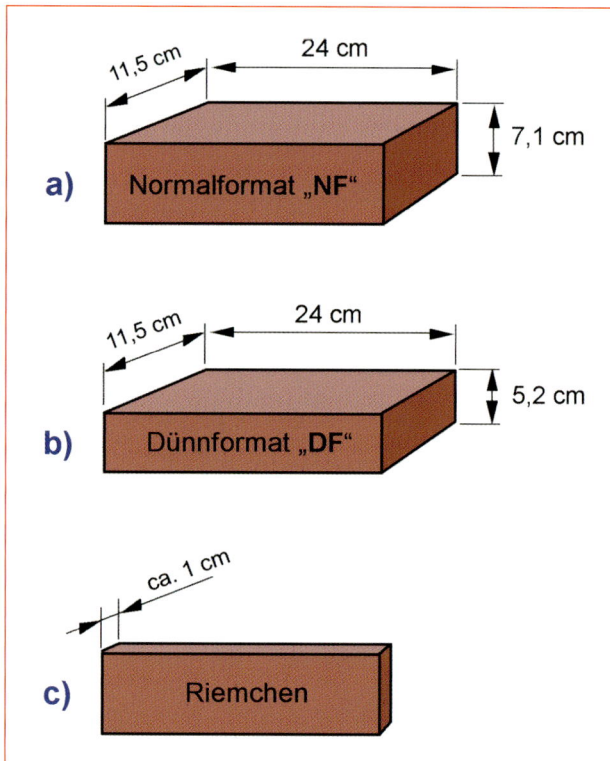

Abb. 4.1 – Die gängigsten Abmessungen handelsüblicher Klinker und Riemchen: **a)** Normalformat; **b)** Dünnformat; **c)** Riemchen

Abb. 4.2 – Form und Ausführung von Natursteinmauern im Garten bleiben der individuellen Fantasie überlassen. (Foto: RUF Baustoffwerk)

5 Treppen im Garten

Treppen können im Garten aus verschiedensten Materialien und in unterschiedlichen Ausführungen erstellt werden. Bedenklich sind jedoch Holztreppen jeder Art, denn Holz hat im Freien eine zu kurze Lebensdauer und der eigentliche Arbeitsaufwand, den Herstellung und Pflege einer robusten Holztreppe beanspruchen, ist im Verhältnis zu Stein- oder Betontreppen zu groß.

Wenn der Gartenboden unter der vorgesehenen Treppe nicht ausgesprochen steinig ist, lohnt es sich, dass die Treppe ein gutes Betonfundament erhält, dessen Sohle bis in die frostfreie Tiefe reicht. Leicht lassen

5 Treppen im Garten

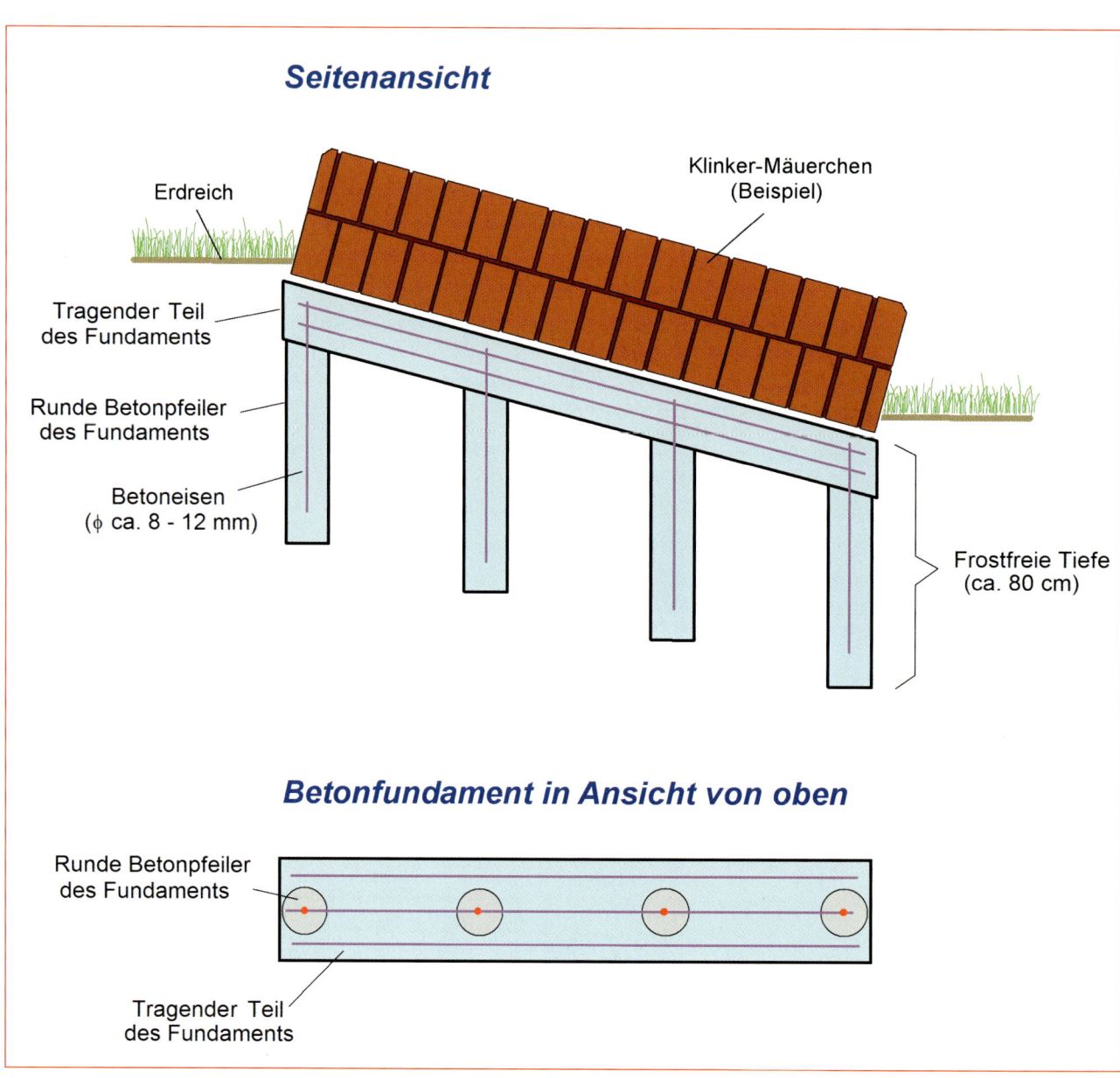

Abb. 5.1 – Ausführungsbeispiel eines Gartentreppenfundaments aus Beton

5 Treppen im Garten

sich solche Fundamente nach dem Beispiel aus Abb. 5.1 erstellen: Die eigentlichen Betonfundamente für die äußeren Treppenmäuerchen können recht filigran sein, wenn sie eine Bewehrung aus einigen Betoneisenstäben erhalten. Diese „Minifundamente" können dann auf runden Betonfüßen (Betonpfeilern) stehen, die bis in die frostfreie Tiefe von 80 oder 85 cm reichen sollten.

Die Löcher für diese Betonpfeiler können in einem Abstand von ca. 50 bis 60 cm mit einem Erdbohrer gebohrt werden, dessen Durchmesser mindestens 10 cm beträgt. Das ganze Fundament muss samt der Betonpfeiler als eine Einheit in einem Zug (= innerhalb eines halben Tags) erstellt werden, damit sich die einzelnen Betonschichten gut miteinander binden. Während des Füllens in die Löcher muss der erdfeuchte Beton laufend gestampft werden. Sofern das ganze Fundament „unsichtbar" unter der Erde erstellt wird, benötigt der obere Teil nur dann eine Verschalung, wenn andernfalls die Erde nicht die erwünschte Form halten kann bzw. wenn umständehalber der Aushub zu breit oder zu tief geraten ist und demzufolge zu viel Beton verbrauchen würde.

Die Treppenstufen können im Selbstbau z. B. nach Abb. 5.2 oder 5.3 leicht und schnell erstellt werden. Fertigstürze (Abb. 5.3) haben eine hohe Tragkraft, aber ihre Oberfläche ist nicht allzu dekorativ. Sie sollten daher vor allem nur als Untergrund für zusätzliche Fliesen oder Steinplatten dienen, die mit einem guten Fliesenkleber oder Verlegmörtel angebracht werden können.

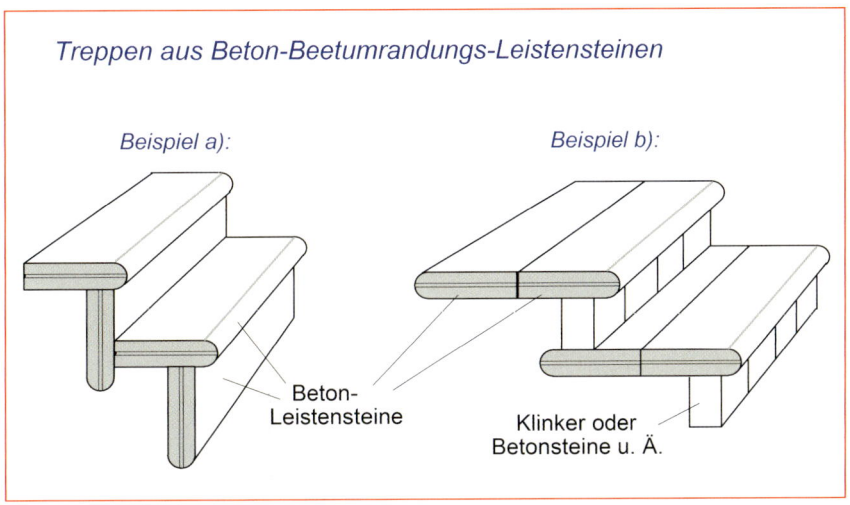

Abb. 5.2 – Einfach und kostengünstig lassen sich die Stufen der Gartentreppen mit Beton-Beetumrandungsleisten erstellen.

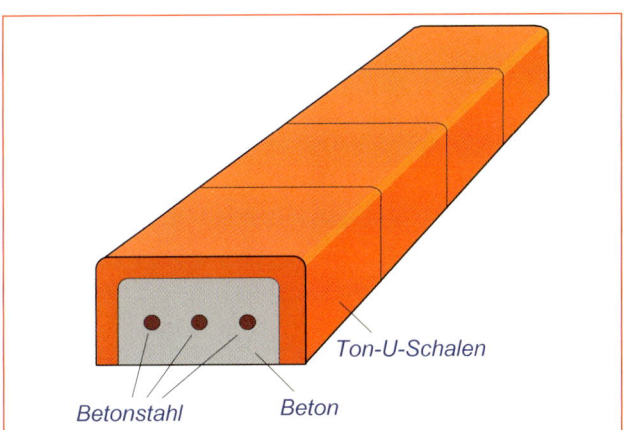

Abb. 5.3 – Fertigstürze (Stahlbeton-Tonstürze), die bei Baustoffhändlern in verschiedenen Längen und Breiten erhältlich sind, können alternativ zu den Beton-Beetumrandungsleisten aus vorhergehender Abbildung den Selbstbau von Gartentreppen erleichtern.

5 Treppen im Garten

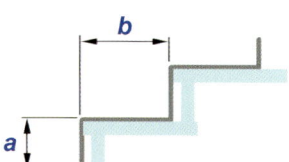

Beispiele optimaler Steigungsverhältnisse von Treppen *a/b*:

Standard: 16/31, 17/29, 18/27 und 19/25 cm.

Bei Beanspruchung höherer Sicherheit:
12/34, 14/32, 21/25 und 20/26 cm.

Am besten begehbar sind Treppen mit einer Steigung von 16 bis 18 cm.
Ideales Steigungsverhältnis (a/b): 17/29 cm (Laufneigung etwa 30 °).

Wichtig

Auch Gartentreppen sollten bequem begehbar sein. Wenn es einigermaßen möglich ist, sollte daher bei dem Entwurf der Gartentreppe angestrebt werden, die Richtmaße aus Abb. 5.4 einzuhalten.

Abb. 5.4 – Richtmaße der Treppenstufen

Abb. 5.5 – Kleine Treppen gleichen Höhenunterschiede im Garten aus.

6 Wasserleitungen im Garten

Abb. 6.1 – Wasseranschluss an der Hauswand

Fest angelegte Wasserleitungen im Garten erleichtern die oft erforderliche Bewässerung. Sie können entweder direkt an einem Anschluss der Hauswand (Abb. 6.1) oder an einen freistehenden Wasserhahn im Garten (Abb. 6.2) installiert werden.

6 Wasserleitungen im Garten

Abb. 6.2 – Freistehender Wasseranschluss im Garten

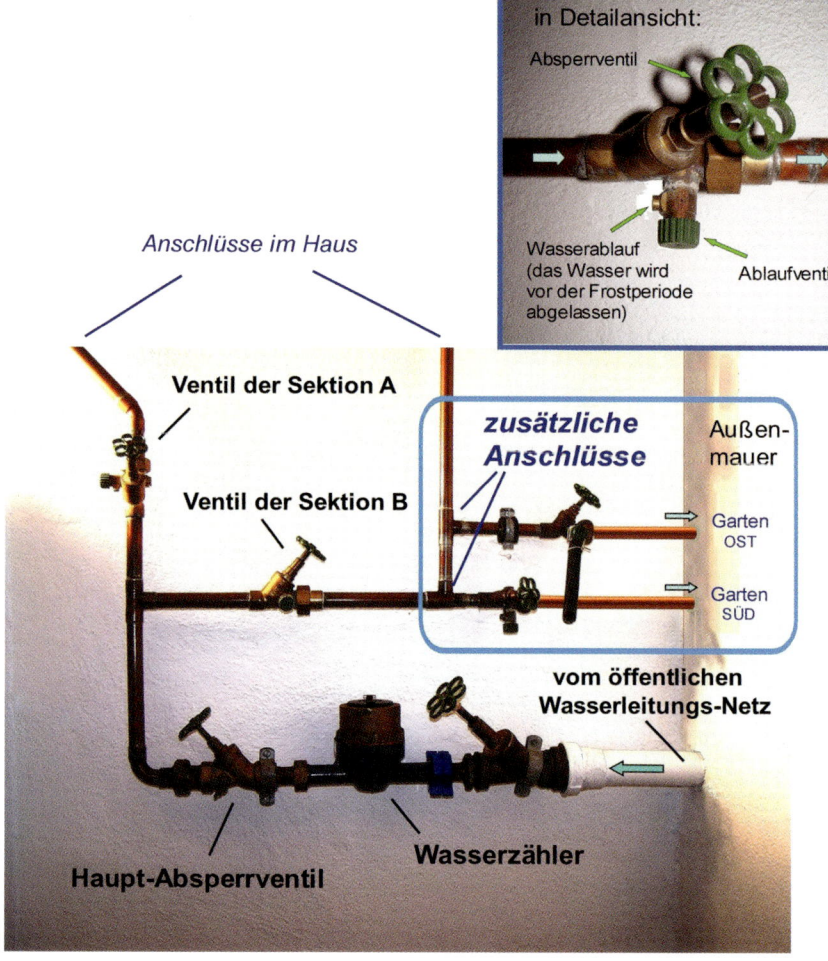

Abb. 6.3 – Die Wasserleitungsanschlüsse für den Garten können an beliebiger Stelle an die Kaltwasserleitung im Haus über zusätzliche Absperrventile (mit einem Wasserablauf) angeschlossen werden.

Es bleibt im persönlichen Ermessen, an welcher Stelle der Wasserleitungsanschluss – oder mehrere solcher Anschlüsse – für den Garten im Haus über zusätzliche Absperrventile angeschlossen wird. Die zusätzlichen Absperrventile müssen jedoch nach Abb. 6.3 über Ablaufventile verfügen, damit das Wasser aus den Gartenleitungen jeweils vor dem Wintereinbruch (in einen Eimer) ab-

6 Wasserleitungen im Garten

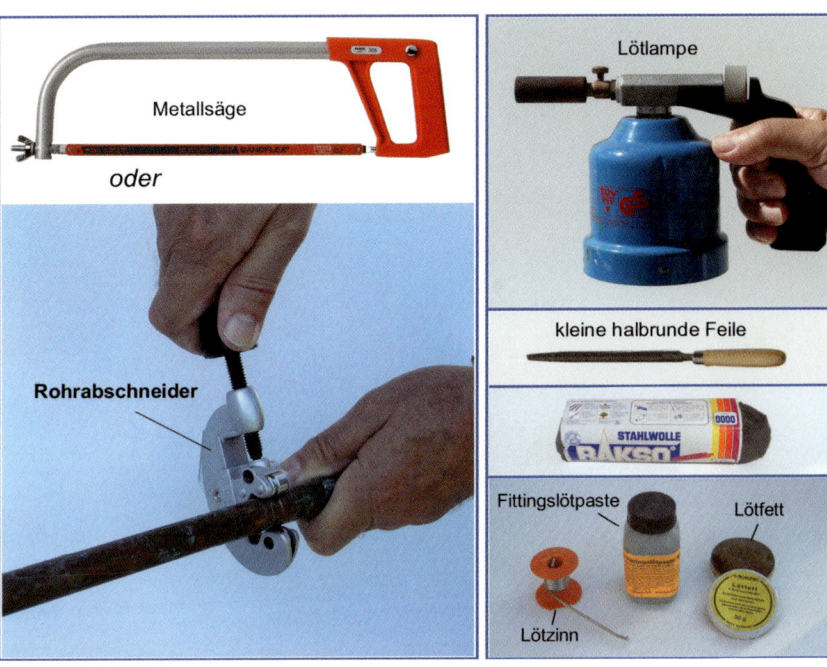

Abb. 6.4 – Für Wasserleitungsinstallationen mit Kupferrohrleitungen sind nur wenige Werkzeuge, Materialien und Hilfsmittel erforderlich.

Selbstbau erstellen, wenn die bestehenden Leitungen aus Kupfer (Abb. 6.5) sind. Kupfer lässt sich leicht schneiden und mit Zinn verlöten. Die Baumärkte führen sowohl Kupferrohre als auch eine große Auswahl an allen benötigten Verbindungsstücken (Lötfittings) nach Abb. 6.5/6.6. Für Gartenwasserleitungen eignen sich am besten Kupferrohre mit einem Durchmesser von 15 bis 18 mm. Ist in einem Gebiet der Wasserdruck sehr niedrig und die Leitung relativ lang oder kurvenreich, kann ein Rohrdurchmesser von 18 mm bevorzugt werden, um die Druckverluste in der Leitung zu verringern.

gelassen werden kann, da es andernfalls einfrieren und Rohrbrüche verursachen würde.

Die Anschlüsse zusätzlicher Wasserleitungen für den Garten lassen sich am leichtesten im

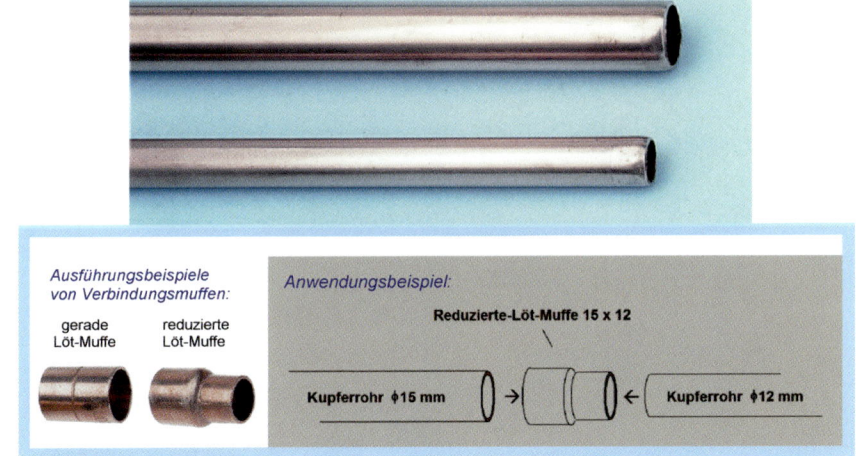

Abb. 6.5 – Die handelsüblichen Durchmesser der Wasserleitungs-Kupferrohre sowie auch die dazugehörenden Lötfittings sind mit Durchmessern von 8, 10, 12, 15, 18, 22, 28, 35 mm usw. (bis 54 mm) erhältlich.

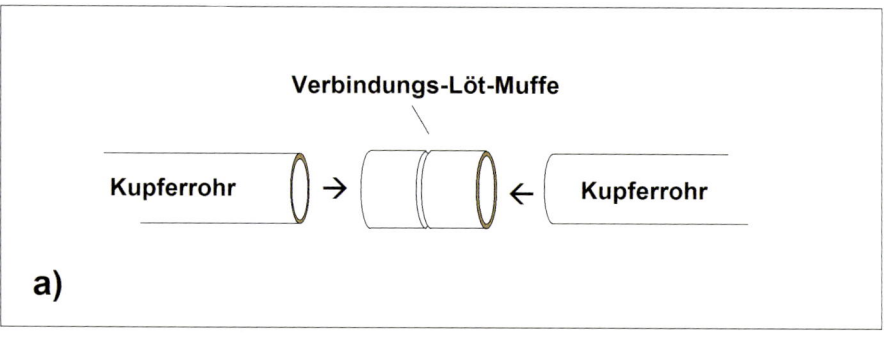

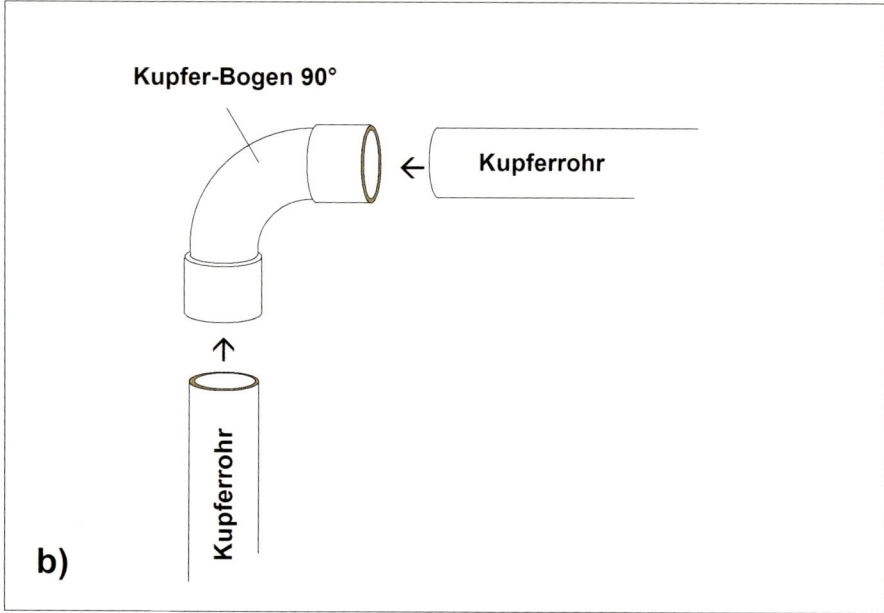

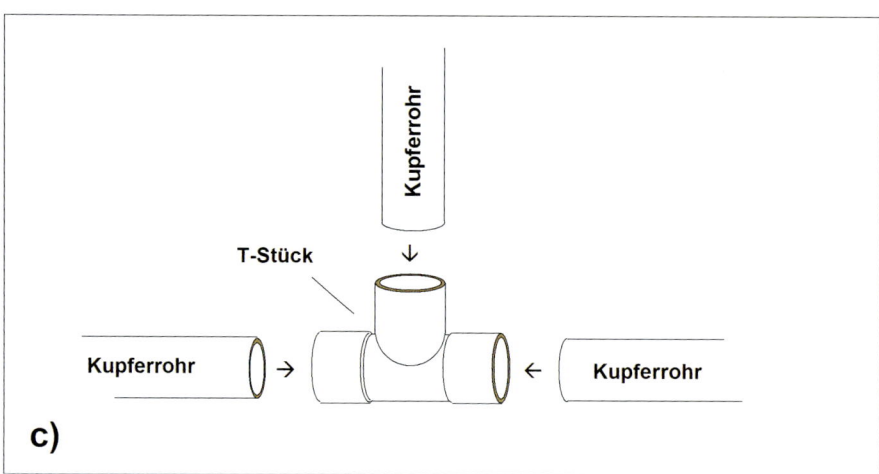

Abb. 6.6 – Mittels Kupfer-Lötfittings in Form von Verbindungen, Bögen und Abzweigen werden Kupferrohre miteinander verlötet (sehen Sie sich in den Baumärkten an, was es auf diesem Gebiet alles gibt, und lassen Sie sich zudem auch von den Fachverkäufern ausführlicher beraten).

6 Wasserleitungen im Garten

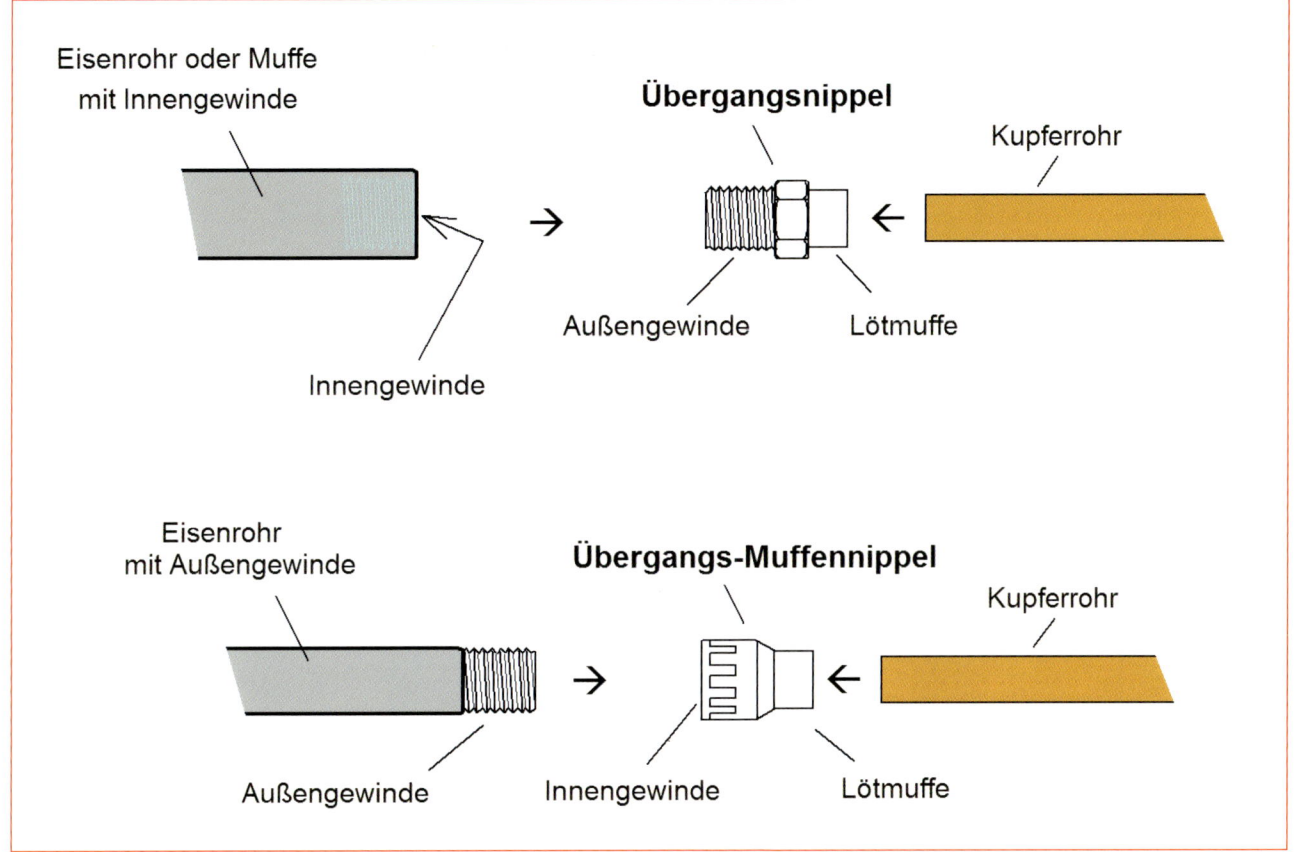

Abb. 6.7 – Kupferrohrleitungen können bei Bedarf mithilfe von Übergangsnippeln an Eisenrohrleitungen angeschlossen werden, die an einem Ende ein Gewinde haben und am anderen Ende als Lötmuffe ausgeführt sind.

6 Wasserleitungen im Garten

> **Tipps**
>
> Am leichtesten lassen sich Kupferrohre mit sogenannter *Fitting-Lötpaste* verlöten. Diese spezielle Lötpaste besteht zu etwa 40 % aus einem normalen Lot-Flussmittel und zu 60 % aus Lot. Eine geringe zusätzliche Zugabe von Zinn (Lötdraht) ist jeweils nur am Ende des Lötvorgangs an einigen wenigen Stellen erforderlich (siehe hierzu auch unsere Beschreibung der Vorgänge in einzelnen Schritten). Falls Ihr Haus-Wasserleitungsnetz nicht mit Kupferrohren ausgelegt ist, können Sie darauf dennoch Kupferrohrleitungen über eine Übergangsabzweige bzw. einen Übergangsnippel (Abb. 6.7) anschließen. Sollte Sie das Anbringen einer solchen Abzweige überfordern, können Sie diesen Teil der Arbeit (vor allem das Schneiden der Gewinde an die Eisenrohre) einem Handwerker überlassen und selbst nur die eigentlichen Wasserleitungen im Garten verlegen.

Das Verlöten der Kupferleitungen stellt keine besonderen Ansprüche an Erfahrung oder handwerkliches Können:

Schritt 1

Der Rand des abgeschnittenen Kupferrohrendes wird mit einer kleinen halbrunden Feile sowohl außen als auch innen sauber entgratet.

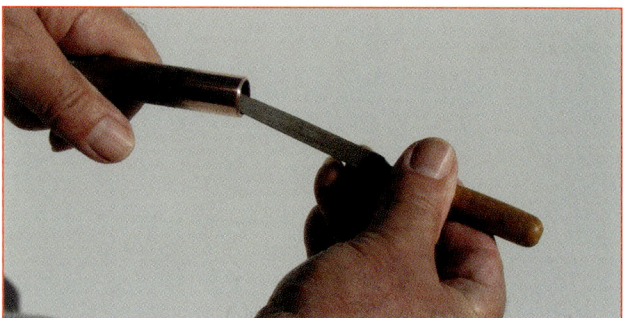

Schritt 2

Die Kupferrohrenden müssen vor dem Verlöten mit Stahlwolle fein (= glänzend) abgeschliffen werden.

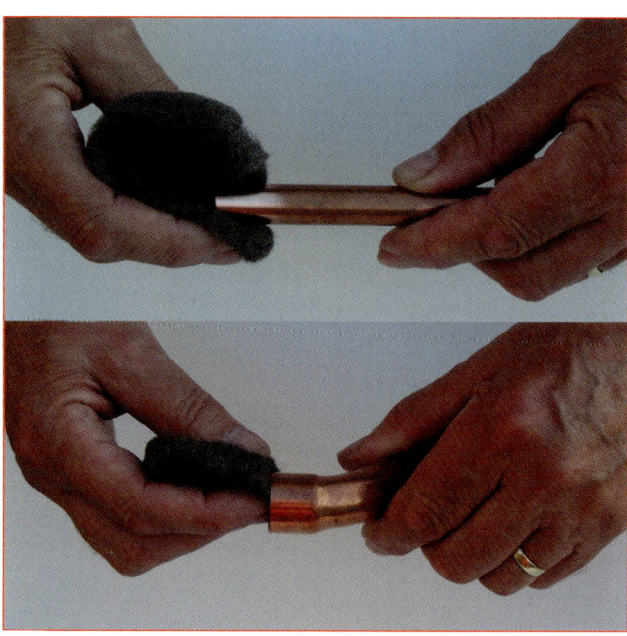

Schritt 3

Auf das glänzend geputzte Kupferrohr und sein Verbindungsstück wird auf die vorgesehenen Verbindungsflächen mit einem kleinen harten Pinsel vollflächig Fitting-Lötpaste aufgetragen. Für das Verlöten wird das Fitting z. B. mit zwei Hölzern, einer kleinen Eisenklemme und einem Schraubstock festgeklemmt (diese Lösung ist auch für die ersten Lötversuche sehr praktisch).

6 Wasserleitungen im Garten

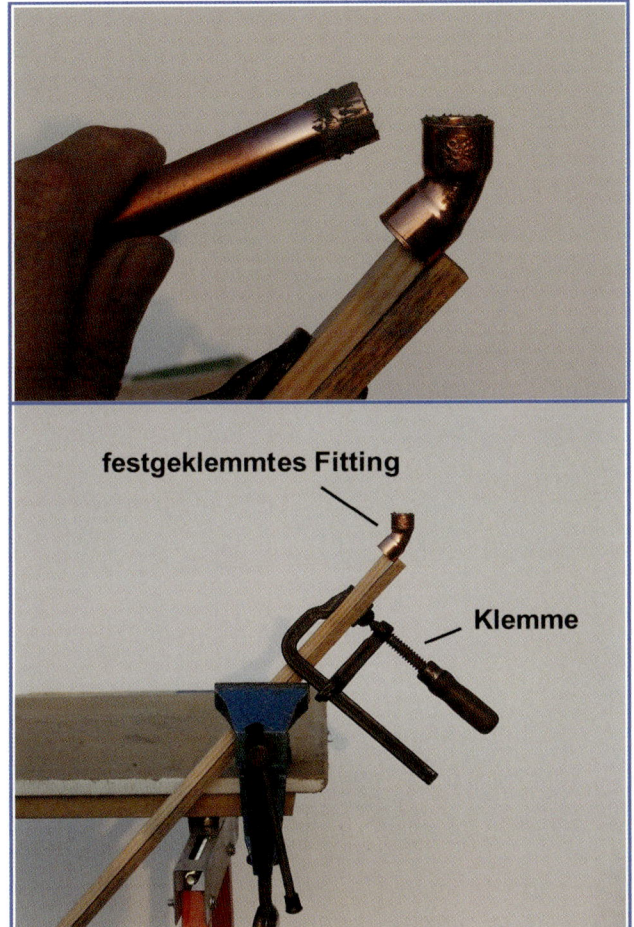

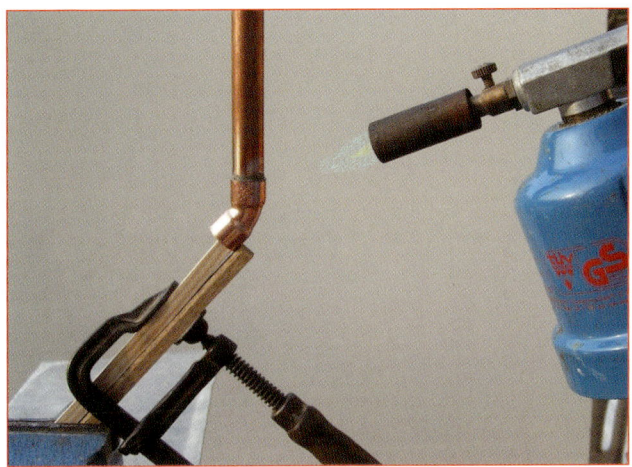

danach die Lötlampe an und erwärmen Sie die Lötverbindung langsam rundum.

Schritt 5
Die ursprünglich graue Lötpaste beginnt während des Aufwärmens zu „kochen". Kurz danach färbt sie sich silbern und füllt die Lötverbindung vollflächig.

Schritt 4
Stecken Sie beide Enden der gelöteten und mit Fitting-Lötpaste versehenen Stücke zusammen und bereiten Sie alles zum Verlöten vor. Lötdraht und eine offene Dose mit Lötfett sollten griffbereit sein. Zünden Sie

6 Wasserleitungen im Garten

Schritt 6

Sobald sich der Rand mit dem Zinn rundum ausreichend gefüllt hat, ist der Lötvorgang beendet. Eine eventuelle weitere Zugabe von Lot ist zu vermeiden, da andernfalls das Lot an den Innenwänden des Rohrs herausfließt (einige Lötversuche an einem Stück Rohr mit Fitting verschaffen Ihnen Klarheit).

Schritt 7

Solange die Lötstelle noch heiß ist, können Sie die Flussmittelverschmutzung und eventuelle Zinnreste mit einem leicht feuchten Tuch von der Lötverbindung abwischen.

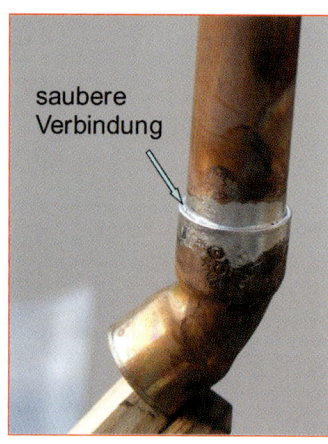

saubere Verbindung

Schritt 8

Nachdem sich der verlötete Teil etwas abgekühlt hat, schleifen Sie innen die noch nicht verlötete Seite des bereits einseitig angelöteten Fittings mit Stahlwolle glänzend ab, damit sich das Lötzinn mit dem Kupfer gut binden kann. Setzen Sie anschließend das Löten fort. Sie müssen dabei nicht zwingend mit Klemmen arbeiten und das Löten kann auch an waagrecht verlaufenden Kupferrohren erfolgen, denn das Lot zieht sich automatisch in die Verbindungsstellen hinein. Bei senkrecht verlaufenden Rohren sollten bevorzugt Verbindungen gelötet werden, bei denen nach Schritt 5 das Lot von oben nach unten in die Verbindung hineinfließen kann. Lötverbindungen, die nach unten verlaufen, sollten dagegen jeweils vorher (nach Schritt 6) separat erstellt werden.

7 Stromleitungen im Garten

Der Handel bietet eine Unmenge von Gartenbrunnen, Wasserspielen, Springbrunnen und Gartenleuchten an, die meist eine Stromzuleitung benötigen. Sie zu legen gehört zu den Arbeiten, die ein Einsteiger ebenso gut meistern kann wie ein Elektriker – zumal ein Heimwerker in eine solche Arbeit viel mehr Muße, Sorgfalt und Zeit investieren kann als ein Handwerker. Ein Heimwerker kann sich für jede Kleinigkeit so viel Zeit nehmen, wie er möchte, und solche Vorhaben so ausführen, dass der Garten dabei möglichst wenig in Mitleidenschaft gezogen wird. Stromleitungen können im Garten als Erdleitungen nach Abb. 7.1 oder als frei verlegte und mit Befestigungsschellen fixierte Kabelleitungen nach Abb. 7.2 erstellt werden. Beide Lösungen sind auch für einen Heimwerker viel leichter zu meistern als z. B. Wasserleitungen, da hier der Anspruch an Handfertigkeit geringer ist. Elektrischer Strom stellt keine besonderen Ansprüche an perfekte Dichtungen und alle Verbindungen sind nur als einfache Schraub- oder Klemmverbindungen ausgelegt.

Die Verbindungen der elektrischen Leiter müssen allerdings perfekt und gewissenhaft festgeschraubt oder festgeklemmt werden, da sie sich sonst leicht lockern können. Geschieht dies in einer Abzweigdose

7 Stromleitungen im Garten

in der Mauer, kann es zur Folge haben, dass z. B. der Schutzleiter unterbrochen wird und die angeschlossenen elektrischen Verbraucher nicht mehr schützt.

Auch bei Eigenleistung im Bereich der Elektrik sollten Sie die überschaubaren Vorschriften einhalten. Wenn Sie mit vergleichbaren Arbeiten noch keine Erfahrung haben, werden Sie etwas mehr Zeit benötigen als ein Profi. Sollten Sie sich dennoch nicht ganz sicher sein, ob Sie alles richtig gemacht haben, lassen Sie es vor der Inbetriebnahme von einem Fachmann begutachten. Er wird dafür nur einige Minuten benötigen und Sie brauchen anschließend nicht mehr darüber nachzudenken, ob Sie auch wirklich alles richtig gemacht haben.

Es gibt zwar keine gesetzliche Vorschrift, die einem Heimwerker verbietet, die Stromleitungen im Garten wie Wäscheschnüre zu verlegen. Jede Elektroinstallation sollte dennoch nach den bescheidenen Vorgaben der Energieversorger ausgeführt werden. Dies sowohl aus Sicherheitsgründen als auch im Hinblick darauf, dass bei Bedarf auch ein Fachmann mit der Elektroinstallation zurechtkommt, der sie z. B. eines Tages reparieren oder verändern muss.

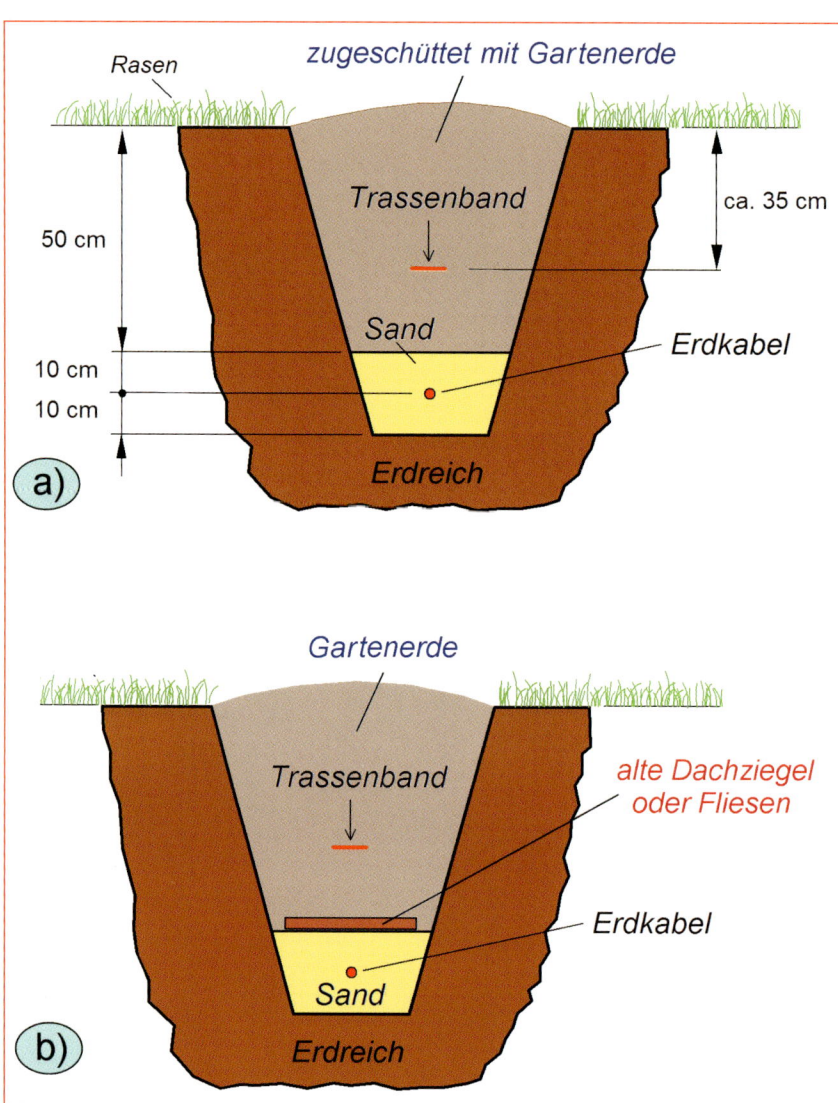

Abb. 7.1 – Erdleitungen im Garten sollten laut Vorschrift 60 cm tief in der Erde verlegt werden: **a)** Vorschriftsmäßig sollte in die Erde länglich oberhalb des Kabels ein (handelsübliches) PVC-Trassenband verlegt werden; **b)** Werden auf die Sandschicht oberhalb des Kabels sicherheitshalber noch alte Dachziegel oder harte Fliesen aus Restposten frei verlegt, verringert es die Gefahr, dass man einige Jahre später bei anderen Erdarbeiten versehentlich das Erdkabel beschädigt.

7 Stromleitungen im Garten

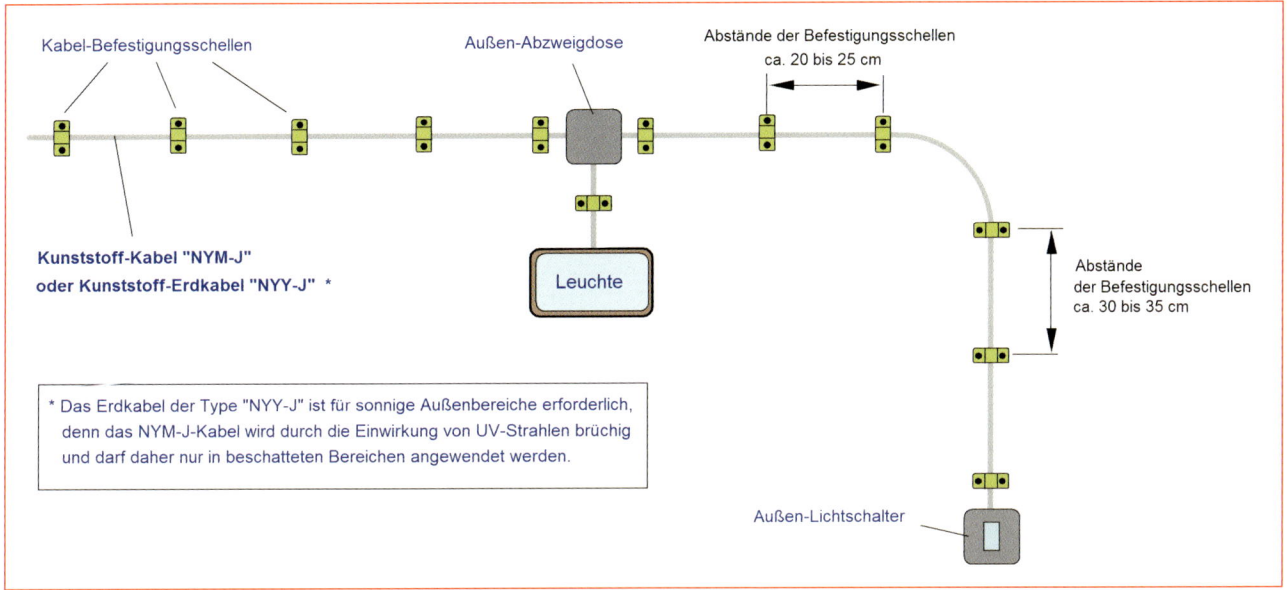

Abstände der Befestigungsschellen ca. 20 bis 25 cm

Kabel-Befestigungsschellen

Außen-Abzweigdose

Kunststoff-Kabel "NYM-J" oder Kunststoff-Erdkabel "NYY-J" *

Leuchte

Abstände der Befestigungsschellen ca. 30 bis 35 cm

Außen-Lichtschalter

* Das Erdkabel der Type "NYY-J" ist für sonnige Außenbereiche erforderlich, denn das NYM-J-Kabel wird durch die Einwirkung von UV-Strahlen brüchig und darf daher nur in beschatteten Bereichen angewendet werden.

Abb. 7.2 – Leitungen können im Garten auf Außenwänden oder anderen stabilen Konstruktionen mit Kabeln frei verlegt und mit Schellen befestigt werden.

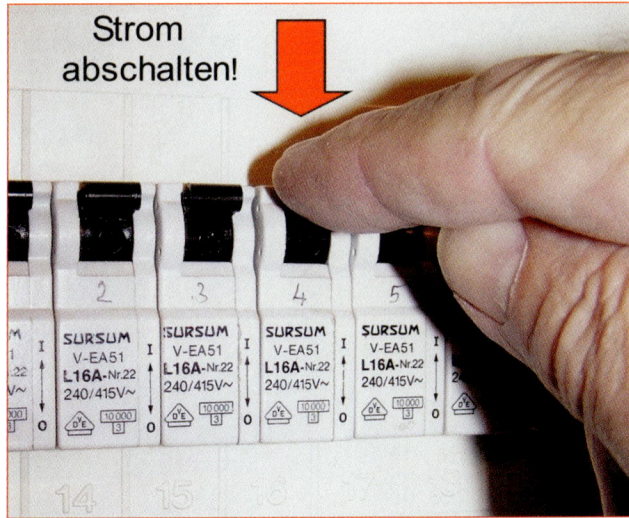

Abb. 7.3 – Bei wenigen handwerklichen Arbeiten lässt sich die Verletzungsgefahr so leicht eindämmen wie bei der Arbeit mit elektrischem Strom: Eine Handbewegung genügt und der Strom ist abgeschaltet – und das bleibt er, bis man ihn wieder einschaltet.

Abb. 7.4 – Besteht die Gefahr, dass ein Unbefugter Zugang zum Sicherungsautomaten hat, ist das Anbringen eines Warnschilds erforderlich.

7.1 Wissenswertes über die Hausnetzspannung

Die normale Netzspannung beträgt in unseren Haushalten und an unseren Arbeitsplätzen 230 Volt. Das stimmt jedoch nur bedingt, denn der Netzanschluss der meisten Haushalte und anderer mit Strom versorgter Objekte ist als *Dreiphasen-Drehstromanschluss* nach Abb. 7.5 ausgelegt. Für die gängigen Steckdosen und Leuchtkörper stehen dem Verbraucher zwar die üblichen 230 V~ zur Verfügung, aber größere Elektrogeräte oder Maschinen werden an alle drei Phasen (3 x 400 Volt~) angeschlossen, die man offiziell als *Drehstrom* bezeichnet.

So sind z. B. die meisten Küchenelektroherde für Dreiphasenanschlüsse konzipiert (obwohl sie alternativ auch nur an eine 230 V~Wechselspannung angeschlossen werden könnten). Auch größere Elektro-Warmwasserspeicher und diverse Maschinen – z. B. Hobbyschweißgeräte oder größere Kreissägen – sind für den Drehstrom ausgelegt.

Der Verbraucher hat bei manchen Geräten die Möglichkeit, zwischen dem normalen *Lichtstrom* (230

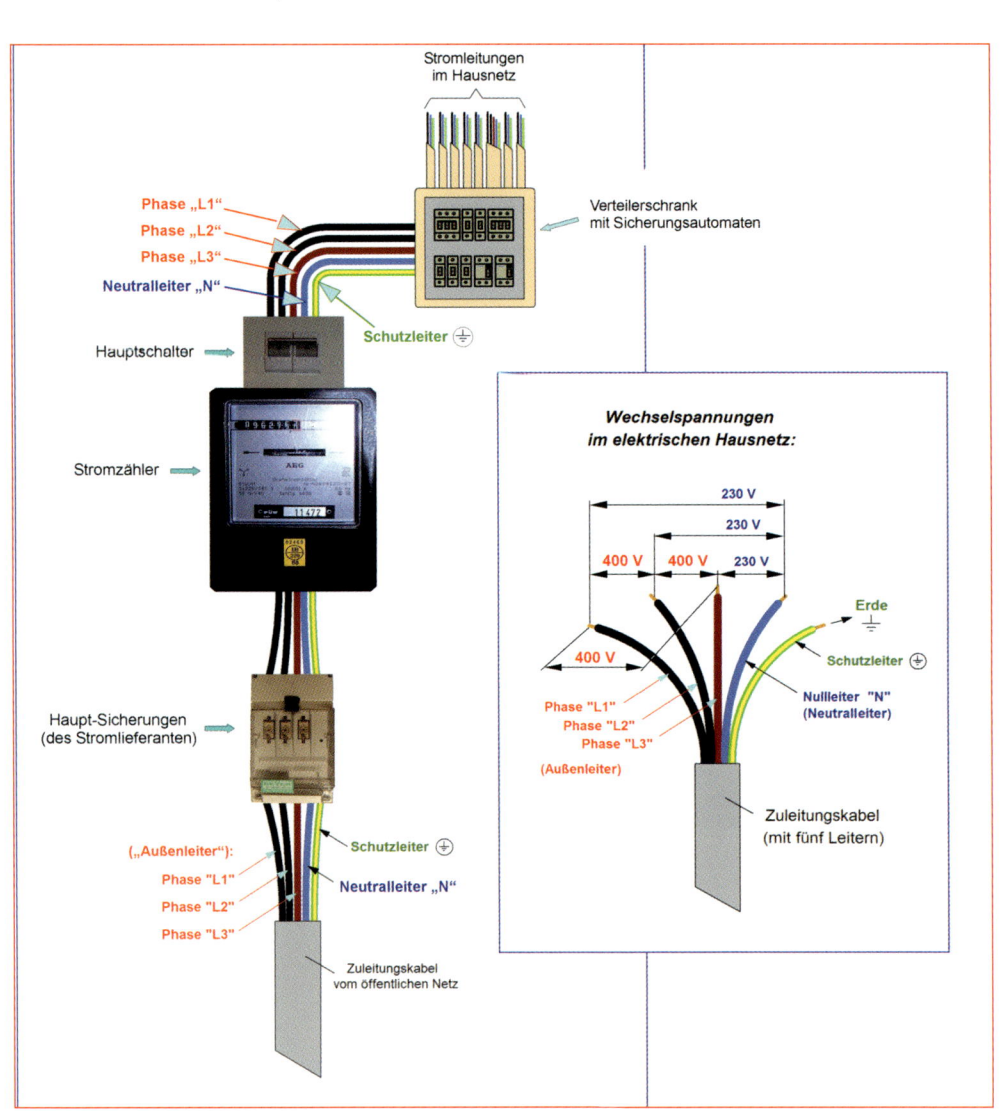

Abb. 7.5 – Hausnetzanschlüsse sind in der Regel als (Dreiphasen-)Drehstromanschlüsse ausgelegt.

7.1 Wissenswertes über die Hausnetzspannung

V~) und dem „*Drehstrom* (3 x 400 V~) zu wählen, wenn diese herstellerseitig für beide Anschlussarten ausgelegt sind. Dies gilt theoretisch auch für Anschlüsse, die in den Garten verlegt werden. In der Praxis wird jedoch im Garten üblicherweise nur eine 230-Volt-Netzspannung benötigt, die sowohl der Heimwerker als auch der Fachmann (Elektriker) irgendwo im Haus anzapfen muss.

Wenn Sie an Ihren Elektroinstallationen eigenhändige Veränderungen anzubringen beabsichtigen, sollten Sie im Bilde darüber sein, wie der ganze Netzanschluss Ihres Hauses ausgelegt ist. Das sehen wir uns daher näher an:

Bestandteile der Netzspannungszuleitung sind die Hauptsicherungen und der Stromzähler (beides bleibt Eigentum des Stromlieferanten und ist von ihm verplombt). Die Hauptsicherungen des Stromlieferanten befinden sich meist in einem separaten Hausanschlusskasten (nach Abb. 7.5), der dort an der Kellermauer angebracht ist, wo das Erdkabel des Stromversorgers von außen ins Haus eingeführt wurde. Von dort aus wird der Netzanschluss zum Stromzähler und vom Stromzähler zum Hausanschluss-Stromkasten mit Sicherungsautomaten (nach Abb. 7.6) geleitet.

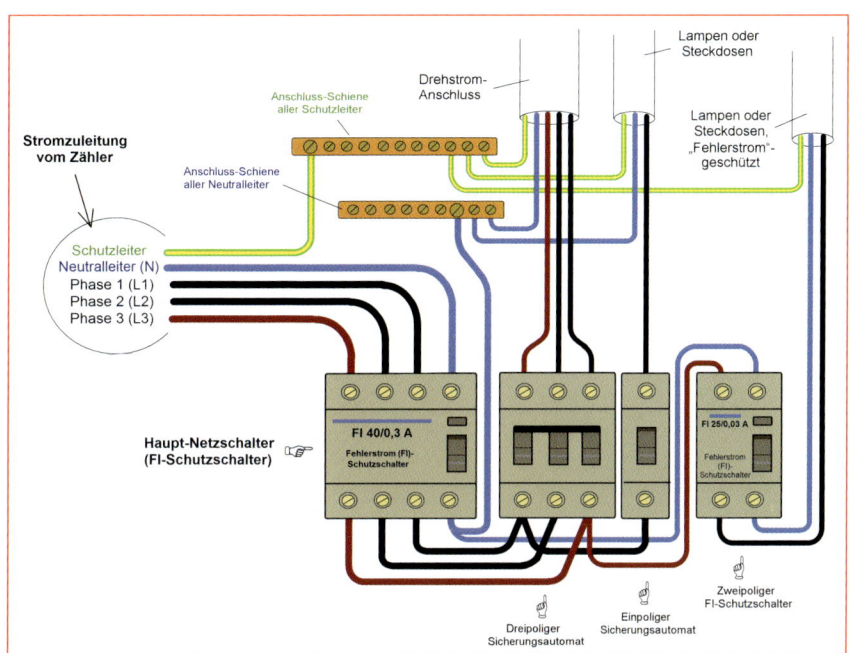

Abb. 7.6 – Hausanschluss-Verteilerschrank mit Sicherungsautomaten

Vorsicht

Die drei Phasen des Hausanschlusses sind über die Sicherungsautomaten in der Hausinstallation ausgewogen verteilt. Dies beinhaltet, dass z. B. die *Phase* der Zuleitung zu einem Licht eine andere Phase sein kann als die Phase der Zuleitung zu einem anderen Licht- oder Steckdosen-Schaltkreis. Die Spannung zwischen diesen zwei Phasen beträgt dann 400 Volt. Für die Praxis ist dieser Hinweis nur insofern von Bedeutung, als bei der Arbeit am Hausnetz grundsätzlich damit zu rechnen ist, dass sich in einer Verbindungsdose (Abzweigdose) unter Umständen zwei oder mehrere *Phasen* nebeneinander (an den Klemmen) befinden können. Prüfen Sie daher sicherheitshalber jeweils nach dem Öffnen einer Verbindungsdose mit einem Phasenprüfer und Voltmeter (nach Abb. 7.7), ob dies der Fall ist und wie die Leiter unter den Klemmen in der Dose eingeteilt sind.

7.1 Wissenswertes über die Hausnetzspannung

In Abb. 7.6 haben wir in dem Beispiel eines Hausanschlusskastens einen zweipoligen FI-Schutzschalter (rechts) eingezeichnet. Ein solcher Schutzschalter ist vor allem für Feuchträume oder Gartenanschlüsse sehr vorteilhaft, da er – im Gegensatz zu einem normalen Sicherungsautomaten – den Schaltkreis nicht nur bei Kurzschlüssen, sondern bereits bei relativ geringen Stromleckagen abschaltet. Solche Leckagen kommen bei Geräten wie Rasenmähern, Pumpen, Ventilatoren oder Leuchten vor, die zu feucht geworden sind, bei denen der Strom aber nicht (noch nicht) so stark fließt, dass er die Schwelle überschreitet, bei der ein Sicherungsautomat aktiviert wird und abschaltet. Außerdem kann es bei älteren Außengeräten vorkommen, dass der Schutzleiteranschluss unterbrochen wurde oder keinen ausreichend leitenden Kontakt mehr hat usw.

Vereinfacht formuliert schützt ein FI-Schutzschalter den Anwender vor einem Stromschlag, aber er schützt unter Umständen z. B. auch einen total durchnässten Elektrorasenmäher davor, dass er kurz nach dem Einschalten gänzlich zerstört ist.

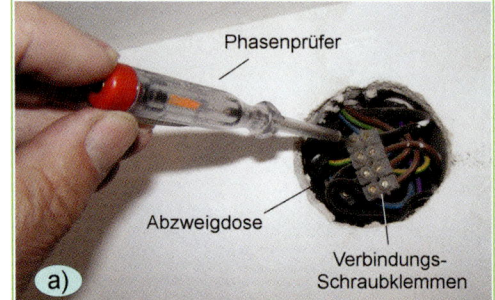
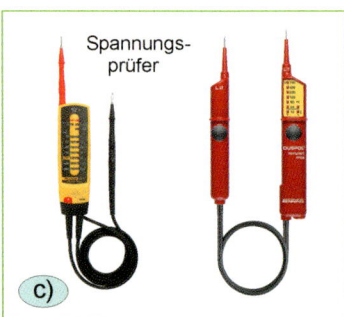
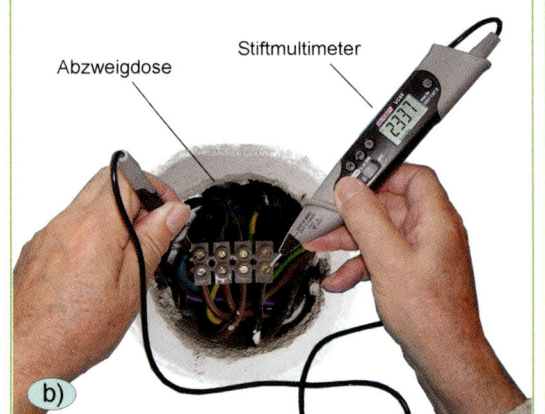
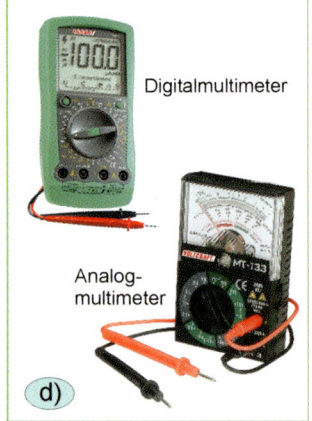

Abb. 7.7 – Wenn Sie eine Netzspannungsverbindungsdose (Abzweigdose) öffnen, die sich meist oben in der Wand befindet, sollten Sie erst mit einem Phasenprüfer **(a)**, einem Stiftmultimeter **(b)**, einem Spannungsprüfer **(c)** oder einem beliebigen Tischmultimeter **(d)** die Spannungsbelegung an den Verbindungsklemmen ermitteln und z. B. mit Permanent-Filzstiften farbig markieren.

7.2 FI-Schutzschalter für Stromleitungen im Garten

Ein FI-Schutzschalter (Fehlerstrom-Schutzschalter) ist ein Sicherungsautomat (Leitungsschutzschalter), der – ähnlich wie ein normaler Sicherungsautomat – auch auf Kurzschlüsse oder Überlastungen mit Abschalten reagiert. Er schaltet aber auch dann ab, wenn er nur einen sogenannten Fehlerstrom wahrnimmt. Oft werden solche Schutzschalter nicht als „FI-Schutzschalter", sondern schlicht als „Personenschutz" bezeichnet.

Unter dem Begriff „Fehlerstrom" ist schlicht „fehlender Strom" zu verstehen, den der FI-Schutzschalter zwischen dem „zufließenden" Strom (von der Phase in einen elektrischen Verbraucher) und dem über den Nullleiter „zurückfließenden" Strom feststellt. Wenn irgendwo auf dieser Strecke (z. B. in der Leitung oder in einem elektrischen Verbraucher) ein winziger Teil des elektrischen Stroms verloren geht, merkt es der FI-Schutzschalter sofort und schaltet augenblicklich den an ihn angeschlossenen Stromkreis ab.

Der elektrische Strom kann z. B. dadurch verloren gehen, dass er über den menschlichen Körper in die Erde oder über einen defekten Lampenanschluss in die Wand fließt. Somit schützt z. B. ein 0,03-Ampere-FI-Schalter den Menschen gegen einen lebensgefährlichen Stromschlag, der vor allem im Badezimmer bei Berührung defekter Netzspannungsgeräte eine Bedrohung darstellen könnte. Die 0,03 A sind ein Grenzwert, bei dem der Strom, der den Körper eines Menschen durchfließt, noch keine lebensgefährlichen oder gesundheitsschädigenden Folgen haben kann.

Wenn der elektrische Strom z. B. durch den Glühfaden einer Lampe fließt – wie in Abb. 7.8 bildlich dargestellt ist –, erfolgt ein solcher Fluss immer in einer geschlossenen Schleife, die in diesem Fall aus der Phase und dem Nullleiter besteht. Die eingezeichneten Pfeile der Stromrichtung sind hier zwar nur eine Momentaufnahme, denn die Richtung ändert sich 50-mal pro

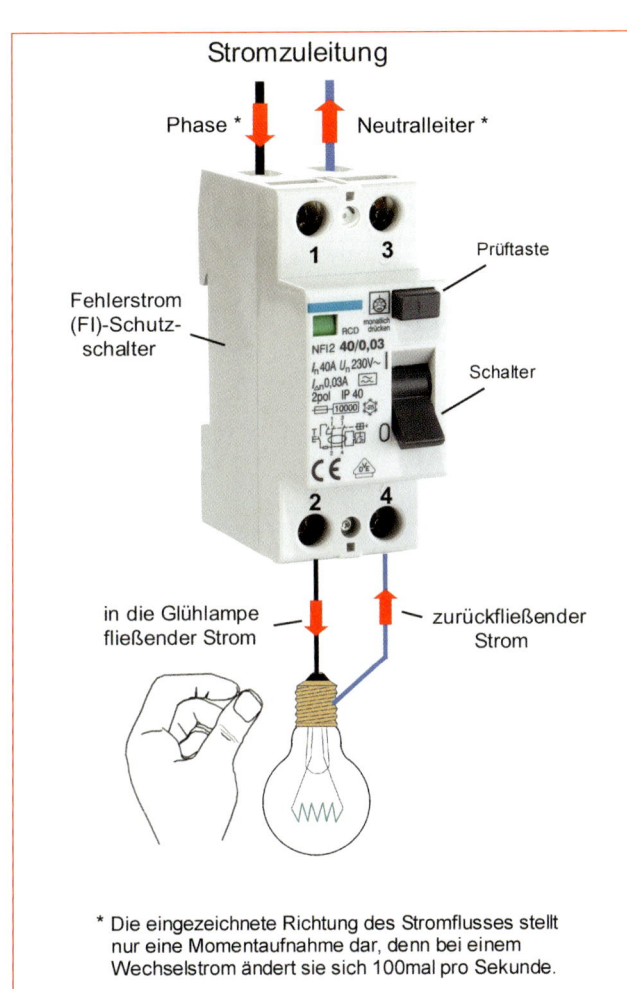

Abb. 7.8 – Ein FI-Schutzschalter schaltet die an ihn angeschlossene Leitung blitzschnell ab, sobald er z. B. wahrnimmt, dass ein winziger Teil des elektrischen Stroms über den Körper eines Menschen oder über eine feuchte Stelle im Gerät bzw. in einer Lampe in die Wand fließt.

Sekunde, aber das spielt in diesem Zusammenhang keine Rolle. Der FI-Schalter ist ein Gerät, das ganz genau kontrolliert, ob der Strom, der aus ihm jeweils an

7.2 FI-Schutzschalter für Stromleitungen im Garten

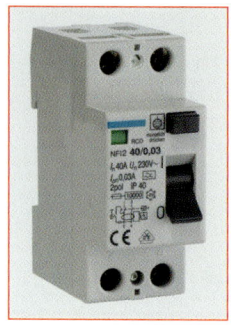

Abb. 7.9 – FI-Schutzschalter sind wahlweise als zweipolige Einphasen- oder als vierpolige Dreiphasen-Einbaugeräte erhältlich: Ausführungsbeispiel eines zweipoligen Einphasen-FI-Schutzschalters. (Foto/Anbieter: Conrad Electronic)

einer seiner Seiten „nach außen" fließt, auch wieder ohne Verluste (von z. B. max. 0,03 Ampere) durch ihn zurückfließt.

Fehlerstrom-Schutzschalter sind meist mit einer Prüftaste versehen, die sich oberhalb des Ein-/Ausschalters befindet. Bei Betätigung der Prüftaste wird ein Testfehlerstrom im FI-Schalter simuliert und ein intakter Schalter muss darauf mit umgehendem Ausschalten reagieren. Neben dieser Prüftaste steht oft geschrieben „monatlich drücken", was als Empfehlung für eine laufende Kontrolle der intakten Funktion des Schalters gedacht ist.

Der Anwendungsbereich solcher spezieller „Stromwachhunde" bleibt eine reine Ermessensfrage. Alle elektrischen Verbraucher, die wir in unserem Haushalt verwenden, sind entweder über einen Schutzleiter geerdet oder verfügen über ein isolierendes Kunststoffgehäuse. Unter normalen Umständen dürfte es daher zu einem Unfall mit elektrischem Strom gar nicht kommen. Unfälle passieren aber oft gerade unter Umständen, die nicht normal oder kalkulierbar sind. Der Schutzleiter kann an sehr vielen Stellen und durch viele Einflüsse unterbrochen werden oder einen schlechten Kontakt haben und der angeschlossene elektrische Verbraucher – bzw. sein Anwender – ist dann nicht geschützt. Das ist einer der Defekte, die nicht automatisch entdeckt werden. Die Gartenleuchte kann dann zwar an den Schutzleiter angeschlossen sein, aber der Schutzleiter hat vielleicht unterwegs in einer der Abzweigdosen einen Wackelkontakt und die Leuchte erteilt elektrische Schläge. Ein FI-Schutzschalter nimmt dies prompt wahr und schaltet den Stromkreis blitzschnell ab.

Wir haben in Abb. 7.6 einen Hausverteilerschrank mit einem vierpoligen FI-Schutzschalter eingezeichnet, der gleichzeitig als Hauptschalter für einige normale Sicherungsautomaten fungiert. Diese doppelte Lösung wird oft angewendet und hat den Vorteil, dass der an sich teure Schutzschalter gleich mehrere Stromkreise und angeschlossene Verbraucher überwacht. Für diese Überwachung wird jedoch oft ein FI-Schutzschalter verwendet, der für einen Nennfehlerstrom von 0,3 Ampere (anstelle des vorher angesprochenen Fehlerstroms von 0,03 Ampere) ausgelegt ist. Als Schutz gegen einen direkten Stromschlag dient ein solcher Schutzschalter zwar nur dürftig, aber er schaltet präventiv einen Stromkreis ab, an dem z. B. durch einen defekten oder durchnässten Elektromotor eine Stromleckage entstanden ist.

Dreiphasen-FI-Schutzschalter, die für einen Fehlerstrom von nur 0,03 A (30 Milliampere) ausgelegt sind, gibt es auch – und sie werden ebenfalls angewendet, wenn ihre Empfindlichkeit bei „kritischeren" Verbrauchern oder Sektionen nicht zur Folge hat, dass sie zu oft grundlos abschalten. So können beispielsweise Elektroleitungen und andere elektrische Komponenten einer im Gartenschuppen stehenden intakten Drehstrom-Kreissäge vorübergehend derartig feucht werden, dass ein zu empfindlicher (0,03-A-)FI-Schutzschalter den Strom „voreilig" abschaltet. Für einen solchen Anschluss wird daher bevorzugt ein weniger empfindlicher 0,3-A-FI-Schutzschalter verwendet, der bei Bedarf auch mehrere Schaltkreise schützen kann.

In dem Beispiel in Abb. 7.6 sind die Schaltkreise – der schnelleren Übersicht wegen – nur vereinfacht dar-

7.2 FI-Schutzschalter für Stromleitungen im Garten

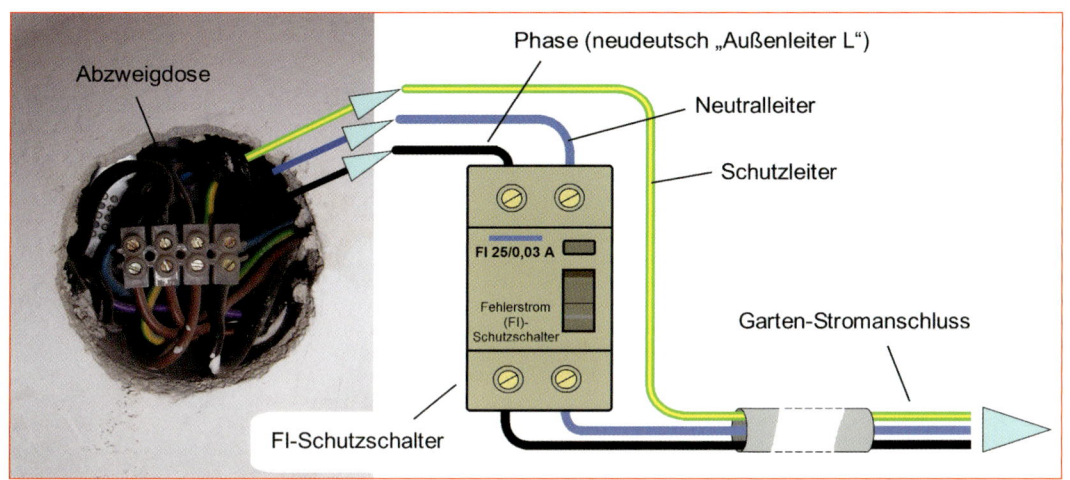

Abb. 7.10 – Ein FI-Schutzschalter kann bei Bedarf den Gartenstromanschluss schützen.

gestellt. In der Praxis kann die Einteilung der einzelnen Schaltkreise sowohl sehr einfach als auch sehr aufwendig gestaltet werden. Dementsprechend befinden sich in manchen Verteilerschränken nur sehr wenige, in anderen wiederum sehr viele Sicherungsautomaten – je nachdem, wie viele selbstständige Sektionen der Elektroinstallateur für sinnvoll gehalten hat. Oft stehen in dem Verteilerschrank noch Reserveplätze für zusätzliche Sicherungsautomaten bzw. FI-Schutzschalter zur Verfügung, die unter Umständen für die Stromversorgung des Gartens verwendet werden könnten. Solch eine Lösung setzt jedoch voraus, dass von dem Verteilerschrank aus eine neue Leitung in den Garten erstellt werden muss – was meist einen größeren Installationsaufwand zur Folge hat.

Einfacher ist es, wenn der Strom für den Garten nur von einer Unterputz-Abzweigdose angezapft wird, die sich an einem dafür günstigen Platz im Keller oder in der Garage befindet. Nichts spricht dann dagegen, dass auch bei dieser Lösung die Gartenstromleitung (der Gartenschaltkreis) an die bestehende Abzweigdose über einen zusätzlichen FI-Schutzschalter nach Abb. 7.10 angeschlossen wird. Der FI-Schutzschalter kann in dem Fall in einer eigenen größere Unterputz- oder Aufputzdose so untergebracht werden, dass er leicht zugänglich ist.

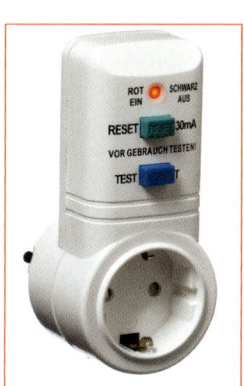

Abb. 7.11 – FI-Schutzschalter sind oft auch in Form eines Zwischensteckers unter der Bezeichnung „Personenschutz" erhältlich. (Foto/Anbieter: Westfalia)

Hinweis

Fehlerstrom-FI-Schutzschalter sind auch in Form von Zwischensteckern (Abb. 7.11) erhältlich, die einfach in eine Steckdose eingesteckt werden können, an die man z. B. ein Elektrogerät anschließen möchte. Alternativ gibt es auch spezielle Steckdosen, in die bereits ein Fehlerstrom-Schutzschalter integriert ist.

7.3 Oberirdische Stromleitungen im Garten

Für oberirdische Außenleitungen im Garten ist z. B. das gleiche dreiadrige Kunststoffkabel *NYM-J/3 x 1,5 mm²*, oder alternativ mit vier bis fünf Adern (4 x 1,5 mm² bzw. 5 x 1,5 mm²), geeignet, das auch für Installationen in Feuchträumen vorgeschrieben ist (Abb. 7.12) – allerdings nur unter der Bedingung, dass es entweder unter Putz oder zumindest nur dort auf Putz verlegt wird, wo es gegen direktes Sonnenlicht geschützt ist (andernfalls wird seine Isolation brüchig).

Falls diese Anforderung nicht zufriedenstellend erfüllt werden kann, lassen Sie sich im Elektrofachhandel beraten, was als Alternative geeignet wäre. In den meisten Fällen werden Sie dann auf das (relativ preiswerte) Kunststofferdkabel NYY-J/*3* x 1,5 mm² (oder 5 x 1,5 mm², 3 x 2,5 mm² u .Ä.) ausweichen müssen. Sie können es sowohl auf eine Außenmauer als auch auf diverse andere Konstruktionen (Gartenhaus, Pergola, Carport) als Außenleitung nach Abb. 7.2 anbringen – und bei Bedarf auch in die Erde verlegen.

> **Wichtig**
>
> Alle Leuchten, Lichtschalter, Steckdosen und Abzweigdosen, die bei einer Elektroinstallation im Außenbereich verwendet werden, müssen als wasserdichte (spritzwassergeschützte) Bausteine für den Außenbereich vorgesehen sein. Eine Ausnahme gilt nur für Installationen oder Sektionen, die in überdachten und wettergeschützten Objekten wie z. B. in Gartenhäusern errichtet werden: Hier genügt es, Feuchtraum-Bausteine zu verwenden.

Zur Befestigung des Kabels an der Mauer oder an anderer Konstruktion werden Kunststoffschellen verwendet, die z. B. als Nagel-, Schrauben- oder Schnellmontageschellen (Klemmfix) erhältlich sind. Achten Sie beim Kauf darauf, dass die Schellen mit dem Kabeldurchmesser übereinstimmen (sie benötigen ca. 4 bis 5 Schellen pro Meter waagrechter und ca. 3 Schellen pro Meter senkrechter Leitung). Siehe auch unsere Ratschläge zu Elektroarbeiten in Kapitel 8.

Abb. 7.12 – Das Kunststoffkabel NYM-J ist meist als drei- oder fünfadriges Kabel in Baumärkten wahlweise als Meterware oder in 50-Meter-Rollen erhältlich.

7.4 Gartenstromleitungen mit Erdkabeln

Wir haben bereits in Abb. 7.1 gezeigt, wie ein Erdkabel im Garten vorschriftsmäßig verlegt wird: Es sollte laut Vorschrift 60 cm tief auf einer ca. 10 cm hohen Sandschicht nach Abb. 7.13 unter der Oberfläche verlegt und mit einer weiteren ca. 10 cm dicken Sandschicht abgedeckt werden. Darauf kommt die ausgehobene Erde.

Je steiniger die Erde ist, mit der das Kabel wieder zugeschüttet wird, desto großzügiger sollten Sie beim Anbringen der oberen Sandschicht sein. Andernfalls können schwere Steine im Lauf der Zeit durch eine zu dünne Sandschicht „schwimmend" nach unten durchdringen und das Kabel beschädigen.

Um zu verhindern, dass das Erdkabel beim Eingraben von Pflanzen oder bei anderen späteren Erdarbeiten beschädigt wird, kann man oberhalb der oberen Sandschicht gelbe Trassenkunststoffbänder (in voller Kabellänge) oberhalb des Kabels einlegen. Sie können zu diesem Zweck auch ein preiswertes rot/weißes Baustellen-Absperrband verwenden und an kritischen Stellen evtl. auf die obere Sandschicht noch einige alte Dachziegel oder Fliesen legen. Als „kritische Stellen" gelten im Garten Stellen, an denen möglicherweise in Zukunft noch tief gegraben werden könnte, um z. B. einen Baum zu pflanzen. Vor derartigen unerwünschten Eingriffen kann Sie eine eigenhändig angefertigte, maßgerechte Zeichnung bewahren, die Sie bei Ihren Familiendokumenten auffindbar deponieren.

Für den eigentlichen Erdaushub eignen sich am besten die Monate März/April. Dann ist die Erde weich und Sie kommen meist mit einem normalen Spaten aus. Nur für die unterste, schmale Grabensohle werden

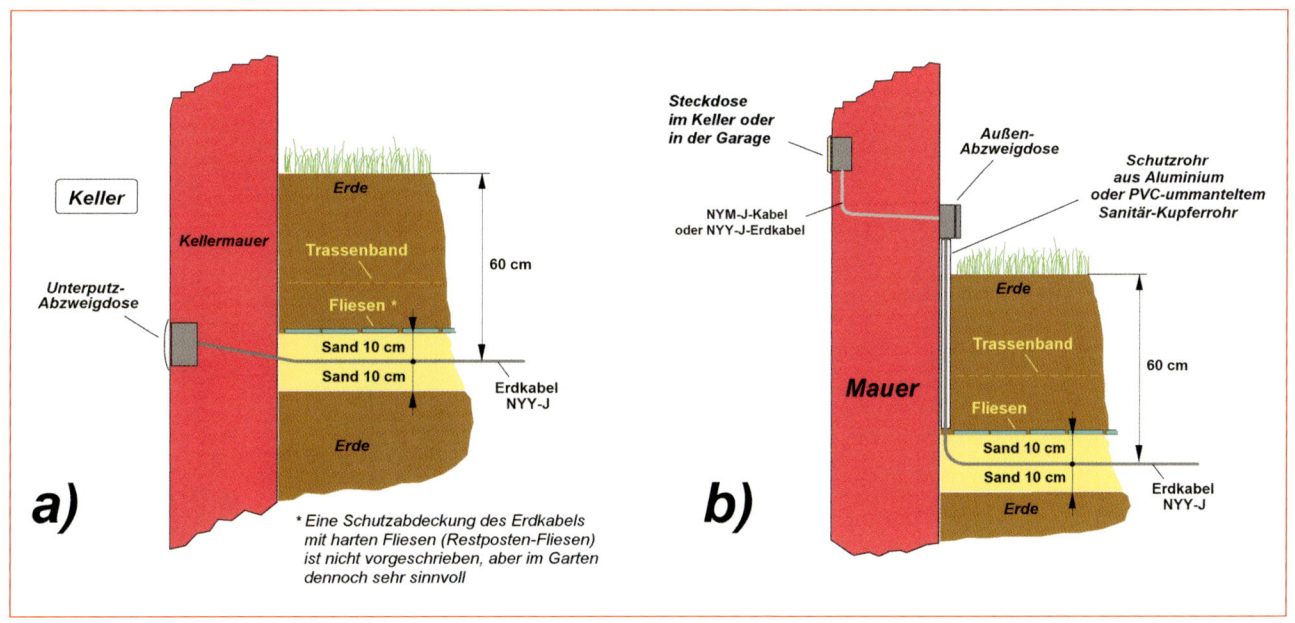

Abb. 7.13 – Zwei Beispiele eines einfachen Erdkabelanschlusses im Haus: **a)** an eine Unterputz-Abzweigdose im Keller; **b)** an einer Steckdose im Erdgeschoss oder in der Garage.

7.4 Gartenstromleitungen mit Erdkabeln

Sie noch eine schmale Handschaufel benötigen. Die Grabenwände müssen, der Stabilität wegen, schräg verlaufen.

Für Netzspannungs-Stromleitungen im Erdreich sind im Fachhandel spezielle Kunststofferdkabel unter der Typenbezeichnung *NYY-J, NYCY* oder *NYCWY* mit Leitungsquerschnitten von u. a. 3 x 1,5 mm² oder 3 x 2,5 mm² (bis zu 5 x 25 mm² oder 40 x 2,5 mm²) erhältlich.

Als Stromquelle für das Erdkabel eignet sich eine bestehende Abzweigdose, die sich z. B. an der Kellerinnenmauer befindet (Abb. 7.13a), oder eine Steckdose, die in einem Raum des Erdgeschosses (Abb. 7.13b) vorhanden ist. Diese beiden Varianten kommen allerdings nur dann in Betracht, wenn das Erdkabel nur eine relativ geringe Stromversorgung zu bewältigen hat (Gartenleuchte, Gartensteckdose für die Beleuchtung eines kleinen Gartenpavillons u. Ä.). Andernfalls ist eine separate Zuleitung vom Verteilerkasten erforderlich.

Für den in Abb. 7.13a eingezeichneten Erdkabelanschluss kann bei Bedarf auch eine zusätzliche Abzweig- oder Steckdose im Keller installiert werden.

Das in Abb. 7.13b eingezeichnete Aluminium- oder Kupferschutzrohr schützt das PVC-Erdkabel vor mechanischen Beschädigungen. Ein Schutzrohr aus hartem Kunststoff würde ebenfalls genügen, ist je-

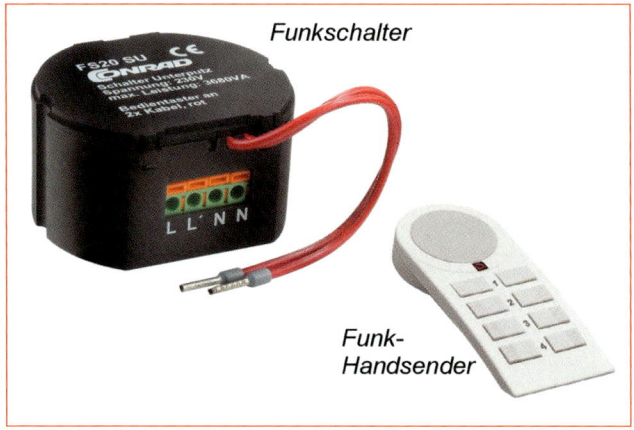

Abb. 7.14 – Ein Funkschalter mit einer max. Schaltleistung von 3.680 VA passt z. B. in eine Unterputz-Gerätedose, die für Lichtschalter oder Steckdosen verwendet wird. (Anbieter: Conrad Electronic)

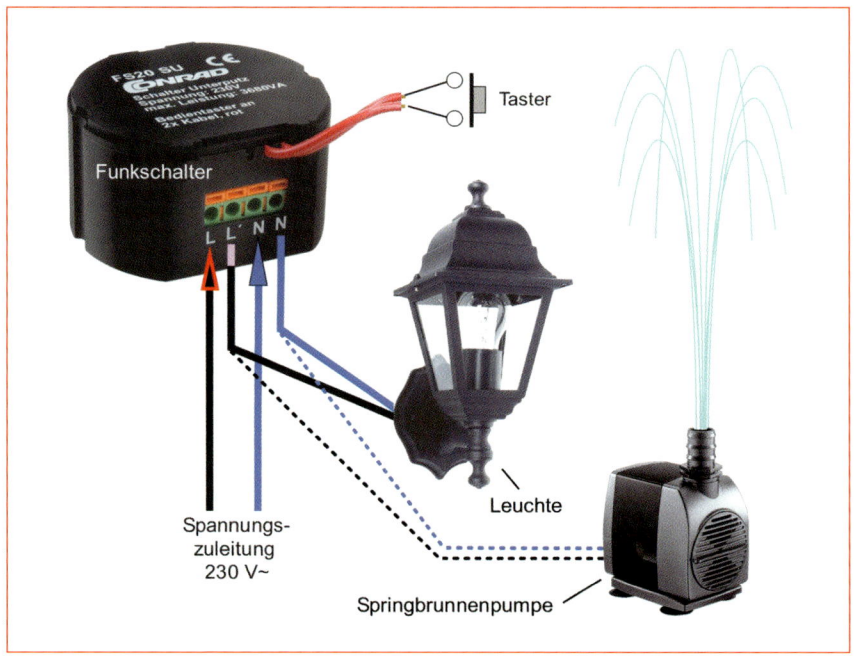

Abb. 7.15 – Anschluss des Funkschalters aus der vorhergehenden Abbildung: Der über den Funkschalter geschaltete Verbraucher kann sowohl via Funk als auch über einen zusätzlichen Taster geschaltet werden.

7.4 Gartenstromleitungen mit Erdkabeln

doch nicht so stabil wie z. B. ein handelsübliches PVC-ummanteltes Sanitärkupferrohr mit 12 mm Durchmesser oder ein 12-x-1,5- bzw. 14-x-2-Aluminiumrohr.

Der Kabeldurchgang nach außen wird mit einem Steinbohrer leicht schräg mit einem Gefälle nach außen durch die Mauer gebohrt, damit das Regenwasser nicht zum Hineinfließen ins Haus animiert wird. Danach wird außen der Durchgang mit einem guten Bausilikon (nicht mit einem Acrylsilikon) abgedichtet. Eventuelle Beschädigungen in der Außenmauer unter der Erde können noch vor dem Abdichten mit Silikon oder Bitumen ausgebessert werden.

Wenn am Kabelende eine Lampe oder ein anderer Verbraucher vorgesehen ist, der eine geschaltete Stromzuleitung erfordert, sollte der Schalter bevorzugt im Hausinneren installiert werden. So kann z. B. neben der bestehenden Unterputzdose eine zweite Dose mit einem Funkschalter installiert werden, der von einer beliebigen Stelle aus fernbedient werden kann. Falls der Funkverbindung eine Betondecke mit Bewehrung im Wege steht, wird die Funkübertragung nicht bei jedem Gebäude (bzw. nicht von jedem Standort aus) funktionieren – was vorher ausprobiert werden sollte. Der kleine Conrad-Einbau-Funkschalter aus Abb. 7.14/7.15 kann alternativ auch direkt in der Leuchte untergebracht werden, sofern dort Platz ist.

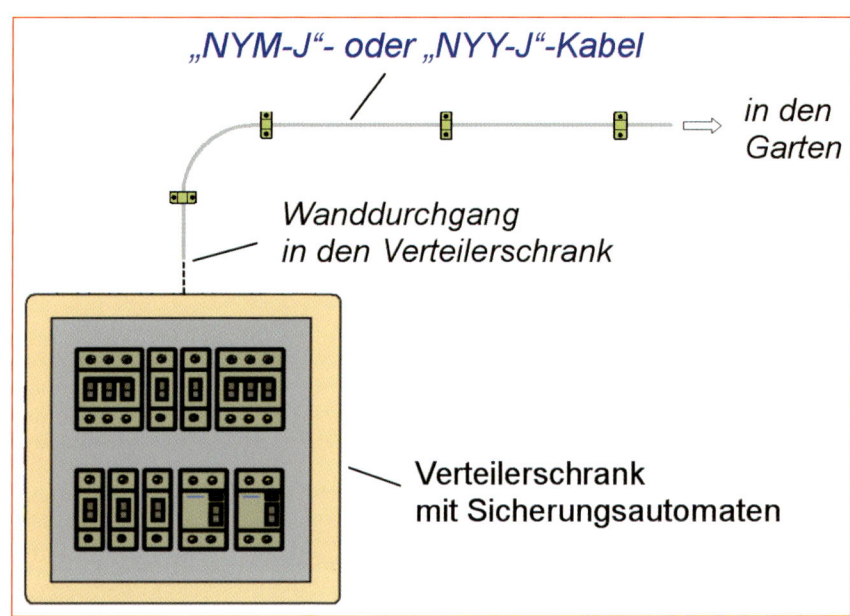

Abb. 7.16 – Wenn es optisch nicht störend ist, kann ein Netzkabel für den Garten z. B. im Kellerraum zu dem Verteilerschrank auch auf der Wand verlegt werden.

Die in Abb. 7.13 aufgeführten Anschlussbeispiele für das Erdkabel einer Gartenstromversorgung lassen sich zwar leicht erstellen, aber eignen sich nur für einfachere Anschlüsse. Technisch eleganter ist ein Anschluss, der direkt vom Verteilerschrank angelegt wird und einen eigenen Sicherungsautomaten bzw. FI-Schutzschalter erhält. Wenn sich der Verteilerschrank im Keller befindet, kann das Anschlusskabel unter Umständen auch auf der Innenwand nach Abb. 7.16 verlegt und in den Verteilerschrank nur durch einen kurzen, in die Wand gestemmten Schlitz hineingeführt werden. Dieser Gartenanschluss kann im Verteilerkasten durch einen FI-Schutzschalter abgesichert werden. Alternativ genügt auch nur eine Absicherung mithilfe eines Sicherungsautomaten. Als Außensteckdose kann dann eine spezielle Steckdose verwendet werden, in die ein FI-Schutzschalter bereits integriert ist.

7.5 Steckdosen im Garten

Im Garten oder für halb offene Gartenhäuser, Carports und vergleichbare Objekte dürfen nur spezielle, wasserdichte Steckdosen installiert werden, die für den Außenbereich vorgesehen sind. Zu unterscheiden ist dabei zwischen sogenannten *Feuchtraum-Steckdosen* (Abb. 7.17) und *spritzwassergeschützten Steckdosen* bzw. Steckdosen, die auch bei Regen wasserdicht sind und Schnee und Frost vertragen oder in ein zusätzliches Gehäuse nach Abb. 7.18 vorschriftsmäßig integriert sind.

Eine jede Netz-Außensteckdose muss neben der Phase (Außenleiter) und dem Neutralleiter zwingend

Abb. 7.18 – Praktisch sind Gartensteckdosen, die eine wettergeschützte und zudem auch gefällige Unterkunft haben, die sich in diesem Fall nach dem Schließen in einen Stein „verwandelt". (Foto/Anbieter: Conrad Electronic)

Abb. 7.17 – Feuchtraum-Steckdosen können im Garten nur dann fest installiert werden, wenn sie der Standort vor Regen oder Spritzwasser schützt – wie z. B. in einem Geräteschuppen.

auch einen Schutzleiteranschluss erhalten, der nach Abb. 7.19 an die federnde Schutzleiterklemme angeschlossen wird. Vorsicht bei der Installation: Der Schutzleiter darf nicht mit dem Neutralleiter verwechselt werden!

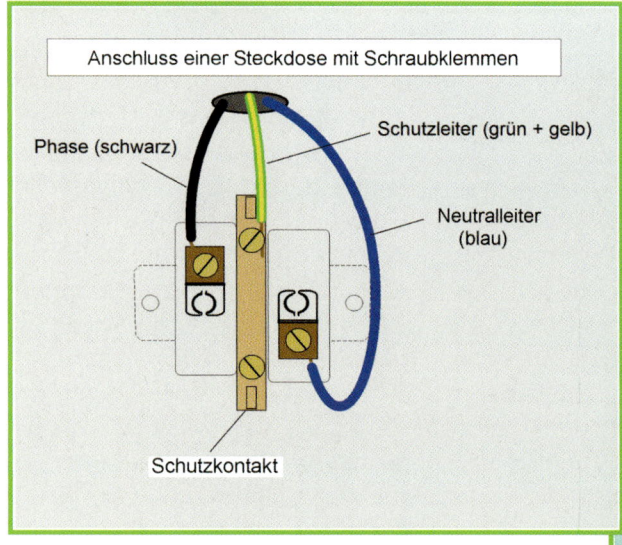

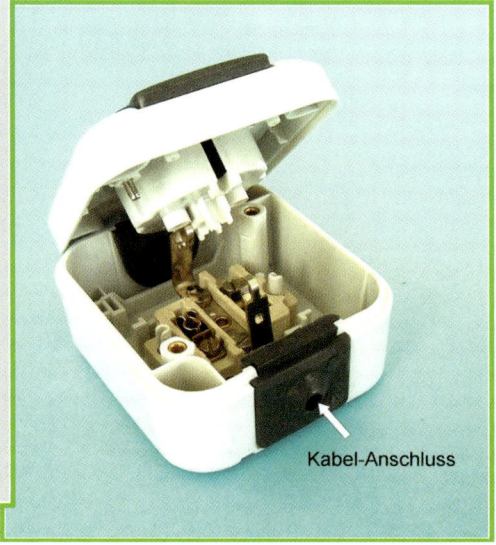

Abb. 7.19 – Steckdosenanschluss

7.6 Netzanschlüsse für Elektropumpen und Lüfter im Garten

Springbrunnen- und Bewässerungspumpen, Umlaufpumpen von Pool-Filtern, Teichschlammsauger, Zierbrunnenpumpen sowie Elektrolüfter und Ventilatoren, die für einen Netzanschluss ausgelegt sind, benötigen den gleichen Stromanschluss wie die vorher angesprochenen Steckdosen. Dieser Netzanschluss muss allerdings, bis auf seltene Ausnahmen, ein- und ausschaltbar sein. Dies lässt sich entweder mittels eines manuellen *Netzschalters* (z. B. Lichtschalters) oder mithilfe eines Funkschalters nach dem Prinzip aus Abb. 7.20/7.21 realisieren.

Wie und wo man einen Netz- oder einen Funkschalter unterbringt, ist den Gegebenheiten und der Fantasie des Errichters überlassen. Technisch elegant und unter Umständen auch praktisch ist die Verwendung eines Funkschalters, der z. B. noch im Haus an der Stelle des Garten-Stromanschlusskabels (z. B im Keller) nach dem Beispiel aus Abb. 7.15/7.20 installiert werden kann. Anstelle eines Einbaufunkschalters kann auch ein beliebiger Steckdosen-Funkschalter (Abb. 7.21) bzw. können auch mehrere Funkschalter für Fernbedienungen eingesetzt werden. Die Handfunksender verfügen meist ohnehin über mindestens vier Ein-/Austasten und können somit problemlos bis zu vier externe Verbraucher wie Springbrunnen, Weiherbeleuchtung, Pumpe eines Miniwasserfalls, Gartenleuchten usw. schalten.

> **Wichtiger Hinweis**
>
> Die meisten Funkschalter sind nur für Anwendungen in Innenräumen vorgesehen. Es gibt aber auch Funkschalter, die für den Außenbereich vorgesehen sind: Diese haben den Vorteil, dass das Zuleitungserdkabel bis zu einem Außenverteiler nur dreiadrig sein kann. Werden dagegen z. B. drei Funkschalter im Keller des Hauses installiert, muss von jedem Funkschalter aus eine separate Phase zu den einzelnen Außenverbrauchern verlegt werden. Dies kann z. B. bis zu einem Verteilerpunkt mit einem preiswerten 5x1,5-mm²-Erdkabel umgesetzt werden, wenn die Standorte der ferngeschalteten Verbraucher nahe genug beieinanderliegen werden.

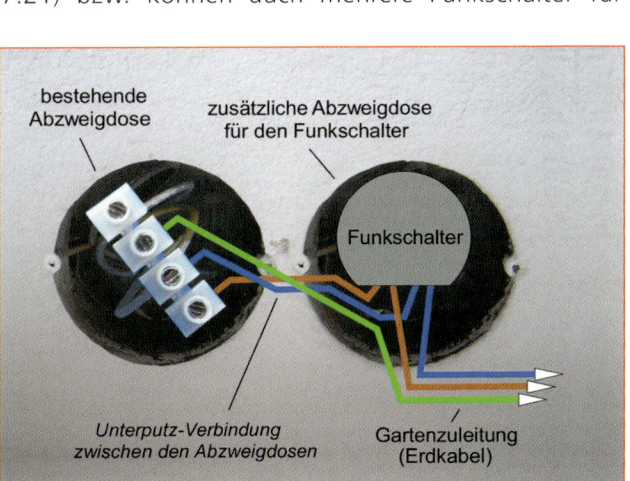

Abb. 7.20 – Ein Funkschalter kann z. B. in einer zusätzlichen Unterputz-Abzweigdose untergebracht werden.

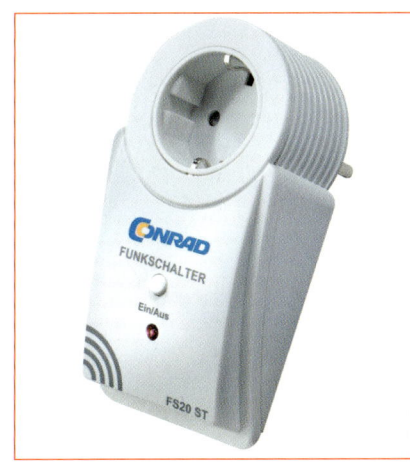

Abb. 7.21 – Die Fernbedienung von Gartenverbrauchern kann wahlweise auch über einen (oder mehrere) Steckdosen-Funkschalter erfolgen.

7.7 Verbindungen der elektrischen Leiter – wie wird es gemacht?

Um elektrische Leiter miteinander verbinden zu können, müssen sie an ihren Enden abisoliert werden. Einzelne Leiter lassen sich am bequemsten mit einer einfachen Abisolierzange nach Abb. 7.22 abisolieren. Bei Kabeln muss erst nach Abb. 7.23 die Ummantelung entfernt werden.

Die Verbindungen der elektrischen Leiter werden bevorzugt mit Schraubklemmen erstellt. Zu den bekanntesten (und beliebtesten) Schraubklemmen gehören die Dosen- und Lüsterklemmen nach Abb. 7.25. Für das Verbinden der elektrischen Leiter in Abzweigdosen werden meist Dosenklemmen, für Leuchtenanschlüsse Lüsterklemmen verwendet.

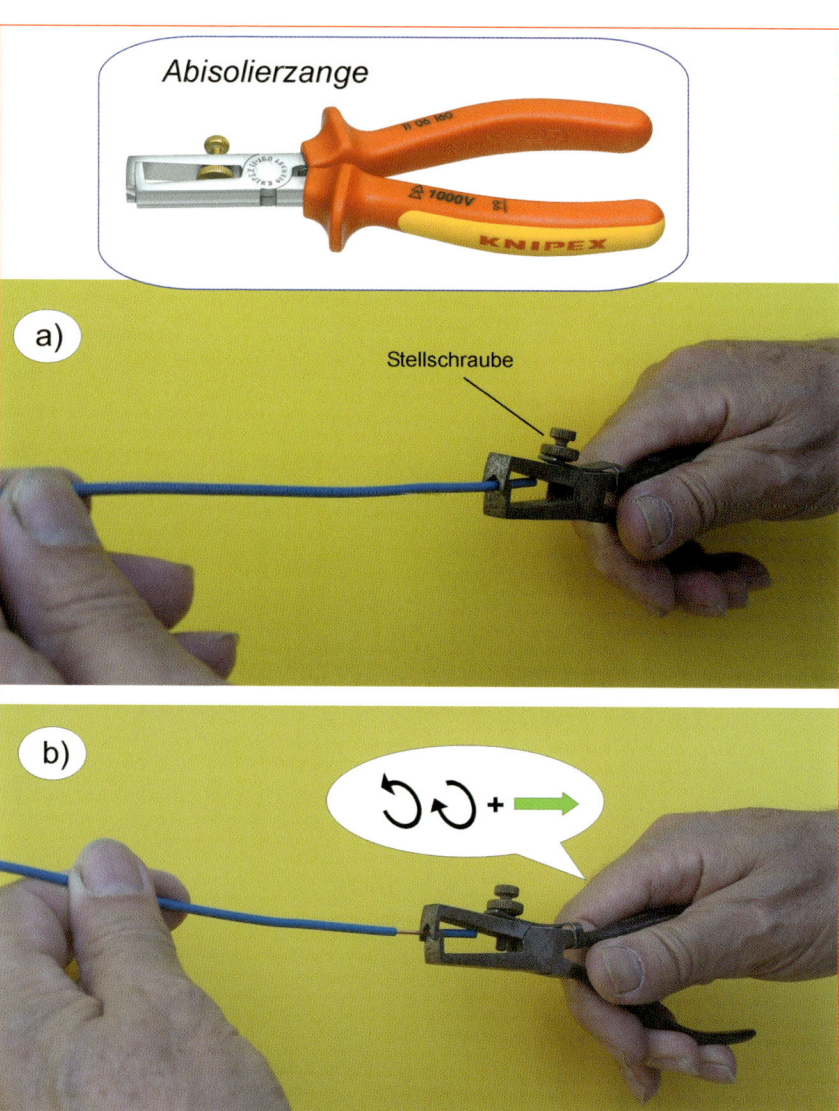

Abb. 7.22 – Verwendung der Abisolierzange: **a)** Stellen Sie die Stellschraube so ein, dass die Zange nur die PVC-Ummantelung des Leiters abschneidet, ohne den Kupferleiter zu beschädigen; **b)** mit einigen Drehungen der Zange (um ca. 90°) um ihre Achse schneiden Sie die PVC-Isolierung durch und ziehen sie vom Leiter ab. (Anbieter der Abisolierzange: Conrad Electronic)

7.7 Verbindungen der elektrischen Leiter – wie wird es gemacht?

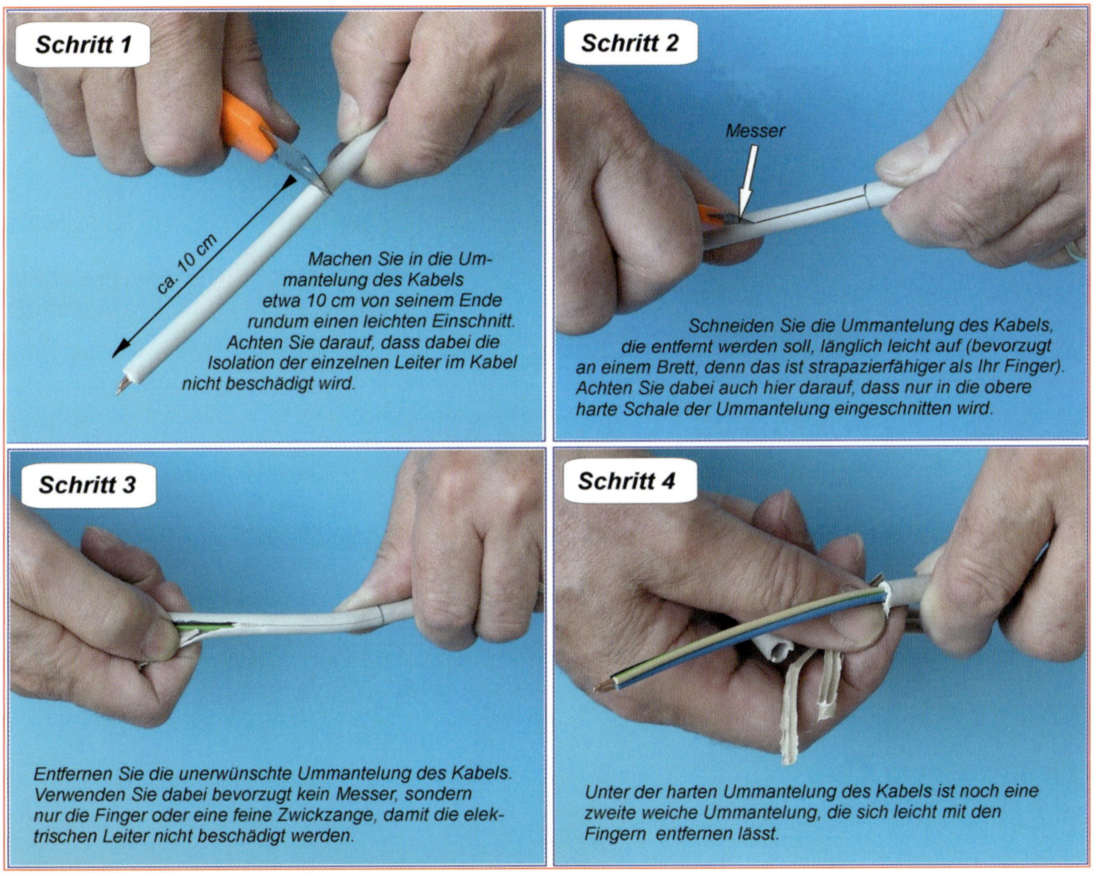

Schritt 1

ca. 10 cm

Machen Sie in die Ummantelung des Kabels etwa 10 cm von seinem Ende rundum einen leichten Einschnitt. Achten Sie darauf, dass dabei die Isolation der einzelnen Leiter im Kabel nicht beschädigt wird.

Schritt 2

Messer

Schneiden Sie die Ummantelung des Kabels, die entfernt werden soll, länglich leicht auf (bevorzugt an einem Brett, denn das ist strapazierfähiger als Ihr Finger). Achten Sie dabei auch hier darauf, dass nur in die obere harte Schale der Ummantelung eingeschnitten wird.

Schritt 3

Entfernen Sie die unerwünschte Ummantelung des Kabels. Verwenden Sie dabei bevorzugt kein Messer, sondern nur die Finger oder eine feine Zwickzange, damit die elektrischen Leiter nicht beschädigt werden.

Schritt 4

Unter der harten Ummantelung des Kabels ist noch eine zweite weiche Ummantelung, die sich leicht mit den Fingern entfernen lässt.

Abb. 7.23 – Abisolieren der Leiter eines Kabels in einzelnen Schritten

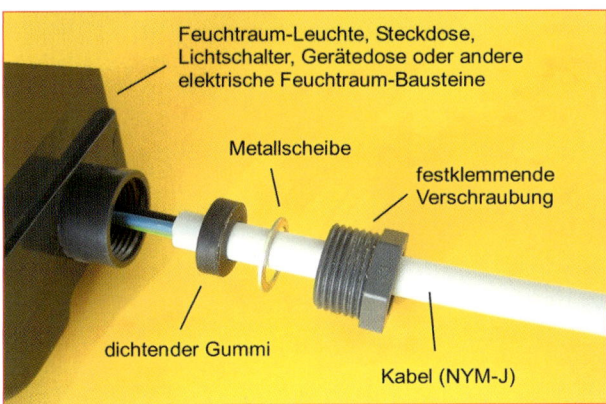

Feuchtraum-Leuchte, Steckdose, Lichtschalter, Gerätedose oder andere elektrische Feuchtraum-Bausteine

Metallscheibe

festklemmende Verschraubung

dichtender Gummi

Kabel (NYM-J)

Abb. 7.24 – An das Kabel mit abisolierten Leiterenden kann dann z. B. eine Feuchtraumsteckdose, ein Feuchtraumlichtschalter u. Ä. angeschlossen werden.

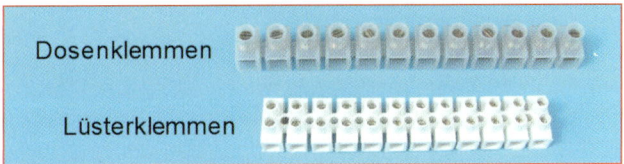

Dosenklemmen

Lüsterklemmen

Abb. 7.25 – Elektrische Leiter werden bei Hausnetz- und Garteninstallationen bevorzugt mit Dosenklemmen und Lüsterklemmen verbunden.

7.7 Verbindungen der elektrischen Leiter – wie wird es gemacht?

Nicht vergessen: vor jeder Arbeit an der Stromleitung immer erst mit einem Phasenprüfer kontrollieren, ob alles wirklich spannungsfrei ist!

Abb. 7.26 – Für die Leiterverbindung in Abzweig- oder Verteilerdosen werden bevorzugt Dosenklemmen verwendet: Kräftiges Zudrehen der Klemmenschrauben ist sehr wichtig.

a)
Richtig

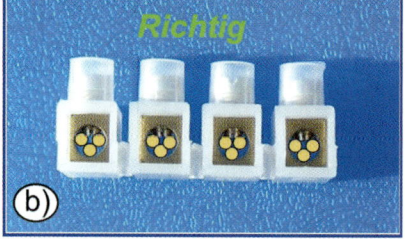
b)

Falsch:
dieser Leiter ist *nicht festgeklemmt*

c)

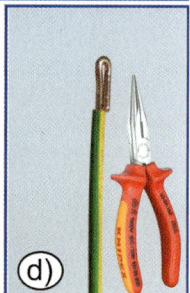
d)

Abb. 7.27 – Bei den Verbindungen der elektrischen Leiter mit Dosenklemmen ist darauf zu achten, dass alle Leiter fest in der Klemme sitzen: Nachdem die Leiter festgeklemmt sind, ist eine Kontrolle durch kräftiges Ziehen an den einzelnen Leitern erforderlich.

Wichtig

Sowohl Lüsterklemmen als auch Dosenklemmen sind für unterschiedliche Leiterquerschnitte ausgelegt und daher auf die verwendeten Leiter abzustimmen. Da mit Dosenklemmen jeweils mehrere Leiter nach Abb. 7.27 miteinander verbunden werden, ist es einerseits wünschenswert, dass alle vorgesehenen Leiter in eine gemeinsame Klemme passen (Abb. 7.27a), anderseits müssen sie sich perfekt einklemmen lassen (Abb. 7.27b). Es kommt in der Praxis oft vor, dass einer der Leiter in der Klemme auch bei festgedrehter Klemmenschraube nach Abb. 7.27c seitlich zu locker sitzt und zu einem „Wackelkontakt" wird. Dies passiert vor allem dann, wenn in der Dosenklemme Leiter mit unterschiedlichen oder zu kleinen Querschnitten eingeklemmt werden. Eine einfache Abhilfe zeigt Abb. 7.27d: Die zu dünnen Kupferleiter werden mit einer Spitz- oder Kombizange umgebogen, damit ihre Kontaktflächen die Klemme besser füllen.

Verbraucher & Anwendung	Querschnitt der Kupferleiter bezogen auf die Länge der Leitung		
	max. 15 m	max. 25 m	max. 50 m
Beleuchtung und kleine Pumpen	1,5 mm²	1,5 mm²	2,5 mm²
Größere Pumpen	2,5 mm²	4 mm²	6 mm²
Außensteckdosen	2,5 mm²	2,5 mm²	4 mm²

Tab. 7.1 – Optimale Leiterquerschnitte der Installationskabel im Garten

8 Elektrisches Licht im Garten

Die Art der Anwendung ist dafür bestimmend, wie eine Gartenbeleuchtung ausgelegt wird: Eine Partybeleuchtung für einen Abend wird natürlich anders durchgeführt als z. B. die Stromversorgung von Leuchten, die im Garten an festen Standorten installiert werden.

Selbstverständlich dürfen auch bei einer provisorischen Eintagesbeleuchtung die Sicherheitsmaßnahmen nicht außer Acht gelassen werden. Es geht dann nur darum, dass die verwendeten Stromkabel (flexible Gummi- oder PVC-Kabel) intakt und die Verbindungen der Leiter gut isoliert bzw. in provisorischen Verbindungsdosen untergebracht sind. Zudem müssen die Kabel und die Leuchten (oft kahle Glühlampen in Fassungen) so verlegt werden, dass es zu keiner mechanischen Beschädigung der Kabelhaut kommen kann. Die Stromkabel dürfen nicht ungeschützt auf den Boden liegen oder so aufgehängt werden, dass dabei die Kabelhaut durchgeschnitten wird usw. Nach Vorschrift darf zudem der Anschluss eines solchen Provisoriums nicht als fester Stromanschluss ausgelegt sein, sondern muss nur mit einem Stecker in einer Steckdose stecken.

Die Anzahl der Glühlampen (auch Energiesparlampen oder Halogenlampen) kann sich bei einer provisorischen Partybeleuchtung einfach nur danach richten, was der Sicherungsautomat und das Anschlusskabel zu leisten vermögen.

8.1 Gartenleuchten selbst installieren

Gartenleuchten können wahlweise als Außenwandleuchten an bestehenden Objekten (z. B. an Hauswänden) oder freistehend installiert werden. Sie unterscheiden sich von Innenleuchten nur dadurch, dass sie wetterbeständig sein müssen. Dies gilt selbstverständlich auch für das restliche Montagezubehör wie Schalter, Abzweigdosen usw., das für diese Zwecke meist unter der Bezeichnung *Spritzwassergeschützt* angeboten und mit einem Wassertropfen im Dreieck gekennzeichnet ist.

Die Außenstromleitungen müssen mit passenden Kabeln verlegt werden. Für Leitungen an Mauern oder Holzkonstruktionen, die nicht zu sehr von der Sonne bestrahlt werden, eignen sich die normalen Feuchtraumkabel der Type *NYM-J*. Die Kunststoffummantelung dieser Kabel wird bei länger andauernder intensiver Sonnenbestrahlung brüchig. Daher sollten zumindest die Leitungsteile, die von der Sonne stärker bestrahlt werden, mit dem Erdkabel der Type *NYY-J* oder *NYY-O* ausgeführt werden.

Einige der Außenleuchten sind aus isolierendem Kunststoff und benötigen dann keinen Schutzleiteranschluss. Ansonsten darf bei den Außenleuchten der Schutzleiter nicht fehlen und sollte unter die vorgesehene Lampenklemme gut festgeschraubt werden.

> **Wichtig**
>
> Bevor Sie an einer bereits bestehenden elektrischen Leitung eine Außenlampe demontieren oder montieren, vergewissern Sie sich mittels eines intakten Phasenprüfers (Abb. 8.1), dass die Netzspannung auch wirklich ausgeschaltet ist. Verwenden Sie im Außenbereich grundsätzlich nur Phasenprüfer (Spannungsprüfer, Multitester), die neben einer optischen Anzeige auch noch über eine akustische Phasenmeldung verfügen. Eine nur optische Anzeige ist bei solchen Phasenprüfern an sonnigen Tagen im Außenbereich meist kaum oder gar nicht sichtbar und daher nicht ausreichend zuverlässig.

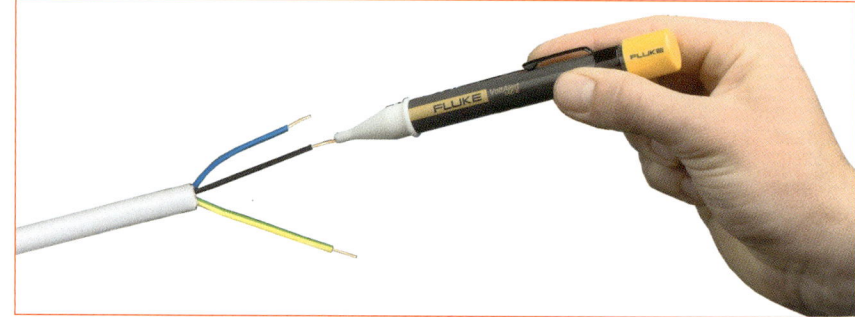

Abb. 8.1 – Phasenprüfer gibt es in verschiedenen Ausführungen: Für Anwendungen im Außenbereich eignen sich nur Phasenprüfer (Multitester, Spannungsprüfer), die den Strom auch akustisch melden. (Anbieter: Conrad Electronic)

8.2 Wandaußenleuchten

Sofern es sich bei einem Vorhaben nur um das Ersetzen einer bereits bestehenden Außenleuchte handelt, liegt der größte Arbeitsaufwand in der Demontage der alten und der Montage der neuen Leuchte. Für den eigentlichen Elektroanschluss sind auch hier die meisten neuen Leuchten mit den üblichen Lüsterklemmen nach Abb. 8.2a versehen. Manche Kunststoffleuchten benötigen keinen Schutzleiteranschluss und verfügen auch über keine Anschlussklemme für die Erdung. Hier wird der Schutzleiter nicht angeschlossen. Zwicken Sie ihn aber nicht ab, denn er wird vielleicht für die nächste Leuchte wieder gebraucht. Isolieren Sie sein Kupferdrahtende mit einem Isolierband gut ab und drehen Sie ihn nur so zur Seite, dass er die anderen zwei Leiter nicht berühren kann.

Viele der herkömmlichen Wandhalogenscheinwerfer (Abb. 8.3) verwenden als Leuchtmittel keine herkömmliche Glühlampe mit Gewinde, sondern einen

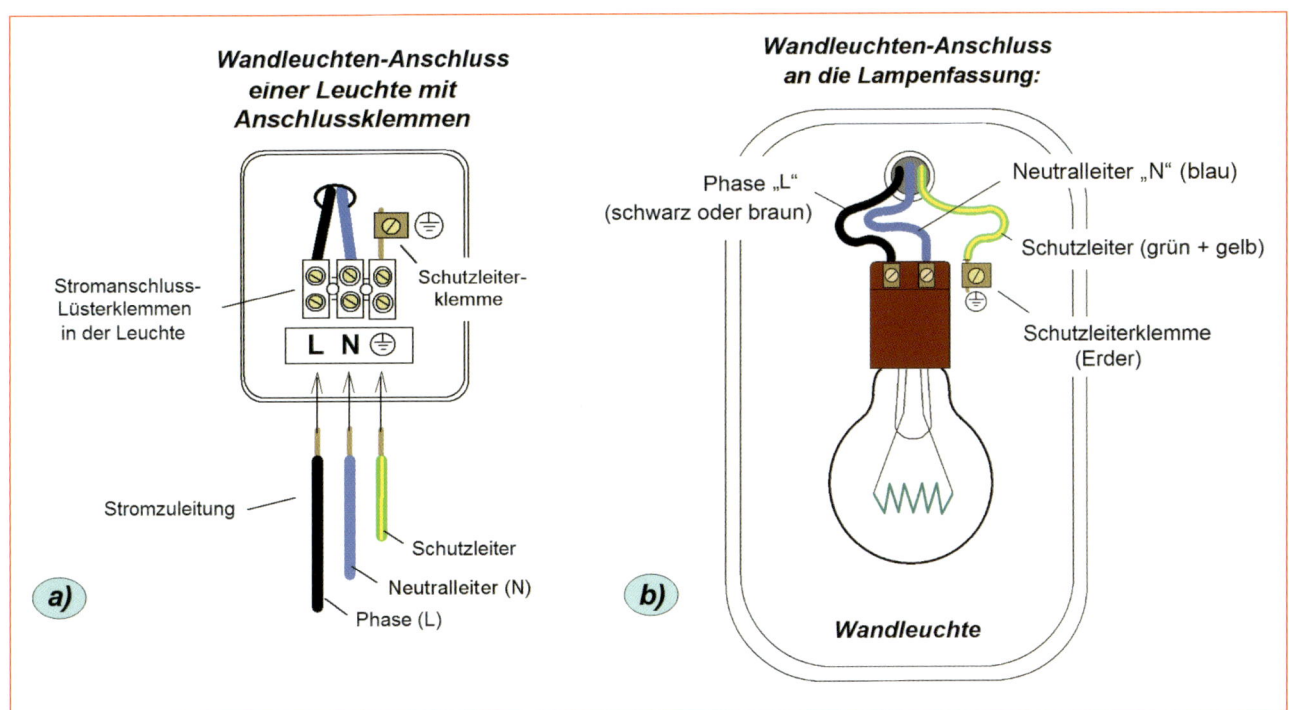

Abb. 8.2 – Wandleuchten-Anschlussbeispiele: **a)** Anschluss einer Leuchte, die über Anschlussklemmen verfügt; **b)** Anschluss eine Leuchte, in der die Phase und der Neutralleiter direkt an die Lampenfassung angeschlossen werden.

8.2 Wandaußenleuchten

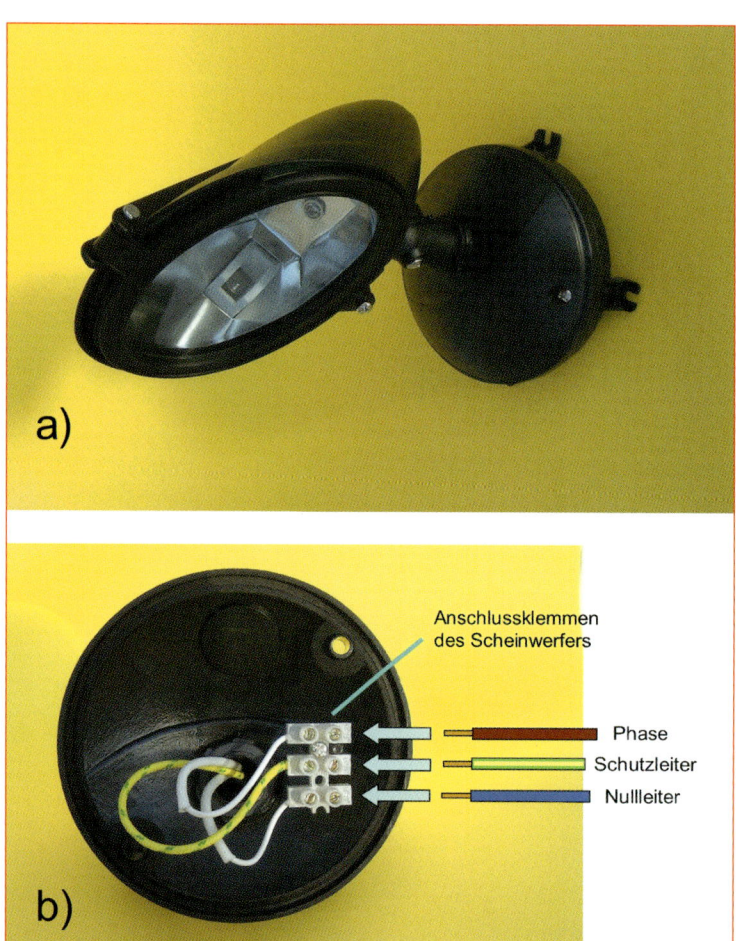

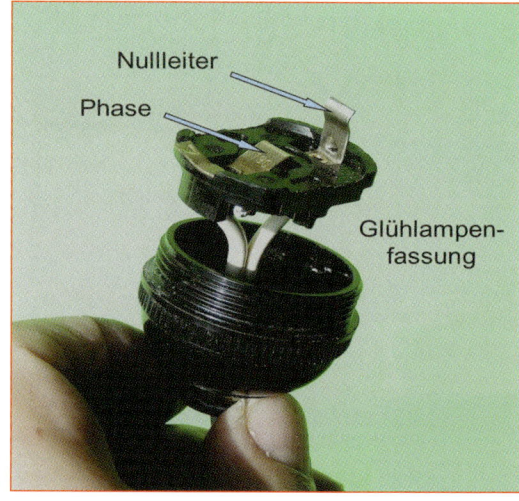

Halogenquarzstab, bei dem es nicht darauf ankommt, an welcher seiner Seiten die Phase und der Nullleiter angeschlossen werden. Daher dürfen hier die beiden internen Stromzuleitungen weiß sein (nur von der mittleren Schutzleiter-Lüsterklemme führt ein grüngelber Leiter in die Leuchte hinein). Bei Leuchten mit Glühlampenfassungen sollte dagegen aus Sicherheitsgründen darauf geachtet werden, dass der Neutralleiter (N) nach Abb. 8.4 an das Gewinde der Lampenfassung und der Phasenleiter (L) an den vertieft angeordneten mittleren Kontakt der Lampenfassung angeschlossen werden. Das Gewinde der Glühlampe, das unter Umständen berührt werden kann, ist somit nur an den Neutralleiter angeschlossen, wodurch keine Gefahr durch einen Stromschlag bei unvorsichtigem Auswechseln der Glühlampe besteht.

Abb. 8.3 – Bei einem Halogenquarzstab-Scheinwerfer ist es egal, an welcher Seite des Quarzstabs die Phase und der Nullleiter angeschlossen werden, da beide Anschlüsse hinsichtlich der Berührungsgefahr baugleich ausgeführt sind. (Scheinwerferanbieter: Westfalia)

Abb. 8.4 – Bei allen Leuchten, also auch bei freihängenden Lampenfassungen (einer provisorischen Gartenfestbeleuchtung) ist darauf zu achten, dass der Neutralleiter an das Lampengewinde und der Phasenleiter (Außenleiter) an den Glühlampen-Mittelkontakt angeschlossen werden.

8.3 Sockelleuchten

Sockelleuchten werden meist, ähnlich wie Wandleuchten, an Pfosten und Mauern montiert. Dabei ist nur darauf zu achten, dass die Leuchte bei Regen nicht in einer Pfütze (in einer Vertiefung) steht, bzw. dass die Bohrung für die Stromzuleitung nicht zu einem Regenwasserabfluss wird. Letzteres lässt sich z. B. dadurch verhindern, dass um das Loch der Stromzuleitung ein PVC-Ring nach Abb. 8.5 (der z. B. aus einer Kunststoffflasche ausgeschnitten werden kann) als „Schutzdamm" aufgeleimt wird.

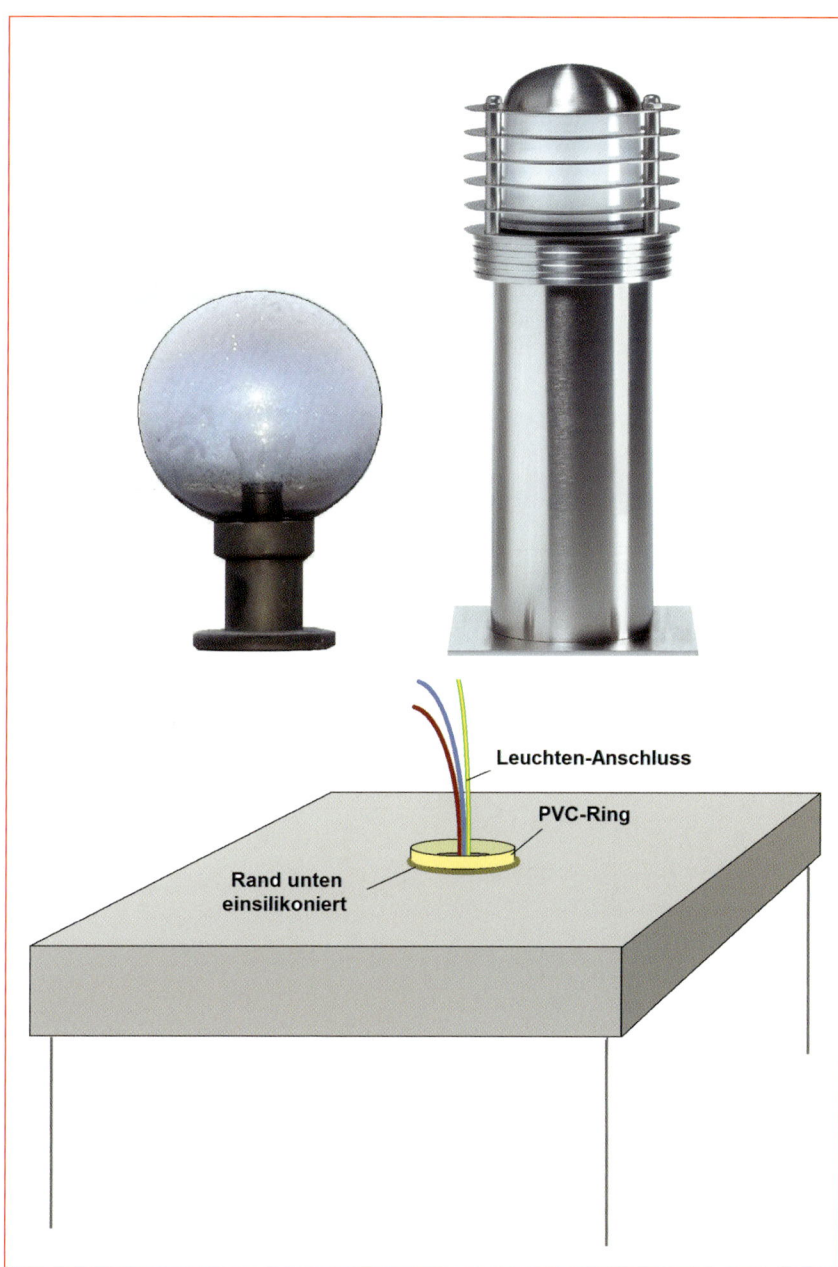

Abb. 8.5 – Ein zusätzlicher PVC-Ring mit Silikon verhindert, dass Regenwasser in die Stromzuleitungsöffnung eindringt: Die Höhe des Rings ist an den Spielraum im Boden der Leuchte anzupassen.

8.4 Standleuchten, Pfeilerleuchten und Kandelaber

Die Montage von Standleuchten, Pfeilerleuchten und Kandelabern erfolgt auf eine ähnliche Weise wie die Montage einer Sockelleuchte. Die Anschlüsse sind identisch mit dem Beispiel aus Abb. 8.2.

Bei einer Neuinstallation muss für diese Lampen üblicherweise ein entsprechend stabiles Betonfundament errichtet werden, in das ein flexibles Elektroinstallationsrohr oder ein härterer ¾-Zoll-Wasserschlauch für das Zuleitungserdkabel der Leuchte nach Abb. 8.6 einbetoniert wird.

Höhere Pfeilerleuchten und Kandelaber benötigen ein Betonfundament, das bevorzugt bis in die frostfreie Tiefe von ca. 85 cm hineinreichen sollte. Es kann z. B. nach einem der Beispiele aus Abb. 8.6/8.7. leicht im Selbstbau errichtet werden.

Bei eigenhändiger Anfertigung kann der Fertigbeton nur portionsweise in einem größeren Baueimer oder in einer Maurerwanne mit einem Elektromischer (Abb. 8.8a) oder einer Mischspirale, die in eine starke elektrische Handbohrmaschine eingesetzt wird (Abb. 8.8b), gemischt werden. Geben Sie aber sehr sparsam Wasser zu, denn der Beton soll nur „erdfeucht" sein und keinen Brei bilden. Stampfen Sie den Beton schichtweise (mit einem Holzpfahl) fest.

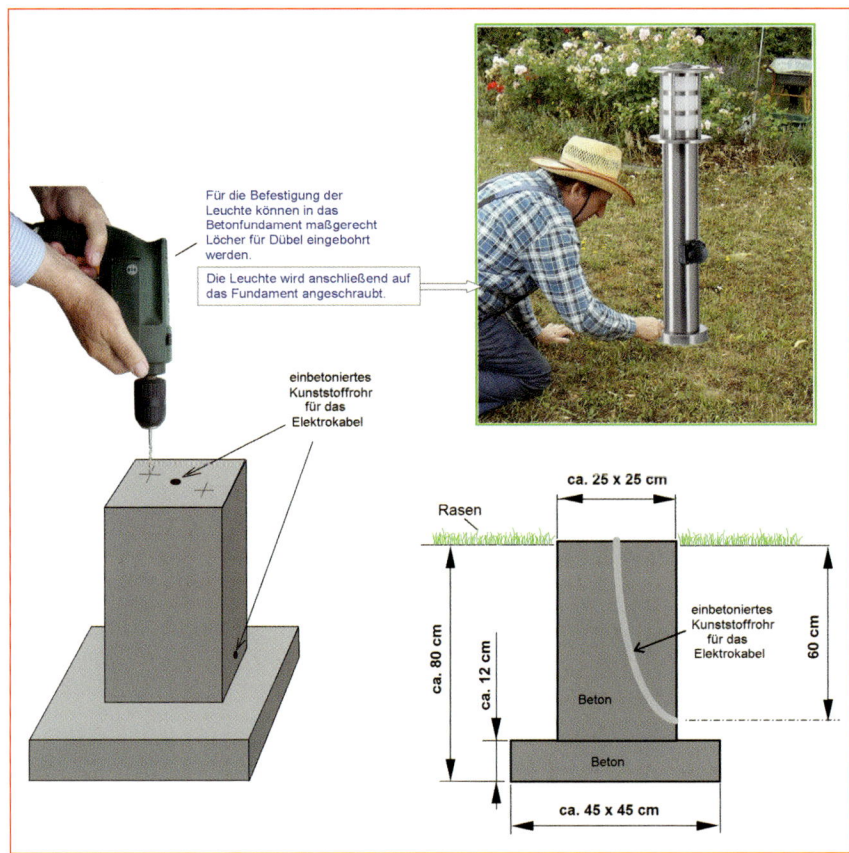

Abb. 8.6 – Standleuchten, Pfeilerleuchten und Kandelaber benötigen tiefe Betonfundamente.

Tipp

Für die eigenhändige Erstellung eines solchen Fundaments erhalten Sie im Baumarkt Fertigbeton (Betonestrich), der als Sackware (ca. 40 kg pro Sack) im Auto leicht zu transportieren ist. Ein 40-kg-Fertigbetonsack reicht für ca. 20 Liter (20 dm³) Fundament. Das ergibt z. B. eine viereckige Betonplatte von ca. 50 x 50 x 8 cm bzw. eine runde Betonplatte mit einem Durchmesser von 50 cm und einer Höhe von 10 cm. Solche Platten eignen sich jedoch nur für kleinere Pfeil- und Standleuchten.

8.4 Standleuchten, Pfeilerleuchten und Kandelaber

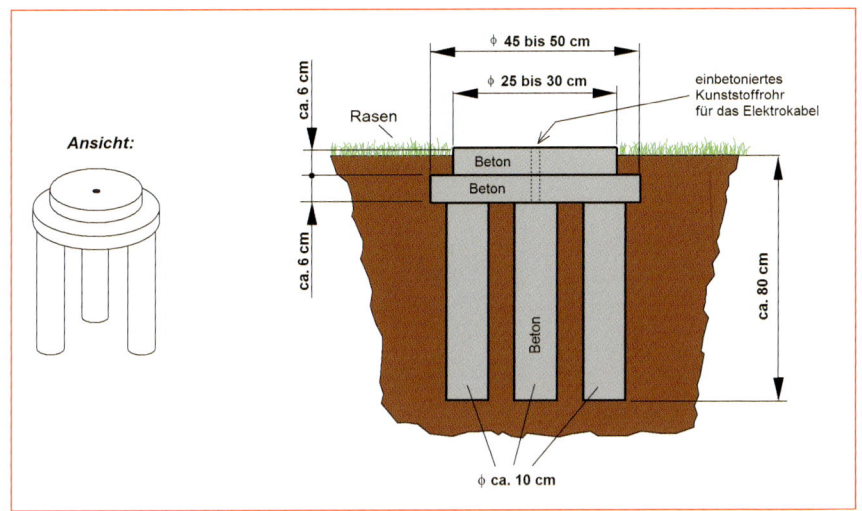

Abb. 8.7 – Alternativ zu einem massiven Betonfundament kann für eine Stand- oder Pfeilerleuchte auch nur ein leichteres Fundament erstellt werden, das auf drei Betonbeinen in der frostfreien Tiefe steht: In weicherem Gartenboden können mit einem Handerdbohrer die Bohrungen für die drei Fundamentfüße gemacht werden.

Planen Sie das Betonieren so ein, dass Sie damit in einem halben Tag fertig sind – andernfalls binden sich die einzelnen Betonschichten nicht zuverlässig. Die in Abb. 8.7 skizzierte Form spart Beton und Arbeitsaufwand. Für den oberen Teil werden Sie jedoch eine Schalung benötigen, die Sie vorher aus alten Brettern oder dünnen Sperrholzplatten, die nach dem Betonieren evtl. in der Erde bleiben können, selbst erstellen können.

Abb. 8.8 – Mit einem kräftigeren Betonmischer **(a)** oder mit einer Mischspirale, die in eine Handbohrmaschine ab ca. 850 Watt eingesetzt wird **(b)**, kann Beton in einem Baueimer in Portionen von etwa 20 bis 30 Litern gemischt werden.

8.5 Dämmerungsschalter und Bewegungsmelder im Garten

Als Einbruchsschutz-Beleuchtung werden meist Lampen der normalen Außenbeleuchtung nachts automatisch eingeschaltet.

Hier bietet sich die Verwendung eines Dämmerungsschalters an. Wenn z. B. zwei oder mehrere Leuchten im Garten installiert werden, kann eine bzw. ein Teil von ihnen über einen Dämmerungsschalter, die andere nur über einen Lichtschalter nach Abb. 8.9 angeschlossen werden.

Alternativ werden als Einbruchschutz oft Außenleuchten installiert, die mit einem Bewegungsmelder versehen sind. Sie eignen sich jedoch nur bedingt als sinnvoller Einbruchschutz, denn sie arbeiten recht launisch und sollten nicht zu nahe an Schlafzimmerfenstern montiert werden. Die PIR-Bewegungssensoren der Leuchten können z. B. einen Menschen von einer Fledermaus, einer Katze oder einem Nachtfalter nicht unterscheiden. Manche reagieren sogar auf warme Luftströmungen mit Ein- und Ausschalten, was nachts im Schlafzimmer sehr störend sein kann. Als Einbruchschutz eignen sich solche Geräte eigentlich nur unter besonderen Bedingungen. Ein Bewegungsmelder kann dennoch unabhängig vom Einbruchschutz dort praktisch sein, wo man Wert darauf legt, dass sich die Leuchte z. B. als Wegbeleuchtung automatisch vorübergehend einschaltet, sobald man in ihre Nähe kommt.

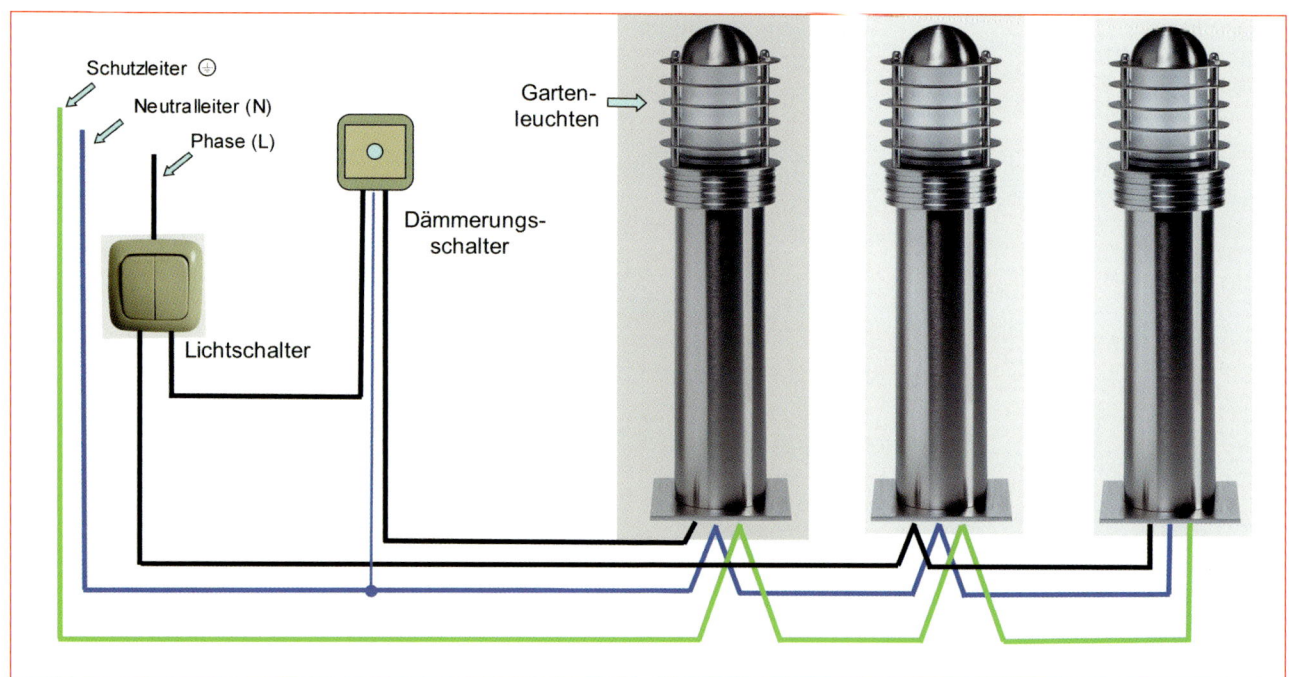

Abb. 8.9 – Anschlussbeispiel von drei Außenleuchten, von denen eine (die erste von links) über einen Dämmerungsschalter angeschlossen ist.

Abb. 8.10 – Leuchten mit Bewegungsmelder: **a)** mit in der Leuchte integriertem Bewegungsmelder; **b)** mit einem externen Bewegungsmelder (die Leuchte benötigt bei dieser Lösung entweder einen zusätzlichen Lichtschalter oder/und einen Dämmerungsschalter, damit sie nicht auch tagsüber aufleuchtet).

8.6 Solarleuchten im Garten

Solarleuchten haben den Vorteil, dass sie keinen Stromanschluss benötigen und ihren Strom nur aus einem kleinen Akku beziehen, der meist (allerdings nicht immer) in die Leuchte integriert ist, und aus Solarzellen, die sich ebenfalls meist an der Leuchte befinden, nachgeladen wird.

Das Nachladen der kleinen Leuchtenakkus erfolgt natürlich nur dann, wenn die Solarzellen der Leuchte ausreichend stark und im richtigen Winkel von der Sonne bestrahlt werden. Außerdem müssen sie lange genug nachgeladen werden.

Das eigentliche Prinzip einer intakten solarelektrischen Beleuchtung ist ganz einfach: Die Kapazität des verwendeten externen Akkus muss groß genug sein, um die Leuchte(n) etwa 2 bis 3 Wochen lang mit Strom versorgen zu können, wenn erwünscht ist, dass die Leuchte auch während der kalten und trüben Jahreszeit zuverlässig funktioniert.

Mehr zu diesem Thema erfahren sie aus dem Buch *Wie nutze ich Solarenergie in Haus und Garten?*, erschienen im Franzis-Verlag.

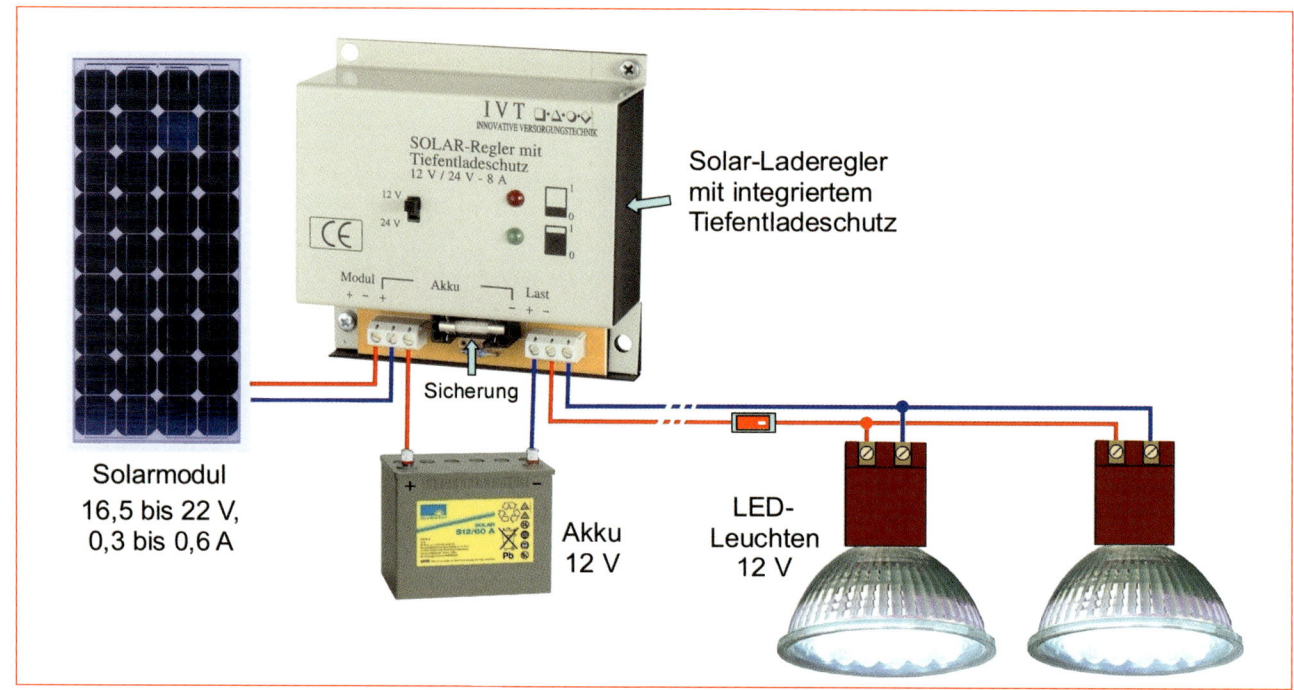

Abb. 8.11 – Es genügen nur wenige Bausteine, um eine perfekt funktionierende Solarbeleuchtung für ein Gartenobjekt eigenhändig zu errichten.

9 Teiche im Garten

Größere Gartenteiche werden meist mit speziellen Teichfolien erstellt.

Von der Strapazierfähigkeit der verwendeten Teichfolie sowie von der Art des Bodens hängt dann ab, wie aufwendig der Unterbau (die Bettung) unter der Folie gemacht werden muss.

Meist wird unter die Teichfolie noch eine zweite „Haut" (Vlies) untergelegt, im Risikobereich mit Ufer- oder Verbundmatte abgedeckt. Als Unterbau ist dann noch eine mindestens 10 bis 15 cm hohe Sandschicht erforderlich.

9.1 Kleine Kunststoff-Gartenweiher

Kleine Kunststoff-Gartenweiher sind als robuste Fertig-Weiherbecken erhältlich. Ihre Formen, Größen und Materialien sind unterschiedlich. Zu achten ist bei der Anschaffung auf die Beckentiefe, denn wenn in dem Teich z. B. Goldfische oder Wasserschnecken gehalten werden, sollte der Weiher mindestens eine frostfreie Tiefe von ca. 85 bis 90 cm haben. Der Einbau eines Kunststoff-Gartenweihers geschieht in folgenden Schritten:

Schritt 1
Legen Sie das Becken an den vorgesehenen Standort und markieren Sie die Konturen für den Aushub mit Sand, Sägemehl oder Speisemehl. Heben Sie anschließend die Grube mit Berücksichtigung der Konturen des Beckens aus. Unter dem Boden des Beckens muss noch Platz für eine ca. 5 bis 10 cm hohe Sandschicht sein, um die Wände des Beckens sollte Platz für eine ca. 5 bis 10 cm dicke Sandschicht bleiben (Abb. 9.1). Bei sandigem Boden ohne Steine genügt eine Sandschicht von max. 5 cm, bei einem steinigen und zudem relativ weichen Boden sollte die Sandschicht ca. 10 cm betragen.

Schritt 2
Bringen Sie den Sand für den Beckenunterbau in die Grube hinein und verteilen Sie ihn so, dass das Becken vorerst etwa 1 bis 2 cm höher sitzt, als vorgesehen ist. Richten Sie es mit einer Wasserwaage optimal aus und versuchen Sie, es barfuß und vorsichtig in die gewünschte Lage zu treten. Diesen Vorgang werden Sie mehrmals wiederholen müssen, denn auf Anhieb gelingt so etwas selten. Sie werden dabei möglicherweise jeweils das Becken ganz herausnehmen oder nur etwas anheben und stützen müssen, um das Sandbett unter ihm formgerecht zu gestalten.

Schritt 3
Füllen Sie nun den Weiher mit Wasser, damit er stabil steht, und schlemmen Sie seine Wände mit Sand oder mit feiner Erde Schicht für Schicht ein. Dies geht am besten mit einem Wasserschlauch. Stauchen Sie aber zwischendurch das Füllmaterial (Sand oder Erde) mit einer dicken Latte fest.

Schritt 4
Wenn es die Gegebenheiten erlauben, sollten Sie eine dauerhafte Wasserzufuhr von der Dachrinne des Hau-

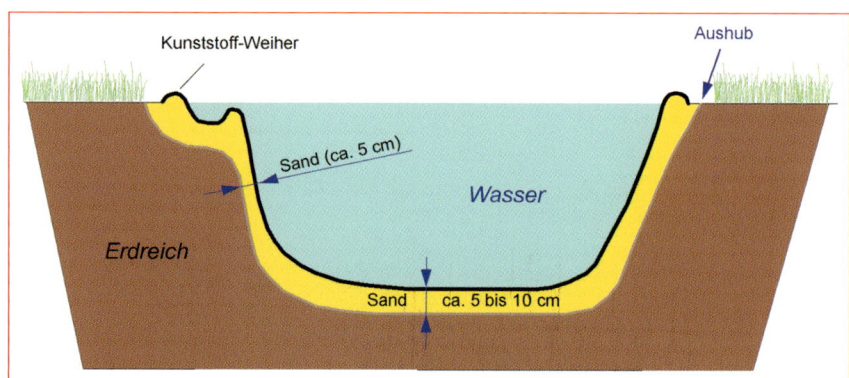

Abb. 9.1 – Einbau eines Kunststoff-Gartenweihers in die Erde

9.1 Kleine Kunststoff-Gartenweiher

> **Unser Tipp**
>
> Die meisten der kostengünstigen Kunststoff-Gartenweiher sind schwarz. Ihre Ränder werden oft mit Steinplatten abgedeckt, die den Weiher kleiner wirken lassen, als er ist. Man kann die sichtbaren Ränder und die oberen sichtbaren Teile der Weiherinnenwände mit Bausilikon einstreichen und mit Sand bestreuen, den man in den dünnen Silikonbelag etwas hineintupft. Nach zwei Tagen putzt man den überflüssigen Sand von dem Belag mit einer Bürste ab, schmiert die kahleren Stellen nochmals mit Silikon ein und bessert sie mit Sand aus. Die Weiherumrandung bildet dann eine Einheit mit dem Sandufer und wirkt sich nicht wie ein Fremdkörper aus (Abb. 9.3). Gegen Frost und Eis ist diese dekorative Lösung als unempfindlich. Sie verschmutzt zwar etwas an Stellen, an denen das Weiherrandufer nicht an Sand, sondern an Erde angrenzt, aber das wirkt eher natürlich. Eventuelle Beschädigungen lassen sich jederzeit leicht ausbessern. Silikon (Fugensilikon) auf Acrylbasis eignet sich jedoch für derartige Zwecke nicht, denn es haftet schlecht und blättert nach einiger Zeit ab.

mit fein gesprühten Wasserstrahlen (nach Abb. 9.2) erfolgen. Die Lufteinwirkung reduziert auf diese Weise den Chlorgehalt im Leitungswasser, der für die Lebewesen im Weiher lebensbedrohlich ist.

Abb. 9.2 – Wenn der Gartenweiher mit Leitungswasser nachgefüllt wird, sollte dies mit einem in möglichst großem Bogen sprühenden feinen Wasserstrahl erfolgen.

ses errichten. Ist dies nicht machbar und steht Ihnen nur Leitungswasser zur Verfügung, sollten Sie mindestens 14 Tage warten, bevor Sie Fische oder Wasserschnecken einsetzen. Das Nachfüllen des Weihers mit Leitungswasser darf in dem Fall jeweils nur in kleinen Mengen und

Abb. 9.3 – Durch eine zusätzliche Besandung wirkt der Rand eines schwarzen Kunststoffweihers nicht mehr wie ein Fremdkörper.

besandeter Rand eines schwarzen Kunststoffweihers

9.2 Größere Gartenteiche

Größere Gartenteiche sind Teiche, die größer sind als die handelsüblichen Kunststoff-Gartenteiche. Sie werden in der Regel als Folienteiche erstellt. Die meisten Anbieter von Teichfolien und Zubehör liefern mit ihren Produkten leicht verständliche Bauanleitungen, nach denen sich der Heimwerker richten kann. Mit manchen Anbietern kann der Kunde gegen Aufpreis auch eine beliebig umfangreiche Baubetreuung vereinbaren.

Die Romantik eines Gartenteichs hängt von seiner Gestaltung ab. Inspirationen gibt es als Fotos in Gartenzeitschriften sowie in anderen Gärten genug.

Folienweiher benötigen oft einen aufwendigeren Aushub und eine gute Bettung. Diese muss vor allem bei steinigen Gartenböden aufwendiger und akkurater ausgeführt werden als bei sandigen Böden.

Viel Aufmerksamkeit erfordert bei einem Folienweiher die Gestaltung seines Ufers, wenn Wert darauf gelegt wird, dass der Weiher im Garten nicht wie ein künstlicher Fremdkörper wirkt.

9.3 Springbrunnen-, Belüftungs- und Filterpumpen

Ein Springbrunnen belebt den Weiher und reichert zudem das Wasser mit Sauerstoff an. An heißen Sommertagen verdunstet durch den Springbrunnen jedoch mehr Wasser. Er sollte daher nicht die Belüftungspumpe als Weiherbelüftung ersetzen. Während der heißen Sommerzeit sollte die Springbrunnenpumpe nur bedarfsbezogen als Zierelement eingeschaltet werden und wenn eine zusätzliche Belüftungspumpe den Sauerstoffgehalt im Weiher anreichert. Das Ein- und Ausschalten der Springbrunnenpumpe kann am be-

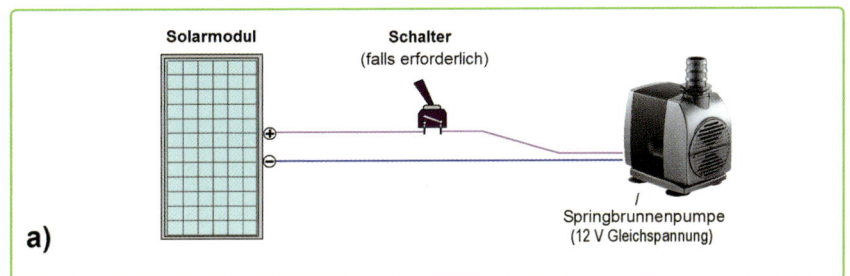

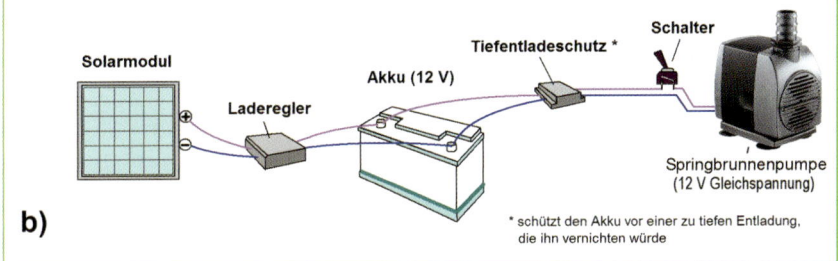

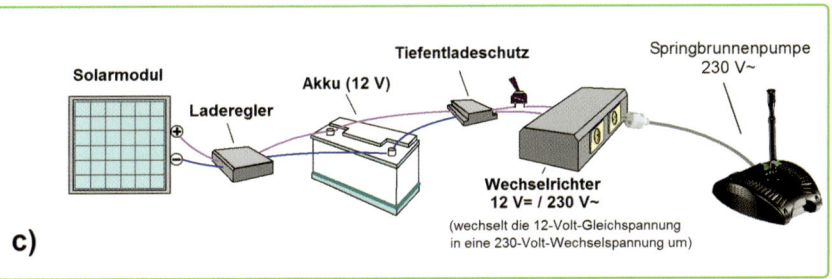

Abb. 9.4 – Solarelektrisch kann eine Springbrunnenpumpe auf verschiedene Weisen betrieben werden: **a)** im Direktantrieb vom Solarmodul; **b)** über einen Akku, der von einem Solarmodul geladen wird; **c)** auch eine Springbrunnenpumpe, die für eine Versorgungsspannung von 230 Volt ausgelegt ist, kann bei Bedarf solarelektrisch über einen zusätzlichen Wechselrichter betrieben werden.

quemsten über eine Funkfernbedienung (Abb. 9.5) oder einen Schalter erfolgen, der sich z. B. nach Abb. 9.6 im Wohnzimmer neben der Terrassentür befindet.

Springbrunnenpumpen sind wahlweise als Solarpumpen (meist für 12 Volt Gleichspannung) oder als Netzpumpen (230 V~) ausgelegt. Solarpumpen können entweder

9.3 Springbrunnen-, Belüftungs- und Filterpumpen

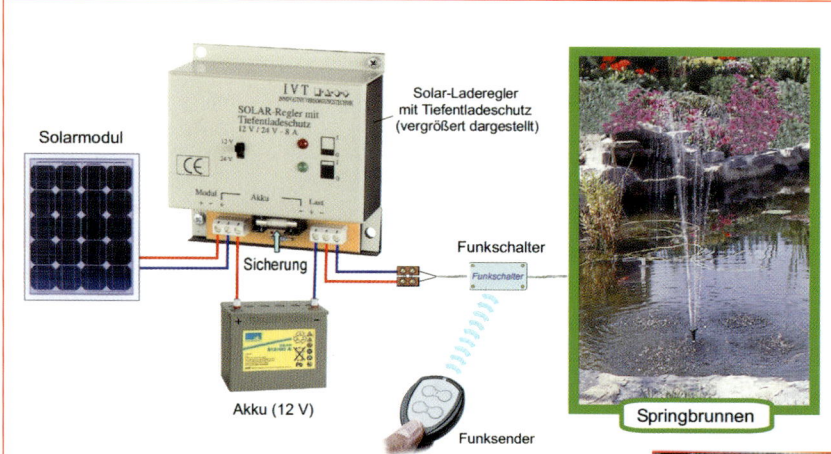

Abb. 9.5 – Beispiel einer solarelektrischen Stromversorgung einer Springbrunnenpumpe, die ihren Strom über einen Akku bezieht und fernbedient via Funkschalter geschaltet wird.

Netzgeräte an einem Gartenstandort betrieben werden sollen, zu dem sich ein Stromkabel für die Zuleitung der Netzspannung nur sehr kompliziert verlegen ließe.

Weiherbelüftungs- und Filterpumpen können nach dem Prinzip aus Abb. 9.4a rein solarelektrisch oder mit Netzspannung betrieben direkt an ein Solarmodul angeschlossen werden (Abb. 9.4a) oder alternativ ihre Versorgungsspannung aus einem Akku beziehen, der von einem Solarmodul geladen wird (Abb. 9.4b/c).

Ein direkter Solarantrieb des Springbrunnens vom Solarmodul aus hat den Nachteil, dass der Springbrunnen nur wetter- und tageszeitabhängig läuft.

Eine netzbetriebene Springbrunnenpumpe benötigt normalerweise eine ähnliche Stromzuleitung wie eine Gartenleuchte (siehe Kapitel 8). Wer bereits eine solche Springbrunnenpumpe besitzt, kann sie dennoch solarelektrisch nach Abb. 9.4c betreiben. Der erforderliche Wechselrichter, der z. B. eine 12-Volt-Akkuspannung in die benötigte 230-Volt-Wechselspannung umwandelt, stellt allerdings einen zusätzlichen Kostenfaktor dar und verbraucht selbst etwa 10 % der ihm zugeführten Solarenergie. Solch eine Lösung eignet sich daher meist nur dann, wenn mehrere solcher Pumpen oder andere

Abb. 9.6 – Wird eine netzbetriebene Springbrunnenpumpe nur mit einem einfachen Lichtschalter manuell betätigt, sollte dieser z. B. neben der Terrassentür installiert werden.

9.3 Springbrunnen-, Belüftungs- und Filterpumpen

werden. Hier ist es meist nicht störend, dass sie im Solarbetrieb nur an sonnigen Tagen bzw. während genügender Sonnenintensität laufen – vorausgesetzt, sie sind ausreichend dimensioniert und erbringen auch bei einem „stotternden solarelektrischen Betrieb" die erforderliche Leistung.

Jede Solarpumpe und jede Gleichstrompumpe kann auch über ein passendes Netzgerät an das elektrische (230-Volt~-)Netz angeschlossen werden. Eine solche Lösung ist u. a. aus Sicherheitsgründen vorteilhaft. Das Netzgerät sollte in dem Fall eine passende Unterkunft (z. B. im Keller oder in einem Gartenhaus) erhalten und der Weiherpumpe wird vom Netzgerät aus z. B. nur eine 12-Volt-Versorgungsspannung zugeleitet. Das ist eine absolut ungefährliche Spannung.

Abb. 9.7 – Das Teichbelüftungssystem *Aqua Oxy 400/1000* ist für eine 230-V-Versorgungsspannung ausgelegt und besteht aus einer Belüftungspumpe mit zwei schwimmenden Belüftungssteinen. (Foto/Anbieter: Conrad Electronic)

9.4   Elektrische Beleuchtung im und um den Weiher

Der Handel bietet viele interessante Leuchten, die speziell für Gartenweiher vorgesehen sind. Einige dieser Leuchten sind als Unterwasserstrahler für eine 12-Volt-Versorgungsspannung ausgelegt und können an beliebigen Stellen unter der Wasseroberfläche angebracht werden, um für stimmungsvolle Lichtakzente zu sorgen. Viele der anderen Außenleuchten und Außenstrahler sind speziell für eine märchenhaft romantische Beleuchtung von Gartenweihern und Miniwasserfällen (Abb. 9.8/9.9) vorgesehen und verfügen oft über einen Erdspieß (Abb. 9.10), mit dem sie einfach an der gewünschten Stelle in die Erde gesteckt werden.

Bei der Anschaffung der Leuchten ist auf zwei wichtige Merkmale zu achten:

a)   Die Art der Versorgungsspannung: 12-V-, 230-V~- und Solarleuchten

b)   Die Art des Leuchtkörpers: Energiesparlampen, Leuchtdioden (LEDs), Halogenleuchten u. Ä.

12-Volt-Leuchten verdienen aus Sicherheitsgründen Vorrang vor 230-Volt-Leuchten. Sie benötigen jedoch einen zusätzlichen Transformator, der sie verteuert und unter Umständen verkompliziert, denn er sollte an einer überdachten und wettergeschützten Stelle untergebracht werden. Zu einigen der 12-V-Leuchten sind die dazugehörenden Trafos optional erhältlich und meist nur für eine Leuchte dimen-

Abb. 9.8 – Weiherbeleuchtung mit einer Außenleuchte (Foto: Conrad Electronic)

9.4 Elektrische Beleuchtung im und um den Weiher

Abb. 9.9 – Beleuchtung eines Miniwasserfalls (Foto: Conrad Electronic)

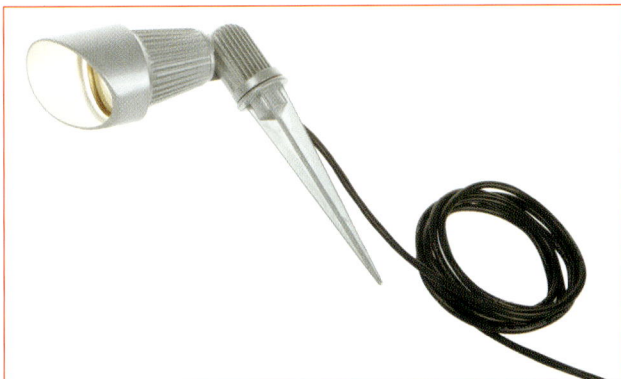

Abb. 9.10 – Ausführungsbeispiel einer Gartenleuchte mit Erdspieß (Foto: Conrad Electronic)

sioniert. An einen größeren Transformator (z. B. an einen Halogentransformator) mit einer 12-V-Ausgangsspannung können auch mehrere 12-V-Leuchten parallel angeschlossen werden, wenn die Summe ihrer Abnahmeleistungen die Ausgangsleistung des gemeinsamen Transformators nicht überschreitet.

Abb. 9.11 – Solarkugeln können mit einem vollgeladenem Akku bis zu 8 Stunden leuchten. (Foto: Conrad Electronic)

9.4 Elektrische Beleuchtung im und um den Weiher

230-V-Leuchten benötigen keinen zusätzlichen Transformator und müssen so installiert werden, wie die in Kapitel 8 beschriebenen Gartenleuchten.

Solarleuchten speichern an sonnigen Tagen die Lichtenergie der Photonen tagsüber in einem kleinen Akku (in der Leuchte). Ein in sie integrierter Dämmerungsschalter schaltet jeweils abends die Leuchte automatisch ein. Sie leuchtet anschließend so lange, wie es die in ihr gespeicherte Energie erlaubt. Wenn tagsüber der Himmel bewölkt war, leuchtet sie abends nicht. Wenn sie nur zur Dekoration dient, kann man diese Einschränkung in Hinsicht darauf in Kauf nehmen, dass dieses Licht keinen externen Strom benötigt.

Zu den beliebtesten Solargartenleuchten gehören die Solarleuchtkugeln nach Abb. 9.11. Sie können wahlweise nur im Gartenteich schwimmen oder an beliebigen Stellen im Garten aufgestellt werden.

Abb. 9.12 – Solargartenleuchten sind eine romantische Gartendekoration, aber ihre Leuchtdauer hängt von den jeweiligen Wetterbedingungen ab.

10 Miniwasserfälle, Bachläufe und Wasserspiele

Ein Miniwasserfall, ein Bachlauf oder andere Wasserspiele mit fließendem Wasser beleben den Garten und lassen sich im Selbstbau leicht realisieren. Es bleibt dabei im individuellen Ermessen, ob für den Bau echte oder Kunststoffsteine verwendet werden.

Für den Wasserkreislauf ist eine Pumpe erforderlich, deren Leistung dem jeweiligen Vorhaben gerecht wird. Die meisten Springbrunnenpumpen sind so ausgelegt, dass sie bei Bedarf auch nur als Umwälzpumpen für Miniwasserfälle, Bachläufe oder andere Wasserspiele verwendet werden können.

10 Miniwasserfälle, Bachläufe und Wasserspiele

Für dieses Anliegen können prinzipiell sowohl solarelektrisch betriebene Pumpen (meist 12-Volt-Gleichspannungspumpen) als auch Netzspannungspumpen verwendet werden. Ein solarelektrischer Antrieb kann im einfachsten Fall nach der Prinzipdarstellung aus Abb. 10.1 ausgelegt werden: Die Pumpe sorgt dafür, dass das Wasser im Weiher nicht stillsteht.

Ein solches System arbeitet allerdings nur, wenn die Sonne stark genug scheint und die Sonnenstrahlen auch ausreichend senkrecht die Solarzellenfläche des Solarmoduls bestrahlen. Sinnvoller ist es, wenn das Solarmodul nur für das laufende Nachladen eines Anlagenakkus verwendet wird, der als Energiespeicher für die Umlaufpumpe dient.

Neben reinen Bachlauf- und Weiherpumpen bietet der Handel auch komplette Filter-Sets (Abb. 10.4) an, die das Weiherwasser mechanisch und biologisch reinigen.

Elektropumpen, die für eine Versorgungsspannung von 230 V~ ausgelegt sind, benötigen dieselbe Stromzuleitung (Erdkabelzuleitung) wie Gartenleuchten (siehe Kapitel 8).

Hinweis

Achten Sie bei der Anschaffung einer netzbetriebenen Pumpe oder eines kompletten Filtersystems sowohl auf die Leistungsaufnahme als auch auf Förderleistung und Förderhöhe. Die optimale „Schnittstelle" zwischen der Leistungsaufnahme (= dem Stromverbrauch) und der Förderleistung hängt auch davon ab, ob erwünscht ist, dass die Pumpe z. B. jeweils den ganzen Tag läuft oder ob sie einen kräftigen Wasserstrom liefern soll. Den vorgesehenen Stromverbrauch können Sie nach folgendem Beispiel ausrechnen:

Die Leistungsaufnahme einer 230-V~-Elektropumpe wird mit 140 W (Watt) angegeben. Eine Kilowattstunde hat 1.000 Watt(stunden). 1.000 W : 140 W ergibt also 7,14 Betriebsstunden.

Wird diese Pumpe z. B. 1 Stunde pro Tag betrieben, verbraucht sie in einer Woche ca. 1 Kilowattstunde (= 1 kWh) an elektrischer Energie.

Ist es erwünscht, dass die Pumpe z. B. tagsüber (ca. 14 bis 16 Stunden täglich) durchgehend pumpt, steigt ihr Stromverbrauch auf etwa 2 kWh bzw. 2,25 kWh pro Tag.

10 Miniwasserfälle, Bachläufe und Wasserspiele

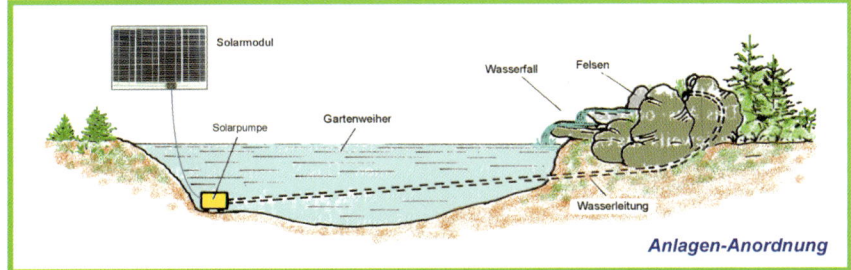

Abb. 10.1 – Prinzip der einfachsten Funktionsweise und Ausführungsbeispiel eines kleinen Gartenweihers mit einem Miniwasserfall.

Abb. 10.2 – Bachlaufpumpen gibt es in großer Auswahl. (Foto/Anbieter: Westfalia)

10 Miniwasserfälle, Bachläufe und Wasserspiele

Abb. 10.3 – Die leistungsstarke Bachlauf-/Teichpumpe *DW 5500* ist für eine Fördermenge von 5.500 l/h (= 5,5 m³ Wasser pro Stunde) und eine max. Förderhöhe von 4 m und für eine 230-V~-Versorgungsspannung ausgelegt. (Foto/Anbieter: Conrad Electronic)

Abb. 10.4 – Die Komplettfilter-Sets *Pondoclear* und *Pondo Press* sind in mehreren leistungsbezogenen Ausführungen erhältlich: Die Druckfilter können bis zum Deckel eingegraben werden. (Anbieter: Conrad Electronic)

11 Garten-Pools und Planschbecken

Der eigentliche Errichtungsaufwand hängt davon ab, wie ein Gartenpool oder ein Planschbecken im Garten integriert werden soll. Am einfachsten ist ein solches Anliegen bei Verwendung eines aufblasbaren Planschbeckens, das nur wenige Monate im Jahr im Garten aufgestellt wird. Hier ist nur darauf zu achten, dass in dem Gartenboden unter dem Planschbecken keine Steine sind, die den Boden des Beckens beschädigen könnten. Bei Bedarf sollte der Boden unter dem Becken etwa 10 cm tief ausgehoben und mit feinem Sand oder mit einer Mischung von Sand und feiner Gartenerde nachgefüllt werden. In die Mischung von etwa einem Teil Sand und zwei Teilen Gartenerde kann Gras (rechtzeitig oder im Nachhinein) eingesät werden, damit der Gartenboden außerhalb der „Badesaison" grün bleibt.

Größere Gartenpools werden oft vertieft in den Boden versenkt, was einen aufwendigeren Aushub sowie zusätzliche Einbaumaßnahmen, die der Pool-Hersteller empfiehlt, voraussetzt. Falls Ihnen die zur Verfügung stehenden Einbauinformationen nicht ausreichen oder der Händler Ihnen keine ausreichenden Ratschläge

11 Garten-Pools und Planschbecken

zum Einbau geben kann, wenden Sie sich an den Hersteller. Je mehr Informationen Ihnen zur Verfügung stehen, desto leichter und schneller werden Sie mit dem Einbau fertig.

Mit den meisten Planschbecken und Garten-Pools ist als Zubehör ein passendes Filtersystem mit einer Umlaufpumpe erhältlich. Sie können das Pool-Wasser mithilfe eines solarthermischen Kollektors nach Abb. 11.1, mit einem Wasserschlauch nach Abb. 11.2 oder mit einem offenen solarthermischen Selbstbaukollektor beliebiger Art aufwärmen. Da ein solches Aufwärmen nur wetterabhängig funktioniert, kann die Umlaufpumpe des Systems solarelektrisch betrieben werden – vorausgesetzt, sie ist für die entsprechend niedrige Gleichspannung ausgelegt. Natürlich kann zu diesem Zweck alternativ auch eine netzbetriebene Pumpe verwendet werden.

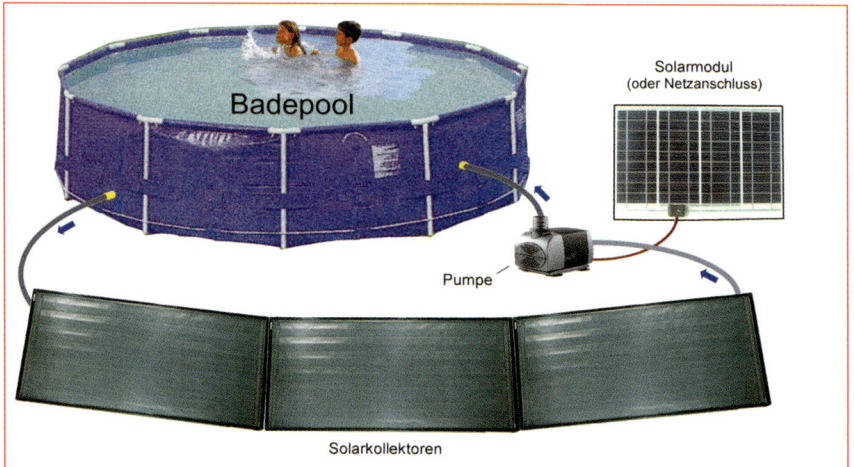

Abb. 11.1 – Einige Gartenpools sind mit zusätzlichen kostengünstigen solarthermischen Kollektoren erhältlich, die das Pool-Wasser aufwärmen.

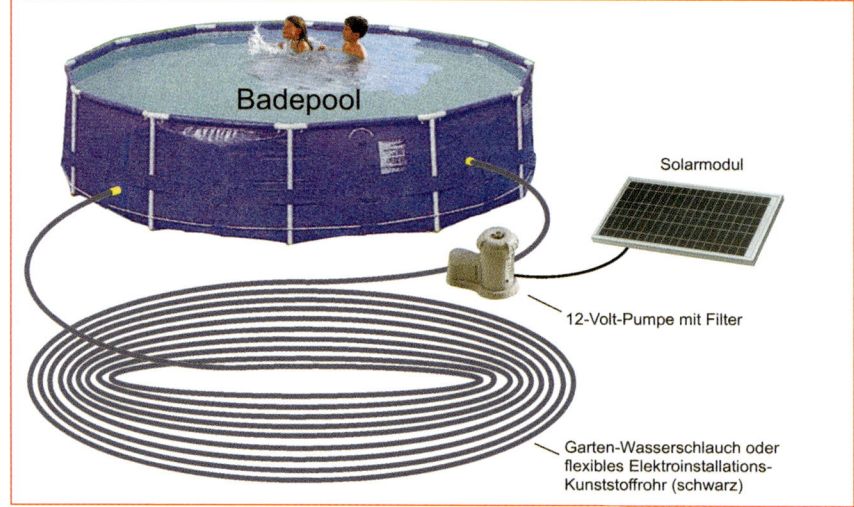

Abb. 11.2 – Anstelle eines solarthermischen Kollektors kann auch nur ein längerer Wasserschlauch zum Aufwärmen des Pool-Wassers verwendet werden.

Stichwortverzeichnis

A
Abisolieren der Leiter 99
Abisolierzange 98
Ablaufventile 76
Abmessungen handelsüblicher
 Klinker und Riemchen 70
Absperrventile 76
Akku-Bohrschrauber 34
Alligatorsäge 12

B
Bachlauf-/Teichpumpe 123
Beeteinfassungen 20
Beleuchtung eines Miniwasserfalls
 119
Besandeter Rand eines
 Kunststoffweihers 113
Beschädigungen der Steine 58
Beton
 Erstellung von Beton 14
 Mörtelmischer 14
Betonarbeiten 14
Betonbohrer 35
Betoneisen 30, 62
Betonfundament 68, 107
Betonleistensteine schneiden 32
Betonmischer 107
Beton-Pfahlfundament 19
Betonsockel 30, 63
Betonsteine 53
Betonumrandungen 24
Bewegungsmelder 108
Bohren 34
Bohrmaschine 34

D
Dämmerungsschalter 109
Diamantsägeblatt 24
Dosenklemmen und
 Lüsterklemmen 99
Dreiphasen-Drehstromanschluss 86

Dübel 36
Dübelbohrung 39

E
Eckverbindungen von
 Beetumrandungen 23
Einbetonierte Randsteine
 (Leistensteine) 61
Elektro-Handwerkzeug 13
Erdkabel 84
Erdleitungen 84

F
Federringe 44
Fehlstrom-(FI)Schutzschalter 89
Fernbedienung von
 Gartenverbrauchern 97
Fertigstürze (Stahlbeton-Tonstürze)
 73
Feuchtraum-Steckdosen 96
Filter 124
Filter-Sets 122
FI-Schutzschalter 89
Fitting-Lötpaste 80
Fliesenbohrer (Glasbohrer) 35
Folienteiche 114
Förderleistung und Förderhöhe 122
Frostfreie Tiefe 16, 68
Fugen 54, 59
Führungsschiene 50-51
Fundament 16
Funkschalter 94, 97

G
Gartenbeleuchtung 101
Gartengrillplätze und Sitzplätze 67
Gartenleuchten 102
Gartenpool 125
Gartenstromleitungen
 mit Erdkabeln 93
Gartenteiche 111

Gartenweg 46-47
Gewinde 42
Glättebrett 50
Glühlampe 104
Glühlampenfassungen 104
Gummihammer 50

H
Handerdbohrer 16
Handkreissäge 12
Hartgesteine 52
Hausnetzspannung 86
Holzschrauben/Spanplatten-
 schrauben 43
Holz-Stampfer 17

K
Kinderspielplatz 19
Klinker 69
Körnung (Kornabstufung) 48
Kunststoff-Gartenweiher 112
Kunststoffkabel 92
Kunststoffschellen 92

L
Laderegler 115
Leistungsaufnahme 122
Lichtstrom 86
Lithium-Ionen-Akkus 34
Lötfittings 77
Lötlampe 77, 81
Lötverbindung 81

M
Maulschlüssel 41
Memory-Effekt 34
Metallbohrer 35
Miniwasserfall 121, 123
Mischspirale 14
Motorbohrer 16
Muttern 44

Stichwortverzeichnis

N
Naturpflastersteine 52
Naturstein-Verlegmörtel 70
Netzanschlüsse 97
Neutralleiter 86

O
Oberfräse 13
Oberirdische Außenleitungen im
 Garten 92

P
Pflastersteine 45, 55
 schneiden 65
Phase 86
Phasenprüfer 88, 102
Planschbecken 125
Pumpe 124
 Solarelektrisch betriebene 122

R
Randeinfassung 63
Rasenkanten 20
Rasenpflastersteine 60
Ratsche 41
Richtschnur 64
Ringschlüssel 41
Rosenbogen 17
Rostfreie (Edelstahl-)Schrauben 42
Rüttelplatte 49

S
Schlagbohrmaschine 34
Schlüsselschrauben 40
Schotterschicht 48
Schrauben 40
Schraubendreher 41
Schraubenköpfe 40
Schraubenschlitze 41
Schutzbrille 13

Schutzkappen 19
Schutzleiter 86
Sechskantmuttern 40
Sockelleuchten 105
Solarbeleuchtung 110
Solargartenleuchten 120
Solarkugeln 119
Solarleuchten 110
Solarmodul 115
Solarpumpe 115, 117
Spannungsprüfer 88
Splittschicht 48
Springbrunnenpumpe 94, 115
Spritzwassergeschützt 92, 102
Stampfer 50
Standleuchten, Pfeilerleuchten und
 Kandelaber 106
Steckdosen im Garten 96
Steckdosenanschluss 96
Steckschlüssel 41
Steinbohrer 35
Stichsäge 12
Stiftmultimeter 88
Stromleitungen 83, 94
Stromverbrauch 122
Stromversorgung 101, 116
Stufen der Gartentreppen 73

T
Teichbelüftungssystem 117
Teichfolie 111
Tiefenentladeschutz 115
Tischmultimeter 88
Trennmauern 69
Trennständer 65
Treppen im Garten 71
Treppenstufen 73

U
Übergangsnippel 79

Umrandungen für Blumenbeete 28
Umwälzpumpen 121
Unterlegscheiben 43
Unterwasserstrahler 118

V
Verbindungen der elektrischen
 Leiter 98
Verbindungen, Bögen und
 Abzweigen 78
Verbundpflaster 53
Verlegen von Pflastersteinen 48
Verlegmörtel 62
Verteilerschrank mit
 Sicherungsautomaten 87

W
Wandaußenleuchten 103
Wandleuchten-Anschluss 103
Wasserleitungen im Garten 75
Wasserleitungsanschlüsse 76
Wasserleitungsinstallationen 77
Wasserleitungs-Kupferrohre 77
Wechselrichter 115
Wegumrandung 31
Wegumrandungs-Betonsteine 20
Weichgesteine 52
Weiherbeleuchtung 118
Weiherbelüftungs- und
 Filterpumpen 116
Winkelschleifer 12, 24, 65

Z
Zaunpfosten 17-18
Zement 15
Zementfarben 15
Zementmörtel 63
Ziermauern 69

Ulrich E. Stempel

Terrassen und Wege
selbst pflastern und beleuchten

Ulrich E. Stempel

Terrassen und Wege
selbst pflastern und beleuchten
Leicht gemacht, Geld und Ärger gespart!

Mit 92 farbigen Abbildungen

Bibliografische Information der Deutschen Bibliothek

Die Deutsche Bibliothek verzeichnet diese Publikation in der Deutschen Nationalbibliografie; detaillierte Daten sind im Internet über **http://dnb.ddb.de** abrufbar.

Hinweis

Alle Angaben in diesem Buch wurden vom Autor mit größter Sorgfalt erarbeitet bzw. zusammengestellt und unter Einschaltung wirksamer Kontrollmaßnahmen reproduziert. Trotzdem sind Fehler nicht ganz auszuschließen. Der Verlag und der Autor sehen sich deshalb gezwungen, darauf hinzuweisen, dass sie weder eine Garantie noch die juristische Verantwortung oder irgendeine Haftung für Folgen, die auf fehlerhafte Angaben zurückgehen, übernehmen können. Für die Mitteilung etwaiger Fehler sind Verlag und Autor jederzeit dankbar. Internetadressen oder Versionsnummern stellen den bei Redaktionsschluss verfügbaren Informationsstand dar. Verlag und Autor übernehmen keinerlei Verantwortung oder Haftung für Veränderungen, die sich aus nicht von ihnen zu vertretenden Umständen ergeben. Evtl. beigefügte oder zum Download angebotene Dateien und Informationen dienen ausschließlich der nicht gewerblichen Nutzung. Eine gewerbliche Nutzung ist nur mit Zustimmung des Lizenzinhabers möglich.

© 2008 Franzis Verlag GmbH, 85586 Poing

Alle Rechte vorbehalten, auch die der fotomechanischen Wiedergabe und der Speicherung in elektronischen Medien. Das Erstellen und Verbreiten von Kopien auf Papier, auf Datenträgern oder im Internet, insbesondere als PDF, ist nur mit ausdrücklicher Genehmigung des Verlags gestattet und wird widrigenfalls strafrechtlich verfolgt.

Die meisten Produktbezeichnungen von Hard- und Software sowie Firmennamen und Firmenlogos, die in diesem Werk genannt werden, sind in der Regel gleichzeitig auch eingetragene Warenzeichen und sollten als solche betrachtet werden. Der Verlag folgt bei den Produktbezeichnungen im Wesentlichen den Schreibweisen der Hersteller.

Satz: DTP-Satz A. Kugge, München
art & design: www.ideehoch2.de
Druck: Delo Tiskarna d.d., Ljubljana
Printed in Slovenia

Vorwort

Terrassen und Wege im Garten sind die Verbindung von Haus und Freifläche. Der Gartenweg führt zu Beeten, Rabatten, zum bevorzugten Sitzplatz, zur Gartenlaube, zum Kompost – und er ermöglicht einen Gang durch den Garten bei jedem Wetter.

Ein ruhiger, attraktiver Sitzplatz bringt Entspannung und hilft mit, die Zeit zu Hause zu genießen. Die Terrasse ist oftmals der zentrale Ausgangspunkt für die gesellige Runde im Garten. Von hier aus können Sie bei einem guten Glas Wein und einem leckeren Essen den Blick in die Natur Ihres Gartens schweifen lassen. Die Wegeverbindungen sollen nicht nur zweckmäßig, sondern auch schön sein und dazu einladen, den Garten zu erkunden.

Die im Dunkeln magisch beleuchteten Wege und Terrassen erzeugen eine besondere Atmosphäre.

Mir macht es Freude, Terrassen zu planen, die sich zu viel mehr eignen als nur zum bloßen Sitzen – nämlich zum Erholen und Feiern, zum Sonnen, Essen, Trinken, Lesen, zum Diskutieren, Nachdenken und Entspannen – sie sollen die Nutzung des Gartens immens bereichern.

Je nach vorhandenem Potenzial der Fläche wird es dann nicht nur bei einer Terrasse bleiben.

Bei allen verlockenden Gestaltungsmöglichkeiten – denken Sie daran: Eine klare Einfachheit des Stils bei der Auswahl von Belägen, Möbeln und Pflanzen bringt dauerhafte Freude und zeigt die wahre Größe. Für häufig genutzte Wege und Plätze eignen sich Steinplatten, Pflastersteine und Kies. Besonders reizvoll sind unregelmäßig bearbeitete Natursteine aus der Region.

Bei maßstäblicher Verwendung von Baustoffen für Terrasse und Gartenweg haben Sie für sich eine schöne Gartenanlage geschaffen, die auch noch Raum für Pflanzen und Tiere lässt.

Ich wünsche Ihnen eine schöne und erholsame Zeit in Ihrem Garten.

Ihr Ulrich E. Stempel

Inhaltsverzeichnis

1	**Wohnen im Garten**	9
1.1	Planung und Wirklichkeit	12
1.2	Die Terrasse, das grüne Zimmer	13
1.2.1	Das Grundstück: Was ist möglich?	13
1.2.2	Lage und Größe im Verhältnis zum Haus – Proportionen	13
1.2.3	Die Himmelsrichtung für die Terrasse	14
1.2.4	Sonnen- und Schattenterrasse	15
1.2.5	Gestaltungsabsichten	16
1.2.6	Der richtige Standort für die Terrasse	18
1.3	Gartenwege: die Adern im Garten	24
1.3.1	Gartenwege mit Bedacht anlegen	24
1.3.2	Verlauf des Gartenwegs	24
1.3.3	Das rechte Maß für die Wegbreite	27
1.3.4	Mit der Topografie des Grundstücks arbeiten	27
1.3.5	Wahl der Belagsmaterialien	32
1.3.6	Gestaltungstipps	32

2	**Belagsgestaltung und richtige Materialauswahl**	35
2.1	Belagsmaterialien	36
2.1.1	Der besondere Reiz durch gebrauchte Materialien	41
2.1.2	Natursteinarten und die stimmige Verwendung	43
2.1.3	Optische Gestaltungsmöglichkeiten	47
2.1.4	Farben und Farbgebung	54
2.1.5	Kieselsteinpflasterornament	54

3	**Technik und Ausführung**	55
3.1	Übersicht des Belagaufbaus	56
3.2	Messen und abstecken	57
3.3	Werkzeuge	59
3.4	Entwässerung und das richtige Gefälle wählen	62
3.4.1	Entwässerungsein- und -abläufe	62
3.4.2	Alternative Entwässerungssysteme	67
3.5	Der Aushub unter den Belägen	68
3.5.1	Aushub im Garten einbauen	68
3.5.2	Aushub abfahren lassen	69

Inhaltsverzeichnis

3.6	Der richtige Unterbau	70
3.6.1	Belagsabschluss, Einfassung, Übergang zur Grünfläche	70
3.6.2	Geeignete Materialien für den Unterbau	71
3.6.3	Die Bettung für den Belag herstellen	72
3.7	Belag einbauen	74
3.7.1	So bekommen Sie ein einheitliches Pflasterbild	74
3.7.2	So verlegen Sie das Plattenmaterial	75
3.7.3	Platten und Pflaster verlegen: Tipps und Tricks	75
3.7.4	Einpassarbeiten	77
3.7.5	Welche Maschinen können Ihnen helfen?	77
3.7.6	Maschinen leihen: Hinweise und Tipps	79
3.8	Holzterrasse – barfuß im Garten	80
3.8.1	Vorbereitung und Festlegung der Höhen	80
3.8.2	Lage und Dimensionierung der Fundamente	81
3.8.3	Unterkonstruktion aus Holz herstellen	83
3.8.4	Holzterrassenbelag	85
4	**Beleuchtung, der besondere Reiz für Gartenwege und Terrasse**	**87**
4.1	Attraktive Außenbeleuchtung und funktionale Technik	88
4.1.1	Strom im Garten für Beleuchtung und andere Zwecke	88
4.1.2	Gartenräume durch Licht kreieren	90
4.1.3	LED-Beleuchtung und -Technik	94
4.1.4	Netzunabhängige Solarleuchten	96
5	**Schutz und Geborgenheit für die Terrasse**	**99**
5.1	Der geeignete Sicht-, Lärm- und Windschutz	100
5.1.1	Lösungen mit Pflanzen	103
5.1.2	Nachbarrecht beachten	105
5.2	Wirkungsvoller Sonnenschutz	107
5.2.1	Sonnenschutz leicht und flexibel	107
5.2.2	Gebauter Sonnenschutz, Pergola	108
5.3	Wassergestaltung bei der Terrasse	111
5.3.1	Licht und Effekte	112
5.3.2	Bepflanzung und Tiere	113

Inhaltsverzeichnis

6	**Die Pflege von Wegen und Terrasse**	**115**
6.1	Oberflächen pflegen und erhalten	116
6.1.1	Die Pflege des Steinbelags	117
6.1.2	Erhaltung des Holzbelags	118
6.2	Umgang mit dem Hochdruckreiniger	119
6.3	Belagsschäden erkennen und reparieren	120
6.4	Setzungen, was tun?	120

7	**Umgang mit Herstellern, Lieferfirmen und Baumärkten**	**121**
7.1	Angebote einholen und prüfen	122
7.2	Auftragsvergabe und Bauleitung	123
7.2.1	Vergabe von Arbeiten	123
7.2.2	Bauleitung und Abnahme	123
7.3	So testen Sie die Qualität	124

Quellenverzeichnis 125

Stichwortverzeichnis 126

1   Wohnen im Garten

Wege und die Terrasse prägen maßgeblich das Erscheinungsbild des Gartens. Zur Gestaltung der Wege hatte ein großer Freiraumplaner des 19. Jahrhunderts folgende Vorgehensweise vorgeschlagen (damals waren die Grundstücke noch größer): Ein Grundstück sollte mindestens ein Jahr lang ungestaltet bleiben, während die Nutzer ihre Wege so durch

1 Wohnen im Garten

den Garten gehen, dass nach und nach logische Trampelpfade dort entstehen, wo sie ergonomisch genutzt werden. Die im Garten stehenden Bäume oder andere Hindernisse werden in einem Schwung umgangen, steilere Bereiche werden mit maximaler Effizienz erklommen. An den Stellen, an denen sich die Bewohner gern begegnen und aufhalten, entsteht ein Platz. Dort, wo eine schöne Aussicht möglich ist, werden Sträucher und Krautschicht verdrängt, der Boden hat in diesen Bereichen, die ständig betreten und verdichtet werden, wenig oder gar keinen Bewuchs mehr, und so entsteht ganz nebenbei ein Aufenthaltsplatz.

Im heutigen Siedlungsbereich sind bei meist teuren Grundstücken und wenig Zeit für die Gartenpflege die

Abb. 1.1 – Terrassengestaltung mit unterschiedlichen Belägen und Elementen.

1 Wohnen im Garten

Gärten kleiner geworden und sollten daher mit Bedacht und Klarheit gestaltet werden, sodass es Freude macht, sich in ihnen aufzuhalten.

Für die Gestaltung sind die Ausstrahlung des Orts (Genius loci) und die Rahmenbedingungen das eine, das andere sind die Gestaltungsmöglichkeiten, durch die Sie Ihren ganz persönlichen Stil in die Gartengestaltung mit einfließen lassen können.

So steht bei Wegen und Terrassen die Wahl des Bodenbelags an, wobei es weit mehr und auch Schöneres gibt als die bekannten Waschbetonplatten. Aber selbst diese lassen sich mit etwas Kreativität so verwenden, dass der Betrachter über die optische Wirkung erstaunt sein wird.

Es gibt viele Ideen für die kreative Gestaltung. Beispielsweise bringen ein kleiner Teich, eine Wasserskulptur oder auch beleuchtete Kunstobjekte aus Glas, Stahl oder Ton sinnliche Komponenten in die Gestaltung. Zuletzt beeinflussen auch noch Form und Stil der Gartenmöblierung die Atmosphäre der Terrasse.

Mediterrane Kübelpflanzen sind eine gute Gelegenheit, Pflanzen mit angenehmem Duft und herrlichen Blüten in besonderen Bereichen des Gartens zur Geltung kommen zu lassen. Duftende Rosen, dekorative Rankpflanzen, plätscherndes Wasser sowie eine attraktive Beleuchtung lassen einen Gartenraum entstehen, der alle, die sich darin aufhalten, begeistern wird.

Attraktive und ruhige Plätze inmitten des Gartens haben ihren ganz besonderen Reiz.

Möglicherweise gibt es neben dem Sitzplatz am Haus einen weiteren Sitzplatz im Garten mit Blick zurück zum Haus: einen Bereich, in dem in aller Ruhe die Veränderungen der Natur und des Klimas erlebt werden können und die Sonne wohltuend wärmt, oder einen Bereich, der Schutz bietet vor zu viel Sonne oder Regen.

Für die sorgfältige Auswahl der Materialien sollten Sie sich Zeit nehmen und das eine oder andere Musterstück vom Baustoffhändler mitbringen und zur Begutachtung an den Platz der geplanten Terrasse legen. Erscheinung und Farbe eines Steins ändern sich je nach Umgebung oder dadurch, dass er feucht oder trocken ist.

Die Wegeverbindungen und der Sitzplatz im Garten sollten praktisch, aber auch formal so gestaltet werden, dass Terrasse, Wege und restlicher Garten zu einer Einheit verschmelzen.

Wenn die Möglichkeit besteht, die Lage der Terrasse frei auszuwählen, gibt es auch hierbei verschiedene Alternativen: so zum Beispiel, dass die Terrasse mit direkter Zugehörigkeit zum Haus angelegt oder aber ein im Garten eingebundener, lauschiger Sitzplatz gewählt wird, zu dem ein interessanter Gartenweg führt.

Bei kleineren Gärten kann das „Gartenzimmer" mit Räumen und Nutzungen vom Haus verschmelzen, wie z. B. mit der Küche oder dem Esszimmer. Die Terrasse wird Zentrum des Sommerlebens, möglicherweise mit einer provisorischen Freiküche oder einer Sommerdusche.

Der beliebteste Sitzplatz im Grünen für das zeitige Frühjahr und den späten Herbst ist zweifellos die Terrasse direkt am Haus. Sie hat ja auch ihre Vorzüge: die direkte Verbindung zum Haus, Sie sitzen geschützt und können den Platz draußen vielfach nutzen, während die Hauswände die Sonnenwärme speichern und sie, wenn es kühler wird, wieder abgeben.

1.1 Planung und Wirklichkeit

Um den Garten später voll und ganz genießen zu können, ist es sinnvoll, sich zunächst ein paar Gedanken zu machen und sich mit grundlegenden Gestaltungsideen zu beschäftigen.

Ein guter Einstieg in die Planung ist ein Planungsleitfaden, wie er in Abb. 1.2 für Sie abgedruckt ist. Gehen Sie in aller Ruhe die aufgeführten Fragen und Punkte durch. Die angegebenen zugehörigen Kapitel behandeln das jeweilige Thema im Detail. Natürlich wird das eine oder andere Wunschbild im Zuge der Planung und Beschäftigung mit der Materie dazukommen oder sich verändern. Dieser Prozess, so finde ich, macht Spaß, und dadurch kann sich die Vorfreude mehr und mehr steigern.

Die Planung wird in den folgenden Unterkapiteln Schritt für Schritt näher erläutert.

Planungsleitfaden für Terrassen und Wege	Kapitel	Anmerkung
Wie möchten Sie Ihre Terrasse nutzen?		
Proportionen, Flächenbedarf	1.2.2	
Gestaltungsprinzipen	1.2.5	
Ausrichtung, Himmelsrichtung		
Süd, Ost, West, Nord	1.2.3	
Terrasse, Lage und Form	1.2.4, 1.2.6	
Schutzelemente für den Sitzplatz		
Sichtschutz	5.1	
Sonnenschutz	5.2	
Windschutz	5.1	
Lärmschutz	5.1	
Schutzelemente mit Pflanzen	5.1.1	
Gesetzliche Regelungen	5.1.2	
Gartenwege, was ist bei der Planung zu beachten	1.3, 1.3.2	
Gestaltungsprinzipien	1.3.6	
Wegebreiten	1.3.3	
Lage und Gefälle	1.3.4	
Belagsarten für Terrasse und Gartenwege	1.3.5	
Belagsmaterialien, Kunststein (Beton), Naturstein, Klinker, Terrakotta, Holz	2.1	
Gebrauchte Materialien	2.1.1	
Fachgerechte Verwendung von Naturstein	2.1.2	
Verlegemuster und Oberflächen	2.1.3	
Holzbeläge	3.8.4	
Die richtige Entwässerung	3.4	
Belagsabschlüsse- und Einfassungen	3.6.1	
Beleuchtung für Terrasse und Gartenwege	4	
Leuchtenstandorte	4.1	
Technische Ausführungen	4.1.1	
Beleuchtungsmöglichkeiten	4.1.2	
LED-Beleuchtung	4.1.3	
Solar-Beleuchtung	4.1.4	
Weitere Gestaltungselemente		
Wasser	5.3	
Kunstobjekte	5.3.1	
Pflegebedarf	6	

Abb. 1.2 – Planungsleitfaden. In den angegebenen Kapiteln finden Sie weitere Informationen zum Thema.

1.2 Die Terrasse, das grüne Zimmer

Je nach Gestaltung hat die Terrasse eine Zwischenstellung zwischen Haus und Garten. Ein Zimmer im Grünen beschreibt am besten die Eigenschaften. Durch den festen Belag und die Ausstattung kann das Gartenzimmer ein lange Zeit im Verlauf eines Jahres bewohnt werden. Je besser die Planung und Umsetzung, desto mehr Zeit werden Sie auf Ihrer Terrasse verbringen.

1.2.1 Das Grundstück: Was ist möglich?
Ideal ist es, das Grundstück entsprechend den Vorstellungen von Haus und Terrasse zu wählen.

Die Grundstücke werden aber (auch aus Kostengründen) immer mehr ausgenutzt, sodass für großzügige Gartenwege und Sitzplätze oft wenig Platz zur Verfügung steht. Es muss also ein Kompromiss gefunden werden, möchte man sowohl eine schöne Bepflanzung als auch eine entsprechend den Nutzungsgewohnheiten ausreichende Terrasse anlegen.

Gerade bei kleinen oder schwierigen Grundstücken ist besondere Kreativität gefragt.

1.2.2 Lage und Größe im Verhältnis zum Haus – Proportionen
Nicht erst seitdem Wohnräume und Gartengestaltung auch unter dem Aspekt des Feng-Shui betrachtet werden, weiß man, dass die Wahl der richtigen Gestaltung und der Maßverhältnisse einen wesentlichen Einfluss auf unser Wohlbefinden und sogar auf Erfolg und Gesundheit haben.

> **Hinweis**
>
> Feng-Shui, wörtlich übersetzt „Wind und Wasser", ist die einige Tausend Jahre alte fernöstliche Kunst, ein harmonisches Umfeld in Haus und Garten für den Menschen zu schaffen. Die Lehre strebt die bestmögliche Harmonie zwischen Mensch, Gebäude, Garten und Umgebung an. Dabei sollen günstige Energien verstärkt, störende Einflüsse abgewendet und Problemzonen in ein harmonisches Gleichgewicht umgewandelt werden.

Die Gesetze der Harmonie, wie z. B. der Goldene Schnitt, zeigen eine Möglichkeit auf, das Verhältnis von Länge zu Breite so auszuführen, dass wir uns beim Begehen eines Wegs oder Benutzen der Terrasse sehr gut fühlen und Lust haben, dort längere Zeit zu verweilen. Die Gestaltungsgrundsätze sind sehr umfangreich, lassen sich aber durch ständiges Beobachten und das Studium der Natur erleben und erlernen.

Für den Anfang könnte eine einfache Regel so lauten: Wenn die Terrasse unmittelbar an das Haus anschließt, verlangt ein großzügiges Haus nach einer großen Terrasse, ein kleines Häuschen nach einer eher kleinen Terrasse.

Möblierung	Sitzplätze	Flächenbedarf m²	Zusätzliche Bewegungsfläche m²	Terrassenfläche m²
Rechteckiger Tisch	2	3	3–4	6-7
Quadratischer Tisch	4	5	4	9
Rechteckiger Tisch	4	4,8	4	9
Rechteckiger Tisch	6	6,6	4–5	12
Rechteckiger Tisch	8	8,4	5–7	16

1.2 Die Terrasse, das grüne Zimmer

Da es leider nicht ganz so einfach ist, erfahren Sie in den folgenden Kapiteln weitere Aspekte.

Wie groß der Sitzplatz sein soll, hängt auch stark von der gewünschten Nutzung und der Absicht ab, die Terrasse bezahlbar zu gestalten.

Genügt ein kleiner Tisch, an dem maximal zwei bis vier Personen Platz finden, oder ist eine größere Tafel für den Familien- und Freundeskreis notwendig? Kann die Terrasse so angelegt werden, dass sie später auch erweitert werden kann?

Als Beispiel: Bei einer sinnvollen Terrassenfläche von 3 x 4 m können notfalls auch sechs bis acht Personen an einer Bierbankgarnitur zum Essen zusammensitzen. Bei einem Tisch/Stuhl-Ensemble wird es dann aber schon knapp, wenn jemand aufsteht und den Stuhl nach hinten schiebt.

Wer den Flächenbedarf selbst errechnen möchte, kann dies wie folgt tun:

Ein Tisch, 70 bis 80 cm breit und 1,0 m lang, reicht für 2 Personen. Pro Stuhl ist eine Grundfläche von 60 x 60 cm einzurechnen. Um Tisch und Stühle herum benötigen Sie eine Abstandsfläche von 50 cm zum Bewegen der Stühle. Bei runden Tischen wird der Flächenbedarf noch größer.

Es können noch weitere Flächen hinzukommen, zum Beispiel für:

- Servierwagen, Beistelltisch
- Grill
- Sonnenschirmständer
- Sonnenliege

Einfluss auf die Terrassengestaltung haben natürlich auch die Formensprache des Hauses und die dort verwendeten Materialien, die Art und die Formate von Fenster und Türen sowie die Hauswandgestaltung. Verkommt die Terrasse durch lieblose Belagsgestaltung zu einem Platz, der das Haus mehr entwertet als hervorhebt, wird sich dort niemand richtig wohlfühlen.

1.2.3 Die Himmelsrichtung für die Terrasse

Die Terrasse liegt meist gen Süden, weil hier die Sonne am längsten scheint. Hier kann man schon im zeitigen Frühjahr draußen essen und im Herbst die letzten Sonnenstrahlen genießen. Denn je tiefer die Sonne steht, desto länger scheint sie auf die Terrasse. Im Sommer ist bei einer nach Süden ausgerichteten Terrasse ein Sonnenschutz erforderlich.

Eine gute Wahl für den Sommer ist eine Terrasse Richtung Nordost. Da hat man zum Frühstück die Morgensonne und über die heißen Stunden des Tages etwas mehr Schatten. Am Abend scheint dann von Westen her die milde Abendsonne wieder auf den Sitzplatz.

Sitzplätze im Südwesten oder Westen sind ideal für die Feierabendsonne. Hier können Sie im Sommer bis spätabends sitzen und zuschauen, wie sich langsam

Abb. 1.3 – Achten Sie darauf, die Terrasse nicht zu klein zu planen und anzulegen. Gerade bei runden Formen ist eine ausreichende Größe wichtig.

1.2 Die Terrasse, das grüne Zimmer

die Sonne zum Horizont bewegt und untergeht. Da Bodenbeläge und möglicherweise Wände am Nachmittag erwärmt wurden, strahlen sie die Wärme auch am Abend wieder ab.

1.2.4 Sonnen- und Schattenterrasse

Im Frühjahr und im Herbst ist jeder Sonnenstrahl hochwillkommen. Im Hochsommer kann es aber so unangenehm heiß werden, dass Sie von Ihrem Sitzplatz fliehen. Die Lösung: Ein Sonnenschutz muss her. Das kann in Hausnähe eine ausfahrbare Markise sein oder ein saisonal aufgespanntes Sonnensegel. Es kann aber auch eine mit Kletterpflanzen berankte Pergola sein, die die Terrasse komplett oder nur teilweise beschattet. Im Frühjahr und im Herbst steht die Sonne tiefer und dringt daher trotz beschattender Pergola bis in die hinterste Ecke der Terrasse vor – immer vorausgesetzt, die Terrasse liegt nach Süden. Professionelle Sonnenschirme können mehr als nur eine provisorische Lösung sein. Mit guter Verankerung fallen sie auch bei Wind nicht mehr um. Lediglich bei aufziehendem Sturm müssen sie schnell eingeholt werden. Dafür bieten sie auch bei einem leichten Regenguss ein schützendes Dach.

Eine einfache und dauerhafte Lösung kann auch ein Schattenbaum sein.

Pflanzen Sie schon frühzeitig einen blühenden und duftenden Laubbaum als Schattenspender in unmittelbarer Nähe Ihrer Terrasse.

> **Tipp**
>
> Verwenden Sie in der unmittelbaren Umgebung der Terrasse keine Materialien, die das Auge blenden (heller Putz, weiße Tischdecken oder blendende Beläge etc.).

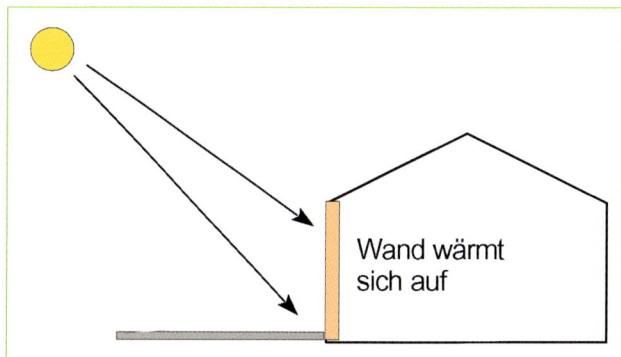
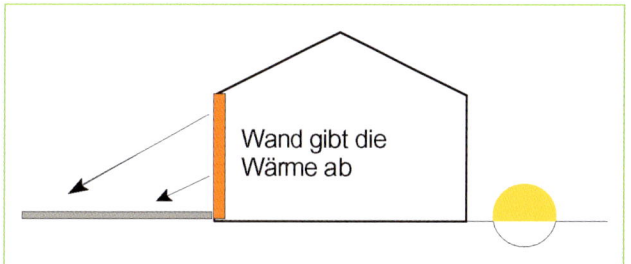

Abb. 1.4 – a) Wärmespeicherung durch die Hauswand am Tag, **b)** Wärmeabgabe am Abend.

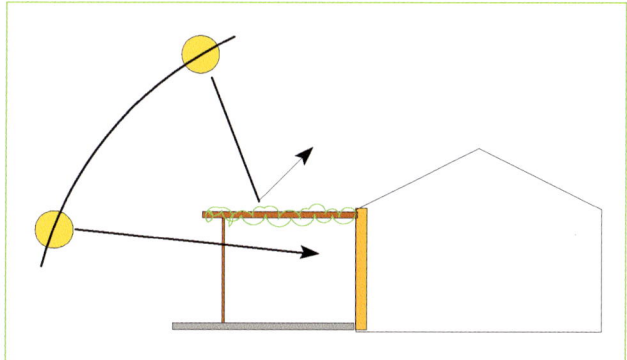

Abb. 1.5 – Bei flachem Sonnenstand wie im Frühjahr oder im Herbst scheint die Sonne auf die Terrasse, im Hochsommer wird die Terrasse durch die Pergola beschattet.

1.2 Die Terrasse, das grüne Zimmer

Mit hoch aufgeputzter Krone gibt der Baum im Sommer einen angenehmen Schatten, während im zeitigen Frühjahr die Äste noch unbelaubt sind und die Sonne durchlassen.

Planung in der Neubauphase
Sind Sie gerade dabei, Ihren Neubau selbst zu planen oder planen zu lassen, denken Sie an die Verknüpfung mit dem Garten und, wenn es einzurichten ist, an einen direkten, ebenerdigen Zugang zur Terrasse, am besten in Verbindung mit dem Küchen- oder Essbereich.

Fürst Pückler ist nicht nur der Namensgeber für das Fürst-Pückler-Eis, er war auch ein erfolgreicher Landschaftsarchitekt. Und nicht nur seiner Meinung nach ist der Garten die Fortsetzung der Wohnung im Freien. Will man also schnell oder einen kurzen Augenblick draußen sitzen, wenn möglich mit einem schönen Ausblick, ist die direkt erreichbare Terrasse der geeignete Ort.

Eine Terrasse am Haus zu bauen ist, wie viele meinen, eine einfache Aufgabe, handelt es sich doch „nur" um eine kleine, ebene Fläche, die gepflastert werden muss. Bei schlechter Planung wird das Ergebnis dann ein Platz sein, der nicht zum Verweilen einlädt und auf dem meist irgendwelche Utensilien abgestellt werden.

Im Folgenden einige Beispiel (siehe Abb. 1.6), die einem von außen blickenden, aufmerksamen Betrachter ins Auge fallen.

Die erhöhte Terrasse kann sehr reizvoll sein, es kann aber auch passieren, dass sie – einer Bühne vergleichbar – keine befriedigende Beziehung zum Zuschauerraum „Garten" hat. Geht es von der Terrasse steil geböscht in den Garten oder zum Nachbargelände, macht das Draußensitzen hier wenig Freude, wurde doch nur eine kleine, ebene Sitzfläche geschaffen, die seitlich durch Böschungen im Stil eines Steingartens abgefangen wurde. Für die Umgebung sitzen die Bewohner auf dem Präsentierteller.

Der Vorteil, die Nachbargrundstücke beobachten zu können, erweist sich unter Umständen als Nachteil. Ausnahme: Der Platz bietet wirklich eine berauschende Fernsicht.

Die Gartenrenovierung
Sei es, dass ein Haus mit Garten schon älter ist, gekauft oder geerbt wurde – mit den Sanierungsmaßnahmen am Gebäude sollten Sie auch die Nutzungsmöglichkeiten der derzeitigen Freiflächen unter die Lupe nehmen. Ein oft erlebtes Beispiel: Ein durchschnittliches Grundstück von 100 bis 150 m² Größe, hauptsächlich mit Rasen angelegt, wird kaum genutzt. Der erste Schritt der Gartenrenovierung ist möglicherweise ein Wintergarten, ein zweiter Schritt folgt mit der Neugestaltung einer Terrasse und der dritte mit Wegen, die den Garten zusätzlich erlebbar machen. Alle Schritte sollten auch hier vorab gründlich geplant werden.

1.2.5 Gestaltungsabsichten

Gartenwege und Terrassen lassen sich so unterschiedlich gestalten, wie die Bewohner des Hauses sein können. Die Gestaltung kann klein und unauffällig, groß und repräsentativ, schlicht oder bunt, mit einfachen oder mit teuren Materialien sein. Durch den kreativen Einsatz der Materialien in Verbindung mit Pflanzen und Kübelpflanzen, mit Kunstobjekten und Beleuchtungseinrichtungen entsteht Ihr ganz persönlicher Stil.

Gartenwege und Terrassen mit Kindern
Für Familien mit kleinen Kindern ist die Terrasse der einzige Platz im Garten, an dem Kinder mit Leichtigkeit und ohne Gefahr mit ihren Fahrzeugen fahren können – also ein Pro für großzügige Terrassenanlagen. Hier sei auf die Verwendung rutschfester Bodenbeläge hingewiesen, denn Kinder spielen auch im Winter oder bei feuchter Witterung draußen – also sollten glatte Fliesen

1.2 Die Terrasse, das grüne Zimmer

sowie fein geschliffener oder polierter Naturstein vermieden werden.

Auch die Gartenwege sollten in der Kinderphase so breit und griffig sein, dass hier das Fahren mit Roller, Bobbycar und Kettcar möglich ist.

Abb. 1.6 – Gestaltungsbeispiele für die Terrassenplanung. Terrassenstandorte können ungünstig oder gut eingebunden sein.

1.2 Die Terrasse, das grüne Zimmer

Sind die Kinder noch klein und wollen Sie sich auf Ihrer Terrasse entspannen, ist es sinnvoll, Spielgeräte, Planschbecken und Sandkasten unmittelbar neben der Terrasse aufzubauen. Denn die Kinder wollen dort sein, wo sich auch die Erwachsenen am liebsten aufhalten. Je weiter die Spielgeräte entfernt sind, desto seltener werden die kleinen Kinder dort spielen.

Ein weiterer Vorteil, wenn der Spielbereich in der Nähe ist: Sie haben die Kinder im Blick, auch wenn Sie Hausarbeiten auf der Terrasse erledigen.

1.2.6 Der richtige Standort für die Terrasse

Eine ganze Reihe von Rahmenbedingungen beeinflusst die Lage des Sitzplatzes. Können Sie sich zwischen zwei Standorten nicht entscheiden, brauchen Sie vermutlich zwei Plätze. Gartenbesitzer mit größeren Gärten haben oft vier bis fünf ständig genutzte Plätze im Garten mit den unterschiedlichsten Bedingungen. Bevor Sie den Standort festlegen, kann es sinnvoll sein, den Garten über einen längeren Zeitraum hinweg genau zu beobachten – wenn möglich, nicht nur im Sommer, sondern auch im Frühjahr und im Herbst. Dann sehen Sie z. B. den Schattenwurf zu verschiedenen Zeiten und wo es sich am besten frühstücken lässt. Bei vorhandenem Baumbestand muss darüber hinaus damit gerechnet werden, dass die Bäume größer werden und sich der Schattenwurf in späteren Jahren verstärkt. Beachtenswerte Rahmenbedingungen:

- die Form des Grundstücks
- die Lage des Hauses auf dem Grundstück
- Bezüge von Räumen in den Garten
- die Ausrichtung bezüglich der Himmelsrichtung
- vorhandene Bäume
- Höhenunterschiede im Grundstück
- Sonnen- oder Schattenlage
- Morgensonne, Mittagssonne, Abendsonne
- Windschutz
- Sichtschutz
- gestalterische Aspekte wie z. B. Sichtachsen, Symmetrien etc.

Nutzung
Die Terrasse ist ein Zimmer im Garten, das bei schönem Wetter sehr vielseitig genutzt werden kann. Egal ob essen, feiern, arbeiten oder erholen, die Terrasse bietet den

Abb. 1.7 – Die Kinder haben die zukünftige Terrassenfläche schon in ihren Besitz genommen.

1.2 Die Terrasse, das grüne Zimmer

Platz dafür. Unabhängig von Kabelnetzen lassen sich sogar Internetaktivitäten und Arbeiten am Notebook – mit dem Vorteil, an der frischen Luft zu sein – verbinden.

Freude macht es, wenn möglichst viele Mahlzeiten draußen eingenommen werden können. Zumindest zu Feierabend oder am Wochenende schmeckt das Abendessen draußen doppelt so gut, und die meisten Bewohner können es kaum erwarten, im zeitigen Frühjahr die Terrasse wieder einzuweihen. Daher soll der Platz auch einladend und gemütlich sein.

Aus den unterschiedlichen Nutzungsmöglichkeiten ergibt sich möglicherweise die Gestaltungsabsicht für zwei oder mehrere Terrassen: eine große Terrasse zum Feiern und Essen, eine kleine Terrasse als Rückzugsbereich, zum Sonnen und um in Ruhe ein Buch oder die Zeitung lesen zu können.

Terrassenform
Die Form des Zimmers im Garten richtet sich bei den meisten Nutzern nach den Vorgaben, die durch das Haus bestehen, wie z. B. ein Einschnitt oder ein dem Haus angegliedertes Vordach. Dies ist im Prinzip auch sinnvoll und praktisch, trotzdem kann sich die Form zum Garten hin auch ändern.

Das gekonnt geplante Spannungsfeld zwischen klaren rechtwinkligen und runden Formen kann eine besonders reizvolle Form geben.

Bei Sitzplätzen abseits vom Haus sind die Gestaltungsmöglichkeiten freier und vom Haus unabhängiger. Aber gerade in der „wilden Natur" kann es besonders angenehm sein, eine klare Form wie z. B. ein Quadrat als Gestaltungselement für den Sitzplatz zu wählen. Hier können die schon vorhandenen Pflanzen und Bäume sowie Geländeeigenarten Einfluss auf die Form und die Lage der Terrasse nehmen. Wer es hier schafft, sich von Bestehendem inspirieren zu lassen, kann Orte mit großer atmosphärischer Ausstrahlung schaffen. Auch wenn diese Elemente bei einer totalen Neugestaltung fehlen, ist es möglich, sich an den ausgesuchten Platz zu setzen und die Bilder im Inneren entstehen zu lassen.

Haben Sie einen Hund, schauen Sie doch mal, wo dieser sich am liebsten im Garten ausruht! Möglicherweise ein guter Platz für eine lauschige Terrasse.

Sie können sich für Ihre Terrasse auch ein Gestaltungsthema aussuchen, z. B. die **schwedische Terrasse** (viel Holzmaterial, Edelstahl und kühle Farben) oder als Gegen-

Abb. 1.8 – Neben der Hausterrasse eine Terrasse im Grünen.

1.2 Die Terrasse, das grüne Zimmer

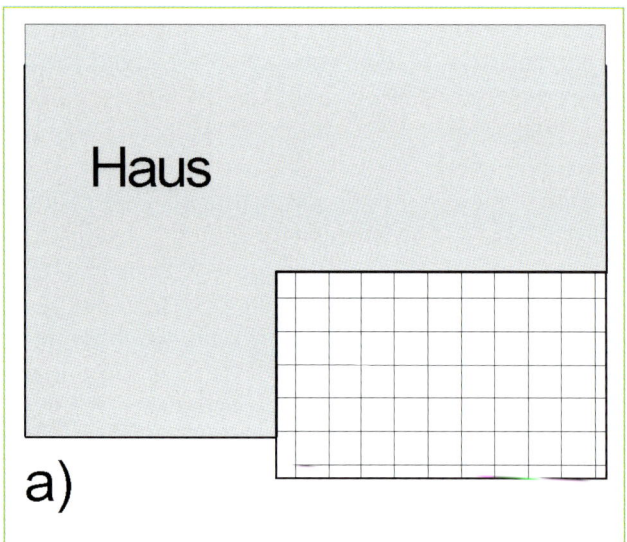

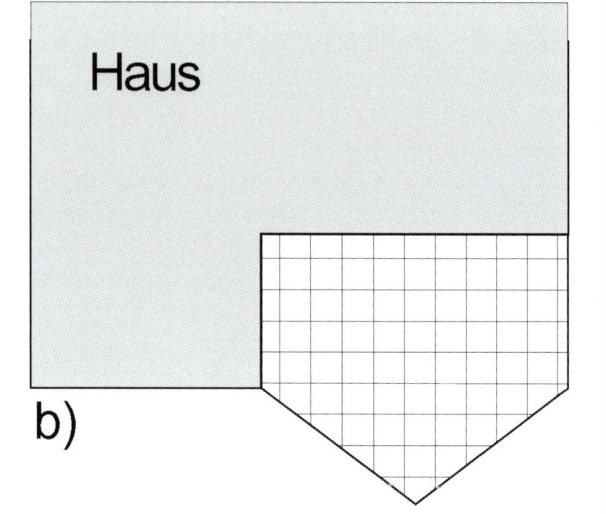

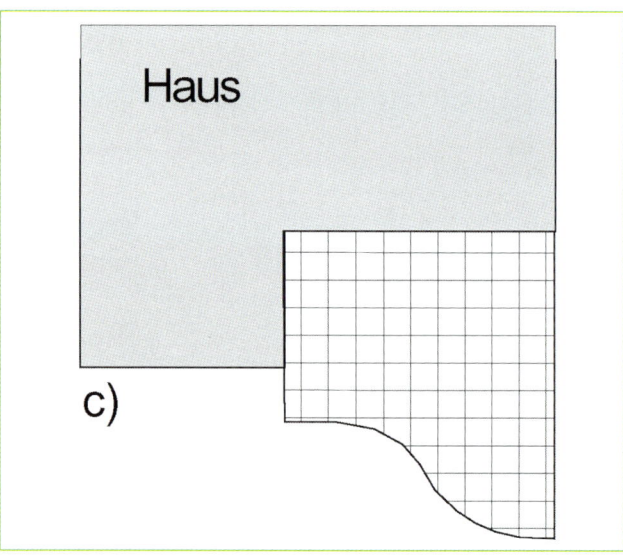

Abb. 1.9 – Beispiel: Terrassenformen, angegliedert an das Wohnhaus. **a)** Orthogonal; **b)** Diagonal; **c)** Hart und weich.

satz eine mediterrane Gestaltung, die stichwortartig nachfolgend beschrieben wird:

Die mediterrane Terrasse könnte so aussehen: Bodenbelag aus Terrakotta, Kübelpflanzen, Sonnenschirm, ein kleines rundes Tischchen und zwei geschwungene Stühle aus Stahl.

Terrakottagefäße bringen den letzten Schliff bei der Gestaltung von mediterranen Terrassen oder Balkonterrassen. Terrakotta ist das Thema, wenn wir die warmen Strahlen südlicher Sommertage einfangen und speichern wollen. Wichtig zu wissen: Spricht man von Keramik (griechisch keramos), wird damit glasierte Tonware

1.2 Die Terrasse, das grüne Zimmer

Abb. 1.10 – Einfache südliche Terrasse im Schatten hinter dem Haus.

die Möbel als auch für Kletterhilfen (Wein) und Schatten spendende, mit Wein oder Kiwi bewachsene Pergolen.

Passende alte Weinstöcke als Terrassenschmuck werden zum Teil in Gartenmärkten oder Baumschulen angeboten – auf Nachfrage kann man sie auch bestellen. Die uralten, knorpeligen Weinstöcke stammen aus alten Weinflächen, die gerodet wurden. Natürlich werden Weinstöcke auch online vertrieben, Sie sollten jedoch darauf achten, dass es keine Jungware ist.

Natürlich gehören auch Kräuter wie Lavendel und Rosmarin dazu.

bezeichnet. Terrakotta bedeutet dagegen die unglasierte Tonware sowie Gefäße, die traditionell aus der Toskana bekannt sind.

Die südliche Eleganz bei der Ausstattung hat ihren eigenen Stil. Da südliche Länder oft arm an Holz sind, wird dieses wenig verwendet. Geschmiedetes Metall ist der „Ersatzbaustoff" für Holz – sowohl für

Abb. 1.11 – Terrasse in Portugal, geschützt durch eine Mauer und dadurch mit Innenhofcharakter.

1.2 Die Terrasse, das grüne Zimmer

Abb. 1.12 – Ein vorher ungenutztes Reststück zwischen Haus und Scheune wird zur gemütlichen Terrasse; **a)** vorher, **b)** und **c)** nachher.

Diese duften sehr angenehm und können gleichzeitig zum Würzen des Essens verwendet werden. Außerdem ziehen diese Pflanzen Nützlinge an und halten z. B. Läuse von den Rosen fern!

Stein ist der Baustoff, der im Süden reichlich vorhanden ist, und so sind Natursteinmauern im Bereich der Terrasse eine Möglichkeit der Gestaltung. Der Stein nimmt Sonnenstrahlung auf und gibt sie, wenn es kühler wird, wieder ab.

Der mediterrane Garten hat seinen Ursprung in den geschützten orientalischen Innenhofgärten. Hier war und ist Wasser eines der wichtigsten Gestaltungselemente mit dem Symbolgehalt des Lebens. Somit passt zum mediterranen Garten auch ein einfaches, schlichtes Wasserspiel.

Auch Restflächen lassen sich gut als Terrasse nutzen und umgestalten.

Dachterrassen haben ihren ganz eigenen besonderen Reiz.

1.2 Die Terrasse, das grüne Zimmer

Abb. 1.13 – Das Garagendach, genutzt als Dachterrasse.

Checkliste für den Terrassenstandort	Klärung	Anmerkung
An welchem Platz scheint wann und wie lange die Sonne?		
Regenschutz gewünscht? Teilweise oder ganz überdacht?		
Flexibler oder dauerhafter Regenschutz?		
Wo spenden Bäume oder Nachbarhäuser willkommenen oder unwillkommenen Schatten?		
Wo hat man einen besonders schönen Blick auf besondere Pflanzengruppen oder „Durchblicke" im Garten?		
Wo können Einflüsse von außen stören, zum Beispiel Einblicke von den Nachbarhäusern, Straßenlärm, Schadstoffbelästigung durch Autos?		
Werden Leerrohre/Leitungen für Stromversorgung wie z. B. Beleuchtung benötigt?		

1.3 Gartenwege: die Adern im Garten

Wege im Garten sollten dem Bedürfnis entsprechen, zweckmäßig und schön zu sein. Am ehesten kann dies gelingen, wenn sie mit viel Gespür für das rechte Maß sorgfältig geplant und mit Vernunft platziert werden. Die Oberflächengestaltung sollte mit naturgemäßem und praxisgerechtem Material gestaltet und solide aufgebaut werden. Als begehbare Verbindung zwischen Wohnhaus, Terrasse und den wichtigsten Punkten im Garten gliedern Wege auch den Gartenraum in unterschiedlich große Flächen. Dem Garten zuliebe können Sie auf eine übermäßige Versiegelung verzichten. Damit sich Wege natürlich und selbstverständlich in das Gartenbild einfügen, ist es gut, wenn Sie einige Grundsätze bei der Planung und Realisierung besonders beachten.

1.3.1 Gartenwege mit Bedacht anlegen

Bei der Planung der Gartenwege sollten Sie Bedacht walten lassen. Die einfühlsame Einbindung in den Garten bewirkt, dass der Weg nicht fehl am Platz wirkt. Der Zusammenklang von Zweckmäßigkeit, formaler Gestaltung, Einbindung in das vorhandene Bild und Materialwahl sind gut zu planen.

Das Gesamtbild entsteht bei den Gartenwegen im Zusammenspiel mit den Pflanzen, die während des Bauens noch nicht ihr endgültiges Erscheinungsbild erreicht haben. Gut positionierte, raumbildende Sträucher und Bäume, bodendeckende Stauden und Rasenflächen machen Lust darauf, den Weg durch den Garten zu gehen.

So bedeutend die Terrasse ist, so wichtig sind auch die weiterführenden Verbindungen in den Garten. Die Wege sollten zu einem Rundgang durch den Garten einladen, um die Freifläche aus immer wieder neuen Blickwinkeln ergründen zu können. Je nach Geländeart steht auch die Überlegung an, ob ein Weg mit oder ohne Stufen aus gestalterischen und/oder praktischen Gründen erforderlich ist.

1.3.2 Verlauf des Gartenwegs

Bei den Überlegungen zur optimalen Wegeführung ist zunächst die Erschließung aller Gartenteile der wichtigste Punkt. Hierfür ist zu überlegen, welche Linienführung gewählt und welcher Bereich mit Haupt- und Nebenwegen ausgestattet werden soll. Die Wege werden in der Breite und im Verlauf durch den Garten variieren. Zunächst stellt sich die Frage nach dem gewünschten Gestaltungsstil des Gartens, möglicherweise in Übereinstimmung mit Haus und Terrasse, und die Frage, ob der Wegeverlauf streng und orthogonal oder geschwungen sein soll oder ob er beide Stilelemente beinhalten darf. Für formale, streng strukturierte Gärten eignen sich gerade Wege im Zusammenspiel mit strengen Hecken oder Mauern.

Stärkere Abweichungen von der Geraden sollten im Idealfall durch ein pflanzliches oder bauliches Objekt oder die Topografie des Geländes begründet sein. Es ist natürlich auch möglich, absichtlich Objekte einzuplanen, die den Wegeverlauf beeinflussen.

In reinen Nutzgärten, z. B. in Bauerngärten, sind die Wege aufgrund der quadratischen und rechteckigen Gartenbeete in der Regel geradlinig.

Besonders wohltuend für die Sinne ist eine Wegegestaltung, bei der sich Bereiche, die das Auge anregen, mit Bereichen, in denen das Auge zur Ruhe kommt, abwechseln – wie z. B. ein Weg aus hellem Granit, gesäumt vom Blau des blühenden Lavendels, der zu einem leuchtend grünen Rasen führt, ein harmonisches Gesamtbild ergibt. Die Wegeführung kann durch einen geschickten Einsatz verschiedener Wuchs-

1.3 Gartenwege: die Adern im Garten

formen unterstrichen werden. Besonders gute Wegbegleiter sind Stauden in verschieden Blühfarben und Wuchshöhen.

Für die Planung der Wege ist ein Lageplan des Gartens hilfreich. Sie können sich diesen selbst anfertigen, indem Sie zuerst alle vorhandenen Elemente einmessen und auf dem Papier einzeichnen. Der Plan sollte maßstabsgetreu sein, d. h., die Entfernungen in der Wirklichkeit sollten sich in einem gewählten Verhältnis auf dem Papier wiederfinden. Günstig ist z. B. ein Maßstab von 1:100, bei dem 100 cm im Garten 1 cm auf dem Papier entsprechen.

Elemente im realen Garten sind z. B. große Bäume, die unbedingt erhalten werden sollen, oder ein schöner Aussichtsplatz mit einer Bank oder eine kleinen Laube.

Wenn Sie die Grundlinien des Wegeverlaufs in einen Lageplan einzeichnen, überlassen Sie in

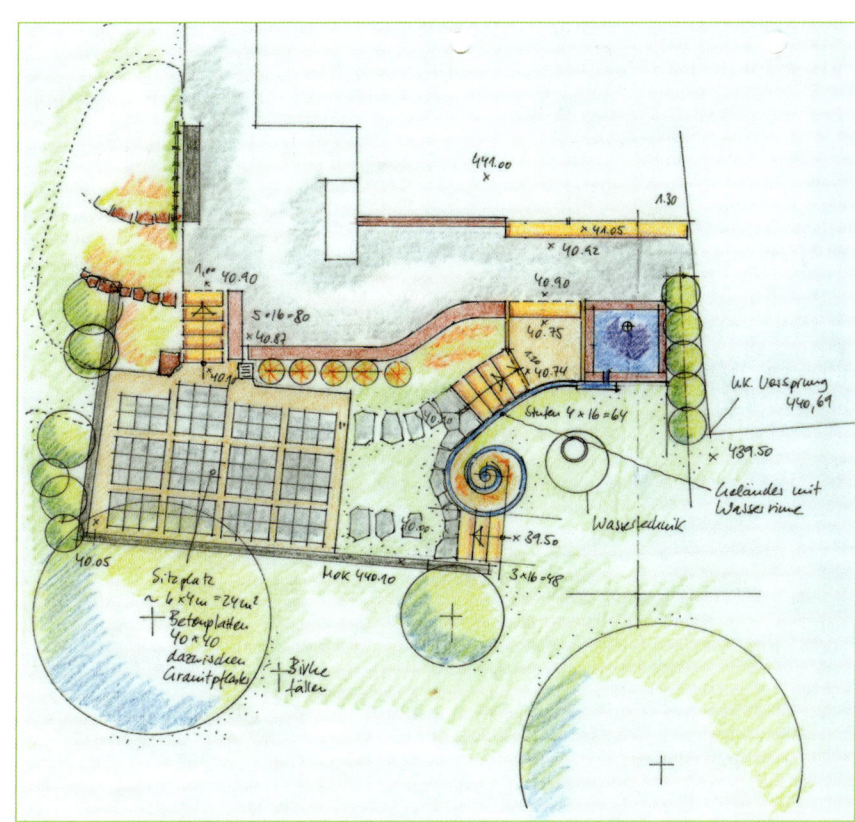

Abb. 1.14 – Maßstabsgetreue Terrassenplanung. Beim farbigen Anlegen zeigt sich, ob die Inhalte schlüssig durchdacht sind, so z. B., ob Beläge gut abgegrenzt sind.

1.3 Gartenwege: die Adern im Garten

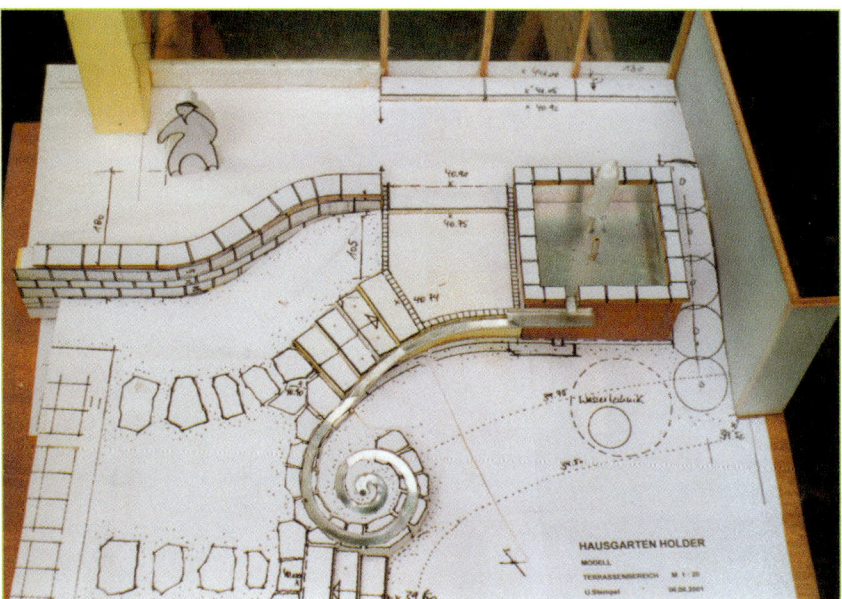

Gepflasterte Wege können in den Breiten variieren. Dort, wo Wege zusammentreffen, können die Übergänge breiter sein und in starken Kurven wieder etwas schmaler werden …

Denken Sie beim Planen der Wege an die Formgebung von Wasserläufen, Adern oder die Äste und Verzweigungen eines Baums.

Und wenn Sie auch im Dunkeln den Weg durch Ihren Garten finden wollen, sollte eine Wegbeleuchtung fachmännisch in das Gesamtensemble integriert werden. Mehr dazu im Kapitel 4 „Beleuchtung".

Abb. 1.15 – Bei komplizierten Situationen kann für die Planung ein Modell hilfreich sein. Dieses können Sie mit einer kopierten Plangrundlage und Styroporschichten für den Höhenaufbau anfertigen.

einem ersten Schritt Ihrer Hand die Schwungführung. In weiteren Schritten kann dann der Weg auch mit dem Lineal exakt aufgezeichnet werden.

Abb. 1.16 – Handgeführte Wegeführung mithilfe transparenten Butterbrotpapiers auf der Plangrundlage aufzeichnen. Durch das transparente Papier können Sie mehrere Entwurfsschichten übereinander anlegen.

1.3 Gartenwege: die Adern im Garten

1.3.3 Das rechte Maß für die Wegbreite

Als Faustformel für die Wegbreite gilt bei Hauptwegen zum Haus eine Breite zwischen 120 und 150 cm, bei Nebenwegen reichen 50 bis 100 cm und bei selten genutzten Gartenpfaden 40 bis 50 cm.

Funktionsgerechte Eingangswege benötigen eine Breite von mindestens 180 cm.

In der Praxis wird sich die exakte Wegbreite aber auch nach den Materialien richten. Sollen z. B. Gehwegplatten verwendet werden, wird die Wegbreite eine Plattenbreite oder ein Mehrfaches der Plattenbreite betragen.

> Sollen die Wege auch von gehbehinderten Personen oder Rollstuhlfahrern genutzt werden, sind besondere Anforderungen zu berücksichtigen. Als Beispiel: Rampen dürfen nicht zu lang und zu steil sein, bei längeren Rampen sind zwischendrin ebene Flächen zum Ausruhen erforderlich. Alle Zugänge und Terrassen müssen dann auch barrierefrei, d. h. ohne Stufen, erreichbar sein.

Wegeart	Wegbreite in cm
Einfacher Fahrweg, Fahrspuren	200 bis 225
Hauptweg	180 bis 200
Nebenweg	120 bis 150
Untergeordneter Weg	40 bis 50

1.3.4 Mit der Topografie des Grundstücks arbeiten

Je nach Ausformung des Gartengeländes, ob flach oder hügelig, sind durch den Gartenweg auch Höhenunterschiede zu überwinden. Bis zu einer gewissen Steigung oder einem Gefälle ist es möglich, den Gartenweg in einer Schräge oder als Rampe anzulegen. Wird es aber zu steil, sind eine oder mehrere Stufen angebracht. Denken Sie bitte daran, dass die geplanten und ausgeführten Wege auch für ältere oder gehbehinderte Menschen in Ihrer Familie oder in Ihrem Bekanntenkreis geeignet sein sollten.

Stufen

Treppenanlagen aus mehreren Stufen können neben der zweckmäßigen Nutzung auch interessante Gestaltungselemente im Hausgarten sein. Liegt das Gartengrundstück am Hang oder sollen künstliche Höhenunterschiede geschaffen werden, können Treppen die einzelnen Ebenen verbinden und den Garten abwechslungsreich und interessant machen. Unterschiedlich

Gefälle, Rampen für ältere oder gehbehinderte Menschen		
Nutzung	Maßangaben	Anmerkung
Längsneigung	Kleiner als 6 %	Ausnahme: kurze Strecke max. 12 %
Nutzung für Rollstuhlfahrer Oberflächen möglichst griffig!	Steigung/Gefälle max. 8 %	
Rampen für Rollstuhlfahrer	max. 6 %*)	
Podestlänge	mind. 1,50 m, max. 6,00 m	
Podest, Mindestbreite	1,20 m	

*) 6 % bedeutet 6 cm Gefälle oder Steigung auf 1 m Länge.

1.3 Gartenwege: die Adern im Garten

Steigungsverhältnis und Schrittlänge nach A. Seifert		
Steigung „s" in cm	Auftritt „a" in cm	Schrittlänge 2 x s + a in cm
8	62	78
9	58	76
10	54	74
11	50	72
12	46	70
13	42	68
14	38	66
15	34	64
16	30	62

> Bei Treppen im Außenbereich ist ab drei Stufen ein Handlauf vorgeschrieben. Ab einer Absturzhöhe von 1 m ist eine Absturzsicherung vorgeschrieben.

hoch oder tief gelegene Flächen schaffen Räumlichkeit im Garten und vergrößern ihn optisch. Abhängig vom jeweiligen Stil des Gartens können für die Treppenstufen, ähnlich wie bei den Wegebelägen, verschiedene Materialien verwendet werden. Neben Natursteinen eignen sich auch Betonformsteine. Bei der Art der Stufen gibt es ebenfalls verschiedene Möglichkeiten: Blockstufen, Stellstufen und Legstufen (siehe auch Abb. 1.18).

Einzelne Stufen (nur eine Stufe) sollten vermieden werden, da man sie leicht übersieht.

In einem Treppenlauf (bestehend aus mehreren Stufen) sollten alle Stufen gleiche Stufenmaße haben, damit die Treppen gefahrlos begangen werden können.

Ausnahmen sind spezielle Treppenformen oder spezielle Natursteintreppen.

Laut dem Merkblatt für Treppen wurde als mittlere Schrittlänge beim Gehen in der Ebene ein Schrittmaß von 63 cm festgelegt. Auf Stufen und Treppen bezogen, verteilt sich die Schrittlänge auf die Treppenhöhe und die Länge des Treppenauftritts.

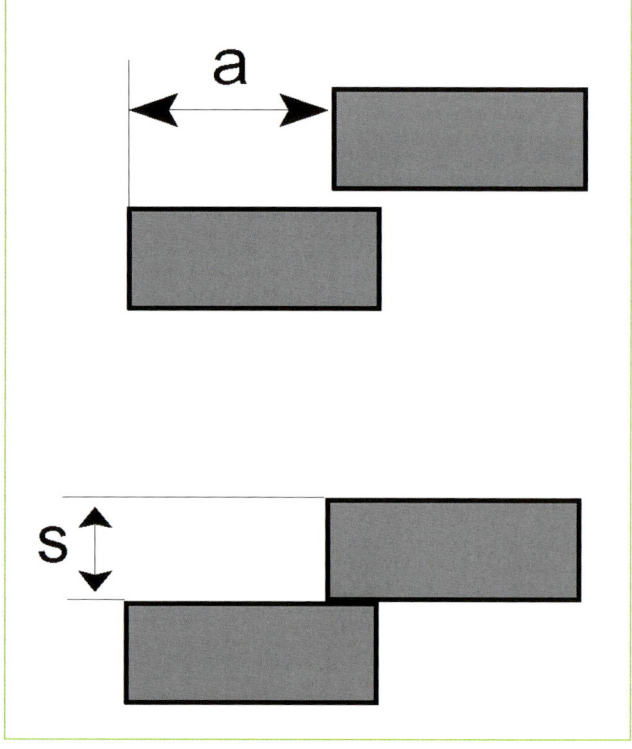

Abb. 1.17 – Bei Stufenanordnungen werden der Auftritt **a** und die Steigung **s** in einem guten Verhältnis entsprechend dem Schrittmaß gewählt.

1.3 Gartenwege: die Adern im Garten

Üblicherweise sollte die Steigung (Höhe) einer Treppenstufe 14 bis 16 cm betragen und der Auftritt (Stufentiefe) 32 bis 30 cm. Auf Treppen bezogen, ergibt sich zwischen Schrittlänge, Auftritt und Steigung folgende Beziehung:

2 x Steigung (14–16 cm) + 1 x Auftritt (30 cm) ergibt das übliche Schrittmaß von 63 cm. Das Schrittmaß variiert ja nach Menschentyp, somit gibt es bei der Schrittlänge Abweichungen um einige cm mehr oder weniger. So gibt es neben dem oben definierten Schrittmaß von 63 cm die sogenannte Bequemlichkeitsformel (von Alwin Seifert) mit einem Verhältnis Steigung/Auftritt von 12/24. Dabei variiert die Schrittlänge je nach Stufenhöhe wie in der Tabelle angegeben.

Bei mehreren Treppenläufen sollte nach einem Treppenlauf mit z. B. drei bis fünf Stufen ein Podest, d. h. ein Stück ebene Wegefläche, bis zum nächsten Stufenlauf angelegt werden.

Mauern
Gartenmauern helfen, unterschiedliche Höhenniveaus konstruktiv abzufangen, und schaffen unterschiedliche Gartenräume. Kleinere Mauern können auch Bereiche einer Terrasse einfassen oder dienen als Zaunersatz. Trockenmauern werden ohne Bindestoffe wie Zement aufgesetzt, und die Fugen können auch zusätzlich mit Polsterstauden wie z. B. Blaukissen (Aubrieta), Schlei-

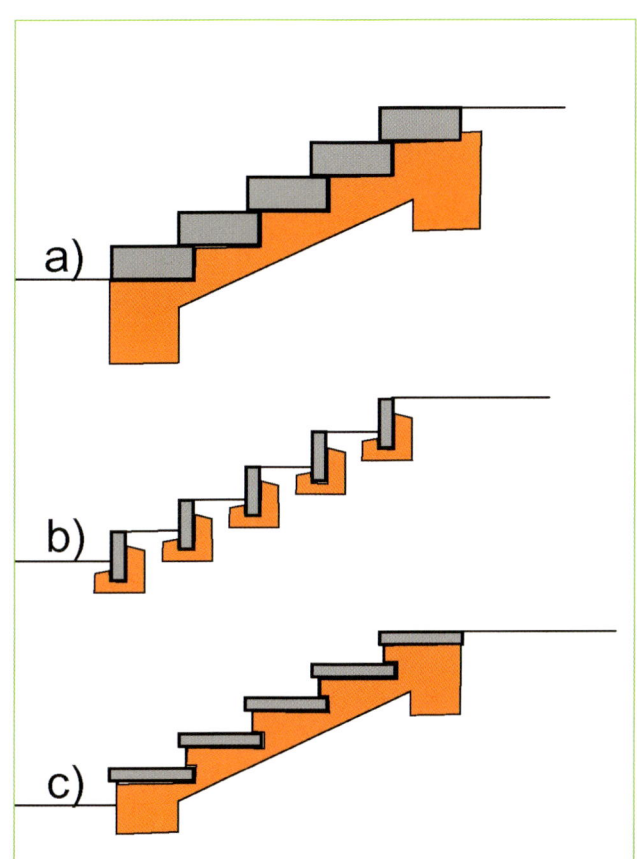

Abb. 1.18 – Grundprinzipien der Stufenausbildung bei Gartentreppen: **a)** Blockstufen, **b)** Stellstufen, **c)** Legstufen. Die Auftrittsfläche von **b)** – zwischen den Stellstufen – kann z. B. mit Granitpflastersteinen ausgepflastert werden.

1.3 Gartenwege: die Adern im Garten

Abb. 1.19 – a) Treppenanlage eines Hauszugangs, **b)** Seitenansicht der in Beton gesetzten Blockstufen, **c)** Stellstufen mit ausgepflasterter Stufenfläche und seitlichen Stufenwangen.

fenblume (Iberis), Steinbrech (Saxifraga), Steinkraut (Alyssum), Hauswurz (Sempervivum) oder Seifenkraut (Saponaria officinalis) bepflanzt werden.

Wie Wege können auch Mauern die Gartenfläche besonders akzentuieren. Je nach Material und Farbe bilden sie einen optisch ruhigen Hintergrund für eine farbige oder bunte Pflanzung im Vordergrund. Abgese-

1.3 Gartenwege: die Adern im Garten

Abb. 1.20 – Für Gartenmauern gibt es viele Gestaltungsmöglichkeiten: **a)** Natursteinmauer zur Einrahmung und Abstufung der Terrasse zum Garten, **b)** und **c)** Mauer aus befüllten Drahtschotterkörben. Als Material kann auch Recyclingmaterial verwendet werden. **d)** Schichtmauer mit unregelmäßigen Natursteinplatten.

1.3 Gartenwege: die Adern im Garten

hen vom schönen Anblick einer selbst aufgesetzten Trockenmauer finden in den Fugen der Steine Kleinlebewesen wie Insekten, Eidechsen und Erdkröten ihren Lebensraum.

1.3.5 Wahl der Belagsmaterialien

Eine große Rolle spielt die Beschaffenheit des Belags. Einerseits soll er frostbeständig und rutschfest sein, andererseits harmonisch in das Zusammenspiel von Haus und Außenanlage passen. Auf die Art und Möglichkeiten der Materialverwendung wird im Kapitel 2 „Belagsgestaltung" näher eingegangen. Grundsätzlich ist es bei einem Gartenweg wünschenswert, so wenig Flächen wie möglich zu versiegeln. Abgesehen davon, dass eine totale Versiegelung zusätzliche abwassertechnische Maßnahmen erfordert, sollten gerade im Garten versickerungsaktive Wegebeläge Verwendung finden. Bei Belagsarten mit etwa 1 cm breiten Fugen können bereits über 50 % des Niederschlagswassers zwischen den Steinen an Ort und Stelle versickern. Darüber hinaus siedeln sich in diesen Fugen Moose, trittverträgliche Gräser und Kräuter an. Diese bieten Kleinlebewesen einen Lebensraum und erhöhen die Attraktivität und die natürliche Einbindung des Wegs in die Gartenlandschaft.

In Verbindung mit den Pflanzen wirken die Belagsmaterialien auf eine ganz neue Art. Es muss nicht immer teures Material sein, ein schlichter Bodenbelag, z. B. einfache Betonplatten mit sparsam verwendeten Granitpflasterstreifen, ergeben einen edlen Gesamteindruck.

1.3.6 Gestaltungstipps

Je breiter und geradliniger ein Weg ist, desto größer kann das Format der Einzelsteine sein. Insbesondere bei Hauptwegen mit einer Mindestbreite von 120 cm ist die Verwendung von großformatigen Plattenbelägen angebracht.

Für eine geschwungene Führung schmaler Wege benötigt man kleinere Steine. Durch ein kleineres Steinformat lässt sich ein gefälliger Randabschluss ohne störende seitliche Verzahnung erreichen.

Bei Abstellplätzen oder selten genutzten Fahrwegen reicht es oft aus, nur die Fahrspuren zu befestigen. Gut geeignet sind zum Beispiel Betongittersteine, deren Zwi-

Abb. 1.21 – Bodenbeläge, kombiniert aus Natur- und Betonstein.

1.3 Gartenwege: die Adern im Garten

Abb. 1.22 – Kleiner, mit Granitsteinen gepflasterter Gartenweg.

dass die Platten im Schrittabstand verlegt werden, damit die Füße mit jedem Schritt auf eine Platte kommen. Schrittplatten können als einzelne Platten (Naturstein oder Betonstein) z. B. im Rasen verlegt werden. Einfach für die Schrittlänge vom Mittelpunkt einer Platte zur nächsten ca. 65 cm abmessen, Platten auf den Rasen legen, Rasensoden ausstechen und Platten in die Aussparung mit ein bisschen Sand darunter hineinlegen. Mit dem Gummihammer festklopfen, fertig.

Wege aus Rindenmulch eignen sich für wenig begangene Nebenwege in einem ebenen Bereich des

schenräume mit einem speziellen Schotterrasen, bestehend aus Grasarten und robusten Stauden, bepflanzt werden können. Neben 60 % Gräsern enthält diese Mischung 40 % niedrigwüchsige Wildblumen für Trockenstandorte, wie zum Beispiel Thymian und Sonnenröschen.

Für selten begangene Nebenwege eignen sich sehr gut Schrittplatten oder auch einfach aufgebrachter Rindenmulch. Der Name „Schrittplatten" rührt daher,

Abb. 1.23 – Schrittplattenweg durch den Rasen.

1.3 Gartenwege: die Adern im Garten

Gartens. Rindenmulch besteht aus schwer verrottenden Rindenabfällen und fügt sich als natürliches Material harmonisch in den Garten ein. Auf schattigen Wegen kann das Material aber vernässen und mit der Zeit verfaulen. Bei intensiver Sonnenbestrahlung zersetzt es sich und bildet nur eine sehr lockere Auflage. Nach gewisser Zeit muss also eine neue Lage aufgebracht werden.

Wenn Sie einen aus Platten oder Pflaster bestehenden Gartenweg erneuern möchten, ist es unter Umständen möglich, die alten Steine oder Platten weiterzuverwenden und mit neuen Steinen zu kombinieren. Das schont nicht nur Ihren Geldbeutel, sondern lockert auch das Erscheinungsbild auf und macht Ihren Gartenweg einzigartig.

Sei es aus Bequemlichkeit oder um Kosten zu sparen, oft werden Gartenwege stiefmütterlich behandelt. Auf Dauer zeigt es sich, dass dies unpraktisch ist. Überall dort, wo Sie häufiger hingehen möchten, ist ein dauerhaft befestigter Weg sehr nützlich, beispielsweise nach einem Regenguss oder im Winter, wenn nicht befestigte Wege schnell matschig und dann schlecht begehbar werden.

Neben der Funktion bieten Wege aber auch gestalterische Elemente mit der Verführung zu einem Gang durch den Garten. Bei einem Grundstück mit Hanglage wird der Gang durch Stufen verbessert. Bei einem ebenen Grundstück ist es möglich, durch künstliche Niveauunterschiede und Stufen eine gestalterische Raffinesse hinzuzufügen. So kann der Aushub für den Terrassenunterbau oder der Erdaushub eines Wasserbeckens gleich zur Gestaltung des Geländes genutzt werden.

Wegeform
Ähnlich wie bei der Terrassenplanung verhält es sich auch mit der Wegeplanung.

In einem großen Garten können weiche Formen den Garten wie Adern durchziehen. In einem eher kleineren Garten bringt orthogonale (rechtwinklige) Wegeführung Klarheit und Ruhe. Kombinationen aus weichen und strengen Formen verlangen einen guten Sinn für die formale Linienführung.

> **Hinweis**
>
> Schließt der Terrassenbelag direkt an den Wohnraum an, ist die Terrassenhöhe 15 cm tiefer als der Fußboden des Hauses anzulegen. Ausnahme: barrierefreier Zugang mit einer genügend breiten Entwässerungsrinne zwischen Terrassenboden und Terrassentür.

Checkliste Gartenweg
Wo soll der Gartenweg hinführen?
Welche Teile des Gartens sollen durch einen Gartenweg verbunden werden?
Welche Höhenunterschiede sind vorhanden?
Sind Treppen erforderlich?
Sind Mauern erforderlich?
Leerrohre/Leitungen für Stromversorgung wie z. B. Beleuchtung?

2 Belagsgestaltung und richtige Materialauswahl

Bei der Materialwahl sind alle Materialien möglich, vorausgesetzt, sie sind für die Bedingungen im Freien geeignet und gefallen Ihnen.

Oft werden aus Kostengründen Platten und Pflastermaterialien aus Beton – auch als Kunststein bezeichnet – verwendet. Doch auch hier gibt es viel attraktivere Materialien.

Bevor Sie sich entscheiden, lernen Sie zuerst einmal die verschiedenen Alternativen und deren Vor- und Nachteile kennen. Neben unterschiedlichen Arten von Betonsteinen gibt es auch eine große Auswahl an Natursteinen.

2.1 Belagsmaterialien

Die oberste Schicht befestigter Flächen wird als „Belag" bezeichnet. In diesem Buch wird daher öfter der Begriff Belag anstelle von Platten o. Ä. verwendet.

Das Angebot an Belägen ist fast unendlich. Zur Vielzahl der Formate kommen die Vielfalt der angebotenen Materialien und die unterschiedlichen Oberflächengestaltungen.

Da in diesem Buch ausschließlich Gartenbeläge behandelt werden, sind Belagsmaterialien wie Asphalt (Magadam) in den verschiedenen Ausführungsvarianten nicht aufgeführt. In der folgenden Tabelle finden Sie eine Auflistung der möglichen Belagsoberflächen für Terrasse und Gartenweg.

Weitere vor allem zweckmäßige Möglichkeiten bieten Verbundpflastersteine (Betonsteine). Sie sind so geformt, dass ihre mit verschiedenen Profilen versehenen Seiten in einem bestimmten Versatz ineinanderpassen. Verbundpflaster liegt sehr stabil auf dem Untergrund und bietet sich deshalb zum preiswerten Pflastern von Wirtschaftsflächen, Garagenzufahrten oder Autostellplätzen an.

Für selten benutzte Flächen eignen sich Rasengittersteine. Sie sind entweder aus Beton gegossen, aus Recyclingkunststoff oder aus Ton hergestellt und haben Kammern zum Befüllen mit einem Erdsubstrat und zum Begrünen. So haben Sie die Möglichkeit, eine stabile, befahrbare Fläche anzulegen, ohne zugleich dort den Boden zu versiegeln und das Abfließen von Regenwasser zu erschweren.

Unter diesem Aspekt ist auch der Einsatz von Drainagepflaster sinnvoll. Entweder besteht es aus speziell geformten Steinen, die besonders weite Fugen bei gleichzeitig hoher Stabilität ergeben, oder es werden normale Pflastersteine mit Distanzstücken verlegt.

Belagsart	Eigenschaft	Kosten
Kiesbelag	dekorativ, pflegeintensiv	sehr preiswert
Wassergebundene Decke	Herstellung nur vom Profi, schmiert evtl. bei Nässe	sehr preiswert
Betonplatten	verschiedene Formate und Oberflächen	preiswert bis kostenintensiv
Betonpflaster	verschiedene Formate, Formen und Oberflächen, dauerhaft, im Lauf der Zeit verblassen gefärbte Betonsteine	preiswert bis kostenintensiv
Klinkerpflaster	verschiedene Formate und Oberflächen, dauerhaft, beständig	mittel bis hochpreisig
Natursteinplatten	verschiedene Materialien, Formate und Oberflächen durch Bearbeitung	meist hochpreisig
Natursteinpflaster	verschiedene Materialien, Formate und Oberflächen durch Bearbeitung, je nach Steinart dauerhaft	meist hochpreisig
Terrakotta	auf Frostbeständigkeit achten!	hochpreisig
Sonderbeläge aus Kieselsteinen und Recyclingmaterial	aufwendige Verarbeitung, sehr kreative Möglichkeiten	Material meist sehr preiswert

2.1 Belagsmaterialien

Abb. 2.2 – Belag mit hohem Versickerungsanteil durch breite, wasserdurchlässige Fugen.

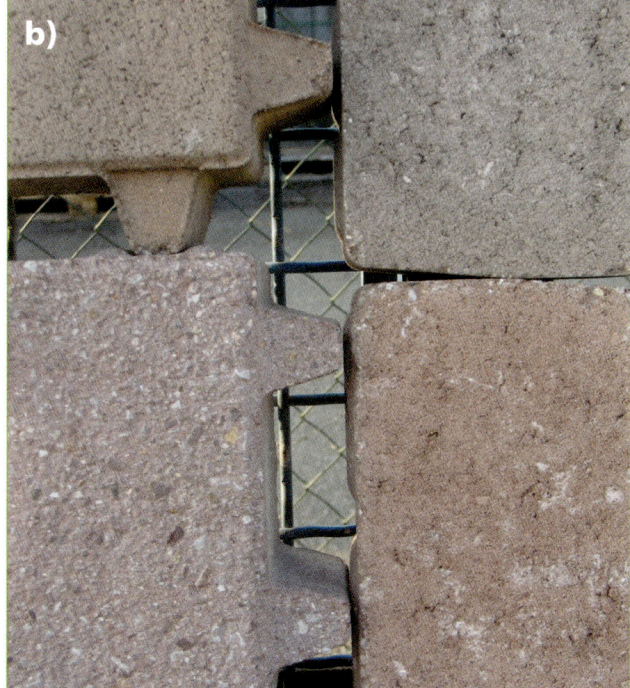

Abb. 2.1 – Durchlässige und begrünbare Beläge: **a)** Pflasterziegel, **b)** Beton mit vorgefertigten Abstandnoppen.

Neben dem ökologischen Vorteil der Entwässerung der Flächen können Sie deshalb auf das Anlegen eines Gefälles oder den Einbau von Ablaufrinnen verzichten.

Betonplatten
Graue Betonplatten und Waschbetonplatten waren die ersten Errungenschaften unter den Gartenbelägen.
   Inzwischen gibt es Betonplatten in vielen Formaten und mit unterschiedlich gestalteten Oberflächen – zum Teil mit dem Versuch, durch die Oberflächengestaltung der Platte Natursteinaussehen zu geben, zum Teil aber auch mit der Absicht, selbstbewusste, eigenständige und attraktive Oberflächen in Struktur und Farbgestaltung herzustellen. Die Plattenoberflächen werden zum Teil mit Natursteinzuschlägen wie z. B. Granit, Moräne, Sand und Kalksteinen oder durch gestockte und sandgestrahlte Oberflächen veredelt.

2.1 Belagsmaterialien

Abb. 2.4 – Betonplatten mit Muschelkalkzuschlag.

Abb. 2.3 – **a)** Betonplatten mit unterschiedlichen Oberflächen, **b)** Betonplatten auf Naturstein getrimmt.

Betonpflaster
Nach den Anfängen, als für Verbundpflaster die legendären „Knochensteine" in T-Form vor allem für industrielle Höfe verwendet wurden (preiswert und stabil), gibt es inzwischen unzählige Formate und Oberflächen beim Betonpflaster. Die Eignung für die Terrasse oder den Gartenweg sehe ich dabei eher nicht. Eine sinnvollere Verwendung gibt es für Wirtschaftshöfe, auf dem Garagenvorplatz oder für private Zufahrtswege. Betonpflaster wird in verschiedenen Steinstärken für unterschiedliche Verkehrslasten angeboten. Für den privaten Bereich ist die dünnste Steinstärke ausreichend.

Klinker
Hartgebrannte Pflasterklinker sind ein sehr angenehmes, preiswertes und beständiges Material für die Wege- und Terrassengestaltung. Heutige Klinkermate-

2.1 Belagsmaterialien

> **Hinweis**
>
> Der Vormauerziegel darf nicht für Belagsflächen verwendet werden, denn er ist im Gegensatz zum Pflasterklinker nicht frostbeständig!

Abb. 2.5 – a) Betonverbundpflaster in den Anfängen (Knochenstein), **b)** gerumpelter Betonsteinbelag, bestehend aus mehreren Formaten.

rialien für den Außenbereich sind meist vollständig frost- und streusalzbeständig (Prüfzeugnis anfordern). Der rötlich braune Klinkerbelag lässt sich gut mit grauen Betonplatten und grauem Granitpflaster kombinieren.

Pflasterklinker gibt es in verschiedenen Farben, z. B. „Ziegelrot", „Rot-Bunt", „Braun" und „Braun-Bunt" (herstellerabhängig). Und es gibt ebenfalls unterschiedliche Formen und Sonderformen für Randbereiche, Abdeckungen, Eckverbindungen etc.

Die bekanntesten Formate wurden früher so gewählt, dass beim Verlegen zweier paralleler Steine (in der Breite) das Maß eines Steins in der Länge erreicht wurde (einschließlich Fuge).

Inzwischen gibt es herstellerabhängig unterschiedliche Formate und Sonderformate, die meist direkt im teilbaren Dezimalsystem hineinpassen, z. B. Länge 20 cm, Breite 10 cm (Euromaß).

Des Weiteren werden die Steine mit und ohne Fase angeboten. Ohne Fase wirkt der Belag geschlossener, die Kanten brechen aber leichter aus.

Der Preis für Standardpflasterklinker liegt bei rund 30 Euro pro Quadratmeter. Zu den Steinkosten kommen natürlich – wie bei anderen Belagsmaterialien auch – der Aufwand für den Einbau, wie z. B. Mietpreise für Maschinen, sowie der Einkauf von Schotter und Sand hinzu.

> **Gefast**
>
> Abgeflachte Kanten an Platten, Pflastersteinen und Klinkerpflaster bezeichnet man als „gefast".

2.1 Belagsmaterialien

Abb. 2.6 – a) Klinkerbelag, **b)** einzelner Klinkerstein.

Holz
Holz hat eine sehr angenehme, warme Ausstrahlung und lädt zum Barfußgehen auf der Terrasse oder dem Gartenweg ein, sofern nicht die Gefahr besteht, sich einen Splitter einzuhandeln. Bei guten im Handel angebotenen Terrassenbohlen brauchen Sie sich darüber aber keine Gedanken zu machen. Die Holzoberflächen können in verschiedenen Ausführungen bezogen werden, z. B. geschlossen und glatt oder profiliert.

Werden konstruktive Voraussetzungen beachtet, ist der Holzbelag ein sehr dauerhafter, angenehmer und freundlicher Terrassenbelag, an dem Sie lange Zeit viel Freude haben.

Das Vorurteil, Holz sei rutschig und würde schnell verfaulen, stimmt dann, wenn die konstruktiven Voraussetzungen nicht beachtet werden.

Auch eignet sich nicht jede Holzart für den Bau von Terrassenbelägen.

Tropenholz scheidet für mich aus ökologischen Gründen (Zerstörung des Regenwalds) aus, auch wenn die Lieferanten versichern, die Plantagen seien extra für den Holzgewinn angelegt worden. Der ursprüngliche Regenwald wurde dafür aber irgendwann mal abgeholzt! Und es ist auch nicht erforderlich, Tropenholz zu verwenden. Vergleichbare Holzqualitäten erreichen die kanadische Rotzeder (West Red Cedar) oder auch Robinien- und Lärchenholz. Häufig verwendet wird das etwas rötlichere Douglasienholz, das meist günstiger

2.1 Belagsmaterialien

als das haltbarere Lärchenholz ist. Möglich ist auch das preiswertere kesseldruckimprägnierte heimische Kiefernholz.

Wichtig bei diesen Hölzern ist, dass die Holzoberfläche strukturiert ist und die Dielen von unten luftig so eingebaut werden, dass an keiner Stelle dauerhaft Wasser stehen bleibt. Dazu gehört auch ein Gefälle der Dielen in Längsrichtung von 1 bis 2 % und eine spezielle Unterkonstruktion, die ein gutes Abtrocknen der Unterseite ermöglicht.

2.1.1 Der besondere Reiz durch gebrauchte Materialien

Gebrauchte Steinmaterialien besitzen ihre eigene Schönheit und können eine monotone Fläche ungemein beleben.

Nicht nur schön, sondern auch genau das Richtige für den schmalen Geldbeutel sind diese gebrauchten Baustoffe, wenn sie durch originelle Verwendung eine

Abb. 2.7 – Terrassenbelag und Wegebeläge aus Holz.

2.1 Belagsmaterialien

Abb. 2.8 – Belagsflächen aus gebrauchten Materialien, kreativ kombiniert: **a)** Gartenweg, **b)** Bodenbelag für die sanitäre Garteneinrichtung.

neue Funktion bekommen. Alte Waschbetonplatten können z. B. umgedreht (Rückseite verwenden), als Felder zu vier Platten verlegt und mit gebrauchtem Natursteinpflaster mit zweireihigen Bändern aufgelockert werden. Durch das wertvollere Granitpflaster wird das Betonmaterial so aufgewertet, dass sich die gesamte Belagsfläche hochwertiger darstellt. Die Rückseite der Waschbetonplatten hat oft eine raue Oberfläche, die schnell von Moosen besiedelt wird. Nach einigen Jahren erhält die Oberfläche eine Patina, wodurch sie sich auf den ersten Blick von einer Natursteinplatte kaum unterscheiden lässt.

Abgesehen von preiswertem Recyclingmaterial gibt es auch gebrauchtes Natursteinmaterial, das aber teurer gehandelt wird als neues Pflastermaterial. Der Grund: Neue Steine sind kantig und haben eine raue Oberfläche. Jahrzehntelang befahrenes und begangenes Pflastermaterial hat eine angenehme, optisch

2.1 Belagsmaterialien

Abb. 2.9 – Terrasse angelegt aus gebrauchten Materialen. Die Plattenflächen bestehen aus gebrauchten Waschbetonplatten unter Verwendung der Rückseite. Als Gliederung dazwischen Streifen aus gebrauchtem Pflaster.

weich gerundete und glatte Oberfläche. Die Ausstrahlung dieses Materials gibt dem Garten ein ganz besonderes Flair.

2.1.2 Natursteinarten und die stimmige Verwendung

Jede Region hat ihre eigenen Natursteinarten, und das hat vor allem früher den Charakter der Gärten in dieser Region maßgeblich mitbestimmt. Durch den Binnenmarkt ist diese Eigenart untergegangen. Es ist fast überall möglich, Steinmaterialien aus der ganzen Welt zu verbauen. Derzeit wird viel Material aus China bezogen, da dort die besonders preiswerte Bearbeitung z. B. von Granitsteinen die Transport- und Materialkosten auszugleichen scheint.

Um die vielfältigen Steinarten übersichtlich darzustellen, wird bei den Natursteinarten zwischen Hartgestein und Weichgestein unterschieden.

Hartgestein
Basalt, Granit, Phyllit, Porphyr, Quarzit und andere mehr.

Geflammt

Der Begriff „geflammt" wird für Steine und Platten in zwei unterschiedlichen Zusammenhängen verwendet:

Erstens als geflammte Natursteinoberfläche: Terrassenplatten aus Naturstein werden mithilfe eines Diamantsägeblatts auf ihre genauen Abmessungen gesägt. Anschließend können sie geflammt werden. Dabei fährt eine extrem heiße Flamme über die Oberfläche. Durch den plötzlichen Temperaturwechsel platzen die obersten Gesteinskristalle ab. Es verbleibt eine ebene, jedoch leicht angeraute Oberfläche, die einen guten Kompromiss zwischen Rutschfestigkeit und leichter Reinigungsfähigkeit darstellt. Die so erzielten Unebenheiten beschränken sich auf ca. 1 mm. Geflammte Platten gehören zu den am meisten verkauften Natursteinplatten.

Zweitens: Natursteine wie z. B. Granitpflaster erhalten durch das Flammen eine andere Oberflächenfarbe. Vorher gelbliche Steine werden dadurch rötlich.

Das Material ist sehr haltbar, frostbeständig und lässt sich schwerer bearbeiten als Weichgestein.
Oberflächengestaltungsmöglichkeiten sind: bruchrau, sägerau, gestockt, gebeilt, geflammt, poliert.

2.1 Belagsmaterialien

Eignung
Sieht poliert edel aus, intensive Farbe und Muster, Rutschgefahr bei Nässe.

Geflammte Oberfläche kann die Farbe verändern, z. B. gelblicher Granit wird bei Flammung rötlich.

Gestockte Oberflächen sind rau und wenig rutschig, können aber z. B. bei Nässe und im Schatten veralgen.

Weichgestein
Schicht- oder Sedimentgesteine, die in der Vergangenheit durch Ablagerungen in Meeren und Binnenseen entstanden sind.

Die wesentlichen Gesteinsarten sind Kalk- und Sandsteine, Travertin, Marmor, Nagelfluh, Schiefer.

Je nach Region haben Sandsteine, Kalksteine, Muschelkalk, Travertin und Schiefer große Bedeutung bei der Gartengestaltung in Form von Belagsmaterial, Stufen und Mauersteinen.

Schiefer wird nur zu Platten verarbeitet und hat eine ganz individuelle Gestaltungsnote. Wie Pflasterklinker kann Schiefer auch als Terrassenbelag eingesetzt werden.

Farblich eignen sich Sandstein (gelblich, rötlich), Kalksteine (gelblich, bläulich, bräunlich) und Travertin (gelblich, rötlich, bräunlich) sehr gut für die Verwendung im Garten.

Sowohl die Natursteine aus Hartgestein als auch die aus Weichgestein werden zu Platten und Pflastersteinen verarbeitet.

Natursteinplatten
Natursteinplatten faszinieren durch die lebendige, abwechslungsreiche Oberfläche. Natursteine in quadratischen, rechteckigen und polygonalen (vieleckigen) Formen sind gut geeignet für lebendige Beläge. Hier sieht kein Stein aus wie der andere, und jedes Stück muss sorgfältig ausgesucht werden, damit keine Lücken oder

Abb. 2.10 – Veralgte Sandsteinplatte im Schatten. Vorsicht, Rutschgefahr!

übergroße Fugen entstehen. Das meist fünf- oder mehrkantige Plattenmaterial wird dabei ohne aufwendige Bearbeitung entweder in ein Sand- oder Mörtelbett verlegt.

Der Natursteinhandel bietet eine große Vielfalt an Natursteinen für den Gartenbelag an. Sie unterscheiden sich in der Farbe, der natürlichen Oberflächen, der Beständigkeit (Festigkeit und Frostbeständigkeit) und durch die Art der Oberflächenbearbeitung.

> Manches Material, z. B. Sandsteinplatten, wird in feuchten Bereichen und im Schatten rutschig und schmierig. Der Sandstein ist hygroskopisch (Wasser anziehend) und kann dadurch im Schatten auch schnell veralgen. Als Gegenmaßnahme ist eine Hydrophobierung mit Kieselsäure zu empfehlen.

2.1 Belagsmaterialien

Natursteinpflaster
Granitpflaster ist eines der schönsten Materialien mit vielen Möglichkeiten zur Gestaltung, Farbgebung und Formensprache. Die quaderförmigen, unregelmäßigen

Abb. 2.11 – Gepflasterte Flächen: **a)** Reihenpflasterung im Anschluss an Plattenbelag, **b)** unterschiedliche Pflastermaterialien und Verlegerichtungen, **c)** flächige diagonale Pflasterung, **d)** gegliederte Pflasterfläche.

2.1 Belagsmaterialien

Pflastersteine ermöglichen vielfältige Verlegtechniken. Der Belag lebt durch die Fuge. Es gibt unterschiedliche Verlegearten wie z. B. Reihenpflasterung, Bogenpflasterung und Wildpflaster.

Als Bodenbelag für die Terrasse ist ein Belag ausschließlich aus Pflastersteinen weniger geeignet. Je nach Sortierung der Pflasterformate ist der Belag für eine Terrasse etwas grob und durch den hohen Fugenanteil zu wenig geschlossen. Das, was beim Gartenweg angenehm ist, nämlich die Lebendigkeit des Belags durch die Fuge, kann hier als Nachteil empfunden werden. Tische und Stühle stehen schlecht und wackeln auf dem gepflasterten Belag.

Daher rate ich, für die Terrasse das Natursteinpflaster nur in Kombinationen mit Plattenflächen zu verwenden. Die Pflasterbänder lockern den ansonsten geschlossenen Plattenbelag auf und gliedern gleichzeitig die Fläche.

Steinformate
Die Steinformate, Sortierungen und Umrechnungen t/m² beim Natursteinpflaster werden in der Tabelle in Abb. 2.12 angegeben.

Terrakottamaterial
Hier handelt es sich streng genommen um keinen gewachsenen Naturstein, trotzdem möchte ich dieses Material hier aufnehmen. Der Ursprungsstoff ist Lehm bzw. Ton und stammt somit direkt aus der Natur.

Der warme, rötliche Farbton des Plattenmaterials ist sehr angenehm und sinnlich, darüber hinaus ist so ein Terrassenbelag ein hervorragender Wärmespeicher für die kühleren Abendstunden.

Zu beachten ist, dass nur Material verwendet wird, das auch garantiert winterbeständig (frostfest) ist. Hierzu gibt es Prüfzeugnisse von Materialprüfungsanstalten, die eine Frostbeständigkeit untersucht haben.

Bezeichnung	Sortierung Länge/Breite/Höhe in cm	Umrechnungsfaktor: 1 t ergibt m², Anzahl Steine
Großpflaster 15/18	16/16/16	2,5 m², 100
Mittelpflaster 9/11	10/10/10	4,5 m², 450
Kleinpflaster 4/6 (Mosaikpflaster)	5/5/5	8,5 m², 3000

Abb. 2.12 – Steinformate für Pflaster, Sortierungen und Umrechnungen t/m².

2.1 Belagsmaterialien

Abb. 2.13 – Terrakottabelag: **a)** trocken, **b)** regennass.

In der Regel (je nach Dicke) sollten Terrakottaplatten in ein Mörtelbett mit Trasszement verlegt werden. Normaler (Kalk-)Zement führt zu Ausblühungen!

2.1.3 Optische Gestaltungsmöglichkeiten

Große Freiheiten bei der Flächengestaltung bietet heute eine Vielzahl von Formsteinen, die rund, achteckig, dreieckig oder trapezförmig sein können. Diese Steine erhält man als Betonpflastersteine oder als frostfeste, gebrannte Pflasterklinker. Damit ist auch das Verlegen von kreisförmigen Pflasterflächen keine reine Profiangelegenheit mehr.

Verlegemuster und -arten
Eine Belagsfläche wirkt erst dann optisch interessant, wenn Platten oder Pflaster in einem – zur Verwendung – passenden Muster verlegt werden. Gerade größere zusammenhängende Flächen werden durch ansprechende Muster aufgelockert.

Vor dem Beginn der Platten- und Pflasterarbeiten sollten Sie sich in jedem Fall einen detaillierten Verlegeplan anfertigen.

Verschiedene Pflasterlieferanten bieten über das Internet Planungssoftware an, mit deren Hilfe Sie die Verlegemuster am Computer ausarbeiten können. Damit erkennen Sie schon in der Planungsphase, ob das geplante Muster Ihren Vorstellungen entspricht.

Beispielhaft für die unendlich vielen Möglichkeiten zeige ich nachfolgend einige Verlegemuster für ver-

> **Tipp**
> Die Planung für das Verlegemuster kann meist mit im Internet angebotener Planungssoftware erfolgen, z. B. über ein CAD-System (CAD: Computer Aided Design = computergestützter Entwurf).

2.1 Belagsmaterialien

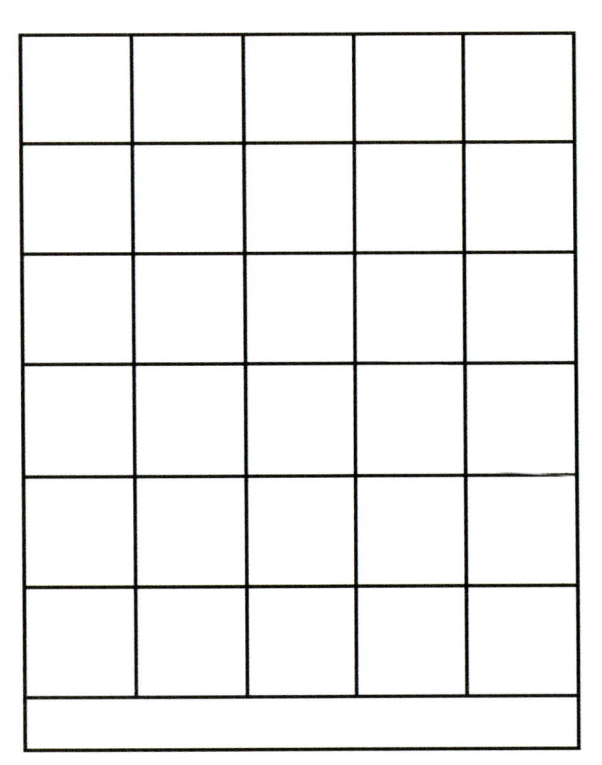

Abb. 2.14 – Beim Kreuzfugenverband gehen die Fugen in beiden Richtungen durch.

lange und kurze Platten abwechseln und Platten mit gleicher Länge einen möglichst großen Abstand voneinander aufweisen. In unregelmäßigen Abständen können Streifen aus Pflastersteinen eingebracht werden, die durch ihre Form und Farbe von der Bahnenware abweichen.

Bahnenware
Terrassenplatten mit einheitlicher Breite, aber unterschiedlichen Längen werden als Bahnenware bezeich-

schiedene Produkte auf. In der Ausführung kann durch die Kombination unterschiedlicher Materialien eine weitere Steigerung erreicht werden.

Terrassenplatten, rechteckig und quadratisch: Aufgrund der gleichmäßigen Abmessungen ergeben sich nur wenige Verlegemuster. Durch unterschiedliche Farben kann hier Leben in die Fläche gebracht werden.

Rechteckige Platten wirken in der Regel am besten, wenn sie quer zur Laufrichtung ohne Kreuzfuge verlegt werden. Bei Bahnenware mit freien Längen sollten sich

Abb. 2.15 – Versetzter Verband. Die durchgehenden Fugen sollten bei Wegen quer zur Laufrichtung und bei Terrassen parallel zur Hauswand ausgerichtet werden.

2.1 Belagsmaterialien

Verschiedene Arten der Oberflächenbearbeitung

Gestockt

Oberflächenbearbeitung von Beton- und Natursteinmaterial. Mit einem hydraulischen oder elektrischen Hammerwerkzeug, das zahlreiche harte Spitzen aufweist, werden die Oberflächen manuell oder maschinell bearbeitet. Gestockte Platten, Pflasterplatten und Stufen sind durch ihre raue Oberfläche besonders rutschfest und bestechen durch ihre natürliche Optik.

Scharriert

Ein scharrierter Naturstein wird etwa wie eine gestockte Oberfläche behandelt, jedoch ist das verwendete Werkzeug etwas anders geformt. Der Hammer weist zahlreiche Rillen auf und hinterlässt auf der Oberfläche des Steins feine Riefen. Häufig werden Stufen und Platten auch auf ihrer größten Fläche gestockt und am Rand fein scharriert.

Gebürstet

Manche Anbieter stellen Terrassenplatten mit gebürsteter Oberfläche her. Sie weisen eine leicht strukturierte Oberfläche auf, die sich samtig glatt anfühlt. Durch das Bürsten wird das Naturkorn (z. B. bei Betonplatten) innerhalb der Platte freigelegt und von Zementschleiern und Farbresten befreit.

Gestrahlt

Betonterrassenplatten und gelegentlich auch Betonpflastersteine werden nach ihrer Herstellung einem Oberflächenveredelungsprozess unterzogen. Dazu werden sie mit Sand oder Stahlkugeln gestrahlt. So werden die in der Oberfläche befindlichen Steine (meist Natursteinedelsplitt) von Zementschleiern und Farbresten befreit.

Geschliffen

Natur- und Betonsteinplatten können mit geschliffener Oberfläche angeboten werden. Sie sind dann insgesamt relativ glatt und weisen nur in ihrer Mikrostruktur noch eine ganz feine Rauigkeit auf. Durch diese mikrofeinen Kratzer und evtl. Lufteinschlüsse erscheint das Gestein im Farbton etwas heller. Geschliffene Platten eignen sich gut für Fensterbänke und Terrassen. Man kann sie leicht putzen, bei nasser Oberfläche und schneller Fortbewegung besteht jedoch eine gewisse Rutschgefahr, vor allem bei nordexponierter Lage (Algenbildung). Geschliffene Platten sollten daher als Bodenbelag am besten dort verwendet werden, wo die Platten durch Luft und Sonne schnell wieder abtrocknen können, damit Algen- und Moosbildung ausgeschlossen sind. Des Weiteren kommen sie unter Dachüberständen infrage. Es gibt auch Platten, die zuerst gestrahlt und dann geschliffen wurden. Sie sind insgesamt rauer.

Getrommelt

Verschiedene Anbieter von Betonsteinen haben getrommeltes oder auch gerumpeltes Pflaster im Programm. Die Steine werden als einfache Quader mit scharfen Kanten gepresst. Anschließend werden sie getrommelt oder gerumpelt, wie andere Hersteller diesen Vorgang auch bezeichnen. Dabei brechen die Kanten und Ecken teilweise ab. Es entsteht dadurch eine rustikale Optik.

2.1 Belagsmaterialien

net. Bahnenware ist meist 30 oder 40 cm breit und aus Quarzit, Granit, Porphyr und anderen Natursteinen erhältlich.

Platten mit unregelmäßiger Oberfläche (Pflasterplatten) sehen durch ihre spaltraue bzw. gestockte Fläche sehr natürlich aus. Unregelmäßige Verlegemuster kommen dem sehr entgegen. Auch lassen sich Pflasterplatten aus unterschiedlichen Steinmaterialien in einem wilden Verband miteinander kombinieren.

Besonders interessant ist die Kombination mit Pflastersteinen, die zu den Platten einen angenehmen farblichen Kontrast bilden.

Vor allem beim Pflasterklinker ist der „Fischgrätverband" sehr beliebt. Dieses Verlegemuster funktioniert

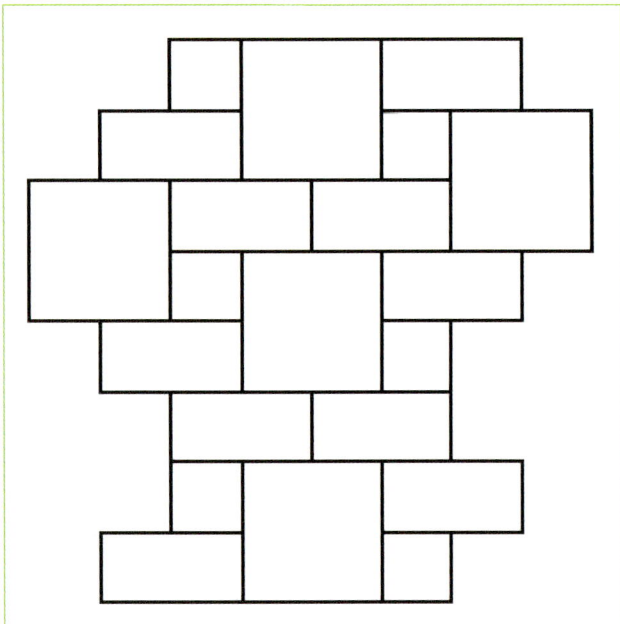

Abb. 2.16 – Wilder Verband mit drei bis vier verschiedenen Plattenformaten. Bei diesem Verband sollte auf folgende Punkte geachtet werden, damit sich ein harmonisches Gesamtbild ergibt: Quadratische Platten der gleichen Größe sollten sich nicht berühren, keine Kreuzfugen, durchgehende Fugen möglichst kurz halten, nicht mehr als zwei gleiche Platten in Reihe nebeneinanderlegen.

Abb. 2.17 – Platten in Kombination mit Kleinpflastersteinen. Hier sollte darauf geachtet werden, dass das Kleinpflaster zum Plattenmaterial farblich einen Kontrast bildet. So werden besonders größere Flächen ansprechend gegliedert.

2.1 Belagsmaterialien

Abb. 2.18 – Fischgrätmuster ist gut geeignet für Klinkerpflasterbeläge.

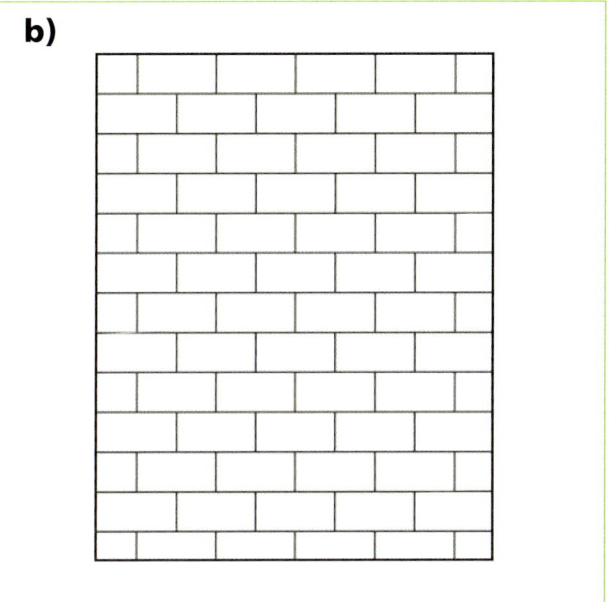

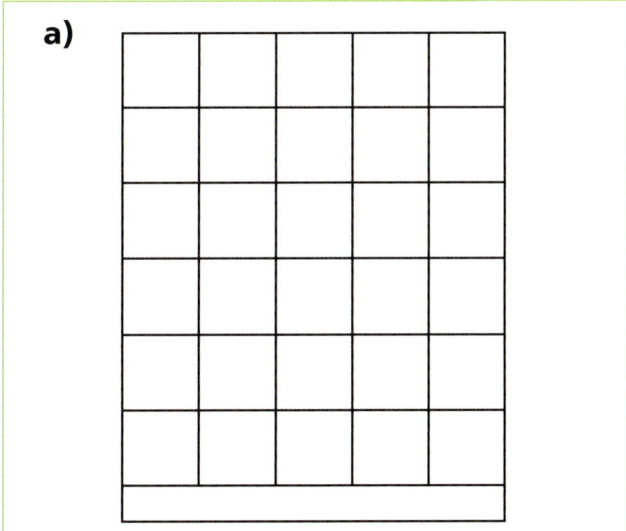

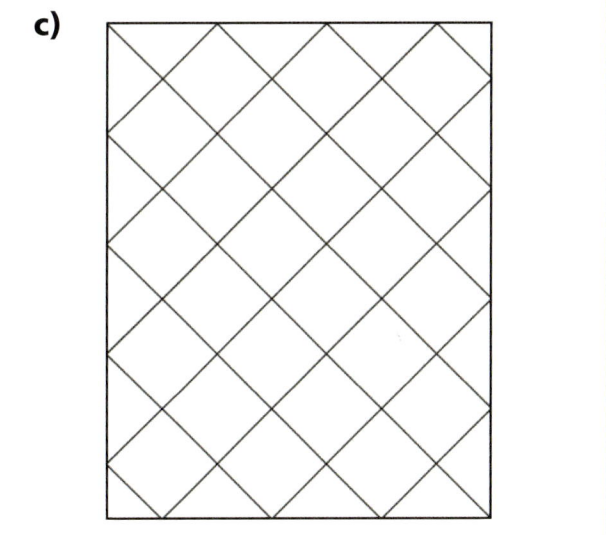

Abb. 2.19 – Einfache Verlegemuster für gleichformatiges Platten- und Pflastermaterial: **a)** Kreuzfugenverband, **b)** Reihen- oder Läuferverband, **c)** Diagonalverband.

2.1 Belagsmaterialien

auch bei Betonsteinen, wenn die Länge des Steins etwa das Doppelte der Breite ist.

Verlegemuster für Betonpflastersteine finden Sie in den Prospekten der Hersteller. Abgesehen von den Grundmustern wie Kreuzfugenverband und versetzter Reihenverband sind die Mustermöglichkeiten oft bezogen auf die Steinformen und -formate der Betonpflasterhersteller.

Bei Naturpflastersteinen bieten sich noch mehr Verlegemöglichkeiten als beim Betonpflaster an. Kreuzfugen werden dabei meistens vermieden. Das fachgerechte Pflastern ist eine Kunst für sich, die neben theoretischen Kenntnissen über die Geometrie der Muster einiges an handwerklichem Geschick und Praxiserfahrung verlangt. Dabei ist der Reihenverband bei gut sortierten Steingrößen noch die einfachste Variante.

Beim Segmentbogenpflaster werden mehrere Kreisbogen mit gleichem Radius übereinander angeordnet. Der Radius sollte etwa das 11- bis 14-Fache der durchschnittlichen Steingröße betragen, bei 7–9er-Pflaster

Abb. 2.20 – Pflasterornament, verlegt aus unterschiedlichen Formaten von Betonpflaster.

Abb. 2.21 – Natursteinpflaster, verlegt im Reihenverband.

2.1 Belagsmaterialien

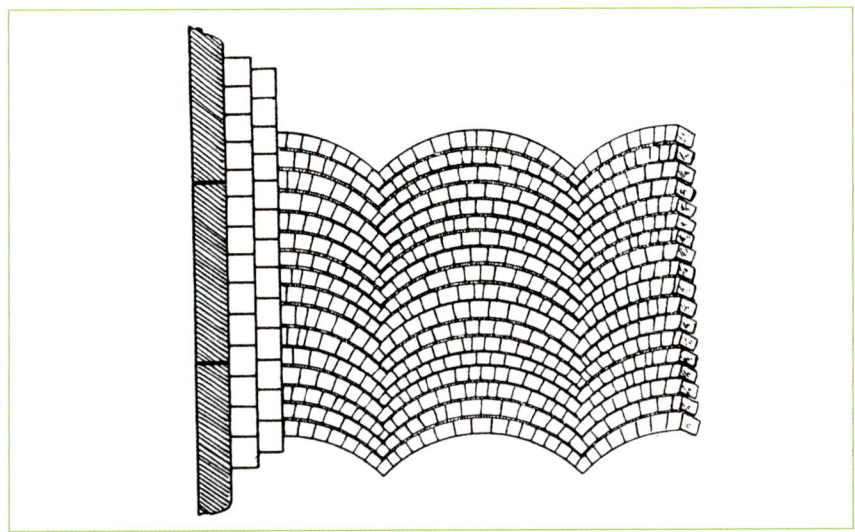

Abb. 2.22 – Natursteinpflaster, verlegt als Segmentbogenpflaster: **a)** zeichnerische Darstellung, **b)** Ausführungsbeispiel.

also 88 bis 112 cm. Jeder Kreisbogen beschreibt einen Viertelkreis. Vom Kreismittelpunkt bis zu den Außenkanten des Bogens wird also ein Winkel von 90 Grad aufgespannt.

Noch schwieriger ist der Schuppenbogenverband. Dieser wird heutzutage kaum mehr verwendet. Im inneren Bereich der Schuppe werden die größten Steine eingebaut, im äußeren Bereich die kleinsten. Der äußere Bogen einer jeden Schuppe beschreibt einen Halbkreis, dessen Radius etwa das 10- bis 11-Fache der größten verwendeten Steine betragen soll. Die Spitze der Schuppe befindet sich gegenüber dem Scheitelpunkt des Halbkreises. Sie weist den gleichen Abstand zum Kreismittelpunkt auf wie der Halbkreis. Die Spitze der Schuppe sollte aus statischen Gründen entgegengesetzt zur Fahrtrichtung bzw. bei starkem Gefälle nach unten zeigen.

Wenn sehr genau gearbeitet wird, kann der äußerste Bogen aus andersfarbigen Steinen gepflastert werden. So wird die Schuppe zusätzlich betont.

Es gibt noch weitere Pflasterverbände, wie z. B. den Wellenverband, die aber aufgrund der hohen Anforderungen hier nicht weiter ausgeführt werden.

2.1 Belagsmaterialien

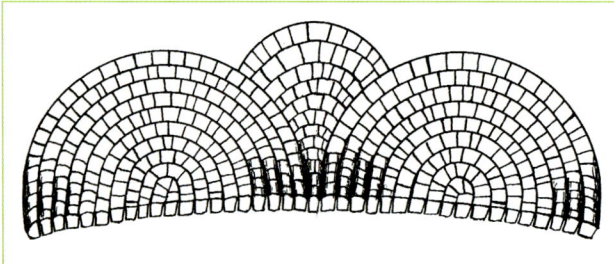

Abb. 2.23 – Natursteinpflaster als Schuppenbogenverband verlangt die Auswahl von unterschiedlich großen Pflastersteinen.

2.1.4 Farben und Farbgebung

Platten- und Pflasterbeläge insgesamt werden in vielfältigen Farbspektren angeboten. Meist reizen die bunten Farben, doch an diesen sieht man sich auch am schnellsten satt.

Eingefärbte Betonwerksteine verlieren ihre Farbe nach relativ kurzer Zeit.

Am dauerhaftesten und schönsten sind nach wie vor die natürlichen Farben der Natursteine und der Pflasterklinker, die durch Regen und Sonnenschein Lebendigkeit ausstrahlen.

Bevor Sie sich entscheiden, platzieren Sie am besten ein Muster eines geeigneten Belagsteins dort, wo der Terrassen- und/oder Wegebelag entstehen soll, und schauen sich das Zusammenspiel im Garten mit den vorhandenen Elementen und Farben bei Regen und bei Sonnenschein an.

2.1.5 Kieselsteinpflasterornament

Ausgefallen und nicht ganz leicht zu verlegen sind Kleinkiesel als Mosaik oder Wackersteine als Kopfsteinpflaster. Für das Material können Sie preiswerte Kieselsteine verwenden, die je nach Gestaltungswunsch in unterschiedlichen Sortierungen gekauft werden können.

Damit lassen sich wunderschöne Ornamente und Belagsbilder gestalten. Das Sandbett wird ähnlich wie beim Pflastern hergerichtet. Weiterhin werden z. B. möglichst flache Kieselsteine verschiedener Farben vorsortiert. Sie werden dann Stück für Stück mit einem kleinen Hammer und mit leichten Schlägen in das Sandbett gepflastert. Wichtig ist, dass die Steine möglichst dicht aneinandergereiht werden. Die Arbeit erfolgt vom Sandbett aus. Handelt es sich um ein abgeschlossenes Pflasterornament, müssen die Ränder vorher so hergerichtet werden, dass die Kieselsteine seitlich nicht abkippen können.

> **Tipp**
>
> Lassen Sie sich von den Farbangeboten im Katalog nicht täuschen. Der Ausdruck und die Wirklichkeit unterscheiden sich sehr. In der Natur ändern sich die Farben je nachdem, ob das Material trocken oder nass ist.

3 Technik und Ausführung

Ob Sie nun Natursteinmaterial, Holz, Betonsteine oder Klinker verwenden: Gepflasterte Wege und Terrassen halten viele Jahrzehnte und sind ebenso lange ansehnlich, wenn Sie beim Verlegen mit der richtigen Methode vorgehen.

Vor der handfesten Arbeit steht auch beim Pflastern eine sorgfältige Planung. Sie sollten sich das Gelände genau ansehen und dabei besonders auf vorhandene Steigungen, Gefälle und die Beschaffenheit des Bodens achten.

3.1 Übersicht des Belagaufbaus

Voraussetzung für die optimale Funktion der Platten- oder Pflasterfläche als Garten- oder Terrassenbelag ist die richtige Vorbereitung, der Belagsunterbau. Der vorhandene Untergrund aus humosen oder lehmigen Böden ist so herzurichten, dass ein „Schwingen" (Auf- und Abwärtsbewegen im Frost-Tau-Bereich) des Bodens bei Feuchtigkeitsaufnahme und Frost verhindert wird.

Nach dem Aushub ist der Untergrund anschließend mit einem geeigneten Verdichtungsgerät (z. B. Rüttler) zu verdichten. Da der verdichtete Boden nun weniger Wasser aufnehmen kann, müssen Sie dafür sorgen, dass ein Gefälle – nicht unter 2,5 % – beim Aufbauen der Tragschicht berücksichtigt wird Anschließend wird das Pflasterbett (Planum) eingebracht, bestehend aus einer mind. 3 cm bis max. 5 cm dicken Schicht aus Plattensand (0/2-0/4) oder Splitt.

> **Hinweis**
>
> Bevor Sie loslegen, bereiten Sie die Werkzeuge und das erforderliche Material vor.
>
> Wenn Sie sich in einzelnen Punkten unsicher sind, fragen Sie einen Fachmann. Entscheiden Sie jetzt, ob Sie einzelne Arbeiten wie z. B. den Aushub, den Unterbau oder eine Betonplatte einem Profi überlassen wollen, weil diese zu kompliziert sind oder weil es unterm Strich wirtschaftlicher ist.

Schritte in der Übersicht:

1	Abstecken	Größe des Wegeverlaufs, Abmessungen und Gefälle
2	Ausheben	Erdarbeiten und Verdichten
3	Unterbau	Trag- und Frostschutzschicht
4	Seitliche Begrenzung	Kantensteine
5	Ausgleichsschicht	Belagsbettung
6	Verlegearbeiten	Plattenbelag, Pflastermaterial, Rückenstütze
7	Einsanden	Fugen der Platten und des Pflasters mit Sand füllen und später abkehren

3.2 Messen und abstecken

Zum höhen- und lagegerechten Abstecken des zukünftigen Wegs oder der Terrasse markieren Sie zuerst die Lage der wichtigsten Punkte wie Richtungswechsel, Ecken der Fläche, Anschlüsse an vorhandene Flächen, Tiefpunkte, Wechsel im Gefälle etc. Wichtig: Beachten Sie unbedingt die Anschlusshöhen am Beginn und am Ende des Wegs und den Höhenanschluss zur Terrassentür.

Praktisch ist es, Stahlnadeln (Armiereisen, auf ca. 1 m Länge abgesägt) oder Holzpflöcke dazu zu verwenden. Die Eisennadeln oder Holzpflöcke werden an Bogen und Rundungen entsprechend dem Verlauf in dichterem Abstand gesetzt. Die Pflöcke müssen außerhalb des geplanten Terrassenbelags oder Wegeverlaufs eingeschlagen werden, damit sie die späteren Arbeiten nicht behindern. Schlagen Sie die Markierungen mit dem Fäustel oder Vorschlaghammer an den entscheidenden Punkten ein.

Die Eisennadeln markieren gleichzeitig die Aushubgrenze (Wegerand + 20 cm Arbeitsraum).

Nicht nur bei geschlossenen Plattenbelägen ist ein Seitengefälle von etwa 2 % (entspricht 2 cm pro Meter) notwendig. Auch bei wasserdurchlässigen Wegebelägen kann bei Starkregen das anfallende Niederschlagswasser nicht komplett versickern, und deshalb ist es gut, ein Quergefälle abzustecken. Ist die Gartenfläche im Bereich des zukünftigen Belags total eben, können Sie auch eine mittige Überhöhung oder Vertiefung mit Einlauf des Belags abstecken.

Abb. 3.1 – Abstecken der Höhenlage eines Wegs oder der Terrasse mit Eisennadeln, zur besseren Sichtbarkeit der Gefälle werden die Höhenpunkte mit Schnüren verbunden.

Abstecken der Belagsflächen

Zunächst werden an den Außenkanten der zu befestigenden Fläche (bei größeren Flächen auch in der Fläche) mittels Eisennadeln Maurerschnüre in der fertigen Belagshöhe gespannt. Hilfreich sind Schnüre an den Außenkanten der Flächen, über geplanten Abwasserrinnen und überall dort, wo sich die Entwässerungsrichtung ändern soll.

Die Markierungen werden dann mit einer Schnur in Höhe der späteren Belagsoberfläche verbunden. Die Schnur muss straff gespannt sein und bereits die Höhenlage und das Gefälle der Fläche anzeigen. Zur Kontrolle der Höhenlagen werden die Höhenpunkte

3.2 Messen und abstecken

beim Einbringen der Tragschicht untereinander mit Schnüren verbunden.

> Wenn Sie die Höhe am Pfosten oder der Eisennadel mit (Wachs-)Kreide markiert haben, kleben Sie exakt unterhalb des Markierungsstrichs einen Streifen Gewebeklebeband ringförmig zur Sicherung der Markierung darum.

Abstecktipp
Mithilfe von Pythagoras können Sie ein rechtwinkliges Dreieck berechnen und konstruieren. Über die beiden Seiten a und b (siehe Abb. 3.2a)) wird die Hypotenuse c errechnet ($a^2 + b^2 = c^2$). Die Quadratwurzelfunktion ist auf jedem Taschenrechner zu finden.

Beispiel:

Ihre Terrasse hat Außenmaße von a = 3 m und b = 5 m. $3^2 = 9$ und $5^2 = 25$, addiert = 34. Daraus die Wurzel gezogen, ergibt 5,83 m. Dies ist die Kontrollstrecke c, mit der Sie die exakte Rechtwinkligkeit konstruieren können.

Eine andere Möglichkeit, den rechten Winkel zu überprüfen, bietet die in Abb. 3.2b) dargestellte Methode mit den Seitenverhältnissen 3:4:5 an. Dazu nehmen Sie ein flexibles Maßband mit mindestens 12 m Länge. Zusammen mit einem oder zwei Helfern unterteilen Sie die Gesamtlänge von 12 m in die Strecken b = 4 m und a = 3 m. Die dritte Strecke – c = 5 m – gespannt, führt dann zu einem exakten rechten Winkel zwischen a und b.

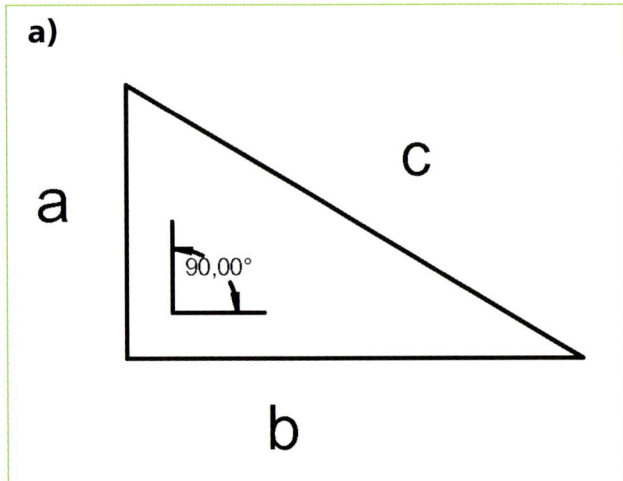
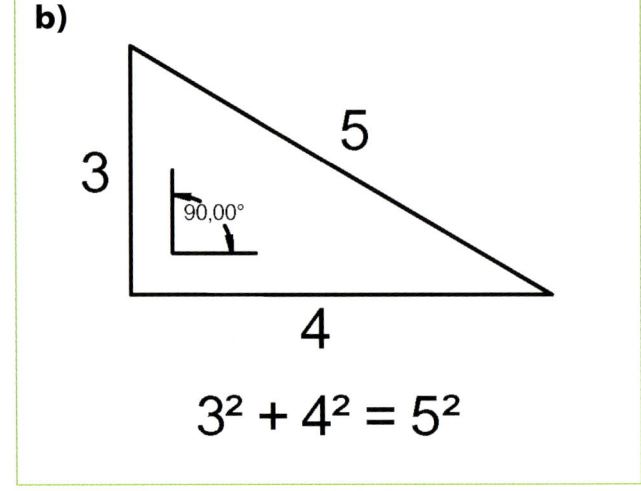

Abb. 3.2 – Einfache Methoden, um den rechten Winkel zu bestimmen: **a)** Berechnung nach der Formel $a^2+b^2+c^2$ entsprechend Pythagoras und **b)** eine Methode, wie sie schon von den Ägyptern mit Knotenschnüren praktiziert wurde. Ein Seil wurde in exakt 12 gleiche Abschnitte durch Knoten unterteilt. Durch Spannen der Knotenstrecken 3; 4; 5 ergibt sich zwischen den „Strecken" 3 und 4 ein Winkel von 90 Grad.

3.3 Werkzeuge

Für die beschriebenen Arbeiten reichen bis auf wenige Ausnahmen gartenübliche Werkzeuge aus. Bevor Sie mit den Arbeiten anfangen, sehen Sie auf jeden Fall die Werkzeuge und Maschinen durch. Vielleicht benötigt die Schaufel ja einen neuen Stiel oder die Schubkarre einen neuen Schlauch für den Reifen. Schön, wenn alles gut vorbereitet ist und die geballte Energie direkt zum Bauen eingesetzt werden kann. Die wichtigsten Werkzeuge sind nachfolgend aufgeführt.

Nützliche Werkzeuge
- Eisennadeln (Armiereisen ca. 1 m lang) oder Holzpfosten
- Fäustel oder Vorschlaghammer
- Maurerschnur
- Kreide
- Klebeband (schmales Gewebeklebeband) zur Sicherung der Höhenmarkierungen
- Wasserwaage
- Setzlatte (Aluminiumsetzlatte, z. B. 3 m lang)
- Schlauchwasserwaage oder Laserwasserwaage mit Stativ
- Fäustel und ein Stück Hartholz oder ein stabiler Gummihammer
- Winkelschleifer mit Steinsägeblatt – oder dauerhafter mit einem Diamantblatt
- Nass-Steinsäge
- Steinknacker
- Handschuhe
- Schutzbrille
- Kelle
- Schaufel
- Schubkarre
- Gummiplattenrüttler (nicht für jedes Belagsmaterial geeignet)
- Plattengreifer

Abb. 3.3 – Maurerschnur und Eisennadeln zur Absteckung von Lage und Höhen.

3.3 Werkzeuge

Abb. 3.4 – Einfache und preiswerte Laserwasserwaage mit Stativ vom Baumarkt.

Hinweise zu den Werkzeugen:
Für die Übertragung des Höhenniveaus (Waagerechte) ist **die Schlauchwasserwaage** ein einfaches, aber genaues Werkzeug für die Baustelle. Die Schlauchwasserwaage können Sie im Baumarkt kaufen oder auch aus einem Stück Gartenschlauch selbst anfertigen (siehe Abb. 3.5). Sie besteht aus einem 10 bis 20 m langen, zweckmäßigerweise durchsichtigen Kunststoffschlauch mit einem Innendurchmesser von ca. 10 bis 15 mm, an dessen beiden Enden eine Skala und evtl. Entlüftungsventile angebracht sind. Für die Funktionsgenauigkeit ist zu beachten, dass das Wasser (es muss in jedem Fall reines, klares Wasser sein) beim Füllen des Schlauchs so lange überlaufen muss, bis alle Luftblasen entwichen sind.

Die Schlauchwasserwaage nutzt das Prinzip der „kommunizierenden Röhren". Werden mit Wasser gefüllte Behältnisse jeweils an der niedrigsten Stelle durch Röhren miteinander verbunden, stellt sich in allen Behältern aufgrund der Schwerkraftwirkung der gleiche Wasserspiegel ein. Für die Anwendung wird das eine Ende der Schlauchwasserwaage an einem Festpunkt angehalten und das andere in der Höhe so lange verschoben, bis sich der Wasserspiegel auf die Höhe des Festpunkts eingestellt hat. Es ist darauf zu achten, dass der Schlauch nicht abknickt, da sonst das Messergebnis verfälscht würde.

Zum Verlegen von Platten eignet sich der in Abb. 3.6 gezeigte **Gummihammer** sehr gut. Durch das hohe Gewicht und die Gummimasse lassen sich vor allem stabile Betonplatten professionell verlegen. Beim Klopfen auf die Platte (Platte im Sandbett verlegen) sollten die Schläge mehr im Zentrum erfolgen. Wird auf den Rand der Platte geschlagen, löst sich die Platte wieder und fängt an zu wackeln.

Zum Einpassen von Platten und Betonpflaster z. B. an der Hauswand oder an einer Mauer entlang müssen die Steine passgenau hergerichtet werden. Dazu ist

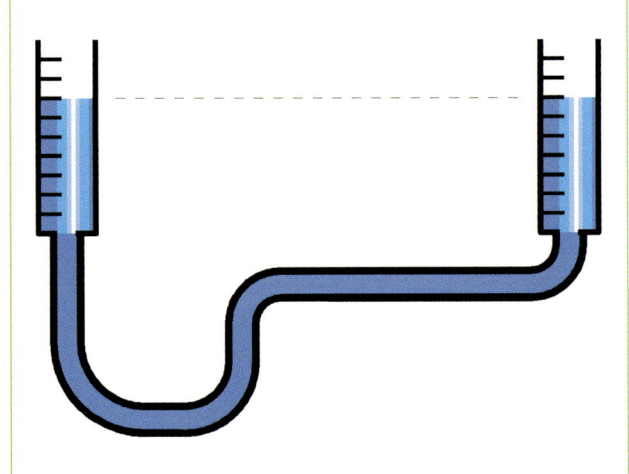

Abb. 3.5 – Das Prinzip der Schlauchwasserwaage ist die kommunizierende Röhre. Dadurch ist der Wasserstand an beiden Enden des Schlauchs exakt gleich hoch. Daher auch der Ausdruck „beide Höhenpunkte sind im Wasser".

3.3 Werkzeuge

eine **Flex (Winkelschleifer) mit Steinsägeblatt** oder Diamantblatt oder, wenn viel zu schneiden ist, besser eine **Nass-Steinsäge** geeignet. Die Nass-Steinsäge kann in manchen Baustoffmärkten oder Maschinencentern tageweise ausgeliehen werden. Zum Anpassen von Betonpflastersteinen können Sie auch einen Steinknacker verwenden. Sind nur wenige Platten zu schneiden, geht auch ein Winkelschleifer mit großer Trennscheibe. Am besten verwenden Sie ein gutes Diamantblatt (Vorsicht, nicht verkanten!). Zur Not und bei Einzelstücken können die Anpassarbeiten auch mit Hammer und Meißel ausgeführt werden. Dazu die Platte entlang der Brechkante anritzen und dann eine Kerbe schlagen, bis sich die Platte teilt.

Beim Verlegen von Platten sind **Plattengreifer** ganz nützlich und machen das Aufnehmen und Legen von großformatigen Platten erheblich leichter.

Schutzbrille: Tragen Sie bei den Arbeiten immer eine Schutzbrille und Handschuhe.

Abb. 3.6 – Profigummihammer zum Verlegen von Platten.

3.4 Entwässerung und das richtige Gefälle wählen

Zunächst sollten Sie sich fragen, ob eine technische Entwässerung für die geplante Terrasse oder Ihren Gartenweg erforderlich ist.

Grundsätzlich muss bei Terrassen das Gefälle vom angrenzenden Gebäude wegführen.

Zum einen soll das Gefälle verhindern, dass auf der Belagsfläche Wasser stehen bleibt, und zum anderen, dass ablaufendes Wasser zu Hauswänden hinfließt und dort Feuchtigkeitsschäden verursacht. Dazu muss die Fläche als geneigte Ebene gestaltet werden. Das Wasser sollte, wenn irgend möglich, zum Versickern in angrenzende Vegetationsflächen geleitet werden. Günstig ist, wenn die Pflanz- und Rasenflächen dafür einige Zentimeter tiefer liegen als die Belagsfläche.

Vorteilhaft ist bei dieser Methode, dass keine Grabungsarbeiten, Rohre und Einlaufvorrichtungen gebraucht werden, wodurch die Kosten und der Arbeitsaufwand geringer sind.

Ein weiterer Vorteil ist, dass der Regen dem Grundwasser zugeführt wird, womit die örtliche Kanalisation entlastet wird und Hochwasserspitzen der Flüsse reduziert werden.

Unter Umständen entfallen dadurch auch noch Gebühren für Oberflächenversiegelung (je nach Baugebiet, Stadt oder Gemeinde unterschiedlich).

Bei kleinen Gärten oder stark bindigen Böden reicht die Versickerungsmöglichkeit oft nicht aus. Wenn viel Wasser auf kleine Vegetationsflächen geleitet wird, können diese versumpfen, besonders bei lehm- und tonreichem Boden. Es muss sichergestellt sein, dass der Boden das Wasser auch aufnehmen kann. Somit ist es bei großen Terrassen empfehlenswert, zumindest einen Einlauf für die Entwässerung vorzusehen.

Denn wenn das Wasser nicht schnell genug versickert, kann es in die Tragschicht und in den Untergrund unter der Belagsfläche eindringen und diese auf Dauer aufweichen oder ausschwemmen, besonders in den Randbereichen.

Wenn es direkt neben der Belagsfläche nicht möglich ist, das Wasser versickern zu lassen, muss es mit entsprechendem Gefälle und evtl. mit gepflasterten Rinnen in punktuellen Einläufen oder Kastenrinnen aufgefangen werden. Es kann dann auch in Zisternen zur Beregnung des Gartens gesammelt oder über Sickerschächte wieder dem Grundwasser zugeführt werden. Hat der Garten sowieso schon feuchte Bereiche, können diese durch zusätzlich verlegte Drainagerohre trocken gelegt werden. Drainagerohre sind flexible Kunststoffrohre, die durch zahlreiche kleine Perforierungen (Öffnungen) Flüssigkeit aufnehmen und ableiten können.

3.4.1 Entwässerungsein- und -abläufe

Nun zu den technischen Abwassereinrichtungen:

Punktuelle Einläufe oder Ablaufrinnen müssen dort eingeplant werden, wo die Terrasse tiefer liegt als das anschließende Gelände oder aber die angrenzende Gartenfläche das anfallende Wasser nicht aufnehmen kann. Die Ablaufrinnen sollten z. B. so angeordnet werden, dass zumindest ein Teil der Terrassenfläche vom angrenzenden Gebäude mit Gefälle zur Rinne hin verläuft.

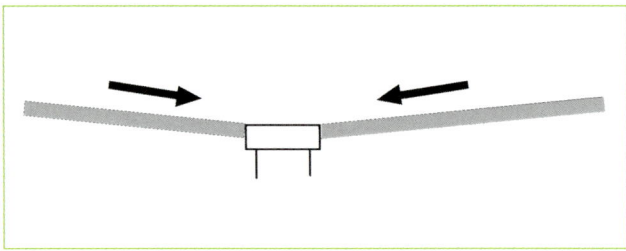

Abb. 3.7 – Damit die Entwässerung funktioniert, muss das Gefälle immer zum Einlauf hin geführt werden.

3.4 Entwässerung und das richtige Gefälle wählen

Das Gefälle muss schon beim Aushub des Unterbaus berücksichtigt werden. Es sollte mindestens ca. 2 % betragen (2 cm Höhenunterschied pro Meter).

Bei Gartenwegen kann ein leichtes seitliches Gefälle oder eine mittige Überhöhung dafür sorgen, dass die Wege nach einem Regenguss nicht unter Wasser stehen. Großzügige Fugen bieten Platz für Vegetation und lassen das Erdreich unter den Steinen besser atmen und einen Teil des Wassers aufnehmen.

Grundsätzlich richtet sich das erforderliche Gefälle der zu befestigenden Oberflächen nach ihrer Rauigkeit, ihrer Größe und der vorgesehenen Nutzung. Terrassen mit glattem Bodenbelag (z. B. Terrassenplatten mit geflammter Oberfläche), auf die Tische und Stühle gestellt werden, sollten nicht zu schräg sein (ca. 1 % Gefälle ist optimal), während Garagenzufahrten mit rauem Belag (z. B. Kopfsteinpflaster) eine stärkere Neigung von 2 bis 3 % benötigen. Als Anhaltspunkt gelten allgemein 1 bis 3 cm Mindestgefälle pro 100 cm Fließlänge. Eine solche Neigung wird subjektiv noch als ebene Fläche empfunden. Das Wasser ist, wenn irgend möglich, vom Gebäude weg auf dem kürzesten Weg zum Abfluss bzw. in die Vegetation zu leiten.

Längliche Flächen (Gartenwege, Höfe) erhalten neben dem Längsgefälle, das in der Regel geländebedingt ist, auch ein Quergefälle, um das Wasser nach einer Seite hin abzuführen. Gegebenenfalls ist auch ein Dachprofil angebracht, wenn das Wasser zu beiden Seiten laufen soll. Als maximales Längsgefälle sind 10 % anzusehen. Steilere Flächen sind unbequem zu begehen, und im Winter besteht Rutschgefahr. Größere Höhenunterschiede werden deshalb besser mit Stufen überwunden, wenn dem nicht eine Nutzung durch gehbehinderte Menschen entgegensteht.

Für die technische Entwässerung gibt es unterschiedliche Entwässerungssysteme, die sich auch durch den Selbstbauer montieren lassen, einfach sauber zu

> Legen Sie Ihre Entwässerung so an, dass bei Starkregen Ihr Keller nicht überflutet werden kann, z. B. durch Rückstau. Das Wasser kann z. B. bei Überflutungen über die Lichtschächte in den Keller gelangen.

halten und ohne großen Aufwand zu warten sind. Dabei gibt es zwei grundsätzliche Systeme, zum einen die punktuelle Entwässerung (z. B. Hofeinläufe) und zum anderen die Entwässerung über Rinnen (z. B. Kastenrinnen).

Die vor allem für den Selbstbauer angebotenen Oberflächenentwässerungssysteme sind auf den privaten Baubereich abgestimmt. Vielfältige Baukastensysteme und die einfache Montage ermöglichen passgenaue Lösungen für die Entwässerung von Terrassen, Gartenwegen, Einfahrten und Hauszugängen. Je nach Anforderung und Untergrund können Sie Rinnen und Einlaufkästen z. B. aus Polymerbeton oder aus stabilem Kunststoff verwenden. Abläufe und Anschlüsse können Sie zur Seite oder nach unten (in eine Grundleitung zur Kanalisation) installieren.

Für die Entwässerungssysteme gibt es im Handel vielfältig gestaltete Abdeckroste, z. B. aus verzinktem Stahl. Die Rinnenkörper werden u. a. aus korrosionsbeständigem Polymerbeton oder unempfindlichem Kunststoff angeboten.

Der Einlaufkasten leitet das Wasser sicher in die Kanalisation und schützt diese – durch einen integrierten Schmutzfang – vor Verschlammung. Der herausnehmbare Schlammeimer erleichtert die Reinigung der Entwässerungsanlage.

Damit das Wasser auch bei einem starken Regenguss schnell abfließen kann, ist es wichtig, dass die Einläufe eine große Durchflussmenge bei hoher Fließgeschwindigkeit haben.

3.4 Entwässerung und das richtige Gefälle wählen

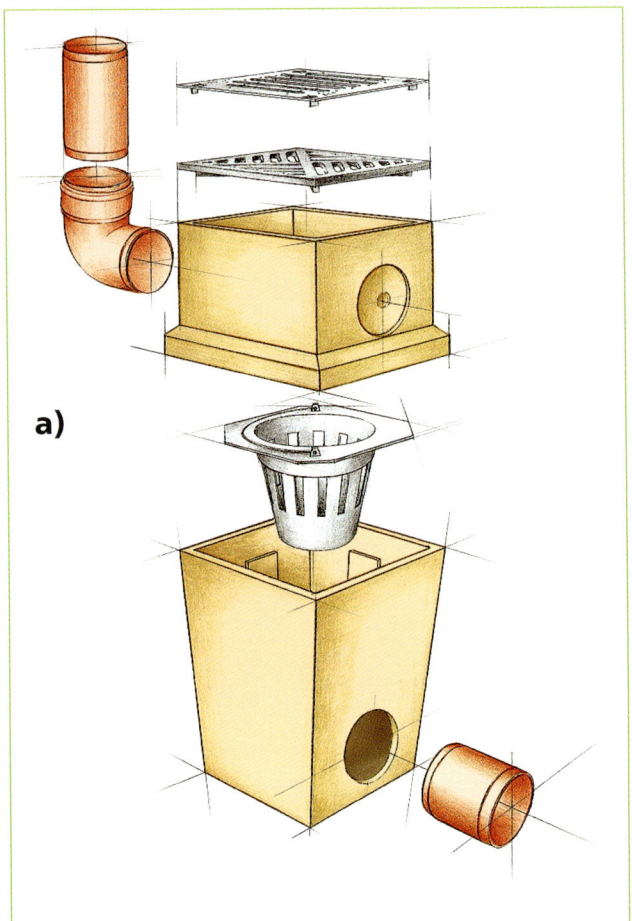

Abb. 3.8 – a) Prinzipaufbau eines Hoftopfs zum Anschluss zwischen Regenfallrohr und Abwasserleitung, bestehend aus Unterteil, Schmutzfangeimer, Oberteil und Abdeckrost. b) Eingebauter Hoftopf mit Anschluss des Regenfallrohrs. Quelle (1)

Faustformel für die Dimensionierung der Einläufe und Rinnen: Pro m² Belagsfläche wird etwa 1 cm² Einlaufquerschnitt benötigt. Beispiel: 100 m² Terrassenfläche sollten mit einer Rinne oder einem punktuellen Einlauf von 100 cm² ausgestattet werden. Dies entspricht einer Einlaufabmessung von 10 x 10 cm ohne Rost. Einlaufbehindernde Rostquerschnitte müssen dazugerechnet werden.

Hinweis

In manchen Baugebieten ist es verboten, Regenwasser aus den Gartenflächen und von einer Drainage in das Kanalnetz (Schmutzwasser) abzuleiten.

3.4 Entwässerung und das richtige Gefälle wählen

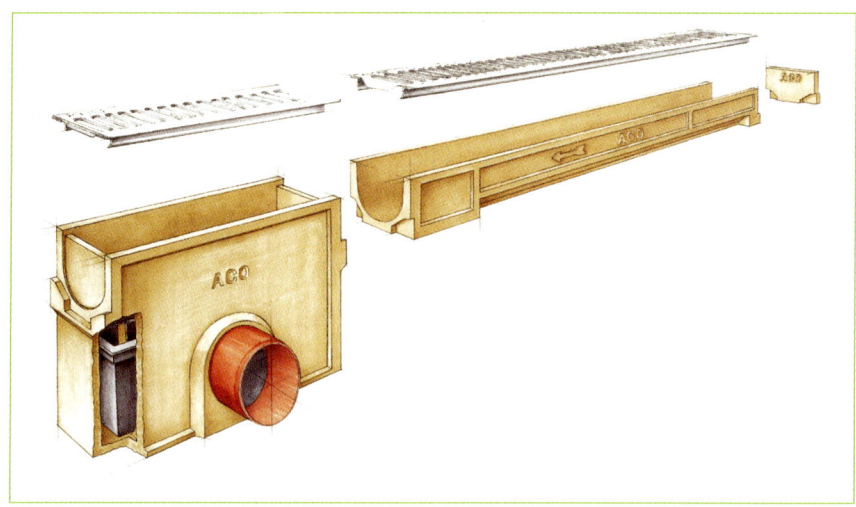

Abb. 3.9 – Prinzipaufbau der Entwässerungsrinne mit Rinnenkörper, Einlaufkasten, Abdeckrosten und Zubehör. Im Einlaufkasten befindet sich der Schmutzfang und je nach Ausführung auch ein Geruchsverschluss. Quelle (1)

> **Leistungsfähigkeit der Leitungen:**
>
> Der Durchmesser der Rohre hängt natürlich von der Wassermenge und dem vorgesehenen Gefälle der Rohrleitung ab. Die Faustformel ist, dass in der Regel bei Terrassenflächen bis 150 m² ein Durchmesser von 10 cm (DN 100) ausreichend ist.

Teilweise sind die Systeme so stabil, dass sie auch von einem Pkw befahrbar sind.

Die Einläufe und Rinnen können alternativ mit und ohne Geruchsverschluss bezogen werden. Der Geruchsverschluss funktioniert wie der Siphon beim Waschbecken und verhindert, dass Gerüche aus dem Abwasserkanal nach oben gelangen können.

Die Entwässerungsleitungen der Garteneinläufe zum Sickerschacht oder zum Abwasserschacht können z. B. mit PVC-Rohren oder mit Steinzeugrohren durchgeführt werden. Die Rohre gibt es in unterschiedlichen Durchmessern, die als DN angegeben werden. Ein Rohr mit 10 cm Innendurchmesser wird als DN 100 bezeichnet.

Für die Verbindungsleitungen von den Entwässerungseinrichtungen zum Abwasseranschluss werden Gräben mit entsprechendem Gefälle ausgehoben. Dies kann von Hand erfolgen, oder aber Sie mieten dazu einen Kleinbagger, der auch von Laien leicht zu bedienen ist.

Ist der Graben ausgehoben, wird die Grabensohle mit einer einige Zentimeter dicken Schicht Sand oder Splitt ausgekleidet, die verhindern soll, dass spitze Steine die Rohre beschädigen. Die Rohre können dann darin verlegt werden. Das Gefälle wird mit einer Wasserwaage kontrolliert. Das Maximalgefälle beträgt 1:20. Das Mindestgefälle berechnet sich für Regenwasserleitungen im Außenbereich nach der Formel:

Gefälle = 1 zu Rohrdurchmesser in mm.

Beispiel: Es wird ein Rohrdurchmesser DN 100 (100 mm Ø) verwendet. Rechnung: 1 geteilt durch 100 ergibt 0,01, dies entspricht 1 %, also 1 cm Gefälle auf 1 m Rohrlänge.

Die Rohre werden bis zur Oberkante mit Sand oder Splitt bedeckt, bis sie nicht mehr sichtbar sind. Der restliche Hohlraum wird mit dem angefallenen Aushub wieder verfüllt und verdichtet (siehe Abb. 3.10).

Sinnvollerweise werden die Abwasserleitungen unter der Belagsfläche angeordnet, sodass diese

3.4 Entwässerung und das richtige Gefälle wählen

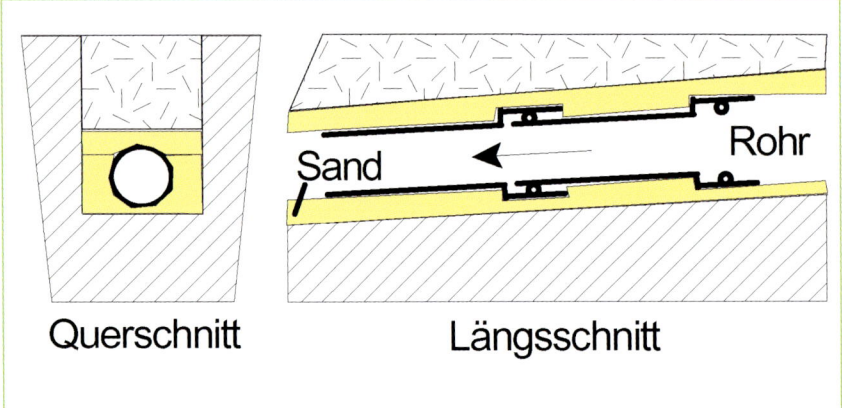

gungen, Übergangs- und Abschlussstücken erhältlich. Die Rohre haben in der Muffe bereits eine eingelegte Gummidichtung und werden bei der Montage nur noch zusammengeschoben. Erleichterung beim Zusammenschieben schafft ein für diesen Zweck ebenfalls erhältliches Gleitmittel. Ist kein Gleitmittel vorhanden, geht auch Spülmittel.

Abb. 3.10 – Beim Entwässerungsrohr im Graben sollten die Rohre immer so verlegt werden, dass die Muffe sich bergseitig befindet!

beim Graben im Garten nicht beschädigt werden können.

Die Entwässerungsrohre sind in Baumärkten und im Baustoffhandel in unterschiedlichen Durchmessern und Längen mit vielfältigem Zubehör wie Bogen, Abzwei-

> **Hinweis**
>
> Die wasserrechtlichen Belange sind Ländersache. Im Zweifelsfall erkundigen Sie sich bei Ihrer Regionalverwaltung über mögliche Einschränkungen und Abwasserabgabegesetze.
>
> Beispiel NRW: Hier gibt es Anforderungen an die Inspektion und Sanierung von Grundstücksentwässerungsanlagen.

Abb. 3.11 – Grabenaushub zur Verlegung der Entwässerungsleitung vom Einlauf zum Dachrinnenanschluss.

3.4 Entwässerung und das richtige Gefälle wählen

3.4.2 Alternative Entwässerungssysteme
Abhängig von den Bodenverhältnissen und der Grundstücksart und -größe bieten sich alternative Möglichkeiten zur Entwässerung der Wege und Terrassenflächen an:
- Flächenversickerung
- Muldenversickerung
- Schachtversickerung
- Wasserspeicherung mit Regenwasserzisterne

Checkliste Entwässerung	Klärung	Anmerkung
Gibt es in Ihrem Baugebiet (Satzung) ein Trennwassersystem (d. h., Schmutzwasser und Regenwasser werden in zwei getrennten Leitungen befördert) oder ein Mischwassersystem?		
Ist die Versickerung von Regenwasser gewünscht? Wenn ja: Gebührenermäßigung für Ihren Beitrag zum Umweltschutz erfragen!		
Ist der Grundwasserspiegel niedrig und ist eine ausreichende Fläche auf dem Grundstück vorhanden? Ist der Boden gut sickerfähig?		
Ist ein Anschluss an das öffentliche Kanalnetz vorhanden?		
Mischsystem oder Trennsystem?		
Anschluss beim Regenfallrohr möglich?	Abzweig einfügen	
Liegt Ihr Grundstück in einem Wasserschutzgebiet?		
Höhenverhältnisse des Abwasseranschlusses?		

3.5 Der Aushub unter den Belägen

Um eine dauerhafte Standfestigkeit der Beläge zu erhalten, wird zuerst das Erdreich unter der zu befestigenden Fläche ausgehoben. Dabei ist auch auf ausreichend Platz für eine etwaige Randeinfassung zu achten. Vor dem Ausheben wird die Fläche von Bewuchs und sonstigen Einbauten befreit.

Als Anhaltspunkt für Hausterrassen und Gartenwege gilt eine Aushubtiefe von mindestens 25 cm unter fertiger Belagshöhe. Bei befahrbaren Wegen werden mindestens 30 bis 45 cm Gesamtaufbau benötigt.

Die Tiefe des Aushubs richtet sich nach folgenden Punkten:

- der zu erwartenden Belastung (Fußgänger, Traktoren, Autos etc.),
- der Festigkeit des vorhandenen Bodens (geschütteter Boden erfordert tieferen Aushub als gewachsener Boden),
- dem vorgesehenen Material für die Tragschicht (Kies, Schotter, Beton).

Die Aushubtiefe sollte entsprechend diesen Faktoren angepasst werden. Wichtig ist, dass das anstehende Erdreich fest ist. Geschütteter Untergrund oder von Regenperioden durchnässte Flächen eignen sich nicht zur Befestigung. Gegebenenfalls muss so tief ausgekoffert

> Im professionellen Bereich (bei stark belasteten Straßen) wird die Tragfähigkeit des Untergrunds z. B. durch Plattendruckversuche ermittelt. Das Prinzip: stufenweise Belastungserhöhung einer Kreisplatte (300 mm Ø) mit einer hydraulischen Presse und Aufzeichnung der Belastungskurve.

(ausgehoben) werden, bis sich der Untergrund verbessert. Eine weitere Möglichkeit: Der Untergrund wird durch Beimengung von Kalk oder Zement und anschließende Verdichtung in seiner Tragfähigkeit verbessert. Sind Sie sich über die Tragfähigkeit des Untergrunds nicht sicher, holen Sie sich Hilfe bei einem Fachmann.

3.5.1 Aushub im Garten einbauen

Bei guter Planung und etwas Glück ist es möglich, den anfallenden Aushub an anderer Stelle im Garten wieder einzubauen. Größere Steine können für andere Verwendungen (z. B. Natursteinmauer oder einen Steingarten) zwischengelagert werden. Möglicherweise gibt es eine vorhandene befestigte Fläche, die erhöht werden soll, dann kann der Aushub eventuell zuunterst (unter dem Unterbau) eingebaut werden.

3.5 Der Aushub unter den Belägen

Oder es kann im Grenzbereich ein kleiner Erdwall aufgeschüttet werden.

3.5.2 Aushub abfahren lassen

Bei einem kleinen Garten oder sehr viel Aushubmaterial bleibt oft nur die Möglichkeit, den Aushub abfahren zu lassen. Schauen Sie in Ihrem Branchenbuch nach Erdunternehmern und erkundigen Sie sich nach Erd- bzw. Schuttmulden. Die Abfuhrpreise richten sich nach der Menge (Gewicht) und nach dem Material. Erdmaterial kostet in der Regel weniger als Schutt bzw. Bauschutt. Die Containergrößen gibt es von 5 m³ über 10 m³ bis 20 m³. Errechnen Sie vorab grob, wie viel Aushub bei der Terrasse und dem Gartenweg anfallen wird. Wenn Sie die Erde ausheben, müssen Sie mit einem Lockerungsfaktor rechnen. Sie können im Normalfall davon ausgehen, dass der Aushub durch die Lockerung im Volumen um 30 bis 50 % zunimmt.

Abb. 3.12 – So kann der Terrassenaushub sinnvoll in einem Erdwall untergebracht werden.

3.6 Der richtige Unterbau

Der Unterbau unter dem Belag ist quasi das Fundament für die Belagsfläche. Durch geeignetes Material wird die von oben aufgebrachte Belastung auf Terrasse und Wegen (Verkehrslast) in den Untergrund gebracht. Damit wird der Belag tragfähig und sackt nicht ab. Zusätzlich hilft der Unterbau, die Frost-Tau-Problematik des Untergrunds auszugleichen. Ansonsten würde der Belag im Winter auffrieren und nach der Frostperiode wieder ungleich absacken.

3.6.1 Belagsabschluss, Einfassung, Übergang zur Grünfläche

Die Belagseinfassung dient dazu, dass der Belag – bestehend aus Pflastersteinen oder Platten – seitlich gehalten wird und nicht in Richtung Pflanz- und Rasenfläche abrutscht.

Sie sollten sich frühzeitig Gedanken darüber machen, wie die Belagsfläche begrenzt werden soll, da die Einfassung je nach Ausführungsart in unterschiedlicher Tiefe eingebaut wird. Bei einfachen Gartenwegen reicht es manchmal schon, wenn das bindige Erdreich im Randbereich an den Belag angefüllt und leicht verdichtet wird. Auch z. B. verankerte Holzbretter können die Randbefestigung während des Abrüttelns bereitstellen.

Belagsbegrenzungen können in folgenden Ausführungen gebildet werden:

- Mit einer in Beton gesetzten Reihe von Randsteinen.
- Mit in Beton gesetzten Pflastersteinen.
- Mit einer Rückenstütze aus Beton werden die Pflastersteine im Randbereich befestigt. Halbrund eingebaut, reicht diese bis auf halbe Pflasterhöhe. So kann sie von Mutterboden verdeckt werden.
- Mit einem Stahl- oder Edelstahlband.

Bei einem Belag aus einzelnen Pflastersteinen in einer Bettung aus Sand oder Splitt ist eine Randeinfassung erforderlich, die verhindert, dass der Bodenbelag (vor allem beim Rütteln) seitlich wegrutscht.

Bevor der Unterbau eingebracht wird, werden Einfassungen wie Pflaster- oder Randsteine gesetzt. Es kommen Kantensteine aus Beton oder Naturstein und Pflastersteine verschiedener Größen infrage. Sie werden unter gleichmäßigem Druck mit einem Gummihammer in erdfeuchten Beton (B15, 0/16) geklopft und mit einer Maurerschnur ausgerichtet. Bei Betonsteinen verwendet man in der Regel einen Gummihammer, bei Naturstein (Granit) kommt auch ein Metallhammer infrage, da hier durch die Härte Beschädigungen am Stein kaum zu befürchten sind. An der Außenseite wird nachträglich zusätzlicher Beton als Rückenstütze angehäuft und festgeklopft (siehe Abb. 3.13). Dabei sollte beachtet werden, dass der Beton nicht zu hoch eingebaut wird. So wird vermieden, dass angrenzender Rasen in Trockenperioden vergilbt.

> **Tipp**
>
> Um ein Abrutschen der Beläge im Randbereich zu vermeiden, sollte eine Randeinfassung vor dem Abrütteln der Beläge eingebaut werden.

> **Beton**
>
> Bei Beton wird die Festigkeitsklasse in Bxx angegeben. B15 bedeutet eine Festigkeit von 15 Newton/mm².
>
> 0/16 ist die Körnung des Zuschlagstoffs Kiessand und bedeutet eine Korngröße von 0 bis 16 mm.

3.6 Der richtige Unterbau

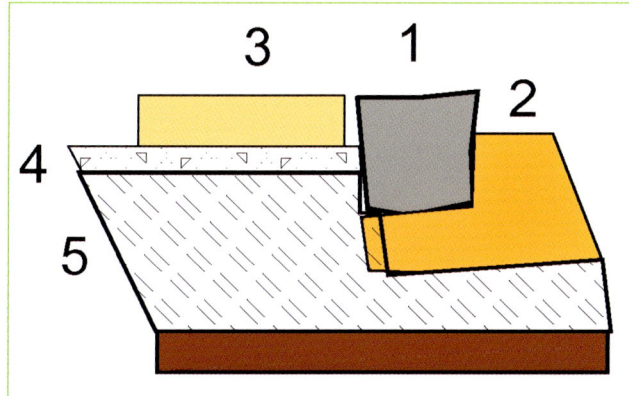

Abb. 3.13 – Randeinfassung mit Pflastersteinen. Pflastersteine und auch Kantensteine werden dabei mit mindestens einem Drittel ihrer Gesamthöhe unter dem Pflasterniveau mit Beton eingebunden. Die Ziffern bedeuten:
1) Pflasterstein, **2)** Betonbett, **3)** Belagsmaterial, **4)** Belagsbettung, **5)** Unterbau.

Wenn das Fundament der Randsteine fest geworden ist, wird das Substrat für die Tragschicht dazwischengefüllt und verdichtet.

3.6.2 Geeignete Materialien für den Unterbau

Im Privatgartenbereich kommen im Wesentlichen drei unterschiedliche Materialien für die Tragschicht infrage: Schotter, Kies und Beton. Sie werden mit dem gleichen Gefälle eingebaut wie der Belag, mindestens jedoch mit 2 bis 3 % (2 bis 3 cm Höhenunterschied pro Meter). So kann durch den Belag sickerndes Wasser von der Oberfläche des Unterbaus abfließen.

Schottertragschichten
Schottertragschichten empfehlen sich unter Terrassen, Geh- und Fahrwegen. Sie haben bei gleicher Schichtdicke eine wesentlich höhere Tragfähigkeit und verkeilen sich besser als Rundkornsubstrate (Kies), kosten aller-

> Die Bezeichnung „KFT" bedeutet „Kornabgestufte Frostschutz- und Tragschicht".

dings im Vergleich zu Kies auch das Zwei- bis Dreifache. Empfohlen wird ein kornabgestuftes Gemisch der Körnung 0/32 oder 0/45 (KFT). Das Material wird normalerweise erdfeucht geliefert (ansonsten anfeuchten), mit der Schaufel im Gefälle verteilt und eingebaut und mit Rüttelplatten oder Flächenrüttlern mehrfach (mindestens dreimal) verdichtet. Die Gesamtschichtdicke sollte je nach geplanter Belastung zwischen 12 und 25 cm betragen, mindestens jedoch das Dreifache des größten Korns. Wenn eine relativ dicke Schottertragschicht eingebaut werden soll, ist sie lagenweise anzufüllen und zwischendurch zu verdichten. Die Dicke der jeweils verarbeiteten Lagen richtet sich nach dem Gewicht und damit nach der Verdichtungsleistung der verwendeten Rüttelplatte.

Kiestragschichten
Die günstigste Möglichkeit für Tragschichten stellen kornabgestufte Kiestragschichten mit einer Körnung von 0 bis 32 mm oder 0 bis 45 mm dar. Sie werden erdfeucht 12 bis 30 cm dick mit Entwässerungsgefälle eingebaut und mit einer Rüttelplatte oder Vibrationswalze mehrfach (mindestens dreimal) verdichtet. Kiestragschichten sind für gering bis mittelstark belastete Flächen wie Fußwege und Sitzplätze zu empfehlen. Eine lagenweise Verdichtung – wie im Abschnitt „Schottertragschichten" beschrieben – ist nur bei größeren Schichtdicken erforderlich.

Durch eine seitliche Begrenzung wird verhindert, dass sich der Wegebelag bei starker Belastung verschiebt. Gartenwege benötigen in der Regel keine feste Einfassung mit Kantensteinen. Bei Plattenbelägen wird die äußere Plattenreihe auf ein etwa 5 cm breites

3.6 Der richtige Unterbau

Mörtelband gesetzt. Zur Befestigung von Pflasterbelägen wird die äußere Steinreihe auf eine Betonschulter gesetzt (siehe auch Kapitel 6.3.1).

Recyclingschotter
Bei größeren Belagsflächen lohnt es sich, wenn Sie sich nach dem Preis von Recyclingschotter erkundigen. Das Material wird aus Bauschutt gewonnen, der maschinell gebrochen und in eine bestimmte Korngrößenfraktion (meist 0 bis 48 mm) gesiebt wird. Recyclingschotter ist relativ preisgünstig, besitzt eine ausreichende Tragkraft und wird daher im Garten- und Landschaftsbau häufig als Tragschicht für Pflasterungen verwendet. Abhängig von der Herkunft kann man gutes oder schlechteres Material „erwischen". Schlechtes Material kann zum großen Teil aus Sand bestehen, wodurch die Tragkraft gemindert wird. In Wasserschutzgebieten sollte Recyclingschotter nicht verwendet werden, da abhängig von der Herkunft (zum Beispiel aus abgerissenen Häusern) Chemikalienrückstände aus Isolierungen oder Wandfarben und ähnliche Stoffe enthalten sein können. In diesem Fall ist Natursteinschotter aus dem nächstgelegenen Steinbruch die bessere Alternative.

Betontragschichten
Im Zuge eines Neubaus werden teilweise Betonplatten als Untergrund für Hausterrassen gegossen. Der Grund: Das aufgefüllte und beim Rohbau noch ungenügend verdichtete Erdreich rings um die Kellerwände sackt in der Regel noch über Monate oder Jahre zusammen. Um zu vermeiden, dass sich die Terrasse dadurch senkt und Absätze (Stolperstufen) entstehen, wird auf den anstehenden Boden eine mindestens 10 bis 12 cm dicke Stahlbetonplatte (Festigkeit B25, Körnung 0 bis 16 mm) mit Gefälle gegossen, die auf dem Kellermauerwerk aufliegt oder anderweitig mit dem Haus verbunden ist.

> **Hinweis**
>
> Sackt der Boden unter der Betonplatte ab, gibt es dort Hohlräume, in denen sich Wasser sammeln kann oder die z. B. von Ratten besiedelt werden können. Daher ist es sinnvoll, darauf zu achten, dass der Arbeitsraum an den Kellerwänden fachgerecht verfüllt und lagenweise verdichtet wird, dann gibt es auch keine Setzungen.

3.6.3 Die Bettung für den Belag herstellen

Auf den verdichteten Unterbau wird das Bett für den Belag aufgebracht. Diese Bettung kann entweder mit Sand oder auch mit Splitt ausgeführt werden. Beide Materialien haben ihre Berechtigung. Für Natursteinpflastermaterial eignet sich Sand besser, am besten Brechsand, für größeres Betonsteinpflaster oder Platten ist Splitt besser geeignet. Splitt wird zudem nicht durch Ameisen weggetragen.

Das Pflasterbett herstellen
Beläge können in unterschiedliche Substrate verlegt werden. Am gebräuchlichsten sind Sand, Splitt und Trockenmörtel (bzw. Estrich). Auf sehr genau gegossene Betonplatten können maßhaltige Platten auch auf sogenannte Stelzen oder kleine Mörtelsäcke verlegt werden. Welches Verlegematerial infrage kommt, hängt vom Unterbau, der Verkehrsbelastung, dem Fugenfüllmaterial und den Eigenschaften des Belagsmaterials selbst ab.

Das Pflasterbett muss über die gesamte Belagsfläche gleichmäßig aufgetragen werden. Es darf nicht dazu dienen, Unebenheiten der darunterliegenden Tragschicht auszugleichen. Bindige und schluffige Sande sowie zu feine Sande sind als Pflasterbett ungeeignet.

Soll Pflaster umweltschonend ohne Zusatz von Bindemitteln in Bettung und Fugenfüllung verlegt werden,

3.6 Der richtige Unterbau

> **Hinweis**
>
> Gebundene Bauweise bedeutet: ein statisch mit Zement oder Kunststoff gebundenes Verfahren wie z. B. Mörtel.

kommt nach wie vor nur die ungebundene Bauweise in Betracht. Unabhängig von der gewählten Bauweise gilt aber ein Grundsatz: Bettungs- und Fugenmaterial sind immer in gleicher Bauweise auszuführen – also entweder ungebunden oder gebunden.

Das Pflasterbett wird bei der Herstellung so weit überhöht, dass nach dem Einrütteln des Pflasters die Sollhöhe (endgültige Belagshöhe) erreicht wird. Das Pflasterbett sollte zwischen Lehren (z. B. Gerüstrohren oder Aluschienen) abgezogen werden. Anschließend darf es weder befahren noch begangen werden. Die Pflasterränder sollten vor der Verlegung je nach Nutzungsart mit Rasenkanten oder Bordsteinen eingefasst werden. Die Einbindung in Beton (B15) sorgt für eine dauerhafte Stabilität.

Der Sand oder Splitt wird locker auf die Fläche geschaufelt und mit einer Holz- oder Leichtmetalllatte in Richtung des Gefälles gerade abgezogen. Größere Flächen werden in Teilstücken abgezogen. Richtleisten sind hierbei hilfreich.

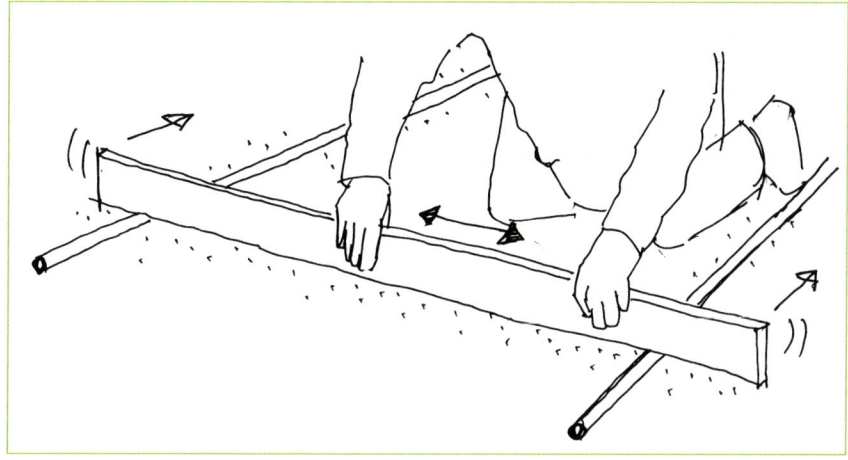

Abb. 3.14 – Herstellung der Belagsbettung aus Sand oder mit Splitt. Durch die beiden Führungsschienen kann die Bettung exakt höhengerecht abgezogen werden.

Hierzu legt man die Latte beidseitig auf Eisenrohre oder andere stabile Metallprofile. Diese werden in das Sand- oder Splittbett höhenmäßig so eingemessen, dass sie mit ihrer Oberkante die Endhöhe der Ausgleichsschicht (Belagsbettung) vorgeben.

Die technischen Grundlagen für das Pflasterbett sind sehr umfangreich, deshalb erfolgt hier nochmals eine Auflistung der wichtigsten Punkte:

- Die Dicke des Pflasterbetts sollte mindestens 3 cm und höchstens 5 cm betragen.
- Als Bettungsmaterial kommen natürliche und künstliche Mineralstoffe oder Recyclingbaustoffe (Zulassung erforderlich) infrage.
- Geeignete Körnungen sind Sand 0/2 mm oder 0/4 mm, Splitt 1/3 mm oder 2/5 mm oder ein kornabgestuftes Brechsand-Splitt-Gemisch 0/5 mm. Das größte Korn darf 8 mm nicht überschreiten.
- Das Pflasterbett ist über die gesamte Belagsfläche gleichmäßig dick aufzutragen und abzuziehen. Keinesfalls sind Unebenheiten der Tragschicht damit auszugleichen!
- Das Pflasterbett ist so zu überhöhen (6 bis 8 mm), dass nach dem Einrütteln die Sollhöhe und die Standfestigkeit des Belags erreicht werden.

3.7 Belag einbauen

Sind Unterbau und Bettung fertiggestellt, kann mit der Verlegung des Belags in Form von Pflaster oder Platten begonnen werden. Stets sollte damit an Fixpunkten wie Hauswänden angefangen werden, um unnötige Schnittarbeiten zu vermeiden. Die Hauswände sind in dem Bereich, der später unter dem Pflaster liegt, vorher mit geeigneten Mitteln (z. B. Teerpappe bzw. Noppenbahn) vor Feuchtigkeit zu schützen.

Bei Gartenwegen im Gelände sollten Sie an der tiefsten Stelle beginnen, von der aus nach oben gepflastert wird. Würden Sie nämlich bergab pflastern (von oben nach unten), würden die Pflastersteine beim Pflastern nach unten abkippen.

Je nach Belagsart gibt es unterschiedliche Verfahren des Einbaus. Grundsätzlich sollten alle Materialien mit Fuge verlegt werden, ansonsten besteht die Gefahr von abplatzenden Kanten. Beim Verlegen sollten Sie sich auf dem bereits verlegten Belagsmaterial bewegen (Ausnahme Kleinpflaster und Kieselpflaster), um das abgezogene Bett nicht zu zerstören. Dabei ist z. B. bei empfindlichen Platten besondere Vorsicht geboten. Am besten deckt man die bereits verlegten Platten mit Brettern ab, auch um Verschmutzungen zu vermeiden.

Betonsteine werden industriell gefertigt und sind wegen ihrer gleichmäßigen Form leicht zu verlegen. Es gibt sie in vielen verschiedenen Formen und Formaten. Die preisliche Größenordnung liegt bei 20 bis 50 Euro pro Quadratmeter.

Teurer sind Natursteine, bei denen man normalerweise mit 40 bis über 100 Euro pro m² Material rechnen muss. Der Favorit bei den Natursteinen ist Granit in verschiedenen Farben. Eine interessante Optik und beste Haltbarkeit bieten daneben auch Gneis, Diorit und Porphyr.

3.7.1 So bekommen Sie ein einheitliches Pflasterbild

Betonpflastersteine lassen sich einfacher als Naturpflastersteine mit ihren häufig abweichenden Formaten verlegen. Trotzdem empfiehlt es sich auch hier, nach dem sorgfältigen Abziehen des Pflasterbetts mit einer Fluchtschnur sowie mit Winkel und Richtlatte zu arbeiten. Dabei sollte entsprechend dem Bauablauf alle 1 bis 3 m die Rechtwinkligkeit kontrolliert werden. Falls ungleich dicke bzw. unregelmäßige Betonpflastersteine verlegt werden, setzen Sie zwischendrin möglichst Lehrensteine. Dies sind Steine, an denen Sie die anderen Steine ausrichten können. Unebenheiten der Pflasteroberfläche sollten innerhalb einer 4 m langen Messstrecke bei Betonsteinpflaster und Betonplatten nicht größer als 10 mm sein. Werden farbige Steine verlegt, können innerhalb der einzelnen Lagen Farbab-

Abb. 3.15 – Kontrolle der Ebenheit des fertigen Belags mit einer 3-m-Alulatte.

3.7 Belag einbauen

weichungen auftreten. Es ist deshalb ratsam, die Steine möglichst verschiedenen Paketen/Paletten zu entnehmen und beim Verlegen zu mischen.

3.7.2 So verlegen Sie das Plattenmaterial
Das Plattenmaterial wird sorgfältig auf das ebene Sand- oder Splittbett verlegt. Bei spaltrauen Natursteinbelägen wird die Ausgleichsschicht mit einer Maurerkelle so modelliert, dass die einzeln aufgelegten Platten ca. 1 cm über der gewünschten Wegehöhe liegen. Die Steine werden mit einem Gummihammer mit gleichmäßig verteilten Schlägen in die richtige Höhe gebracht, und dabei werden die Lage, das Gefälle und die Höhe regelmäßig kontrolliert.

Die Fugen sollten etwa 4 mm breit sein. Je nach verarbeitetem Material können Sie Fugenkreuze verwenden oder besser eine dünne Holzleiste für einen gleichmäßigen Fugenverlauf einlegen. Manche Steine (Beton) haben auch entsprechende Abstandhalter bereits „eingebaut".

> **Tipp**
> Fugensand und Bettungsmaterial sollten aufeinander abgestimmt sein, damit das Fugenmaterial nicht in das Pflasterbett einrieselt. Ungünstig ist z. B. eine Kombination aus Splittbett und Fugensand.

Natursteinplatten verlegen
Natursteinplatten werden wie Betonplatten in die vorbereitete Bettung verlegt. Ist der Belag komplett, behandelt man ihn nicht mit einem gewöhnlichen Rüttler, denn Natursteinplatten können dadurch beschädigt werden. Je nach Belag gibt es spezielles Zubehör für die Rüttelplatte. Empfindliche Platten sollten einzeln mit dem Gummihammer befestigt werden. Für die Fugen-

füllung wird feiner, trockener Sand auf die Plattenfläche verteilt. Das Einfegen erfolgt diagonal über die Fugen. Der Sand kann auch mithilfe eines Gartenschlauchs tief in die Fugen gespült werden, wobei ich das Trockeneinfegen bevorzuge. Das Einfegen, ob trocken oder nass, wird so oft wiederholt, bis die Fugen vollflächig gefüllt sind.

Am Ende der Einbauarbeiten muss der Plattenbelag sorgfältig abgekehrt und mit einem leichten Rüttler mit Plattengleitvorrichtung vom Rand aus abgerüttelt werden. Dabei muss die Oberfläche trocken und besonders sauber sein. Nach dem Abrütteln werden die Fugen durch Einfegen von Fugenmaterial wiederholt gefüllt. Überschüssiges Fugenmaterial sollte noch einige Tage liegen bleiben und mehrmals nachgekehrt werden.

> Dünne Natursteinplatten (unter 4 cm Stärke) sollten nicht maschinell abgerüttelt werden, da sonst Beschädigungen drohen. Es empfiehlt sich, sie mit einem Gummihammer vorsichtig festzuklopfen.

3.7.3 Platten und Pflaster verlegen: Tipps und Tricks
Immer wenn Sie einen Teilbereich der Bettung abgezogen haben, werden Platten oder Betonpflaster über Kopf (vom fertigen Belag aus) auf die Bettung aufgelegt. Bei Natursteinplatten können die Steine Zug um Zug mithilfe eines Hammers und eines stabilen Holzstücks (Hartholz) festgeklopft werden. Man kann dazu auch einen Fäustel verwenden, der mit einer Gummischutzkappe versehen wird. Zwischen den Steinen bleiben Fugen, deren Breite von der Steingröße abhängt – bei Kleinpflaster sollten sie nur 0,5 cm breit sein, bei größeren Steinen dürfen sie breiter sein – je-

3.7 Belag einbauen

> **Tipp**
>
> Werden einzelne Platten verlegt, kann das Sand- oder Splittbett auch mit einer Kelle Stück für Stück hergerichtet werden. Dabei muss das Bett in der Mitte jeder Platte etwas tiefer anlegt werden.

doch grundsätzlich nie so breit, dass Steine kippen können. Möchte man die Fugen später begrünen oder den Belag als Drainagepflaster anlegen, kann man zwischen den Steinen spezielle Distanzstückchen verlegen, die später vom Fugenmaterial verdeckt werden. In der Regel bleiben bei Platten die Fugen sehr schmal.

Betonsteinpflaster werden, wie beim Plattenmaterial beschrieben, in ein abgezogenes Splitt- oder Sandbett verlegt und können anschließend abgerüttelt werden. Danach werden die Pflasterfugen durch Einkehren verfüllt, bei schmalen Fugen jedoch nur mit trockenem Fugenmaterial und bei trockenem Wetter.

Je nach Belagsmaterial können die Fugen (Zwischenräume) mit Sand oder mit Splitt gefüllt werden – enge Fugen bei Betonpflaster mit Sand. Durch ausreichend eingebrachtes Fugenmaterial erhöht sich die Stabilität des Belags. Ein Verfüllen mit Mörtel ist nicht ratsam, da dieser bereits bei den ersten Frösten auffrieren und nach und nach herausbröckeln wird.

Ausnahme
Wird ein geschlossener Terrassenbelag z. B. unter einem Vordach hergestellt, kann der Untergrund betoniert werden. Dann muss auch die Bettung unter dem Belag aus Mörtel (Flexmörtel) sein, und die Fugen müssen mit frostbeständigem Mörtel oder mit einer speziellen kunststoffvergüteten Masse ausgefugt werden.

Natursteinpflastermaterial
Beim Natursteinpflaster werden die Steine meist einzeln in dem grob verteilten Sand- oder Splittbett verlegt. Dabei wird ein spezieller Pflasterhammer verwendet, der nicht zu leicht (aber mit einem kurzen Stiel) gewählt werden sollte, um die Steine ausreichend stark in die Bettung zu treiben. Ein 3-kg-Hammer ist für Großpflaster (16/16) angemessen, während für kleineres Pflaster ein 1,5- bis 2-kg-Hammer gut geeignet ist.

Der Pflasterer bewegt sich dabei im Verlegebett und pflastert rückwärts. Stetige Kontrolle mit Maurerschnur oder Wasserwaage sorgen für eine gleichmäßige Oberfläche. Schon beim Pflastern wird die Fuge mit dem Hammer gestopft und danach die Fläche satt eingeschlämmt.

Zuletzt (nach dem Einfugen) wird die gesamte Fläche mit einer Rüttelplatte abgerüttelt, gegebenenfalls nochmals eingefugt und wieder gerüttelt. Bei Kalk- und Sandsteinen sollte unter die Maschine eine Gummischürze gespannt werden, um unschöne Kratzer zu vermeiden.

Bei großen Pflastersteinen, z. B. 16 x 16 cm, bietet sich auch die Möglichkeit an, sie als Rasenpflaster auszuführen. Sie werden mit einer Fugenbreite von 20 bis 40 mm in Splitt (2 bis 5 oder 2 bis 8 mm) verlegt, und die Fugen werden damit bis zur Pflasteroberkante aufgefüllt. Der nachfolgende Rüttelgang lässt den Sand oder den Splitt in den Fugen ausreichend tief sacken. Anschließend können die Fugen mit einer Mischung aus speziellem Substrat – bestehend aus feinkörnigem Boden, Flusssand und Samen (einer trockenheitsverträglichen Rasenmischung) – eingefüllt und nachgeschlämmt werden (siehe Abb. 3.16).

Die Fläche sollte trotz ihrer Versickerungsfähigkeit mit einem Gefälle zur angrenzenden Vegetationsfläche

3.7 Belag einbauen

> **Rückenstütze**
>
> Pflasterflächen können sich durch die Benutzung seitlich verschieben. Um dies zu verhindern, sollten die am Rand befindlichen Pflastersteine von außen mit einem Keil aus Beton (B15 0/16 KS) fixiert werden. Die Betonrückenstütze sollte stark genug sein, um dem Druck standzuhalten, aber ca. 3 bis 6 cm unter der Oberfläche der Steine aufhören, damit Oberboden angefüllt werden kann und ein späterer Rasen dort nicht aus Feuchtigkeitsmangel vergilbt.

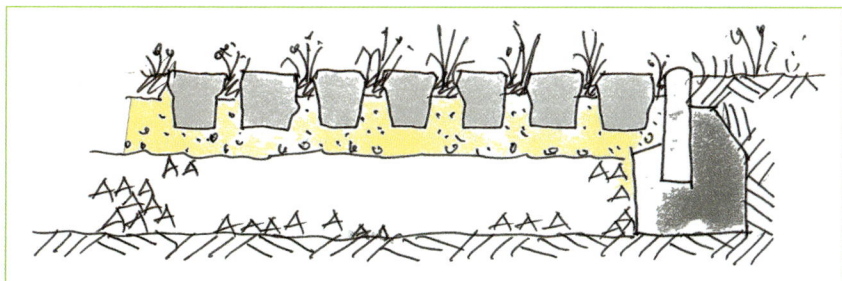

Abb. 3.16 – Schnitt durch einen Rasenpflasterbelag. Durch die breiten, durchlässigen Fugen kann ein großer Teil des Regenwassers versickern.

oder notfalls in einen Bodeneinlauf ausgeführt werden, damit überschüssiges Wasser bei Platzregen abfließen kann.

Manchmal weist das Gelände, in dem der Gartenweg angelegt wird, zu große Höhenunterschiede auf, als dass man sie innerhalb des Pflasterbelags ausgleichen könnte. Dies gilt bei einem natürlichen Gefälle ab etwa 7 oder 8 %. Hier sollte man mit Stufen oder gepflasterten Absätzen den Niveauunterschied konstruktiv überbrücken. Zu vielen Betonpflastersteinen und zu fast allen Natursteinen gibt es passende Blockstufen, die man mit ganz leichtem Gefälle zur vorderen Kante hin in ein Schotter- oder Betonbett verlegt. Dabei müssen sich die Stufen jeweils um wenige cm überlappen.

Schwieriger ist die Herstellung gepflasterter Stufen. Hierbei sollte man zumindest die unterste Stufe ebenfalls in Beton verlegen.

3.7.4 Einpassarbeiten

Beim Verlegen von Wege- und Terrassenbelag müssen am Schluss passgenaue Stücke angefertigt werden. Dazu können Sie z. B. eine elektrische Steinschneidemaschine verwenden, die ausgeliehen werden kann. Zwar lassen sich Betonplatten und Natursteine auch mit Hammer und Meißel bearbeiten, doch dafür benötigen Sie sehr viel Übung und Geschick.

Wo Betonpflastersteine eingepasst werden müssen, lassen sich diese problemlos mit einem Steinknacker passgenau brechen oder bei exakten Anschlüssen mit einem Nass-Schneidegerät schneiden: dabei den einzupassenden Stein entweder durch Messen ermitteln und auf einem ganzen Stein aufzeichnen oder, wenn möglich, den ganzen Stein so über die Lücke legen, dass direkt angezeichnet werden kann.

3.7.5 Welche Maschinen können Ihnen helfen?

Der Aushub für erforderliche Leitungsgräben oder Entwässerungsrohre sowie für den Unterbau unter den Belägen kann bei größeren Flächen sinnvollerweise mit einem Kleinbagger erfolgen. Dieser kann im Baustoffhandel ausgeliehen und meist auch mit einem zusätzlich geliehenen Anhänger zur Baustelle transportiert werden.

Zur Verdichtung des eingefüllten Grabenaushubs oder des Untergrunds sowie des Unterbaumaterials unter den Belägen können Sie sich Rüttelgeräte leihen.

Je nach Belag gibt es unterschiedliche Flächenrüttler mit Zu-

3.7 Belag einbauen

Abb. 3.17 – Kleinbagger für Auskofferungs- und Grabungsarbeiten.

Rüttelplatte

Motorbetriebene Eisenplatte, die durch Vibration den Untergrund verdichtet und sich langsam vorwärts bewegt. Sie wird von einer Person ähnlich wie ein Rasenmäher bedient und zur Verdichtung von Tragschichten aus Schotter oder Kies verwendet. Pflasterflächen werden nach dem Verlegen mit einer Rüttelplatte abgerüttelt, um einen tragfähigen Belag ohne unerwünschte Setzungen zu erhalten. Rüttelplatten können gerade auf Pflasterbelägen einen ohrenbetäubenden Lärm verursachen. Gehörschutz ist daher unbedingt erforderlich.

behör, z. B. Gummirollen oder Gummiplatten für empfindliche Beläge.

Nass-Steinsägen lassen sich im Baustoffhandel oder im Baumarkt tageweise mieten.

Zwar können Steinplatten auch mit einem Winkelschleifer abgelängt werden, doch oft wird dabei die Oberfläche des Steins beschädigt – unschöne Absplitterungen

Abb. 3.18 – Rüttelgeräte zur Verdichtung der Belagsuntergründe.

3.7 Belag einbauen

sind die Folge. Ansehnlicher wird der Schnitt mit einer Nass-Steinsäge. Wer beim Pflastern mehrere Steine zu schneiden hat, sollte über den Baumaschinenverleih ein solches Gerät mieten. Pro Tag werden ca. 25 bis 40 Euro berechnet. Die Wochenmiete ist umgerechnet noch günstiger als der Tagespreis. Wer an einen Neukauf denkt, muss einige Tausend Euro investieren.

3.7.6 Maschinen leihen: Hinweise und Tipps

Vergleichen Sie die Leistungen und Preise für die Maschinen. Teilweise können Maschinen auch für halbe Tage oder für mehrere Tage für einen Spezialpreis ausgeliehen werden, was für manche Arbeiten sinnvoll ist. Des Öfteren gibt es beim Ausleihen eines Geräts den Anhänger zum Transport gratis dazu.

In den Hauptzeiten wie im Frühjahr und Sommer kann es sinnvoll sein, die Maschine mehrere Tage im Voraus zu bestellen bzw. sich reservieren zu lassen. Bei Geräten mit Verbrennungsmotor muss nachgefragt werden, welcher Kraftstoff erforderlich ist. Bei Zweitaktern sind spezielle Mischungen aus Normalbenzin und Öl erforderlich. Bei Viertaktern sollten Sie nach dem Ölstand schauen.

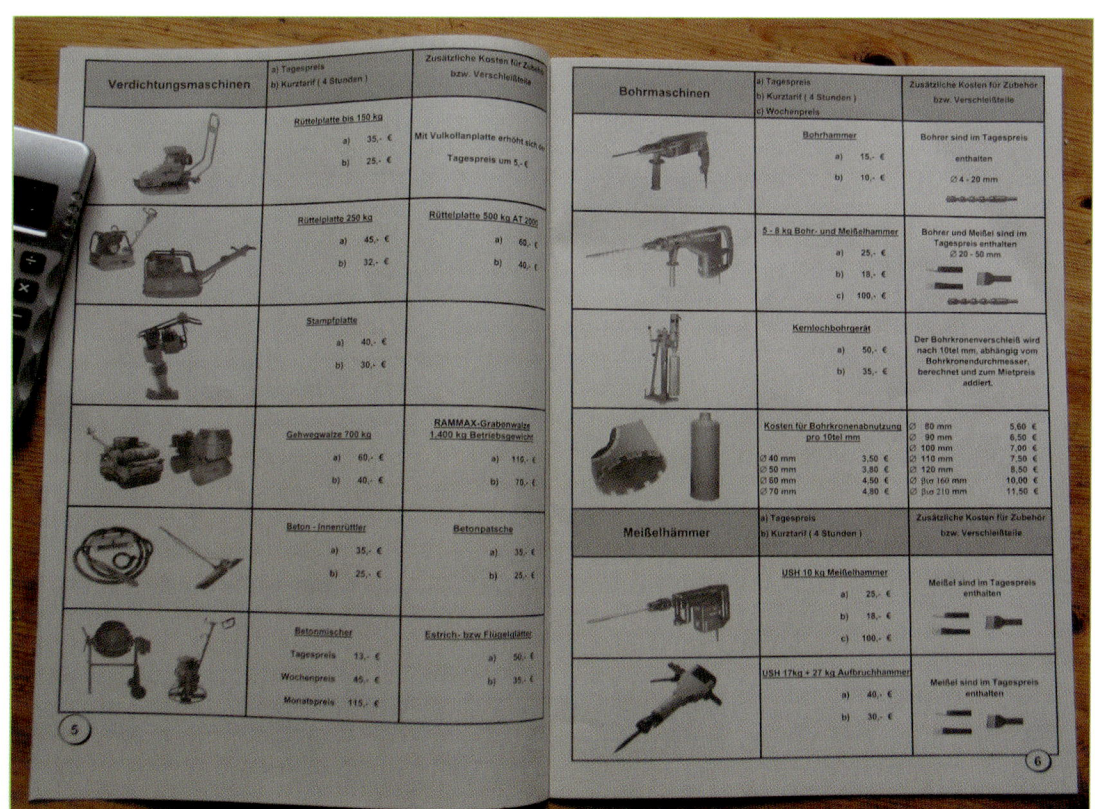

Abb. 3.19 – Maschinenliste eines Maschinenleihparks.

3.8 Holzterrasse – barfuß im Garten

Es gibt viele Gründe für eine Holzterrasse im Außenbereich. Holzfußböden sind im Sommer nicht zu heiß und in den Übergangsmonaten nicht zu kalt. Durch die Riffelung der Hölzer sind sie rutschfest und je nach Holzart und Konstruktion lange haltbar.

Abhängig davon, ob Sie Ihre Holzterrasse auf einen ebenerdigen Untergrund oder aufgeständert aufbauen wollen, unterscheidet sich die Untergrundkonstruktion. Eine gut durchdachte Terrassenkonstruktion hat zum einen ein Gefälle, damit Regenwasser abfließen kann. Zum anderen sollten alle Bauteile, vor allem die Unterkonstruktion, gut belüftet werden, und die Konstruktion sollte so durchgeführt werden, dass Teile ausgetauscht werden können.

Für die schnelle Aktion gibt es aber auch Terrassenholzroste mit höhenverstellbaren Füßen. Damit lässt sich die Holzterrasse in wenigen Stunden ganz unkompliziert auf einem vorhandenen Terrassenbelag aufbauen. Die Terrassenroste lassen sich jederzeit wieder abbauen und zum Beispiel bei einem Umzug mitnehmen.

Dauerhafte Lösungen sollten mit einem Fundament wie nachfolgend beschrieben angefertigt werden.

3.8.1 Vorbereitung und Festlegung der Höhen

Die Terrassenfläche wird von Bewuchs befreit, und der Oberboden sollte 10 bis 20 cm abgetragen werden, um nach dem Einbau der Fundamente die Fläche unterhalb der Terrasse mit einem Vlies und darüber mit Sand oder Kies auffüllen zu können, damit nicht später Unkräuter unter der Terrassenfläche wachsen.

Das Graben der Löcher für die Fundamente erfolgt nach den festgelegten Abständen der Auflagepunkte für die Tragbalken.

Das Einmessen und Herstellen der Fundamente ist eine etwas zeitaufwendigere Arbeit, die in aller Ruhe erfolgen sollte, weil darauf alle anderen Arbeiten aufbauen. Bezugspunkte sind der Hausanschluss wie z. B. die Terrassentür. Der Terrassenbelag sollte sich mindestens 5 cm unterhalb der Schwelle der Terrassentür befinden, damit Regenwasser und Schnee nicht ins Haus gelangen können.

Abb. 3.20 – Befindet sich Erdreich unter dem Terrassenbelag, können Pflanzen durch die Fugen des Holzbelags kommen. Um dies zu verhindern, sollten Sie unterhalb des Terrassenbelags ein mit Kies (oder Schotter) abgedecktes Vlies legen.

3.8 Holzterrasse – barfuß im Garten

Die Oberkante des Fundaments entspricht somit der Oberkante des Belags abzüglich der Dicke des Gehbelags, der Gesamthöhe der tragenden Unterkonstruktion und der vorgesehenen Höhe des Pfostenfußes oberhalb des Fundaments.

Mit dem Richtscheit (einer Alulatte oder einem geraden Brett) oder einer Schnur mit Wasserwaage kann dann die Oberkante der Fundamente eingemessen und kontrolliert werden. Bei größeren und bei frei stehenden Flächen bietet sich möglicherweise ein Schnurgerüst oder die Verwendung eines Lasergeräts an, mit dem Lichtpunkte oder Striche an die markierte Hauswand projiziert werden können.

3.8.2 Lage und Dimensionierung der Fundamente

Die Lage der Fundamente richtet sich nach der Unterkonstruktion, bestehend aus Quer- und Längsbalken.

Die Punktfundamente liegen mittig unter den Tragbalken, deshalb muss beim Einmessen der Fundamente der Randüberstand der Terrassenfläche berücksichtigt werden. Zunächst werden die äußeren vier Ecken abgesteckt, um danach die dazwischenliegenden Punkte für die Fundamente mit Maßband oder Meterstab und der Richtschnur markieren zu können. Sie werden in gleichem Abstand zwischen den Randbalken verteilt.

Es ist wichtig, die Maße zu kontrollieren, indem Sie die Diagonalen messen. Damit zeigt sich am schnellsten, ob die Konstruktion rechtwinklig und gleichschenklig ist.

> **Hinweis**
>
> Die Fundamente sind so anzulegen, dass deren Oberkante tief genug für die Unterkonstruktion und den Terrassenbelag abschließt.

Die Rechtwinkligkeit können Sie durch Abstecken gleich langer Schenkel des betreffenden Winkels und der Länge der Diagonalen nachprüfen (siehe auch Kapitel 3.2 „Messen und abstecken").

Dimensionierung
So luftig die Terrasse auch für den Holzschutz sein soll, nicht nur sie selbst muss stabil sein, sie benötigt als Basis auch ein tragfähiges Fundament.

Da Frostfreiheit in unserer Klimazone in Deutschland erst ab 80 cm Tiefe (im Erdboden) gewährleistet ist, empfehle ich, entsprechend tief angelegte Punktfundamente herzustellen.

Punktfundamente müssen exakt auf die später vorgesehene Konstruktion abgestimmt sein. Daher ist es erforderlich, zuerst ein einfaches Schnurgerüst aufzustellen.

Das Schnurgerüst wird ca. 1 m außerhalb der späteren Terrasse mit Holzpfosten und Brettern errichtet.

Die Lage der Unterkonstruktion wird dann eingemessen und am Schnurgerüst markiert. Durch eingeschlagene Nägel an den Markierungen können Schnüre (Maurerschnüre) gespannt werden, die dann die Lage der Punktfundamente anzeigen. Bevor Sie mit dem Ausheben des Fundaments beginnen, ist es gut, die Abmessungen und auch die Winkel zu überprüfen. Für die exakte Lagebestimmung kann es sinnvoll sein, die Schnüre durch Bretter zu ersetzen. Von den Schnüren bzw. Brettern kann nun senkrecht nach unten gelotet werden. Dort, wo das Lot auf den Boden trifft, sind die Fundamente auszuheben. Da bei der erforderlichen Tiefe die Wände der Ausschachtung abgeböscht werden müssen, sind die Fundamente entsprechend dem Böschungswinkel oben breiter auszubilden.

Schließt die Terrasse direkt am Haus an, können Sie eine Seite der Unterkonstruktion mit Pfostenschuhen direkt an die Hauswand andübeln.

3.8 Holzterrasse – barfuß im Garten

> **Hinweis**
>
> Wichtig ist eine ausreichende Verdichtung des Untergrunds nach dem Fundamentaushub. Sie ist Pflicht, wenn sich das Fundament in einem aufgefüllten Bereich befindet.

Für gute Stabilität sollten die Fundamente möglichst schmal und tief, mindestens 40 cm x 40 cm x 60 cm, besser 80 cm tief, ausgehoben werden. Zusätzlich kann der obere Fundamentteil, der Kragen, mit einer Konstruktion aus vier Brettern eingeschalt werden. Für einen sauberen oberen Abschluss können Dreikantleisten auf die Schalung genagelt werden.

Die Fläche zwischen den Fundamenten sollte mit einem Vlies und einer Abdeckung aus Kies oder Splitt versehen werden. Das Vlies soll das Durchwachsen von Pflanzen verhindern, der Kies dazu beitragen, dass die Vlieslage abgedeckt ist und die Bedingungen für Unkrautsamen wenig attraktiv sind.

Nun gibt es verschiedene Möglichkeiten des weiteren Vorgehens:

1. Die Punktfundamente betonieren, aushärten lassen und dann einen Pfostenschuh oben aufdübeln und verschrauben.
2. Metallteile wie Pfostenschuhe oder Gewindestangen gleich mit einbetonieren.

Die erste Möglichkeit geht zunächst schneller, ist statisch aber ungünstiger. Die zweite Möglichkeit erfordert gute Vorbereitung und hält besser.

Im Folgenden beschreibe ich die zweite Möglichkeit: Die Balken für die Unterkonstruktion müssen provisorisch über den ausgehobenen Fundamentlöchern mit Pfosten, Brettern und Schraubzwingen so fixiert und in Höhe und Position so ausgerichtet werden, wie sie später für die Terrassenunterkonstruktion liegen sollen. Über jedem Fundamentloch können Sie dann mit einem Holzbohrer ein Loch von 18 bis 20 mm in den Balken senkrecht von oben nach unten bohren. Pro Fundament bereiten Sie eine Gewindestange aus Edelstahl vor. Gut eignen sich M16-Edelstahl-Gewindestangen (16 mm Durchmesser), z. B. 50 cm lang. Am unteren Ende verschrauben Sie ein Stück Flacheisen (kein Edelstahl) als Anker auf der Gewindestange mit zwei Muttern, damit die Gewindestange besser im Beton verankert ist und Zugkräfte aufnehmen kann.

Nun stecken Sie die Gewindestange durch das Loch im Holzbalken und verschrauben sie mit zwei Muttern und Beilagscheiben. Die Gewindestangen sollten ca. 30 cm in den Beton ragen. Zwischen Fundamentoberkante und Balkenunterkante sollte die Gewindestange 5 bis 10 cm Zwischenraum haben, sodass der Balken über dem Fundament „schwebt". Durch diese Montageart mit Gewindestange kann nach Fertigstellung mittels Verdrehen der Muttern die gesamte Terrasse in der Höhe fein justiert werden.

Betonieren

Den Baustoff Beton können Sie selbst aus Kiessand, Zement und Wasser anfertigen, bereits fertig vom Betonwerk kommen lassen oder selbst abholen. Bei kleineren Fundamentarbeiten kann es sinnvoll sein, den Beton selbst herzustellen.

> Wenn Sie den Beton selbst anfertigen wollen, mischen Sie Kiessand der Körnung 0/16 und Portlandzement PZ 35 im Mischungsverhältnis 12 Schaufeln Kies und 3 Schaufeln Zement. Das Verhältnis Wasser zu Zement sollte etwa 1:2 betragen. Bei zum Beispiel 10 kg Zement entspricht das 5 Litern Wasser.

3.8 Holzterrasse – barfuß im Garten

Beim Fertigbeton gibt es verschiedene Einstufungen (mehr oder weniger Zementgehalt je nach Verwendungszweck), Konsistenzen und Zuschlagstoffe wie Abbindeverzögerer (wenn es sehr heiß ist) oder auch Fließmittel, z. B. für die Selbstnivellierung einer Bodenplatte. Für die Punktfundamente können Sie einen Beton mit der Bezeichnung B 15 (Festigkeit B15 = 15 Newton/mm²) verwenden.

Wenn die Balken der Unterkonstruktion mit den montierten Gewindestangen exakt ausgerichtet sind, kann der Beton vorsichtig eingefüllt werden. Notfalls muss der Beton mit zusätzlichem Wasser etwas flüssiger gemacht werden. Damit keine Hohlräume entstehen, wird der Beton in Etappen in das Fundamentloch gefüllt und mit einer Holzlatte eingestampft. Sind alle Fundamente gefüllt, prüfen Sie die Lage der Balken nochmals nach und lassen das Ganze einige Tage aushärten.

Alternative zum betonierten Fundament
Bei standfestem Unterbau ist es auch möglich, die untere Balkenlage (Tragbalken) auf einzelnen im Sandbett verlegten Gehwegplatten aufzulegen. Zu beachten ist dabei, dass die Tragbalken mit einem Abstandbügel aus verzinktem Metall auf die Gehwegplatten montiert werden, damit aufsteigende Feuchtigkeit das Holz nicht zerstört.

Der Untergrund aus Betonplatten muss absolut standfest sein. Die Unterlagebalken mit einem Querschnitt von mind. 10 x 10 cm sollten in einem Abstand von 50 bis 60 cm voneinander entfernt liegen (je nach Dicke der Bohlen), und rechteckige Profile sollten hochkant angeordnet werden.

Aus Gründen des konstruktiven Holzschutzes ist die aufgeständerte Konstruktion in Verbindung mit Fundamenten, wie nachfolgend beschrieben, im Vorteil.

3.8.3 Unterkonstruktion aus Holz herstellen

Bei großen Stützweiten der Tragbalken ist Brettschichtholz wegen der höheren Festigkeit (kleinere Querschnitte) möglicherweise besser geeignet. Insbesondere bei bewitterten Bauteilen sollte wasserfest verleimtes Brettschichtholz (rot-braune Klebefugen) verwendet werden.

Für die in Wohnbereichen geforderten Verkehrslasten können die benötigten Abmessungen der Balkenquerschnitte (Breite x Höhe) im Holzfachhandel angefragt werden. Nachfolgend zwei Dimensionierungsbeispiele für ans Haus angelehnte Holzbohlenterrassen mit ca. 12 bis 18 m² Grundfläche.

Der Vorteil der ans Haus angebundenen Terrassen besteht darin, dass eine bessere Versteifung der Konstruktion durch die Hauswand erreicht wird.

Konstruktionsaufbauten von unten nach oben:

Beispiel:
Punktfundamente 40 x 40 x 80 cm, im Abstand von 2,40 m zur Hauswand.

Tragbalken aus Douglasie, Querschnitt 7 x 10 cm, 300 cm lang, 120 cm Abstand, quer zur Hauswand, auf der einen Seite an die Hauswand angedübelt.

Unterkonstruktion aus Douglasie, Querschnitt 5 x 7 cm, 400 cm lang, parallel zur Hauswand, Abstand 47 cm zueinander.

Oberbelag aus Douglasiendielen 26 mm, profiliert, quer zur Hauswand.

Beispiel:
Punktfundamente 40 x 40 x 80 cm, im Abstand von 1,80 bis 2,00 m.

Tragbalken aus Douglasie, Querschnitt 8 x 16 cm, 300 cm lang, 60 bis 80 cm Abstand, quer zur Hauswand, auf der einen Seite an die Hauswand angedübelt.

3.8 Holzterrasse – barfuß im Garten

Unterkonstruktion aus Douglasie, Querschnitt 8 x 16 cm, 600 cm lang, parallel zur Hauswand, Abstand 280 cm.

Oberbelag aus Douglasiendielen 26 mm, profiliert, quer zur Hauswand.

Je nachdem, ob viel Platz unterhalb der Holzterrasse ist oder der Raum darunter genutzt werden soll, sind die Balkenquerschnitte entsprechend zu wählen. Damit die Statik stimmt, müssen kleinere Balkenquerschnitte in kleineren Abständen zueinander angeordnet sein.

Im Bereich der Kontaktpunkte zwischen unterer und oberer Balkenlage (Kreuzungspunkt) kann z. B. eine Beilagscheibe gelegt werden, damit sich die Balken

Abb. 3.21 – Holzterrasse, Unterkonstruktion und Fundament: **a)** Punktfundament, **b)** Tragbalken, **c)** Wird die Holzterrasse an eine Hauswand angegliedert, kann ein Teil der Unterkonstruktion direkt an die Hauswand angedübelt werden.

3.8 Holzterrasse – barfuß im Garten

> **Tipp**
>
> Zum Schutz vor Feuchtigkeit und dem sich in den Fugen ansammelnden Wasser können die Tragbalken an der Oberseite mit Blechen abgedeckt und gegen Schwitzwasser mit einer Folie (Neopren-Folienstreifen) zwischen Holz und Blech versehen werden. Das vorher abgekantete Blech wird darübergestülpt und im Abstand von ca. 50 cm mittig festgeschraubt oder genagelt.

nicht direkt berühren. Das soll verhindern, dass sich Wasser im Zwischenraum der Balken sammelt und das Holz schneller verrotten lässt. Die Balken untereinander können z. B. mit Gewindestangen oder längeren stabilen Schrauben, Beilagscheiben und Stoppmuttern verschraubt werden.

3.8.4 Holzterrassenbelag

Douglasie, Lärche, Bankirai oder Kiefer – alle diese Hölzer sind für den Bau von Holzterrassen im Garten geeignet. Der Boden aus Holz ist warm und weich und relativ preiswert. Die Wahl der Holzart bleibt jedem selbst überlassen: Bankirai beispielsweise zeichnet sich durch eine hohe Haltbarkeit aus, neigt aber wie die meisten Harthölzer zu Rissen. Als etwas preiswertere Alternative empfehlen sich Lärche oder Douglasie. Diese sind günstiger als Bankirai und haltbarer als Kiefer. Außerdem sind die Nadelhölzer durch ihre schöne Färbung sehr dekorativ.

Kesseldruckimprägnierte Kiefernbohlen haben die geringste Haltbarkeit. Fünf bis zehn Jahre Haltbarkeit dürften die Regel sein, je nach konstruktivem Holzschutz und Lage der Terrasse.

Also lieber etwas mehr Geld ausgeben und Hölzer nehmen, die mit minimaler Vor- und Nachbehandlung wetterfest sind.

Oft eine leidige Streitfrage ist die Verschraubung der Dielen auf der Unterkonstruktion. Eins ist klar: auf jeden Fall mit Edelstahl! Ich empfehle dringend, für sämtliche Metallteile der Terrassenkonstruktion Edelstahl zu verwenden. Meist reicht V2A, in besonders extremen Fällen (Industriestädten) ist es besser, V4A zu verwenden. Am einfachsten ist die Verschraubung von oben durch die Bohle in die Unterkonstruktion. Die Bohlen lassen sich exakt anordnen, und der Abstand wird mit provisorisch eingelegten Abstandleisten erreicht. Der Nachteil: Die Schraubenköpfe sind von oben sichtbar, und Regenwasser kann seinen Weg über die abgesenkten Schraubenköpfe in das Holz finden. Eine weitere Möglichkeit ist, Teilbereiche des Terrassenbelags so vorzufertigen, dass diese mit Querhölzern (max. 80 cm Abstand) fixiert und dann zusammengeschraubt werden. Wenn auf diese Art ein Element von ca. 60 bis 80 cm Breite (bei 3 m Länge) gefertigt wird, kann es später zum Einbau umgedreht werden.

Nachteil: Schwere Holzpakete aus Bohlen müssen umgedreht und so auf die Unterkonstruktion verlegt werden, dass sie sich nicht verschieben können. Außerdem müssen die Schrauben so lang sein, dass sie möglichst weit in die Bohle ragen, aber nicht aus dem Bohlenbelag herausschauen. Werden die Schrauben nur mit geringer Einbindung in die Dielen geschraubt, kann es passieren, dass die Bohle beim Verziehen die Schrauben herausreißt (Auszugkraft). Aus den beiden vorgenannten Gründen halte ich diese Verfahren für problematisch.

Die dritte Möglichkeit ist, die Dielen durch spezielle seitliche Halter zu verschrauben. Optimal, aber teuer, sind Halter, die in die vorgefertigten Nuten der Dielen passen. Diese geben gleich den Abstand vor und lassen der Diele durch die Nut die Möglichkeit, sich z. B. im Sommer auszudehnen. Weiterhin gibt es spezielle

3.8 Holzterrasse – barfuß im Garten

Halter, die auf die eine Hälfte der Unterseite der Diele geschraubt, dann umgedreht und mit der Unterkonstruktion verschraubt werden. Auch hier sind Längendehnungen der Diele möglich. Das Verfahren ist aber aufwendiger, da jedes Mal die Diele umgedreht werden muss. Außerdem müssen Sie darauf achten, wohin der Halter geschraubt wird, damit er beim Verschrauben mit dem Unterkonstruktionsbalken auch am richtigen Platz ist.

Sinnvoll ist es, die Holzterrasse so zu planen, dass sie bezogen auf die Abmessungen mit ganzen, unzersägten Dielen aufgeht. Ansonsten müssen Sie nicht nur die Seitenkanten der Terrasse, sondern auch die Längsseite absägen.

Abb. 3.22 – Holzdielenmontage mit speziellen Haltern aus Edelstahl, hier die Variante für Holzdielen mit eingefräster Nut: **a)** Connector, **b)** Connector in eine Nut eingeschoben, **c)** beide Dielen verbunden.

Bei längeren Holzdielen des Oberbelags sollte die Verschraubung mit der Unterkonstruktion nicht statisch fix erfolgen. Die Holzdielen dehnen sich bei Wärme aus. Geeignet sind spezielle Verschraubungen aus Edelstahl oder Aluminium, die es den Dielen ermöglichen, sich zu bewegen.

Hinweis

Der Oberbelag sollte aus Holzdielen – möglichst geriffelt – mit einer Stärke (Holzdicke) von mindestens 25 mm bestehen.

4 Beleuchtung, der besondere Reiz für Gartenwege und Terrasse

Zauberhaft und romantisch kann es aussehen und gleichzeitig funktional sein, wenn nachts im Garten das Licht angeht. Der Reiz besteht darin, die Beleuchtung so zu komponieren, dass die Gartenräume in einem völlig neuen Licht erscheinen. Sicher werden Sie gern ein Gartenfest mit stimmungsvoller Beleuchtung veranstalten. Lampions, Windlichter und Gartenfackeln schenken uns bereits auf natürlichem Weg Freude.

Bäume, von unten angestrahlt, werfen das Licht zurück und lassen den Belag der Terrasse smaragdgrün transparent aufleuchten. Die Beleuchtungskörper sollten so gewählt werden, dass sie auch an das Wachstum der Pflanzen angepasst werden können.

4.1 Attraktive Außenbeleuchtung und funktionale Technik

Der Standort der Gartenleuchten sollte vorher gut überlegt und möglichst mit einem Fachmann besprochen werden.

Nicht nur bei Nacht, auch am Tag sollten sich die Leuchten in die Gestaltung einfügen. Günstigerweise halten Sie sich bis zur endgültigen Fertigstellung des Gartens in Sachen Gartenbeleuchtung zurück. Die Kabelleerrohre hingegen müssen mit dem Bau der Gartenwege und der Terrasse verlegt werden. Die Lampen selbst werden erst später angeschlossen. Möchten Sie solarbetriebene Leuchten verwenden, können Sie sich mit der Standortentscheidung mehr Zeit lassen.

Bei der Auswahl zeigt es sich sehr schnell: Die verschiedenen Leuchtenmodelle haben auch unterschiedliche Preise und unterschiedlichen Energieverbrauch. So sollten Sie festlegen, an welchen Plätzen wie viele Leuchten erforderlich sind, was diese an Energie verbrauchen und was eine Gartenleuchte maximal kosten darf.

Im Garten ist es fast überall möglich, Licht zu machen: angefangen bei der Lampe am Gartentor, die den Besuchern den Weg weist, über kleine Bodensolarleuchten, die entlang des Wegs ihren Platz finden, bis hin zum Lichtobjekt auf der Terrasse und zur Wandleuchte mit integriertem Bewegungsmelder, die des Öfteren auch durch die Katze des Nachbarn aufleuchten.

Bei der Lichtplanung ist es zunächst einmal sehr wichtig, dass nicht zu viele Bereiche gleichzeitig und vollständig ausgeleuchtet werden. Der Reiz entsteht durch Licht und Schatten. Gartenräume entstehen bei Nacht auch dadurch, dass ein anderer Bereich dunkel bleibt.

4.1.1 Strom im Garten für Beleuchtung und andere Zwecke

Es bietet sich an, Außensteckdosen zu installieren, damit die unterschiedlichsten elektrischen Geräte bequem im Garten betrieben werden können. Es gibt viele verschiedene Modelle – z. B. Außensteckdosen mit Erdspieß. Mit dem Erdspieß kann die Dosenanordnung mobil und standfest z. B. im Rasen verankert werden. Bei allen Gartensteckdosen und beim Hauptstecker zur Stromversorgung sollten Sie darauf achten, dass diese jeweils spritzwassergeschützt sind.

Für den Betrieb von fest installierten Gartensteckdosen wird eine unterirdische Zuleitung benötigt. Bei der Planung der Gartenwege und der Terrasse kann man die Verlegung gut mit einplanen, ist der Garten bereits fertig angelegt, kann z. B. der Rasen in einem schmalen Streifen mit einem Spaten entfernt (Rasensoden), ein kleiner Graben ausgehoben und darin das Stromkabel vom Haus aus in einer Kabelschutzhülle verlegt werden. Die Rasensoden können wieder oben aufgelegt und festgedrückt werden.

Werden Gartenwege und Terrasse neu angelegt, lohnt es sich, die Leitungen für Beleuchtung und Außensteckdosen in diesem Arbeitsgang gleich mitzuverlegen. Wichtig ist auf jeden Fall, ein aus dem Wohnhaus kommendes Stromkabel so abzudichten, dass keine Feuchtigkeit in das Haus eindringen kann.

Als Kabelart sollte ein spezielles Erdkabel verlegt werden. Optimal ist eine Verlegung im PVC-Leerrohr.

> **Hinweis**
>
> Bei Gartenleuchten für den Außenbereich ist zu beachten, dass es sich ausdrücklich um Leuchten handelt, die für den Außenbereich konstruiert sind, da diese eine besondere Isolierung gegen Feuchtigkeit benötigen. Zudem ist auch der Standort zu beachten. So sollten Leuchten, die eine starke Wärmeentwicklung haben, nicht in der unmittelbaren Nähe von Pflanzen positioniert werden. In jedem Fall ist es besser, einen gewissen Sicherheitsabstand einzuhalten, damit die Blätter nicht angesengt werden können.

4.1 Attraktive Außenbeleuchtung und funktionale Technik

Dabei sollten Sie gleichzeitig auch einen weiteren Zugdraht mit einlegen (für möglicherweise später einzubringende zusätzliche Kabel). Bei dem Bau eines Gartenwegs bietet es sich an, die Leerrohre unter der Wegetrasse zu verlegen, in die auch noch später Kabel eingezogen werden können. Diese werden in einer Tiefe von 30 bis 50 cm verlegt.

Verläuft die Kabeltrasse im Erdreich, sollten Sie auf dem Leerrohr oder dem verlegten Erdkabel ein Kabelabdeckband hinzufügen, damit bei zukünftigen Grabungsarbeiten sofort ersichtlich wird: Achtung, hier liegt ein Stromkabel!

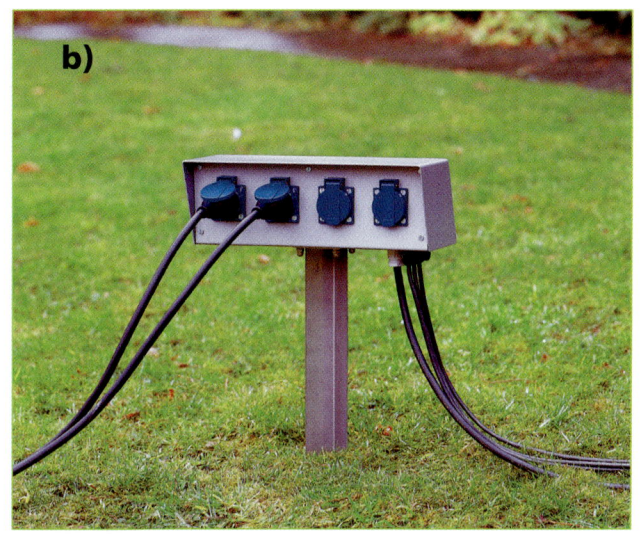

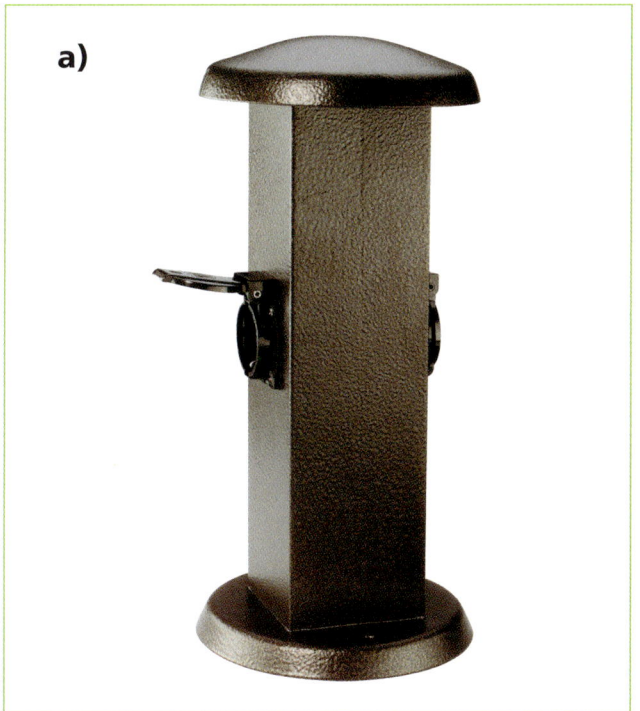

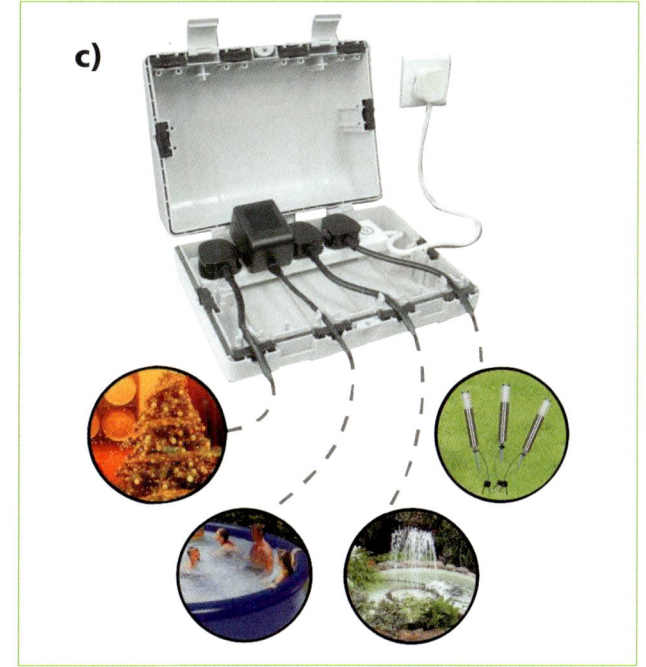

Abb. 4.1 – Gartensteckdose integriert in einer Leuchte: **a)** als Verteiler mit Erdspieß, **b)** und **c)** im praktischen Verteilerkoffer. Daran können elektrische Gartengeräte spritzwassergeschützt angeschlossen werden. Quelle (2).

4.1 Attraktive Außenbeleuchtung und funktionale Technik

Das Stromkabel ist, je nach Verwendung, mit einem ausreichenden Querschnitt zu wählen, z. B. 1,5 bis 2,5 mm². Im Sicherungskasten sollte eine Extrasicherung für die Gartenleitung installiert werden. Zusätzlich kann die Gartenstromversorgung auch mit einem innerhalb des Hauses montierten Hauptschalter aktiviert werden. Auf jeden Fall ist ein Fehlstromschutzschalter dringend dort zu empfehlen, wo Strom mit Menschen und Feuchtigkeit in Berührung kommen kann.

Je nachdem, welche Anwendung und welcher Komfort geplant sind, gibt es Außensteckdosen mit folgender Ausstattung:

- Außensteckdosen, die mit einer Funkfernsteuerung ausgerüstet sind, mit dem der Stromverbraucher bequem vom Gartenstuhl aus an- und ausgeschaltet werden kann.
- Außensteckdosen, die einen Dimmer haben, mit dem die Leistung z. B. von Beleuchtungen stufenlos geregelt werden kann.
- Außensteckdosen mit einer integrierten Zeitschaltuhr, mit der die angeschlossenen Verbraucher individuell zu den gewünschten Zeiten ein- bzw. ausschaltet werden können.
- Steckdosen mit Bewegungsmelder, der einen elektrischen Verbraucher einschaltet, wenn sich z. B. eine Person im Garten bewegt.

> Im Zuge der Auskofferungsarbeiten von Terrasse und Gartenwegen sollten Sie daran denken, die Versorgungsleitungen und weitere elektrische Elemente für Stromversorgung und Beleuchtung zu verlegen, beispielsweise Leerrohre, Schalter an den richtigen Stellen, Bewegungsmelder, Absicherung oder wasserdichte Gehäuse z. B. für Transformatoren der LED-Beleuchtung.

Hinweis

Achten Sie bei elektrischen Verbrauchern für den Außenbereich auf die Schutzklasse. Im Außenbereich ist für die Beleuchtung mindestens Schutzklasse IP 44, bei Unterwasserscheinwerfern die maximale Schutzklasse, nämlich IP 68, erforderlich.

Eine Außensteckdose für eine direkt am Haus befindliche Terrasse kann natürlich auch ohne die Verlegung von Kabeln durch das Erdreich direkt an der Hauswand installiert werden. Grundsätzlich sind alle einschlägigen Sicherheitsvorschriften gemäß VDE-DIN zu beachten.

4.1.2 Gartenräume durch Licht kreieren

Es gibt die unterschiedlichsten Strahler für den Garten mit jeweils unterschiedlichen Lichtkegeln. Bei der Auswahl beachten Sie bitte, wie Abstrahlwinkel und Leuchteffekte wirken. Wird zum Beispiel der Rasen leicht angestrahlt, ist ein breiterer Lichtstrahl notwendig, der so angeordnet wird, dass die angrenzende Bepflanzung im Halbdunkel verschwindet.

Besonders Wasseroberflächen und Gartenteiche bekommen durch Beleuchtung am Abend etwas Magisches. Dabei ist es besser, einzelne Bereiche lichttechnisch zu unterstützen – es sollte nie ein Objekt komplett ausgeleuchtet werden, denn das Spiel mit dem Schatten ist aufregender als vollkommene Sichtbarkeit. Sträucher und Bäume sollten durch verstellbare Strahler, die dem Pflanzenwachstum angepasst werden können, beleuchtet werden.

Wege, Treppenstufen oder Schwellen und Miniaturhecken sollten nicht mit scharf umrissenen Lichtkegeln angestrahlt werden, sanfte Übergänge sind das A und O. Strahler eignen sich vor allem für größere Objekte wie bewachsene Hauswände, Bäume, Teiche und Pergolen.

4.1 Attraktive Außenbeleuchtung und funktionale Technik

Leuchtenformen
Kugellampen wirken auch im Garten sehr schön als dekorative Elemente und nachts als sichtbare Wegbegrenzung. Sehr schön sehen sie ebenfalls in einer Teichlandschaft aus, denn die Kombination aus Wasser und Licht ist immer besonders effektvoll. Mit beleuchteten Wasserflächen werden in der Dunkelheit besondere Spiegeleffekte erzielt, und Wasserpflanzen strahlen einen tollen Charme aus. Hierbei ist es jedoch wichtig, dass die Kugelleuchten dezent zur Geltung kommen, denn zu helle Leuchten oder zu grelle Farben wirken in einer solchen Idylle eher unnatürlich.

Leuchtsteine sind Pflastersteine mit einer integrierten LED-Leuchte. Seinen Einsatzbereich findet der Leuchtstein auf Terrassen, in Gärten und Hofeinfahrten, integriert in Mauern, in Gehwegplatten und Brunnen. Der Leuchtstein kann durch seine 12-Volt-LED-Technologie fast überall problemlos eingebaut werden und ist sehr sparsam bezüglich des Energieverbrauchs.

Das Gehäusematerial sollte absolut witterungsbeständig und auch UV-stabil sein. Die eingebaute LED hat eine Lebensdauer von ca.

Abb. 4.2 – Stimmungsvolle Beleuchtung der Terrasse und des anschließenden Gartens. Quelle (2)

4.1 Attraktive Außenbeleuchtung und funktionale Technik

50.000 bis 100.000 Stunden, was bei einer Betriebszeit von 8 Stunden pro Tag etwa 30 Jahre Haltbarkeit bedeutet.

Leuchtsteine sind im Gartenfachhandel oder im Baumarkt in vielen verschiedenen Formen, Größen und Farben erhältlich. Viele Systeme sind so vorbereitet, dass jeder Elektrolaie die einzelnen Leuchtelemente nur noch zusammenzustecken braucht (Plug and play). Ansonsten kann zur Herstellung der notwendigen korrosionsgeschützten Verbindungen auch ein Elektrofachmann hinzugezogen werden. Die Versorgungskabel werden vor dem Pflastern im Unterbau verlegt und dann zu den Einsatzpunkten der Leuchtsteine geführt. Hierbei darf nur ein spezielles Erdkabel verwendet werden.

Abb. 4.3 – Kugelleuchten können für unterschiedliche Situationen und in unterschiedlichen Farben arrangiert werden.

4.1 Attraktive Außenbeleuchtung und funktionale Technik

Leuchtsteine setzen besondere Akzente und sind dennoch erschwinglich, denn sie sind bereits ab 10 Euro pro Stück erhältlich.

Gartenfackeln eignen sich gut für Feste und Partys. Sie lassen sich im Bereich der Terrasse dekorativ platzieren. Es gibt verschiedene Ausführungen, wunderschöne Designfackeln aus Edelstahl, wetterfest und rostfrei in unterschiedlichen Größen und Formen. Meistens sind die Fackeln am Tag auch ein optisch ansehnliches Objekt für die Terrasse. Die Varianten aus Edelstahl brennen in der Regel mit handelsüblichem Lampenöl (z. B. Duftpetroleum). Auch Gartenfackeln für den Tisch sind sehr beliebt. Standvarianten, die mit einem halben Liter befüllt werden können und ca. 1 m groß sind, geben einen Abend lang romantisches Licht. Neben Bambusfackeln, die in der Regel einen Petroleumbehälter haben, sind auch Wachsfackeln zum einmaligen Gebrauch erhältlich.

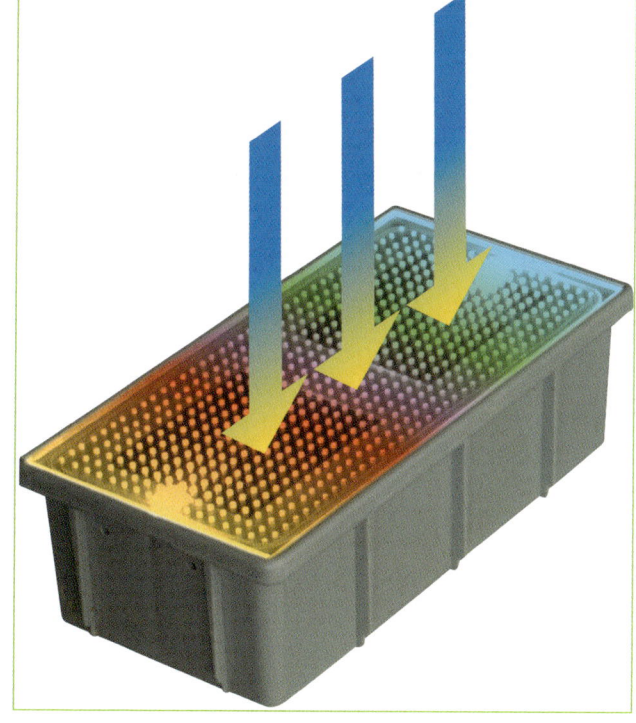

Abb. 4.4 – Leuchtsteine, integriert in den Belag, in unterschiedlichen Farben und auch mit Sonnenenergie wieder aufladbar. Quelle (2)

4.1 Attraktive Außenbeleuchtung und funktionale Technik

Lichterketten für den Garten können für eine schöne Stimmung sorgen oder an den letzten Mittelmeerurlaub erinnern. Lichterketten können aber auch witzig oder exklusiv gestaltet sein. In der Regel werden sie für den ganzjährigen Einsatz draußen, sei es nun für den Garten oder für die Terrasse, gefertigt. Bunte Glühbirnen gibt es inzwischen in allen möglichen und unmöglichen Formen, z. B. als leuchtende Beerenfrüchte, die wie feine Kristalle glänzen, in Herzform oder als Strauß von Weidenkätzchen. Letztere Form sticht durch Aberhunderte Lichtpunkte, die zu Knospen verarbeitet sind, hervor.

Eine Partylichterkette, stilvoll um Sträucher oder Bäume geschlungen, ist für die Terrasse und auch für den Balkon eine einfache und stimmungsvolle Beleuchtung. Lichterketten gibt es in vielen verschiedenen Ausführungen im Handel zu kaufen, auch mit lichtwechselnden LEDs. Sehr schön sind Modelle, die kleine Lichtstäbe beinhalten oder einfach nur als Lichtschlangen ausgebildet sind.

Oder wie wäre es mit einer selbst kreierten oder gekauften **Lichtskulptur** auf der Terrasse oder zwischen den Sträuchern am Rande der Terrasse? Kleine Niedervoltstrahler lassen das Laub der Bäume funkeln …

4.1.3 LED-Beleuchtung und -Technik

Die Abkürzung LED heißt **L**ight **E**mitting **D**iode und bedeutet frei übersetzt „leuchtende Diode". Die Lichtquelle ist sehr effizient und braucht damit wenig Strom. Moderne Power-LEDs sind auf dem besten Weg, die Lichtquelle mit den meisten Möglichkeiten zu werden, auch für die Nutzung im Garten.

Der Wirkungsgrad einer weißen 1-Watt-LED kommt bereits heute an die Effizienz üblicher Energiesparlampen heran. Gleichzeitig ist aber die Schaltungstechnik wesentlich einfacher und damit die Haltbarkeit auch dauerhafter.

Die LEDs sind für den Einsatz verschiedener Lichtanwendungen im Außenbereich wie geschaffen, da sie eine extrem lange Lebensdauer haben. Die Hersteller sprechen von 50.000 bis 100.000 Stunden. Das wäre eine Lebensdauer von 17 bis über 30 Jahre bei einer täglichen Nutzungszeit von 8 Stunden. Diese Haltbarkeit hängt aber auch von verschiedenen Faktoren wie z. B. von der Betriebstemperatur ab. LED-Leuchten gibt es für die unterschiedlichsten Anwendungsbereiche im Garten: als Aufbau- oder Bodenstrahler, als Leuchtstein, Ringleuchten, Orientierungslampen, Steinlampen, Unterwasserscheinwerfer und Solarleuchten. Die Bodenstrahler sind flach und klein und lassen sich daher gut in Holz- oder Steinterrassen einbauen. Unauffällig eingebaut, strahlen sie – je nach Wunsch in unterschiedlichen Farben – zauberhaft bei Dunkelheit und verbrauchen dabei nur wenige Watt Energie. Sie können durch Dämmerungssensoren geschaltet werden und sind für viele Jahre nahezu wartungsfrei.

Die Niedervolt-Halogen-Technik hat im Garten entscheidende Vorteile. Die Leuchtkörper sind sehr klein und unauffällig. Sowohl die Leuchtenposition als auch die Beleuchtungsstärke und der Strahlungswinkel kön-

4.1 Attraktive Außenbeleuchtung und funktionale Technik

Abb. 4.5 – LED-Einbaustrahler in den Terrassendielen. Quelle (2)

Abb. 4.6 – LED-Gartenleuchten gibt es in vielen unterschiedlichen Designs. Im Bild ist eine Pollerleuchte zum Beleuchten des Gartenwegs zu sehen. Quelle (2)

4.1 Attraktive Außenbeleuchtung und funktionale Technik

nen problemlos an die gewünschte Situation angepasst werden.

Die Niedervolt-Technik erlaubt gefahrlosen Umgang mit den Zuleitungen in Bereichen des Gartens wie Wege, Terrasse und Teich.

Abb. 4.7 – Solargartenleuchte: **a)** mit separat angeordnetem Solarmodul oder **b)** mit integriertem Bewegungsmelder und integriertem Solarmodul. Quelle (2)

Selbst wenn die Zuleitung bei der Gartenarbeit versehentlich beschädigt wird, besteht keine Gefahr, dass Sie einen Stromschlag bekommen.

4.1.4 Netzunabhängige Solarleuchten

Die regenerative Energie nutzen für den eigenen Garten?! Warum immer auf Strom aus der Steckdose zurückgreifen? Mit Solarleuchten oder einem Solarpaneel können Sie die Energie der Sonne auch im Garten nutzen.

Wie kann es sein, dass die Sonne auch nachts den Garten beleuchtet? Die Solartechnik macht es – ganz ohne Netzstrom – gratis und dazu auch noch umweltfreundlich möglich. Tagsüber werden die in den Leuchten befindliche Akkus vom Licht der Sonne über Solarzellen aufgeladen.

4.1 Attraktive Außenbeleuchtung und funktionale Technik

Kleine, fest installierte oder auch mobile Leuchten sind bei Sonnenschein, und nicht nur dann, schnell einsatzfähig und machen Sie unabhängig von Leitungen.

Damit Sie viel Freude an Ihren Solarleuchten haben, sollten Sie einige Punkte beachten:

- Die Solarzellen der Leuchte dürfen nicht im Schatten stehen, sonst werden die Akkus während des Tages nicht genügend aufgeladen, und nachts kann die Leuchte kein Licht abgeben. In manchen Fällen, wie z. B. bei einer wichtigen Wegbeleuchtung oder einer Beleuchtung an Treppen, ist es daher sinnvoll, ein vom Leuchtenkörper unabhängig aufstellbares Solarmodul zu haben. Das Solarmodul kann damit optimal zur Sonne ausgerichtet werden. Das bedeutet zwar wieder ein Stück weniger Freiheit durch das Verbindungskabel zwischen Modul und Leuchte, dafür gibt es am Abend und in der Nacht genügend Licht.
- Schauen Sie beim Kauf der Solarleuchten darauf, dass die Akkus ausgetauscht werden können bzw. aus Standardzellen bestehen. Die Leuchten können 20 Jahre halten, die Akkus halten möglicherweise nur 2 Jahre!
- Das Lichtangebot im Winter ist für die längeren Nächte oft zu gering, sodass die Akkus bei ungünstigen Standorten „leer gesaugt" werden können. In diesem Fall die Akkus über Winter besser entnehmen, lagern und im zeitigen Frühjahr wieder in den Garten bringen.

Im Bereich der Terrasse ist es meist sonnig, sodass hier auch kompakte Solarleuchten als Poller oder integrierte Leuchten im Terrassenboden eingelassen werden können. Bei vielen Lichteffekten kommt es in erster Linie gar nicht auf eine ausreichende Beleuchtungsstärke an, sondern darauf, z. B. die Terrassenkante durch Lichtpunkte auch nachts erlebbar zu gestalten. Die Lichtkante hilft auf diese Weise, auch bei Dunkelheit zu erkennen, wo die Terrasse aufhört und die Pflanzenrabatte oder der Wasserteich anfängt.

Solargartenleuchten sorgen in allen erdenklichen Formen und Farben dafür, dass die Leuchtkraft der Sonne gespeichert und mit Verzögerung in der Dunkelheit wieder freigegeben wird. Ob als Leuchtstab, Steinleuchte, Pyramidenleuchte oder Einbausolarstrahler – mit ihrer autarken Energieversorgung sind Solargartenleuchten nicht nur in ihrer Lichterzeugung völlig kostenfrei, sondern auch absolut unkompliziert zu installieren. Wenn möglich, werden sie in Bereichen mit möglichst viel Sonneneinstrahlung flexibel oder fest ohne Kabelverlegung eingebaut. Je nach Ausstattung können Solargartenleuchten beispielsweise als Gehwegbeleuchtung eingesetzt werden oder zur effektvollen Inszenierung der Terrasse. Als besonders geeignet für den Eingangsbereich haben sich Solargartenleuchten erwiesen, die über eine spezielle Sensortechnik verfügen. Sie wechseln bei Annäherung automatisch vom Normalbetriebsmodus in den superhellen LED-Modus, der für eine einstellbare, begrenzte Zeitdauer mit einem deutlich höheren Lichtangebot aufwartet.

Optische Höhepunkte im Garten sind Steinleuchten, die in die Kategorie Solarsteinleuchten fallen. Der Markt an solaren Artikeln ist groß, jedoch stechen die Steinleuchten durch ihre besondere Optik deutlich hervor. Leuchtende Steine, Steine, die den Weg weisen, schon einzelne Pflastersteine sind erhältlich, die so für eine optimale Orientierung ohne Blendwir-

4.1 Attraktive Außenbeleuchtung und funktionale Technik

kung sorgen. Wenn die Solarsteinleuchte über einen sogenannten Fotosensor verfügt, schaltet sich die Leuchte automatisch bei Dämmerung ein und aus. Dies ist nicht nur praktisch, sondern gewährleistet auch ein sicheres und weniger unfallträchtiges Gehen. Optische Akzente in der Dämmerung verschönern Ihre Terrasse und die wichtigen Gartenwege. Die Solarsteinleuchten sind in vielen verschiedenen Steinarten, Formen und Lichtfarben erhältlich und im Hellen kaum von normalen Steinen zu unterscheiden.

Ganz besonders schöne Akzente entstehen durch eine mit Sonnenenergie beleuchtete Wassergestaltung.

Abb. 4.8 – Nächtliche Beleuchtung der Wasserfläche durch gespeicherte Sonnenenergie.

5 Schutz und Geborgenheit für die Terrasse

Schutz und Geborgenheit auf der Terrasse sind wichtige Voraussetzungen dafür, dass Sie sich wohlfühlen und entspannen können. Niemand mag es, wenn es um die Ecken zieht oder der eisige Ostwind das Sitzen ungemütlich werden lässt.

Wesentlich zum Wohlbefinden tragen ein geschützter Rücken und ein freier Blick bei.

Und manchmal braucht man auch einen ruhigen Platz zum Träumen, geschützt vor den neugierigen Blicken der Nachbarn.

Meist lässt sich ein Schutz einfach erreichen, sei es durch pflanzliche Maßnahmen oder bauliche Elemente. Die speziellen Bedingungen und die Möglichkeiten werden nachfolgend erörtert.

5.1 Der geeignete Sicht-, Lärm- und Windschutz

Holzspaliere oder Sichtschutzwände aus Holz oder anderen Materialien wie z. B. Aluminium gibt es im Handel in vielfältigen Varianten und Gestaltungen. Die Zeiten sind vorbei, in denen der uniforme Flechtholz-Sichtschutzzaun die einzige Variante war.

Die angebotenen Elemente reichen von halbtransparenten Rankgerüsten bis zu doppelt verschalten Lärm- und Sichtschutzwänden.

Senkrechte Rankkonstruktionen werden als Rankgerüst, Rankbogen oder Spalier angeboten.

Je nachdem, welche Materialien verwendet werden, gibt es unterschiedliche Möglichkeiten zur Oberflächengestaltung, sei es das kesseldruckimprägnierte Holzelement mit grünlicher oder bräunlicher Oberfläche, das nachträglich mit Lasuren weiter farblich gestaltet werden kann, oder bereits farbig gestaltete Holzelemente. Oder die Elemente werden im silbernen Naturaluminium angeboten und können auch in allen RAL-Farben als pulverbeschichtete Oberfläche bestellt werden.

Frei stehende Spalier- und Rankelemente bestehen aus quadratischen oder rautenförmigen Feldern, die mit attraktiven Rankpflanzen begrünt werden können. Kletterpflanzen, die möglichst an beiden Seiten gepflanzt werden, lassen die Elementkonstruktion nach und nach verschwinden und helfen dadurch mit, eine lockere und abwechslungsreiche Wand entstehen zu lassen. Je nach Geschmack und Wüchsigkeit werden auch hier viele Arten von immergrünen und/oder blühenden Rankpflanzen, wie z. B. Efeu (Hedera), Waldrebe (Clematis), Jelängerjelieber (Lonicera), Kletterrosen (rosa) etc., angeboten.

Lärmschutz
Lärm von in der Nähe befindlichen Straßen, der Autobahn oder von Nachbargrundstücken kann sehr lästig sein und ist bewusst nur schwer auszublenden. Lärmschutzwände funktionieren dann am besten, wenn sie möglichst massiv sind und/oder aufgrund ihres Materials den Schall absorbieren. Dann wird

Abb. 5.1 – Sichtschutzwand aus Holz.

5.1 Der geeignete Sicht-, Lärm- und Windschutz

der Schall nicht nur reflektiert oder umgeleitet, sondern „geschluckt" (absorbiert). Wenn es die Gegebenheiten erlauben, kann auch ein bepflanzter Wall gute Dienste für den Schallschutz leisten.

Windschutz
Ein starker, andauernder, vor allem kalter Ostwind kann sehr unangenehm sein und den Aufenthalt auf der Terrasse ungenießbar machen. Störender Wind kann am besten durch eine hohe Hecke oder eine uneben strukturierte, teildurchlässige Wand abgehalten oder über den Sitzbereich umgeleitet werden. Bei einer völlig geschlossenen Barriere – wie einer dicht geschlossenen Mauer – entstehen hinter der Wand unangenehme

Abb. 5.2 – Sichtschutzwand aus Aluminium, je nach Bedarf teilweise offen oder völlig geschlossen.

5.1 Der geeignete Sicht-, Lärm- und Windschutz

Garten- und Sitzplätze gegen die Windrichtung durch meist mit Vulkansteinen errichtete Mauern abgeschottet, sondern selbst die Weinstöcke wurden mit einem Windschutz versehen (siehe Abb. 5.4).

Im Folgenden werden einige Maßnahmen und deren Vor- und Nachteile aufgeführt:

Abb. 5.3 – Professionelle Lärmschutzwand, Schutz vor dem Lärm an einer stark befahrenen Straße.

Luftwirbel, die im Terrassenbereich einen Unterdruck und Sog erzeugen können. Wer schon auf Inseln wie z. B. Lanzarote war, konnte den ständigen Wind und die Gegenmaßnahmen der Einwohner kennenlernen. Dort sind nicht nur alle

Abb. 5.4 – Typische Windschutzmaßnahmen auf Lanzarote, damit der Wein geschützt wachsen kann.

5.1 Der geeignete Sicht-, Lärm- und Windschutz

Maßnahme	Vorteil	Nachteil
Hecke/Pflanzung	Preiswert, grün und lebendig, lockere Oberfläche, je nach Wahl immergrün, blühend, fruchtend, attraktiv durch Blätter, Herbstfärbung etc.	Werden die Hecken jedoch nahe der Grundstücksgrenze gepflanzt, kann es Ärger mit dem Nachbarn geben (z. B. beim Heckenschnitt).
Spalier	Preiswert, grün und lebendig, lockere Oberfläche und je nach Wahl nützlich durch Fruchtertrag, schön, wenn es blüht.	Grenzabstand! Evtl. Probleme beim Obstbaumschnitt und beim Ernten der Früchte.
Mauer	Stabil und dauerhaft, als Fortsetzung zum Haus sinnvoll.	Aufwendig je nach Ausführung, braucht viel Grundfläche.
Mauer begrünt	Wie oben, zusätzlich lockere Oberfläche, je nach Wahl der Begrünung immergrün, blühend, fruchtend.	Wie oben, zusätzlich je nach Wahl Laubanfall.
Holzwand	Braucht wenig Platz (in der Breite).	Nüchtern, muss je nach Ausführung evtl. alle Jahre gestrichen werden.
Holzwand, begrünt	Braucht wenig Platz (in der Breite), zusätzlich lockere Oberfläche, je nach Wahl der Begrünung immergrün, blühend, fruchtend.	Muss je nach Ausführung evtl. jährlich gestrichen werden.
Aluminiumelement, begrünt	Braucht wenig Platz (in der Breite). Weitgehend wartungsfrei, zusätzlich lockere Oberfläche, je nach Wahl der Ausführung und der Begrünung immergrün, blühend, fruchtend	Kostenintensiv.
Beweglicher Paravent	Flexibel, keine rechtlichen Einschränkungen.	Wenig Wind- und Lärmschutz.

5.1.1 Lösungen mit Pflanzen

Ein ruhiger und geschützter Platz kann z. B. durch eine mit Pflanzen begrünte Mauer, eine begrünte Holzwand oder durch gepflanzte Hecken entstehen. Hecken eignen sich sehr gut als Wind- und Sichtschutz. Der kleine Nachteil: Sie brauchen ein paar Jahre Zeit, damit sie auf die richtige Höhe herangewachsen sind.

Steht nur wenig Platz zur Verfügung oder gibt es im Bereich der Terrasse schon einen Zaun, bietet es sich an, z. B. immergrünen Efeu an den Maschendrahtzaun zu pflanzen.

Wenn Sie kräftige Efeupflanzen verwenden (Solitär im Container), die in der Baumschule in Töpfen bereits vorkultiviert wurden, erreichen Sie schnell einen guten

5.1 Der geeignete Sicht-, Lärm- und Windschutz

Sichtschutz. Efeu braucht humusreichen, kalkhaltigen Boden. Zur Stickstoffdüngung können Sie reichlich Hornspäne zugeben.

Efeu ist zudem relativ anspruchslos und wächst im Schatten und in der Sonne gleich gut, wenn er – vor allem in der ersten Zeit – gut gegossen wird.

Durch die Verwendung einer grünen Efeusorte entstehen angenehm ruhige Flächen. Doch es besteht auch die Möglichkeit, verschiedene Sorten (z. B. panaschierter, buntlaubiger Efeu) zu mischen, dann können damit langweilige Wände abwechslungsreich gestaltet werden.

Je nach Art der Terrasse eignen sich auch Bambusarten oder dekorative Gräser gut als Schutz oder als optische Verbesserung für öde Mauern. Riesen-Chinaschilf zum Beispiel wächst an beinahe jedem Standort und ist ein schöner Hintergrund für eine Terrasse in Verbindung mit einem Gartenteich.

Eine Mauer kann in Situationen, in denen z. B. die Architektur des Hauses oder die topografischen Voraussetzungen dies vorgeben, die passende Lösung sein. Zum Beispiel bei Reihenhäusern, bei denen der Hausgrundriss vor- oder zurückspringt, kann die Mauer als Verlängerung einer Hauswand sinnvoll und optisch einheitlich angegliedert werden. Mit guter Planung können Sie so die Atmosphäre eines gemütlichen Innenhofs schaffen. Wichtig ist, dass Sie sich über die Art und Ausbildung der Wand einige Gedanken machen. Eine Möglichkeit besteht darin, die Oberflächengestaltung dem Charakter des Hauses in Farbe und Putzart anzugleichen.

Neben konventionellen, massiv betonierten oder mit Natur- oder Kunststeinen gemauerten Einrichtungen sind auch kreativ gestaltete Elemente, wie z. B. Drahtschotterkörbe (Gabionen), eine gute Alternative.

Je nach Ausbildung der Mauer kann diese auf der Terrassenseite vielfältig gestaltet werden, sei es durch

Abb. 5.5 – Immergrüner Bambus im Kübel oder eine Wandbegrünung, das sind Lösungen für eine kleine Terrasse, um unschöne Wandansichten zu kaschieren.

5.1 Der geeignete Sicht-, Lärm- und Windschutz

Bepflanzung mit Rankgewächsen, einer vorgesetzten Holzgestaltung (Holzspalier), einer originellen Wassergestaltung, mit einem Spiegel, der den Gartenraum optisch vergrößert, oder einer Kombination aus den vorgeschlagenen Elementen.

Grüne Wände lassen sich durch geschnittene oder frei wachsende Hecken bilden. Je nachdem, welchen Charakter die Hecke haben soll und wie viel Platz vorhanden ist, können dies streng geschnittene Heckenpflanzen wie z. B. Liguster (Ligustrum), Hainbuche (Carpinus betulus), Eibe (Taxus) und Kirschlorbeer (Prunus laurocerasus) sein oder auch locker wachsende blühende und fruchtende Sträucher wie Pfeifenstrauch (Philadelphus), Schneeball (Viburnum), Weißdorn (Crataegus), Johannisbeere (Ribes) und andere mehr.

Wenn die Hecke besonders dicht sein soll, können Sie je nach Pflanzenart drei bis vier Pflanzen pro lfdm (laufendem Meter) pflanzen und die Hecke in der ersten Zeit mit einem speziellen, perforierten Schlauch regelmäßig wässern.

5.1.2 Nachbarrecht beachten

Massive oder pflanzliche Einbauten im Grenzbereich zu den Nachbarn oder zu öffentlichen Flächen unterliegen den Bestimmungen des Bundesgesetzbuchs bzw.

Abb. 5.6 – Sicht- und Lärmschutz mit gefüllten Drahtschotterelementen. Das Innere der Körbe kann sowohl mit Recyclingmaterial als auch mit Steinen oder Holzmaterialien gefüllt werden.

5.1 Der geeignete Sicht-, Lärm- und Windschutz

der Nachbarrechte der Länder. Darin sind Höhen und Abstandflächen und die Regelungen bezüglich des Heckenschnitts etc. festgehalten.

Auch wenn Sie sich noch so gut mit Ihren Nachbarn verstehen, lohnt es sich, in der Planungsphase einen Blick in das zuständige Nachbarrecht zu werfen. Dies kann in die Entscheidungen darüber einfließen, welche Elemente für Ihre Terrasse sinnvoll eingesetzt werden können. In obiger Tabelle erhalten Sie eine Übersicht darüber, welche Möglichkeiten es gibt und wo die Vor- und Nachteile für bestimmte Möglichkeiten liegen.

Abb. 5.7 – a) Streng geschnittene immergrüne Hecke, **b)** locker geschnittene Hecke mit Blütensträuchern, **c)** ungeschnittene immergrüne Kiefernhecke, **d)** gemischte Hecke aus Blüten- und immergrünen Sträuchern.

5.2 Wirkungsvoller Sonnenschutz

Auch wenn im zeitigen Frühjahr jeder Sonnenstrahl hochwillkommen ist, so sind wir im Sommer um Schatten froh. Besonders bei einer nach Süden, Südosten oder Südwesten ausgerichteten Terrasse kann es ohne flexiblen Sonnenschutz ganz schön heiß werden. Üblich sind meist ausfahrbare Markisen (gibt es in den verschiedensten Farben und Mustern, Größen und Qualitäten) oder – etwas flexibler – große standfeste Sonnenschirme, die schnell am jeweiligen Platz aufgestellt sind.

Ein Laubbaum wie z. B. eine Linde gibt einen angenehmen, durchbrochenen Schatten im Hochsommer, wenn es sich unter einer Markise schon etwas stickig anfühlen kann. Eine Markise oder ein Schirm schützen aber nicht nur vor zu viel Sonne, sondern können auch vor einem überraschenden Regenschauer schützen und den morgendlichen Tauniederschlag abhalten.

Eine sehr schöne Möglichkeit, eine Terrasse zu beschützen, ist eine Pergola.

5.2.1 Sonnenschutz leicht und flexibel

Ein Stück südliches Flair vermittelt ein großer, schlichter Sonnenschirm, so wie er auf den Märkten verwendet wird, umrahmt von Skulpturen und Kübelpflanzen mit Kräutern.

Im Handel erhältliche Marktschirme werden meist aus UV-beständigem Material angefertigt. Somit spenden sie nicht nur Schatten, sondern schützen unsere Haut auch vor gefährlichen UV-Strahlen. Die Schirme gibt es in vielen verschiedenen Farben und Ausführungen. Zu den komfortabelsten gehören solche mit Holz- oder Aluminiumsprossen und mit Doppelseilzug und Kurbel. Damit kann der Schirm ohne großen Kraftaufwand geöffnet und geschlossen werden. Passende Schirmfüße sind ebenfalls im Handel erhältlich, auf deren Stabilität sollten Sie beim Kauf besonders achten. Bauen Sie Ihre Terrasse neu, ist es sinnvoll, die Schirmhülse an geeigneter Stelle in den Terrassenbelag einzulassen.

Eine weitere einfache, preiswerte und dekorative Art, für Beschattung zu sorgen, ist die Montage eines oder mehrerer Sonnensegel.

Das Sonnensegel sollte schräg aufgehängt und gut gespannt werden, damit es bei Regen keine Wassersäcke bilden kann (weder beim ausgespannten noch beim „geparkten" Segel).

Bei mehreren Segeln empfiehlt es sich, die Segel schräg – dachförmig – zueinander anzuordnen. Vor-

Abb. 5.8 – Sonnensegel, mit wenig Aufwand aufgebaut. Quelle (3)

5.2 Wirkungsvoller Sonnenschutz

teilhaft ist ein Überlappen der mittleren Seile, um den Spalt zwischen den Segeln zu vermeiden – damit erhöht sich auch die Schutzfläche bei Regen.

Durch die halbtransparente Leichtigkeit sorgen Sonnensegel nicht nur für angenehmen Schatten, sie wirken auch als architektonisches Gestaltungselement, da sie individuell an vorhandene Voraussetzungen und die Bedürfnisse des Nutzers angepasst werden können.

Inzwischen werden auch schon Systeme angeboten, bei denen das Sonnensegel über eine zentrale Achse und einen Motor automatisch reguliert und komplett eingefahren werden können.

Die Grundidee dahinter: ein Sonnensegel, das die konstruktiven und gestalterischen Mängel der herkömmlichen Markise vermeidet, frei schwebend, ohne zwingend längs an eine Hausmauer oder eine groß dimensionierte Konstruktion gebunden zu sein.

Ein solches Produkt bietet z. B. die in Österreich ansässige Firma SunSquare® an. Der Sonnen- und Regenschutz besteht aus dreieckigen Segeln, die über eine zentrale Welle elektrisch ein- und ausgefahren werden können. Nach Auskunft der Firma kann jedes System individuell für das jeweilige Projekt nach den örtlichen Gegebenheiten entwickelt und angepasst werden.

Abb. 5.9 – Motorisch einfahrendes Sonnensegel. Quelle (3).

5.2.2 Gebauter Sonnenschutz, Pergola

Eine ganz besondere Gestaltungsmöglichkeit bietet der Bau einer Pergola im Zusammenspiel mit einem Sitzbereich und einer Terrasse. Ein wahres Zimmer im Grünen entsteht, wenn die Pergola auch noch bewachsen ist.

Ursprünglich als Rankhilfe (z. B. beim Weinanbau) gedacht, dient sie in der Gartengestaltung als aktives Gartenelement für Plätze in Freianlagen, als frei stehende oder an das Haus angelehnte Baulichkeit.

Alle Pergolatypen sind nach oben hin mehr oder weniger offen, im Gegensatz zu einer Laube oder einem Schattendach. Die Beschattung wird durch geeignete Bepflanzung oder durch zusätzlich eingespannte Sonnensegel erreicht.

Als Pfostenmaterial dienen Aufmauerungen (Steinpfeiler), ein einzelner länglicher Stein (Monolith), Stein- oder Stahlsäulen, Gitterelemente, Holzstützen oder Metallträgerkonstruktionen. Wichtig ist die solide Fixierung der Pergolafüße zum Grund, um ein Umfallen oder Abheben der Pergola zu verhindern.

Pergolen gibt es in vielen Variationen und unterschiedlichen Materialien, wie z. B. aus kesseldruckimprägniertem Holz oder als

5.2 Wirkungsvoller Sonnenschutz

Stahlkonstruktion, in verschiedenen Längen und Breiten – auch für den Selbstaufbau – zu kaufen. Man benötigt dazu Halterungen (Pfostenanker) aus Metall oder Beton, die in der Erde fest verankert werden.

Abb. 5.10 – Pergolen: **a)** Pergolenelemente neu aufgebaut in Verbindung mit Sichtschutz, **b)** Element auf Steinstützen, **c)** alte, eingewachsene Pergola, **d)** Rankpflanzenstamm und Pergolastütze.

5.2 Wirkungsvoller Sonnenschutz

> **Tipp**
>
> Im deutschen Baurecht ist eine begrünte Pergola mit offenem Dach meist genehmigungsfrei. Anders sieht es aus, wenn das Dach mit einer transparenten oder geschlossenen Abdeckung wie z. B. Wellskobalit oder Stegplatten ausgestattet wird.

Auch diese gibt es in unterschiedlichen Ausführungen im Handel.

Je kleiner der Garten, desto mehr sollten Sie bei der Planung auf die Proportionen und Feinheiten Ihrer Pergola achten. Die Höhe ist genauso für das gesamtharmonische Aussehen eines Gartens entscheidend wie die Gestaltung der Terrasse. Die Wirkung und Ausstrahlung der Pergola hängt entscheidend vom Material ab. So wirkt die Holzkonstruktion eher behäbig im Vergleich zu einer leichter wirkenden Stahlkonstruktion.

Pergolen und Kletterpflanzen
Pergolen schützen im Hochsommer vor zu viel Sonne und, je nachdem, wie sie konstruiert sind, auch vor Regen. Darüber hinaus bilden sie ein wundervolles Gestaltungselement und, bepflanzt mit Kletterrosen und Schlingern, einen lauschigen geschützten Gartenraum.

Damit Sie mit der Begrünung Freude haben, sollten Sie wissen, welche Pflanzen geeignet sind bzw. entsprechende Vorbedingungen erwarten. Denn nicht jede Kletterpflanze eignet sich für jede Art von Pergola.

Haftklimmer bilden Haftorgane (Haftwurzeln oder Ranken mit Saugnäpfen) und können an flächigen Strukturen (Wänden, dicken Pfosten) klettern. Hierzu gehören Efeu, Jungfernrebe (Parthenocissus – Wilder Wein) und Kletterhortensien.

Ranker bilden eigene Kletterorgane, die sich um nicht zu dicke Gegenstände wie Netze und Gitter wickeln. An Wänden und bei dickeren Pfosten benötigen Ranker Rankgitter oder andere Befestigungen als Kletterhilfe. Ein Vorteil ist, dass sie die Kletterhilfen nur als Halt benötigen und nicht zwangsläufig durch Gitter hindurch wachsen, was Schnittmaßnahmen ungemein erleichtern kann. Zu den Rankern zählen Edelwicken, Gewöhnliche Jungfernrebe (Parthenocissus), Wein (essbar), Passionsblumen, Kürbisgewächse und Clematis.

Schlinger haben Triebspitzen, die sich als Ganzes um ihre Unterlage winden. Sie schaffen es, größere Gegenstände als Ranker zu nutzen, bei dicken Pfosten müssen junge Pflanzen allerdings meist angebunden werden. Später wachsen sie allein weiter. Bekannte Schlinger sind Winden, Hopfen, Jelängerjelieber (Lonicera), Kiwi, Blauregen und Klettertrompeten.

5.3 Wassergestaltung bei der Terrasse

Bei einem lauschigen Sitzplatz sollte ein Wasserelement nicht fehlen.

Das Plätschern von bewegtem Wasser kann wie Musik sein. Der gleichmäßige Klang hat eine meditative, beruhigende Wirkung auf unsere Seele und klärt die Gedanken. Die Luft wird durch bewegtes Wasser angenehm erfrischt.

Natürlich belassene Flusssteine, Kaskaden- oder Schalenbrunnen aus Naturstein oder Terrakotta, Sprudeldüsen, Quellsteine, kleine Wand- oder Schöpfbrunnen, die Vielfalt der Wasserspiele im Terrassenbereich macht Laune und regt einen an, sich damit intensiver zu beschäftigen. Dabei ist, wie bei der Terrasse auch, zunächst die Materialwahl und Formensprache und – für dauerhafte Freude – auch die technische Ausstattung entscheidend.

Eine Holzterrasse kann ähnlich wie ein Bootsteg ein Stück weit über einen Gartenteich ragen. Sie können sich auf den Rand Ihrer Terrasse setzen, die Füße ins kühle Nass eintauchen und zuschauen, wie sich die Sonne in der Wasserfläche spiegelt. Ganz nebenbei können Sie auch die Tiere beobachten, die sich im Wasserbecken tummeln.

Die Verbindung der Terrasse in den Garten hinein kann entweder durch einen formal oder frei gestalteten Bachlauf erfolgen. Am Ende des Bachlaufs befindet sich vielleicht ein weiteres Wasserbecken, oder aber das Wasser „verschwindet" und wird in einem unterirdischen Wasservorratsbehälter aufgefangen. Dort befindet sich eine Pumpe, die das Wasser wieder zurück

Abb. 5.11 – Wasserbecken bei der Terrasse.

Abb. 5.12 – Ein Bachlauf, z. B. aus Edelstahl, kann Terrasse und Garten gestalterisch und funktional verbinden.

5.3 Wassergestaltung bei der Terrasse

zu dem Wasserelement der Terrasse pumpt und dort heraussprudeln lässt. Mit weiterer Technik wie Zeitschaltuhr und Niveauschalter für automatische Wassernachspeisung ist das System autonom, und Sie brauchen sich nicht mehr darum zu kümmern.

5.3.1 Licht und Effekte

Die Sommerabende am Gartenteich werden noch intensiver, wenn die Wassergestaltung beleuchtet ist. Im Handel steht eine Vielzahl von Produkten bereit, die die Kombination von Licht und Wasser entsprechend zur Geltung bringen können. Es gibt sowohl Unterwasserscheinwerfer als auch Strahler oberhalb der Wasseroberfläche, z. B. in LED-Technologie. Die LED-Leuchten eignen sich sehr gut für die dekorative Beleuchtung von Gestaltungselementen und Bachläufen. Das herausquellende Wasser zaubert faszinierende Lichtspiele, denen man stundenlang zusehen kann. Weiß, gelb, rot und blau leuchten Wasserscheinwerfer mit Multicolor-LEDs. Sie verbrauchen pro Leuchte weniger als 1 Watt Strom, und die Verkabelung kann durch die Niederspannungstechnik (12 Volt) und durch fertig vorkonfektionierte Steckverbindungen auch vom Selbstbauer problemlos angeschlossen werden.

Bewegtes Wasser im Garten ist immer ein magischer Anziehungspunkt, egal ob es eine plätschernde Fontäne, ein murmelnder Bachlauf oder ein rauschender Wasserfall ist. Es gibt dafür im Handel (z. B. im Baumarkt) eine große Auswahl an vorgeformten Wasserfall- oder Bachlaufelementen, die einzeln, aber auch in Kombination miteinander verwendet werden können. Mit dem Erdaushub und den Steinen, die möglicherwei-

Abb. 5.13 – Eine solarbetriebene Pumpe bringt Bewegung in die Wasserfläche. Die Pumpe braucht keinen zusätzlichen Strom und läuft immer dann direkt mit Solarenergie, wenn die Sonne scheint. Quelle (2).

5.3 Wassergestaltung bei der Terrasse

se beim Terrassenbau anfallen, können Sie z. B. einen Wall aufschütten und diese Erhöhung als Gefälle für einen kleinen Bach oder einen Wasserlauf nutzen. Durch das bewegte Wasser wird der Gartenteich zusätzlich mit Sauerstoff versorgt.

Im Handel erhältliche Pumpen decken einen Leistungsbereich von 500 bis über 8.000 Litern in der Stunde ab. Durch Zubehör wie Verbindungen und Düsenaufsätze kann der Selbstbauer die Wassertechnik ohne Mühe installieren. Wählen Sie eine Pumpe mit größerer Leistung, besteht die Möglichkeit, gleichzeitig mit derselben Pumpe eine Filteranlage, einen Wasserspeier und einen kleinen Bachlauf zu betreiben.

Ein Filtersystem ist eine wichtige Voraussetzung für einen gepflegten Teich. Besonders hilfreich sind Filtergeräte mit UVC-Technik. Eine Energiesparlampe mit ultraviolettem Licht tötet die Keime im Wasser ab, die zu unerwünschter Algenbildung führen.

5.3.2 Bepflanzung und Tiere

Eine ausgewogene Bepflanzung ist für das biologische Gleichgewicht eines naturnah angelegten Gartenteichs ein Muss! Wasserpflanzen sorgen für die lebensnotwendige Sauerstoffzufuhr im Gartenteich. Mithilfe der Pflanzenarten in den verschiedenen Teichzonen stellt sich bald ein funktionierendes Biotop ein. Über

Abb. 5.14 – Bachlauf im Garten.

5.3 Wassergestaltung bei der Terrasse

geeignete Pflanzen können Sie sich im Detail auch in Pflanzencentern und in Gärtnereien beraten lassen.

Grundsätzlich gilt es bei naturnahen Gartenteichen zu beachten, dass je nach Zone – von der Feuchtzone bis in die Tiefwasserzone – unterschiedliche Wasserpflanzen anzusiedeln sind.

- Feuchtzone: z. B. Binsen, Calla, Farne, Schilf und Zwergpampasgras
- Sumpfzone: z. B. Hechtkraut, Sumpfdotterblume, Sumpfiris, Schlangenwurz oder Wasserschwertlinie
- Flachwasserzone: z. B. Pfeilkraut, Rohrkolben, Tannenwedel und Teichsimse
- Tiefwasserzone: z. B. Seerose sowie alle Schwimm- und Unterwasserpflanzen

Achten Sie unbedingt darauf, dass nicht mehr als 30 % der Teichoberfläche z. B. von Seerosen bedeckt sind und die Sonne bis zum Teichgrund durchdringen kann. Gute Sauerstoffproduzenten für den Gartenteich sind Wasserpflanzen wie der Wasserhahnenfuß und die Wasserpest. Sind Fische im Teich, muss die Teichtiefe mindestens 80 cm, besser noch 100 cm betragen. Ansonsten haben die Tiere im Winter keine Chance, wenn der Teich bis auf den Grund zufriert.

Die Fische oder sonstige Wassertiere sollten erst eingesetzt werden, wenn der Gartenteich einige Wochen und Monate mit den Wasserpflanzen „funktioniert".

Ist das Biotop bezüglich der Bedingungen stimmig, werden sich bald von selbst alle möglichen Tiere einfinden.

6 Die Pflege von Wegen und Terrasse

> **Hinweis**
>
> Wenn sich Schmutz, Moos oder Unkräuter auf Ihrem Gartenweg ausgebreitet haben, nehmen Sie besser nicht die chemische Keule. Herbizide schaden Ihrem Garten.

Die Hofeinfahrt bzw. die Wege zum Haus werden oft vernachlässigt bei der Pflege und Instandhaltung des Hauses. Dabei gelten gut gepflegte Wege gewissermaßen als Visitenkarte jedes Hauses. Da der Gartensitzplatz meist der Witterung ausgesetzt ist, bekommt er vieles ab. Hitze, Kälte, Regen und Schnee beeinflussen Beläge und Gartenelemente.

6.1 Oberflächen pflegen und erhalten

Die Pflege der Holz, Stein- und Klinkerbeläge hängt sehr stark von der Art des Materials und der Oberflächengestaltung ab. Grundsätzlich sind glatte Beläge pflegeleichter, dafür sind sie optisch meist nüchterner und steriler, und außerdem besteht bei Nässe und im Winter erhöhte Rutschgefahr.

Raue Oberflächen verändern sich im Lauf der Zeit im Garten. Moose siedeln sich an, und die Oberfläche erhält eine Patina. Dadurch verändern sich graue Betonplatten mit den Jahren zu „natürlichem" Aussehen, und beim ersten Hinschauen sieht es so aus, als könne es sich auch um eine Sandsteinplatte handeln.

Raue Steinoberflächen in trockenen Lagen lassen meist ein gewisses Leben vermissen. Die Oberfläche sieht unter Umständen staubig und leblos aus. Für diesen Fall ist es besser, polierte oder versiegelte Natursteine oder Terrakotta- und Klinkerbeläge zu verwenden.

Die Entscheidung darüber, welchen „Weg" Sie bei den Oberflächen gehen wollen, hängt von vielen Faktoren ab. Der wichtigste: Die Gestaltung des Belags muss Ihnen gefallen!

Soll die ursprüngliche Oberfläche über die Jahre ganz oder teilweise erhalten bleiben, können Sie den Belag mit einem Hochdruckreiniger einmal jährlich abstrahlen. Der günstigste Zeitpunkt ist das Frühjahr.

Weiterhin ist es möglich, biologisch abbaubare Steinreiniger zu verwenden. Die Reinigungsflüssigkeit braucht nur aufgesprüht zu werden. Es sind keinerlei Nacharbeiten erforderlich.

Steinreiniger sind meist geeignet zur Behandlung von Naturstein, Terrakotta, Klinker, Putz, Zement, Betonplatten, Schiefer, Holz, Kunststoffmaterialien und Fliesen.

Algenbelag und Schmutz werden durch den Reiniger unterwandert und lösen sich von der Oberfläche ab. Sie können dann entweder auf den nächsten Regen warten oder spritzen die eingesprühte Oberfläche einfach nur mit Wasser ab.

Wächst zu viel Unkraut wie Löwenzahn und Gräser in den Fugen, können Sie es herausrupfen, was meist das ganze Fugenmaterial mit herausholt, oder aber besser mit einem großen Gasbrenner – wie er für Dachabdichtungen verwendet wird – abflammen. Wurde der Terrassenbelag im Grünen über Jahre nicht gepflegt, haben sich unter Umständen dicke Graswulste im

Sternmoos , Sternpolster – Sagina subulata

Sternmoos hat ca. 3 cm hohe, moosähnliche bzw. teppichbildende Polster. Mit der Zeit bildet sich ein dichter, rasenartiger Wuchs. Das Sternmoos blüht von Juni bis August mit kleinen, weißen Sternblüten, daher der Name Sternmoos.

Die Pflanze wächst zwischen Plattenfugen oder Trittsteinen, auf Gartenwegen, Terrassen oder im Steingarten;

Pflanzempfehlung: 12 bis 15 Sternmoospflänzchen pro Quadratmeter, Pflanzabstand 10 bis 15 cm.

Abb. 6.1 – Sternmoos als attraktives „Zubehör" in den Zwischenräumen des Belags (in der Fuge).

6.1 Oberflächen pflegen und erhalten

> **Hinweis**
>
> Vorsicht, manche Granitmaterialien verändern ihre Oberflächenfarbe, wenn das Abflammen zu intensiv betrieben wird. Daher sollten Sie – bei Unsicherheit – das Verfahren zuerst in einem weniger auffälligen Bereich ausprobieren.

> **Hinweis**
>
> Im Winter Vorsicht beim Umgang mit Salz. Nehmen Sie besser einen Schneeschieber oder verwenden Sie auf Ihren Gartenwegen Streusplitt. Das Salzwasser schadet den Natursteinen und Ihrem Garten!

Bereich der Fugen gebildet, die am besten mit einem scharfen Spaten in schabender Weise entfernt werden können.

Bei entsprechendem Stil kann in den Fugen wachsendes Moos die Gartenatmosphäre sogar verbessern. Damit ansonsten keine Unkräuter wachsen, können Sie gezielt z. B. Sternmoos (siehe Kasten links) in die Fugen einpflanzen oder einsäen. Diese Pflanze oder die Samen erhalten Sie in einem guten Gartencenter oder in einer Staudengärtnerei.

6.1.1 Die Pflege des Steinbelags

Steinbeläge unterscheiden sich nach der Art des Materials.

Betonsteine, vor allem solche mit Natursteinvorsätzen, gewinnen meist an optischer Ausstrahlung durch die Zeit im Freien. Gefärbte Betonsteine verblassen, dem können Sie aber nichts entgegensetzen.

Naturstein, Hartgestein, z. B. Granit, ist das haltbarste Gestein (haltbarer als Beton). Wenn die Oberfläche rau ist (sandgestrahlt oder gestockt), wird der Stein in der Sonne weniger und im Schatten mehr Patina wie Moos und Algen annehmen. Wenn Ihnen das nicht gefällt, kann die Oberfläche problemlos mit dem Dampfstrahler abgedampft werden.

Naturstein, Weichgestein wie z. B. Sandstein ist – wenn es nicht extra behandelt wurde – hygroskopisch, d. h. Wasser anziehend. Dadurch wird die Oberfläche – vor allem im Schatten – sehr schnell grün und rutschig. Das Abdampfen hilft nur vorübergehend. Wenn Sie eine Lösung für längere Zeit suchen, sollte der Stein zusätzlich hydrophobiert werden. Es gibt Mittel, die das „Löschblattverhalten" des Sandsteins ändern.

Terrakotta- und Klinkerbeläge haben meist relativ dicht geschlossene Oberflächen und sind somit sehr pflegeleicht und unproblematisch. Sind sie staubig, reicht in der Regel ein feuchtes Überwischen oder Abspritzen mit dem Gartenschlauch – am besten mit Regenwasser – für die Reinigung aus.

6.1.2 Erhaltung des Holzbelags

Bei tragenden Bauteilen, dazu zählen streng genommen auch Bodenbeläge und Terrassen aus Holz, sind die Maßnahmen in der DIN 68800 geregelt. Zwar sollten nach dieser Norm direkt bewitterte Hölzer chemisch geschützt werden oder aus dauerhaften Hölzern bestehen. Zugleich fordert die Vorschrift jedoch, dem aktuellen Stand der Technik entsprechend alle Möglichkeiten auszuschöpfen, um weitgehend oder sogar vollständig auf den vorbeugenden chemischen Holzschutz zu verzichten. Sollte trotzdem ein Schaden beim Terrassenbelag auftreten, ist das Sicherheitsrisiko wesentlich geringer als z. B. bei der tragenden Stütze eines Holzhauses.

Der konstruktive Holzschutz erfolgt durch „besondere bauliche Maßnahmen", die prinzipiell alle ein Ziel

6.1 Oberflächen pflegen und erhalten

verfolgen, nämlich Feuchtigkeit von den hölzernen Bauteilen abzuhalten.

Stimmt der konstruktive Holzschutz, kann ein Holzbelag locker 30 Jahre Haltbarkeit erreichen. Beläge aus Lärche und Douglasie sind zu Beginn leicht rötlich. Dies wird durch entsprechende Holzanstriche unterstützt. Soll dieser Charakter erhalten bleiben, ist eine regelmäßige Pflege erforderlich. Regelmäßig mit Holzschutzölen gepflegt, bleiben die Bohlen lange ein Blickfang. Dies bedeutet, den Belag alle zwei bis drei Jahre zu reinigen und ihm einen neuen Anstrich zu verpassen. Wer aber den natürlichen Charakter von älter werdendem Holz liebt, kann sich diese Arbeit sparen. Der Holzbelag vergraut im Lauf der Jahre und – konstruktiver Holzschutz vorausgesetzt – bleibt dabei qualitativ erhalten. Die silbergraue Oberfläche ist in Verbindung mit Terrakottakübeln sehr dekorativ.

Preiswerte Beläge aus druckimprägniertem Weichholz wie z. B. Kiefer brauchen ab und zu einen Pflegegang, vor allem dann, wenn sich der Belag die meiste Zeit im Schatten befindet und viel Feuchtigkeit aufnimmt. Der Holzbelag kann mit einem Hochdruckreiniger oder mit einer harten Bürste und Neutralreiniger gereinigt werden. Diese Arbeit sollte wenn möglich nach Regentagen durchgeführt werden, dann lassen sich Schmutz und Algen an besten ablösen. Soll der optische Eindruck erhalten bleiben, ist der erste Erneuerungsanstrich nach fünf Jahren und die weiteren sind alle zwei bis drei Jahre durchzuführen.

Nach einer angemessenen Lebensdauer können bei einer wartungsfreundlichen Konstruktion dank der leichten Bearbeitbarkeit und des geringen Gewichts Holzteile auch ohne größeren Aufwand ausgewechselt werden.

Der Einsatz chemischer Holzschutzmittel sollte – wenn überhaupt – ganz besonders maßvoll erfolgen.

> **Hinweis**
>
> Verlegtes Natursteinpflaster und Kehrmaschinen vertragen sich nicht gut. Die Kehrmaschine kehrt und saugt das Fugenmaterial zwischen den Pflastersteinen heraus. Diese fangen dann an zu wackeln und fallen heraus (Pflaster-Paradontose).

> **Hinweis**
>
> Werden Terrakotta- und Klinkerbeläge im Sommer mit Leitungswasser gereinigt, sollten Sie darauf achten, dass das Wasser nicht kalkhaltig ist, ansonsten gibt es mit der Zeit einen weißen Schleier auf der Oberfläche (nicht zu verwechseln mit den weißen Ausblühungen, die vom falschen Verlegemörtel herrühren).

6.2 Umgang mit dem Hochdruckreiniger

Ob Moos oder Kalkablagerungen, Balkon- und Terrassenplatten reinigen Sie am einfachsten mit dem Hochdruckreiniger. Fest sitzender Schmutz auf Pflastersteinen lässt sich durch den hohen Wasserdruck mühelos wegspülen. Das ist nicht nur gründlich, sondern spart im Gegensatz zum Putzen mit Eimer oder Schlauch auch Wasser.

Tragen Sie beim Reinigen unbedingt eine Schutzbrille. Aufspritzende Steine, Sand oder sonstige Gegenstände können sonst zu ernsthaften Verletzungen der Augen führen.

Damit beim Reinigen kein Schaden an Fugen, Ecken und Kanten entsteht, beginnen Sie immer erst mit geringerem Druck und steigern ihn dann langsam.

Sinnvoll ist es, an einer weniger auffälligen Ecke mit den Arbeiten zu beginnen und zu schauen, was passiert. Der Aufprallwinkel des Wasserstrahls sollte ca. 45 Grad betragen, um die Fugenfüllung zu schonen.

Schützen Sie einen hellen Hausputz oder sonstige empfindliche Gegenstände unbedingt vor den Spritzern des Dampfdruckreinigers.

> Richten Sie den Wasserstrahl nicht auf elektrische oder elektronische Geräte wie z. B. Lampen, Lichtschalter oder Steckdosen.

6.3 Belagsschäden erkennen und reparieren

Wurden Steine durch Regen, Frost oder sonst wie mechanisch zerstört, sollten sie möglichst rasch ausgetauscht werden, bevor jemand darüber stolpert.

Bei engem Fugenverbund ist das Herausnehmen nicht immer ganz so einfach, da das Fugenmaterial den Stein oder die Platte durch das Verkeilen festhält.

Eine Möglichkeit besteht darin, in zwei gegenüberliegende Fugen des herauszunehmenden Steins mit zwei stabilen Schraubenziehern (Schraubendreher) anzusetzen und den Stein oder die Platte durch abwechselndes Hebeln herauszuschieben. Manchmal ist es dabei gut, sich Hilfe zu holen, um den Stein durch einen dritten Schraubenzieher oder eine kleine Kelle zu sichern.

6.4 Setzungen, was tun?

Die meisten Wege und Terrassenflächen setzen sich im Lauf der Jahre, es sei denn, der Untergrund wurde betoniert. Dies kann z. B. daher kommen, dass Ameisen den Sand des Betts forttragen. Oder der Untergrund wurde nicht genügend verdichtet und gibt nach. Bei einer geringen Setzung können Sie den Belag herausnehmen, etwas Bettungsmaterial auffüllen und einplanieren und die Platte oder die Pflastersteine mit Hammer und Holzunterlage wieder festklopfen.

Ist die Setzung großflächig und gravierend, hilft es nur, den ganzen Belag und die Bettung herauszunehmen und den Unterbau aufzufüttern, abzurütteln und den Belag wieder neu aufzubauen.

Abb. 6.2 – Setzung und Plattenbruch durch Ausspülung der Belagsbettung.

7 Umgang mit Herstellern, Lieferfirmen und Baumärkten

Lassen Sie Teilarbeiten oder die ganze Terrasse und die Gartenwege von einer Ausführungsfirma machen, oder beziehen Sie die Materialien und machen die Arbeiten selbst? Es ist gut, die folgenden Punkte zu beachten.

Zuerst stellt sich die Frage: Woher bekommt man das Material? Vom Baumarkt oder vom Fachhändler? Wie sieht es qualitativ und preislich aus? Dies fängt beim Einkauf der Werkzeuge an, dann folgen die Terrassenmaterialien, Steine, Unterbau und Bettung sowie spezielle Materialien wie Naturstein und Holz. Neben dem Baumarkt und dem Baustoffhändler gibt es oft auch regionale Natursteinhändler und den Holzfachhandel. Wie sieht es aus mit dem Materialtransport? Der Baustoffhandel und der Holzhändler bringen es möglicherweise kostenfrei vor Ihre Haustür, beim Baumarkt müssen Sie sich einen Anhänger mieten … All dies sind wichtige Aspekte in Ihrer Gesamtkalkulation.

7.1 Angebote einholen und prüfen

Bei größeren Materialmengen ist es sinnvoll, Angebote einzuholen und über Rabatte zu verhandeln. Ebenso sollten Sie Angebote einholen, wenn Sie Teile oder die komplette Maßnahme von einem Unternehmen ausführen lassen wollen. Bei der Prüfung der Angebote schauen Sie zunächst darauf, ob die Lieferfirma oder der Hersteller alle von Ihnen angefragten Positionen auch angeboten hat.

Checkliste zum Angebot:

- Die Gewährleistung bei einem Komplettangebot (Material und Ausführung) sollte mindestens fünf Jahre nach BGB in Deutschland betragen (VOB 3 Jahre).
- Achten Sie darauf, ob der Händler auf gelieferte Materialien wenigstens 10 bis 15 Jahre Nachlieferungsgarantie zusagen kann (für den Fall, dass Sie z. B. Ihre Terrassenfläche erweitern möchten).
- Schauen Sie bei einer Komplettbeauftragung, ob die Ausführung der Maßnahme in der Gewährleistung eingeschlossen ist.
- Überprüfen Sie, ob das Angebot pauschal gehalten ist oder ob einzelne Positionen differenziert dargestellt sind.
- Sind die Ausführung und das Material extra ausgewiesen? Dies kann bis zu einem bestimmten Betrag bei der Steuererklärung steuermindernd eingetragen werden.
- Sind im Angebot alle angefragten Positionen enthalten?
- Überprüfen Sie, ob das Angebot Ihren Wünschen entspricht.

7.2 Auftragsvergabe und Bauleitung

Haben Sie ein passendes Angebot vorliegen, ist es sinnvoll, das Angebot verbindlich mit der Firma zu vereinbaren. Fehlen wichtige Positionen, sind diese vor der Auftragsvergabe anzufragen und zu klären.

7.2.1 Vergabe von Arbeiten

- Bei einer Beauftragung vereinbaren Sie eindeutige Termine (mit Tag, Monat und Jahresangabe) für Arbeitsbeginn und Fertigstellung von Teilarbeiten und der kompletten Maßnahme.
- Vereinbaren Sie Leistungsumfang und Preise in einem Auftragsschreiben.
- Alle Vereinbarungen sollten unbedingt in Schriftform gemacht werden. Lassen Sie das Auftragsschreiben vom Auftragnehmer gegenzeichnen.
- Ein weiterer wichtiger Punkt sind Gewährleistungsfristen über fünf Jahre.
- Vereinbaren Sie, dass vor Arbeitsbeginn Materialmuster der angebotenen Beläge, Treppen und Mauersteine bezüglich Bearbeitung und Farbe vorgelegt werden müssen.
- Vereinbaren Sie die Zahlungsweise, möglicherweise auch Zahlungsmodalitäten wie Skonto, Nachlässe oder die Höhe der Abschlagszahlungen.
- Ist der Endbetrag einschließlich der derzeit gültigen Mehrwertsteuer ausgewiesen?
- Braucht die Ausführungsfirma Vesperräume, und werden während der Bauzeit Lagerflächen und eine Toilette benötigt?

7.2.2 Bauleitung und Abnahme

Checkliste vom Bau bis zur Abnahme:

- Lassen Sie sich vor Arbeitsbeginn Materialmuster der angebotenen Beläge, Treppen und Mauersteine bezüglich Bearbeitung und Farbe vorgelegen.
- Dokumentieren Sie den Arbeitsablauf mit Fotos und einem Bautagebuch, vor allem bei Stellen, die nach Fertigstellung nicht mehr sichtbar sind.
- Machen Sie Abnahmen von Teilarbeiten, solange diese noch nachzuvollziehen sind. Wenn Sie die fachliche Ausführung nicht beurteilen können, holen Sie sich Hilfe (z. B. von einem Landschaftsarchitekten).
- Machen Sie Teilabnahmen, z. B. bei später nicht mehr sichtbaren Entwässerungsleitungen. Schreiben Sie die festgestellten Punkte in einem Protokoll auf, das von allen Beteiligten unterzeichnet werden muss.
- Machen Sie sich darüber Notizen, wo Leitungen im Garten verlegt wurden, am besten mit einer vermaßten Skizze.
- Überprüfen Sie, ob das Gefälle den technischen Anforderungen und Ihren Wünschen entspricht.
- Funktioniert die Entwässerung? Mit Gartenschlauch prüfen.
- Bleiben bei Regen Pfützen auf dem Belag stehen?
- Halten Sie von der letzten Rechnung (Schlussrechnung) genügend Geld zurück, bis die Endabnahme durchgeführt wurde.
- Führen Sie die Endabnahme mit einem Protokoll durch, in dem Datum, teilnehmende Personen, alle Punkte und die Zusagen zur Behebung eines festgestellten Mangels einschließlich des Zeitpunkts der Behebung eingetragen werden. Lassen Sie alle Anwesenden das Protokoll unterschreiben.

7.3 So testen Sie die Qualität

Die Herstellung von Bauprodukten und die Anwendung von Bauarten sollen auf der Grundlage technischer Regeln (z. B. DIN-Normen) oder anderer Verwendbarkeits- bzw. Anwendbarkeitsnachweise erfolgen.

Sind Sie sich bezüglich der ausgeführten Qualität unsicher, fragen Sie einen Fachmann wie z. B. einen Landschaftsarchitekten nach dessen Einschätzung. Dieser ist sicher für eine Stundenpauschale gern bereit, Sie zu beraten.

Vorsicht, Falle!
Des Öfteren werden Softwareprogramme als Laiengartenplaner angeboten. Machen Sie sich zuerst ein Bild darüber, ob ein solches Programm Sie in Ihrer Planungsphase wirklich gut unterstützen kann. Nach meiner Erfahrung sind – vor allem die preiswerteren Programme – meist schwierig zu bedienen, und die Ergebnisse sind wenig förderlich.

Eine optisch und technisch unbefriedigende Terrasse oder ein solcher Gartenweg bringt nur Ärger. Leider gibt es auch bei den ausführenden Firmen „schwarze Schafe", die mit der Gutgläubigkeit der Kunden versuchen, Geld zu machen. Prüfen Sie die Angebote anhand der im Buch beschriebenen Kriterien genau nach, vergleichen Sie die Produkte und lassen Sie sich nicht von einem unrealistisch billigen Angebot täuschen. Referenzen sind immer eine gute Möglichkeit, die Tauglichkeit der Ausführungsfirma und einer angebotenen Leistung in der Praxis und im Gespräch mit den Eigentümern zu überprüfen. Gibt es diese Referenzen nicht, seien Sie besser vorsichtig.

Quellenverzeichnis

Mit freundlicher Genehmigung der angegebenen Firmen und Institutionen wurden die mit Quelle (x) versehenen Abbildungen zur Veröffentlichung in diesem Buch freigegeben und von den Firmen zur Verfügung gestellt.

An dieser Stelle möchte ich mich ganz herzlich bei den Firmen und den zuständigen Mitarbeiterinnen und Mitarbeitern für die freundliche Unterstützung bedanken.

(1) ACO Severin Ahlmann GmbH & Co. KG
Entwässerungsrinnen, Einläufe, Zubehör
info@aco-online.de
www.aco-online.de

(2) Conrad Electronic
Elektrische und elektronische Geräte
www.conrad.de
Hotline: 0180-53121

(3) SunSquare Kautzky GmbH
Komfortable Sonnensegel (mit elektrischem Antrieb)
info@sunsquare.com

Stichwortverzeichnis

A
Abbindeverzögerer 83
Abdampfen 117
Abdeckroste 63
Abstandhalter 75
Abstrahlwinkel 90
Absturzhöhe 28
Absturzsicherung 28
Abwasserrinnen 57
Akkus 96,97
Arbeitsraum 57, 72
Armiereisen 57, 59
Aufenthaltsplatz 10
Auftragsschreiben 123
Auftritt 28,29
Ausblühungen 47, 117
Aushubtiefe 68
Ausschachtung 81

B
Bachlauf 111,113
Bahnenware 48
Balkenquerschnitte 83,84
Balkonterrassen 20
Bankirai 85
Basalt 43
Bauerngärten 24
Bauschutt 69, 72
Bautagebuch 123
Beilagscheiben 82, 85
Beistelltisch 14
Betonplatte 56, 72
Bewegungsmelder 88, 90, 96
Binsen 114
Biotop 113,114
Blaukissen 29
Blauregen 110
Blockstufen 28,30, 77
Bobbycar 17
Böschungswinkel 81
Brechsand 72,73
Brettschichtholz 83

C
Calla 114

D
Diagonalverband 51
Dimmer 90
Diorit 74
Distanzstückchen 76
Douglasienholz 40
Drahtschotterkörbe 104
Drainagepflaster 36, 76
Dreikantleisten 82

E
Edelstahlband 70
Edelwicken 110
Efeu 100, 103,104, 110
Eibe 105
Eingangswege 27
Einläufe 62,65
Einlaufkasten 63, 65
Endabnahme 123
Entwässerungsrohre 66, 77
Erdkabel 88,89, 92

F
Fahrspuren 27, 32
Farne 114
Fase 39
Fäustel 57, 59, 75
Fehlstromschutzschalter 90
Feng-Shui 13
Fertigbeton 83
Feuchtigkeit 74, 83, 85, 88, 90, 118
Filteranlage 113
Fische 114
Fischgrätverband 50
Flächenversickerung 67
Flex 61
Flexmörtel 76
Fließmittel 83
Fluchtschnur 74
Freiküche 11
Frostperiode 70
Fugenfüllmaterial 72
Fugenfüllung 72, 75, 119
Fugenkreuze 75
Funkfernsteuerung 90

G
Gartenfackeln 87, 93
Gartenlaube 5
Gartenleitung 90
Gartenzimmer 11, 13
Gebürstet 49
Geflammt 43
Gehwegplatten 27, 83
Geländeart 24
Genius loci 11
Geruchsverschluss 65
Geschliffen 49
Gestockt 49
Getrommelt 49
Gewebeklebeband 58,59
Gewindestangen 82,83, 85
Gitterelemente 108
Gleitmittel 66
Gräben 65
Grabensohle 65
Großpflaster 46, 76
Grundwasser 62
Gummiplattenrüttler 59

H
Haftklimmer 110
Haftwurzeln 110
Hainbuche 105
Handlauf 28
Handschuhe 59, 61
Hartgestein 43,44, 117
Hauswurz 30
Hechtkraut 114
Herbizide 115
Hofeinläufe 63
Hohlräume 72, 83
Holzbohrer 82
Holzfußböden 80
Holzleiste 75
Holzspaliere 100
Holzstützen 108
Hopfen 110
Hydrophobierung 44

J
Johannisbeere 105

Stichwortverzeichnis

Jungfernrebe 110

K
Kabelabdeckband 89
Kabelschutzhülle 88
Kabeltrasse 89
Kalk-Zement 47
Kalkablagerungen 119
Kanalisation 62,63
Kanalnetz 64, 67
Kastenrinnen 62,63
Kelle 59, 76, 120
Keramik 20
Kettcar 17
KFT 71
Kiessand 70, 82
Kiwi 21, 110
Kleinbagger 65, 77,78
Kleinkiesel 54
Kleinlebewesen 32
Kleinpflaster 46, 50, 74,75
Kletterhilfen 21, 110
Kletterhortensien 110
Kletterpflanzen 15, 100, 110
Kletterrosen 100, 110
Klettertrompeten 110
Knochenstein 39
Kompost 5
Kontaktpunkte 84
Kopfsteinpflaster 63
Kraftstoff 79
Kreide 58,59
Kreuzfugenverband 48, 51,52
Kunstobjekte 11
Kürbisgewächse 110

L
Lagebestimmung 81
Lageplan 25
Lampions 87
Längsbalken 81
Längsneigung 27
Lärchenholz 40
Lärmschutzwände 100
Laserwasserwaage 59,60
Lavendel 21

Legstufen 28,29
Lehrensteine 74
Leitungsgräben 77
Leuchtsteine 91,93
Liguster 105
Linienführung 24, 34
Lot 81
Löwenzahn 117

M
Markise 15, 107,108
Marmor 44
Maßband 58, 81
Maßstab 25
Materialmuster 123
Materialprüfungsanstalten 46
Maurerkelle 75
Maurerschnur 59, 70, 76
Metall 21, 83, 109
Meterstab 81
Mineralstoffe 73
Mittelpflaster 46
Monolith 108
Moose 32, 116
Moräne 37
Mosaikpflaster 46
Muldenversickerung 67
Muschelkalk 44

N
Nagelfluh 44
Nass-Steinsäge 59, 61, 78,79
Nebenwege 33
Neopren-Folienstreifen 85
Neutralreiniger 118
Niveauschalter 112
Noppenbahn 74

O
Orientierungslampen 94

P
Paletten 75
Patina 42, 116
Pergola 15, 108,110
Pfeifenstrauch 105

Pfeilkraut 114
Pflasterbett 56, 72,73, 75
Pflasterplatten 50
Pfostenschuh 82
Pfützen 123
Phyllit 43
Planschbecken 18
Planum 56
Planungssoftware 47
Plattendruckversuche 68
Plattengreifer 59, 61
Podest 27, 29
Poliert 44
Polymerbeton 63
Porphyr 43, 50, 74
Portlandzement 82
Prüfzeugnisse 46
Pumpe 111,113
Punktfundamente 81,83
PVC-Rohre 65
Pythagoras 58

Q
Quarzit 43, 50
Quellsteine 111
Quergefälle 57, 63

R
Rabatte 122
Randabschluss 32
Randbalken 81
Randeinfassung 68, 70,71
Randsteine 70,71
Rankbogen 100
Rankpflanzen 11, 100, 109
Rasenflächen 24, 62
Rasengittersteine 36
Rasenpflaster 76
Rasensoden 33, 88
Ratten 72
Rechtwinkligkeit 58, 74, 81
Recyclingmaterial 31, 36, 42, 105
Recyclingschotter 72
Referenzen 124
Regenfallrohr 64, 67
Regenwald 40

Stichwortverzeichnis

Richtlatte 74
Richtscheit 81
Richtschnur 81
Richtungswechsel 57
Riffelung 80
Rindenmulch 33
Robinien 40
Rohrkolben 114
Rollstuhlfahrer 27
Rosmarin 21
Rotzeder 40
Rückenstütze 56, 70, 77
Rundgang 24
Rutschgefahr 44, 49, 63, 116

S
Sandkasten 18
Sandsteine 44
Schalenbrunnen 111
Schallschutz 101
Scharriert 49
Schattenbaum 15
Schattenwurf 18
Schaufel 59, 71
Schiefer 44, 116
Schilf 114
Schirm 107
Schlammeimer 63
Schlauchwasserwaage 59,60
Schleifenblume 29
Schlussrechnung 123
Schmutzfang 63, 65
Schneeball 105
Schnurgerüst 81
Schotterrasen 33
Schraubendreher 120
Schraubzwingen 82
Schrittplatten 33
Schubkarre 59
Schuppenbogenverband 53,54
Schuttmulden 69
Schutzbrille 59, 61, 119
Schutzklasse 90
Schwitzwasser 85
Sedimentgesteine 44
Seerose 114

Segmentbogenpflaster 52,53
Seifenkraut 30
Selbstnivellierung 83
Servierwagen 14
Sichtachsen 18
Sickerschächte 62
Siedlungsbereich 10
Siphon 65
Solarleuchten 94, 96,97
Solarmodul 96,97
Solarzellen 96,97
Sollhöhe 73
Sommerdusche 11
Sonnenröschen 33
Sonnenschirm 20, 107
Sonnenschirmständer 14
Sonnensegel 15, 107,108
Sortierungen 46, 54
Spalier 100
Spaten 88, 117
Spiegel 105
Spiegeleffekte 91
Spielgeräte 18
Sprudeldüsen 111
Stahlnadeln 57
Starkregen 57, 63
Stauden 24,25, 33
Steigung 27,29
Steinbrech 30
Steinformate 46
Steinknacker 59, 61, 77
Steinkraut 30
Steinleuchten 97
Steinpfeiler 108
Steinschneidemaschine 77
Stellstufen 28,30
Sternmoos 116,117
Strahler 90
Sumpfdotterblume 114
Sumpfiris 114
Symmetrien 18

T
Teerpappe 74
Terrassenbohlen 40
Terrassenholzroste 80

Thymian 33
Tiefpunkte 57
Toskana 21
Tragbalken 80,81, 83,85
Trasszement 47
Travertin 44
Trockenperioden 70
Tropenholz 40

U
Unkräuter 115, 117
Unterwasserscheinwerfer 94, 112
UV-Strahlen 107

V
Verbrennungsmotor 79
Verkehrslast 70
Verlegeplan 47
Versiegelung 24, 32
Vlies 80, 82
Vormauerziegel 39
Vorschlaghammer 57, 59

W
Wackersteine 54
Waldrebe 100
Wasserelement 111,112
Wasserfall 112
Wassergebundene Decke 36
Wasserhahnenfuß 114
Wasserpest 114
Wasserpflanzen 91, 113,114
Wasserspeier 113
Wegeverbindungen 5, 11
Weichgestein 43,44, 117
Wein 5, 21, 102, 110
Weißdorn 105
Windlichter 87
Winkelschleifer 59, 61, 78
Wirtschaftsflächen 36

Z
Zeitschaltuhr 90, 112
Zisternen 62
Zugkräfte 82
Zwergpampasgras 114

Ulrich E. Stempel

Gartenteiche
planen, anlegen und pflegen

Ulrich E. Stempel

Gartenteiche
planen, anlegen und pflegen

Leicht gemacht, Geld und Ärger gespart!

Mit 96 farbigen Abbildungen

Bibliografische Information der Deutschen Bibliothek

Die Deutsche Bibliothek verzeichnet diese Publikation in der Deutschen Nationalbibliografie;
detaillierte Daten sind im Internet über **http://dnb.ddb.de** abrufbar.

Hinweis

Alle Angaben in diesem Buch wurden vom Autor mit größter Sorgfalt erarbeitet bzw. zusammengestellt und unter Einschaltung wirksamer Kontrollmaßnahmen reproduziert. Trotzdem sind Fehler nicht ganz auszuschließen. Der Verlag und der Autor sehen sich deshalb gezwungen, darauf hinzuweisen, dass sie weder eine Garantie noch die juristische Verantwortung oder irgendeine Haftung für Folgen, die auf fehlerhafte Angaben zurückgehen, übernehmen können. Für die Mitteilung etwaiger Fehler sind Verlag und Autor jederzeit dankbar. Internetadressen oder Versionsnummern stellen den bei Redaktionsschluss verfügbaren Informationsstand dar. Verlag und Autor übernehmen keinerlei Verantwortung oder Haftung für Veränderungen, die sich aus nicht von ihnen zu vertretenden Umständen ergeben. Evtl. beigefügte oder zum Download angebotene Dateien und Informationen dienen ausschließlich der nicht gewerblichen Nutzung. Eine gewerbliche Nutzung ist nur mit Zustimmung des Lizenzinhabers möglich.

© 2008 Franzis Verlag GmbH, 85586 Poing

Alle Rechte vorbehalten, auch die der fotomechanischen Wiedergabe und der Speicherung in elektronischen Medien. Das Erstellen und Verbreiten von Kopien auf Papier, auf Datenträgern oder im Internet, insbesondere als PDF, ist nur mit ausdrücklicher Genehmigung des Verlags gestattet und wird widrigenfalls strafrechtlich verfolgt.

Die meisten Produktbezeichnungen von Hard- und Software sowie Firmennamen und Firmenlogos, die in diesem Werk genannt werden, sind in der Regel gleichzeitig auch eingetragene Warenzeichen und sollten als solche betrachtet werden. Der Verlag folgt bei den Produktbezeichnungen im Wesentlichen den Schreibweisen der Hersteller.

Satz: DTP-Satz A. Kugge, München
art & design: www.ideehoch2.de
Druck: Delo Tiskarna d.d., Ljubljana
Printed in Slovenia

Vorwort

Gartenteiche sind Oasen und ökologisch wertvolle Gestaltungselemente im Garten. In Verbindung mit einem Sitzplatz trägt der Gartenteich zur Entspannung bei und bietet viele Möglichkeiten, den Urlaub zu Hause noch mehr zu genießen. Zu allen Jahreszeiten kann man immer wieder neu beobachten, was sich im Teich verändert und entwickelt. Vögel, Libellen, Molche, Kröten, Fische, Wasserkäfer – in und um einen richtig angelegten Gartenteich wimmelt es nur so von Leben.

Es gibt viele Möglichkeiten, den Teich und einen Bachlauf in Verbindung mit Beleuchtung und Wassertechnik auch für die Abend- und Nachtstunden attraktiv zu gestalten, sodass die Wasserfläche auch im Dunkeln eine magische Wirkung entfaltet.

Im Buch ist die professionelle Planung von Anfang an beschrieben. Das macht es möglich, selbst Schritt für Schritt die Ausführung nachzuvollziehen und durchzuführen. Darüber hinaus finden Sie Tipps und Tricks zur Technik und zur Verarbeitung. Teichbaumaterialien und Zubehör können mithilfe des Buchs sorgfältig ausgewählt werden. So werden Sie an Ihrem Teich lange Freude haben.

Teiche schaffen mehr Lebensqualität für die Gartennutzer und Lebensräume für Natur, Tier und Mensch. Mit dauerhaften Materialien für den Teich lässt sich jeder Garten auf einfache und kostengünstige Art so aufwerten, dass er zu einem Paradies wird.

Inhaltsverzeichnis

1	**Teichbau leicht gemacht, integrative Planung**	11
1.1	Die Wahl des richtigen Standorts	13
1.2	Lage und Größe des Gartenteichs	15
1.3	Optimale Teich- und Pflanztiefe	17
1.4	Natürliche Umwälzung im Naturteich	18
1.4.1	Künstliche Umwälzung, Vor- und Nachteile	19
1.5	Das ideale Teichprofil	20
1.5.1	Zoneneinteilung des Teichs	22
1.6	Teich absichern, wenn Sie kleine Kinder haben	24
1.7	Damit sich alle mit dem Teich wohlfühlen	25
1.8	Der Gartenteich und seine Möglichkeiten	26
1.8.1	Verschiedene Teicharten, Vor- und Nachteile	26
1.8.2	Der Naturteich, pflegeleicht und schön	27
1.8.3	Filterteich – mit geringer Technik und hoher Filterwirkung	28
1.8.4	Ausführung als Fischteich	31
1.8.5	Was ist ein Schwimmteich?	31
1.9	Kleintiere im und um den Teich	33
1.9.1	Wasserschnecken	33
1.9.2	Frösche und Kröten	34
1.9.3	Molche	34
1.9.4	Libellen	35
1.9.5	Wasserkäfer	35
1.9.6	Teichmuscheln	36
1.9.7	Schildkröten	36
1.9.8	Fische	36
1.9.9	Goldfisch (Carassius auratus auratus)	36
1.9.10	Moderlieschen (Leucaspius cephalus)	37
1.9.11	Graskarpfen	37
1.9.12	Gründling	37
1.10	Pflanzen am und im Wasser	38
1.11	Ökotipps	39
1.12	Umgestaltung eines vorhandenen Teichs	40

Inhaltsverzeichnis

2	**Teichbaumaterialien, Auswahlkriterien, Vorplanung**	**41**
2.1	Gute und dauerhafte Möglichkeiten der Abdichtung	42
2.2	Teichschalen und Fertigbecken	43
2.3	Dichtungsbahnen, PVC-Folien und Kautschukmaterial	45
2.3.1	Die richtigen Folienstärken	45
2.4	Abdichtung mit dem Naturbaustoff Lehm	46
2.5	Wassernachspeisung für den Teich	48
2.5.1	Regenwassernutzung mit doppeltem positivem Effekt	48
2.6	Teich- und Geländegestaltung bei Höhenunterschieden	50
2.6.1	Gartenteich in schwierigem Gelände	50
2.7	Bachlauf und Wasserfall zur Teichergänzung	51
2.8	Passende Substrate und Pflanzgefäße	53
2.9	Versorgungsleitungen für Pumpe und Beleuchtung	54
2.10	Welche Maschinen und Werkzeuge Sie brauchen	55
2.10.1	Hinweise und Tipps zum Maschinenleihen	55
2.10.2	Werkzeuge und Material auf einen Blick	56
3	**Den Gartenteich bauen, Schritt für Schritt**	**57**
3.1	Abstecken und Markieren der Teichumrisse	58
3.1.1	Bezugshöhe übertragen	58
3.1.2	Aushubarbeiten	58
3.2	Tiefenzonen mit Sand markieren	60
3.2.1	Wohin mit dem Aushub?	61
3.3	Vorbereiten des Untergrunds	63
3.3.1	Steine und Wurzeln entfernen, Sandschicht	63
3.3.2	Abmessungen für Vlies und Folie, Tricks und Tipps	63
3.3.3	Aushubmulde mit Vlies auslegen	64
3.4	Verlegen der Folie	65
3.5	Teich mit Wasser füllen	66
3.6	Die Randgestaltungen – sorgfältig planen und ausführen	67
3.6.1	Kapillarsperre herstellen	67

Inhaltsverzeichnis

3.6.2	Ausführungsvarianten der Randgestaltung	67
3.6.3	Weicher, begehbarer Teichrand	68
3.6.4	Stabiler, begehbarer Teichrand	70
3.6.5	Teichrand als Sumpfgarten	71
3.6.6	Gestaltung mit Findlingen	72

4	**Abdichtungsmaterialien – Hinweise und Tipps**	**73**
4.1	Zu- und Abläufe	74
4.1.1	Folienanschlüsse und dichte Durchführungen	76
4.2	Ein Loch im Teich – was ist zu tun?	77
4.2.1	Klebe- und Schweißverfahren	78

5	**Kompakte und preiswerte Pumpen- und Filterlösungen**	**81**
5.1	Auswahlkriterien und -hilfen für Pumpen und Filter	83
5.2	Wann Filtersysteme erforderlich werden	85
5.3	Skimmerprinzip zur Teichreinigung	86
5.4	Umwälzung mit Solarenergie	88
5.5	Solartechnologie für Belüftung	88

6	**Pflanzen selbst auswählen und einsetzen**	**89**
6.1	Wasserpflanzen vorbereiten	90
6.2	Pflanzenauswahl für die unterschiedlichen Teichzonen	91
6.2.1	Landzone und Übergangsbereich zum Garten	91
6.2.2	Pflanzenvielfalt im Ufer- und Sumpfbereich	91
6.2.3	Tiefwasserzone und Unterwasserpflanzen	92
6.2.4	Die Seerose	96
6.2.5	Schwimmpflanzen auf der Wasseroberfläche	97

Inhaltsverzeichnis

7	**Gestaltung von Licht und Wassereffekten**	99
7.1	Leuchtenarten	100
7.1.1	Beleuchtung mit LEDs	100
7.1.2	Beleuchtung mit Solarenergie	101
7.2	Wassersprudler und Zubehör	102

8	**Die Pflege des Teichs**	103
8.1	Teichpflege einfach und angemessen	104
8.2	So bringen Sie den Teich gut über den Winter	106
8.3	Der richtige Zeitpunkt für die Reinigung	109
8.4	Grünes und trübes Wasser – häufige Ursachen	110
8.5	Biochemie im Gartenteich	112
8.6	Feststellen der Wasserqualität	113
8.6.1	Härtegrad des Wassers	113
8.6.2	Karbonathärte (KH) des Teichwassers	113
8.6.3	Der pH-Wert des Wassers	113
8.6.4	Kohlendioxid und Sauerstoff des Wassers	115
8.6.5	Nitrit	115
8.7	Checkliste für die Pflege	116
8.8	Die Pflegemaßnahmen im Jahr	118
8.8.1	Pflege im Frühjahr	118
8.8.2	Pflege im Herbst	118
8.9	Gleichgewicht im Teich, Teichbiologie	119
8.9.1	Wenn der Teich umkippt	119
8.9.2	Sauerstoffversorgung, Teichbelüfter	119
8.9.3	UV-Reinigung	120

9	**Wissenswertes**	121
9.1	Handwerker, Lieferfirmen und Hersteller	122
9.1.1	Vergabe von Arbeiten	122

Inhaltsverzeichnis

9.1.2	Bauleitung und Abnahme	122
9.2	So testen Sie die Qualität	123
9.2.1	Qualität der Teichdichtung	123

10	**Anhang**	**125**
10.1	Quellenverzeichnis	125
10.2	Adressen, Produkt und Liefernachweise	125

Stichwortverzeichnis	**126**

1 Teichbau leicht gemacht, integrative Planung

Die positive Entwicklung des Gartenteichs hängt ganz entscheidend von der Planung und der Ausstattung bezüglich der natürlichen Ansprüche von Pflanzen und Tieren ab.

Für einen gesunden und natürlichen Zustand Ihres Teichs sind grundsätzliche Voraussetzungen wie der richtige Standort und die Teichgröße wichtige Faktoren. Kleine Teiche mit nur wenigen Quadratmetern Wasserfläche können nicht die gleiche Vielfalt an Leben beherbergen wie ein großer Teich.

Bei guter Planung und naturgemäßer Anlage stellt sich das natürliche Gleichgewicht mehr oder weniger von selbst ein. Allerdings gibt es für den Teichbau und die Pflege einige Grundregeln, die es zu beachten gilt. Künstliche angelegte Teiche werden von vielen Faktoren beeinflusst. Nährstoffüberschuss, Schadstoffe im Wasser oder saurer Regen wirken auf die Wasserqualität ein und können zu Störungen führen.

Einen Teich anzulegen kann und soll Spaß machen. Wichtig ist es, sich erst einmal auf einem Stück Papier

1 Teichbau leicht gemacht, integrative Planung

zu verdeutlichen, was im eigenen Garten überhaupt machbar ist und anschließend, wie man das Vorhaben in die Tat umsetzen möchte.

Bevor Sie mit dem Entwurf des Teichs beginnen, machen Sie am besten eine detaillierte Bestandsaufnahme Ihres Gartens, ausgehend vom Haus, und zeichnen die Gartenelemente wie Bäume, Wege, Terrasse, Rasenflächen, Mauern, Grenzen usw. maßstabsgetreu in einen Grundlagenplan ein. Hilfreich ist dabei, den vorhandenen Lageplan des Grundstücks aus dem Baugesuch zu verwenden. Der Lageplan hat meist einen Maßstab von 1:500, d. h., eine Abmessung von 1,0 m (100 cm) im Garten entsprechen 2 mm auf dem Plan. Damit Sie die vorhandenen Strukturen gut einzeichnen können, ist es sinnvoll, den Lageplan 5-fach auf den Maßstab 1:100 zu vergrößern (mit Scanner oder Kopierer).

Durch eine sorgfältige Teichplanung sparen Sie viel Arbeit beim Anlegen und auch bei der späteren Pflege. Oft wird der Teich ohne nennenswerte Planung angelegt: Es wird ein Loch ausgegraben, mit Folie ausgelegt und Wasser eingefüllt – fertig. Spätestens nach einem Jahr (meist schon viel früher) wird ein solches „Wasserloch" wieder mit Erde gefüllt und das Thema Gartenteich hat sich bis auf Weiteres erledigt. Dann ist es schade um die Arbeit, denn mit einer anderen Herangehensweise hätte ein schöner, dauerhaft funktionierender Gartenteich entstehen können.

Lesen Sie dieses Buch in Ruhe durch. Sie erfahren hier, welche Grundprinzipien und Punkte wichtig sind, damit der Teich gut funktioniert und Ihnen viel Freude machen kann. Bei der Planung sind nicht nur die richtigen Materialien von Bedeutung, sondern auch Wissen über die Naturgesetze. Wenn beides gut miteinander kombiniert wird, kann von „integrativer Planung" gesprochen werden. Integrative Planung bedeutet auch, dass die hilfreichen Mitarbeiter der Natur, wie Pflanzen, Mikroorganismen und Tiere, in die Planung mit einbezogen werden.

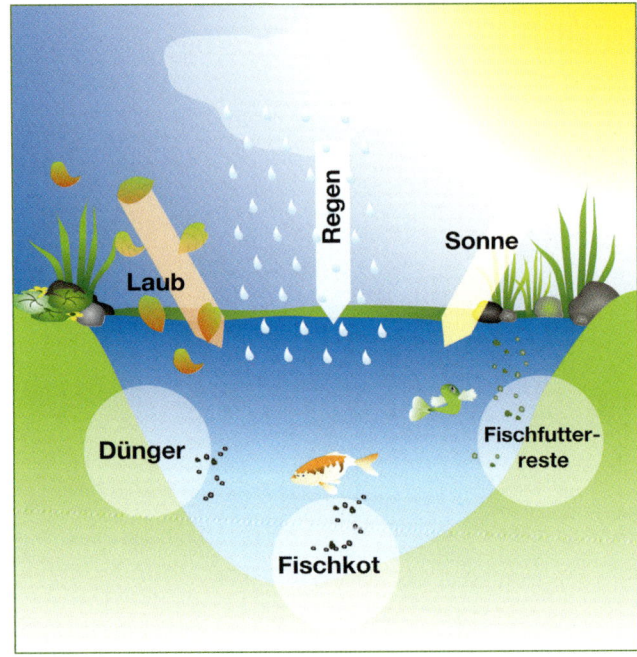

Abb. 1.1 – Einflüsse auf den künstlich angelegten Teich. Quelle (3).

Viele Probleme im Gartenteich, wie z. B. Algen, trübes Wasser, Versumpfen bzw. Verlanden, können mit integrativer Planung und Ausführung weitgehend verhindert werden.

Im Folgenden werden zuerst die Grundlagen für die Funktionen Ihres Natur- und Gartenteichs erläutert. Anschließend folgen die Erläuterungen zu Planung und Bau. Zum Schluss dieses Kapitels wird auf Pflanzen, Fische usw. eingegangen – vor allem auf solche, die den Teich pflegen und z. B. Algen wirkungsvoll reduzieren.

> Der richtige Zeitpunkt für das Anlegen des Teichs ist von Ende Mai bis Mitte Juli.

1.1 Die Wahl des richtigen Standorts

Die Wahl des Standortes für einen Gartenteich beinhaltet viele Aspekte. Zunächst sind der biologische und der formal gestalterische Aspekt für die Vorplanung wichtig. Bei der Gestaltung ist für viele Teichbauer die zukünftige Lage schon durch die Gestaltung der Terrasse oder durch noch freie Flächen mehr oder weniger vorbestimmt.

Sicher haben diese Randbedingungen Einfluss auf die Planung. Sie sollten in dieser Phase aber genau überdenken, ob Sie an die augenscheinlichen räumlichen Grenzen tatsächlich gebunden sind oder noch andere Bilder ersinnen können, die Sie freudiger stimmen.

Im Folgenden einige Fragen und Anregungen zur gestalterischen Standortwahl:

- Was bedeutet Ihnen der Teich (Ort der Entspannung, ein dekoratives Gartenelement, …)?
- Soll der Teich der Mittelpunkt des Gartens sein?
- Ist der Teich eher für die Natur gedacht oder soll er die Attraktivität Ihres Gartens erhöhen?
- Soll der Teich an einer Stelle des Gartens geplant werden, den die Natur auch vorsehen würde (Wasser sammelt sich an der tiefsten Stelle und fließt immer talwärts)?
- Welcher optische Eindruck ist gewünscht?
- Gibt es bereits einen gut gestalteten Weg oder eine vorhandene Terrasse (Sitzmöglichkeit), um von dort aus das Leben im und am Wasser beobachten zu können?

Auch die Art des Geländes beeinflusst die Lage des Teichs. Die Gestaltungsmöglichkeiten für geböschtes und steiles Gelände werden in Kapitel 2.6 „Teich- und Geländegestaltung bei Höhenunterschieden" näher erläutert.

Unabhängig davon, welche Voraussetzungen bestehen und wie frei die Wahl des Standorts ist, sollten Sie auf bestimmte biologisch-technische Bedingungen besonders achten:

- Da Teichpflanzen in der Regel sonneliebende Pflanzen sind, ist ein Standort im Halbschatten bis hin zu ganztägiger Sonneneinstrahlung ideal.
- Liegt ein Teich den ganzen Tag in der vollen Sonne, können schnell Wassertemperaturen von über 25 Grad erreicht werden.

Ein freier, überwiegend sonniger Platz im Garten ist für den Gartenteich ideal. Ein Platz in der Nähe oder gar direkt unter Laubbäumen ist dagegen zu vermeiden – zum einen wegen der Beschattung, zum anderen damit das Laub oder die Früchte der Bäume nicht in den Teich fallen. Durch den starken Eintrag von Laub und Früchten kann es zu einer Überdüngung des Teichs kommen, was zu einer starken Algenvermehrung und Wassertrübung führt.

Vier bis sieben Stunden sollte der Teich in der Sonne liegen und vom Ende der Baumkronen drei bis fünf Meter entfernt sein. Der Untergrund sollte ohne Altlasten sein und sich möglichst schon so gesetzt haben, dass keine Absackungen mehr zu erwarten sind.

> Kleine Teiche sollten in Teilbereichen abgeschattet sein oder werden, sonst kann es im Sommer zur Überhitzung des Wassers kommen, was unter anderem zu Sauerstoffmangel und zum „Umkippen" des Teichs führt.

1.1 Die Wahl des richtigen Standorts

Faktoren in der Übersicht

- Ausreichendes Sonnenlicht im Bereich der Wasserfläche. Pflanzen und Tiere im Teich brauchen ein ausgewogenes Verhältnis zwischen Sonne und Schatten. Etwa sechs Stunden Sonneneinstrahlung am Tag sind für das optimale Pflanzenwachstum ideal. Kleinere Teiche brauchen mehr Schatten. Zu viel Sonne wärmt hier zu sehr auf und begünstigt das Algenwachstum.

- Keine Bäume in Teichnähe! Legen Sie Ihren Teich auf keinen Fall unter Bäumen an. Herunterfallendes Laub, Früchte und Nadeln überdüngen, übersäuern und vergiften das Teichwasser.

- Kein Windschatten! Der Teich sollte für den Wind frei erreichbar sein. Wind hilft, das Teichwasser in Bezug auf Gase und Temperatur natürlich zu vermischen.

- Formale Aspekte: freie Form, Naturteich, formaler Teich (bei dem alle oder mehrere Seiten des Teichufers eine strenge, formale Formgebung haben). Bei formalen Teichen spielt die absichtlich gewählte äußere Formgebung eine große Rolle bei der Gesamtgestaltung der Gartenanlage – so z. B. bei Gärten, die entsprechend einer Stilrichtung angelegt sind. Formale Teiche können aber, auch wenn es keine totalen Naturteiche sind, trotzdem zur Ökologie beitragen.

1.2 Lage und Größe des Gartenteichs

Grundsätzlich gilt: Je größer ein Teich angelegt wird, je größer also die Wasserfläche ist, desto besser funktionieren die natürlichen Prinzipien und desto weniger Arbeit haben Sie mit der Pflege. Je größer der Teich ist, desto umfangreicher ist die Artenvielfalt der Tiere und Pflanzen, die sich im Teich wohlfühlen.

Gerade ein kleiner Teich gerät schnell aus dem biologischen Gleichgewicht und benötigt viel Pflege. Deshalb ist es bei dieser Ausführungsart möglicherweise erforderlich, einen Teichfilter mit dazugehöriger Pumpe vorzusehen.

Die Möglichkeiten der Gestaltung von Uferzonen und Ausbildungen wachsen ebenfalls mit der Größe des Teichs. Es wird gestalterisch einfacher oder gar erst möglich, Pflanzbereiche und Buchten so anzulegen, dass ein abwechslungsreiches und fantasievolles Gesamtbild entsteht.

Beim Aufzeichnen des Teichprofils werden Sie feststellen, dass erst in größeren Teichen ab ca. 15 m² Wasserfläche eine biologisch sinnvolle Wassertiefe erreicht wird. Bei kleineren Teichen muss das Ufer sehr steil sein, um eine gewisse Tiefe zu erreichen, was aber – neben schlechteren biologischen Funktionen – zu einer Gefahrenquelle für Kinder und Tiere wird. Zudem sind steile Ufer ungünstig für die Teichbepflanzung. Größere Teiche unterliegen geringeren Temperaturschwankungen und durch die größere Wassermenge funktioniert das ökologische Gleichgewicht nachhaltiger.

Ist aber trotz Platzmangel der Wunsch nach einem Teich vorhanden, kann man natürlich auch einen kleineren anlegen. Dann sollte aber die Umgebung des Teichs durch Büsche, Pflanzen und Bäume naturnah gestaltet werden. So fühlen sich auch hier Erdkröten und Libellen wohl. Selbst ein Miniwassergarten oder ein Bottich mit einer Seerose sieht schön aus und leistet einen kleinen Beitrag für die Natur.

Abb. 1.2 – Bottich mit Teichbepflanzung. Auch für einen kleinen Garten geeignet.

Mindestgröße

Bei einem kleinen Gartenteich sollte die Länge mindestens 2 m und die Breite mindestens 1 m betragen.

Faktoren in der Übersicht

- Je größer der Teich, desto günstiger sind die Lebensbedingungen für Pflanzen und Tiere.
- Damit Fische problemlos überwintern können, sollte die Wassertiefe mindestens 80 cm betragen (bei Kois sogar 1,80 m).
- Richtwerte für Teichgrößen mit Fischbesatz (die erste Zahl nennt die Oberfläche, die zweite die Tiefe): 3 – 5 m², 60 – 80 cm; 5 – 15 m², 80 – 100 cm; größer als 15 m², tiefer als 100 cm.

1.2 Lage und Größe des Gartenteichs

Teichgröße	Eigenschaft	Uferaus-bildung	Arten-vielfalt	Technik
klein (ab 1,5 m² Wasseroberfläche)	pflegeintensiv Probleme im Winter	steil	gering	Meist ist ein Teichfilter erforderlich.
mittel (ab 8 – 10 m² Wasseroberfläche)	wenig Pflegeaufwand	flach	mittel bis groß	Bei guter Abstimmung ist keine oder nur wenig Technik erforderlich.
groß (ab 20 m² Wasseroberfläche)	sehr geringer Pflegeaufwand	flach, sehr flach	hoch	keine Technik erforderlich

Bei den Überlegungen zur Grundform des Teichs gilt, dass der Gartenteich doppelt so lang wie breit sein sollte. Dann können alle wichtigen Zonen und Bereiche eines stehenden natürlichen Gewässers nachempfunden werden.

Hier empfiehlt sich eine Plangrundlage, in der Sie alles maßstabsgetreu einzeichnen.

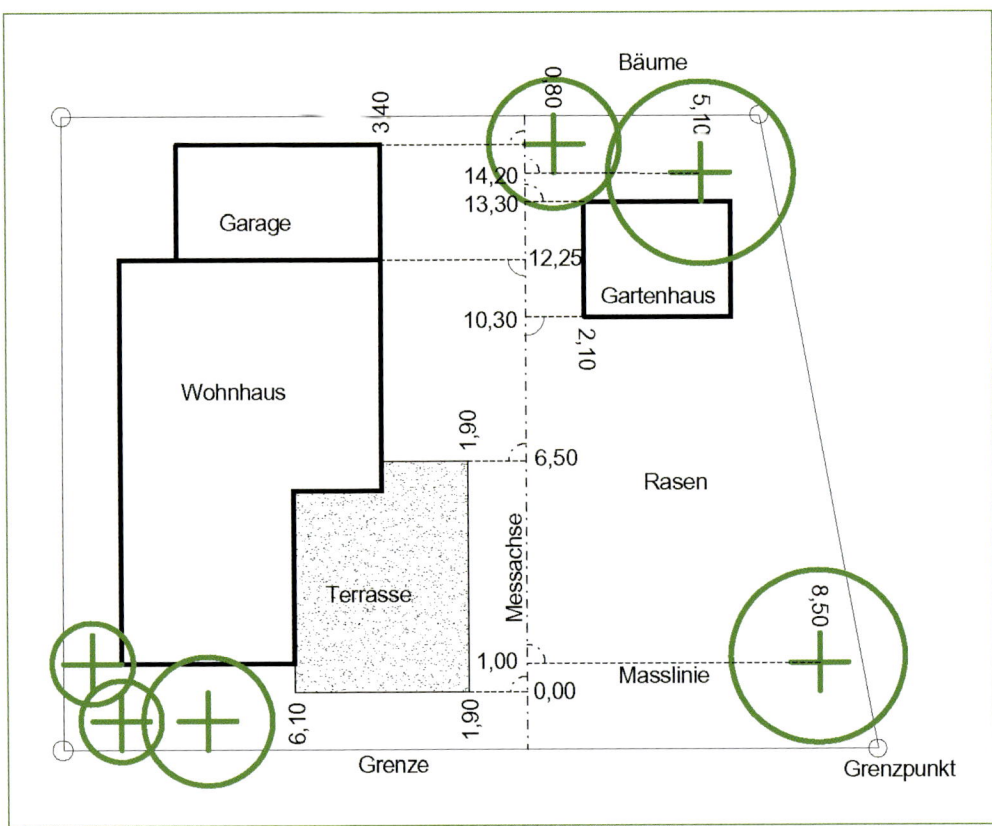

Abb. 1.3 – Plangrundlage als Beispiel, Aufnahme und Einzeichnen der Gartenelemente.

1.3 Optimale Teich- und Pflanztiefe

Die Teichtiefe ist ein Eckwert, der bei Teichbauern gern und viel diskutiert wird. Die Mindesttiefe von 80 cm bis 1,0 m, die oft für den funktionierenden Gartenteich vorausgesetzt wird, ist – was den Frostfaktor in Deutschland anbetrifft – grundsätzlich korrekt. Je nach angelegtem Teichprofil nützt diese Tiefe aber auch im Winter wenig. Ist der Teich hart gefroren, bleibt auch in den tiefen Lagen nur wenig eisfreies Wasservolumen übrig. In der Abb. 1.4 können Sie dies gut erkennen.

Zum guten Funktionieren des Teichs tragen auch die unterschiedlichen Bereiche bezüglich der Tiefe bei. Das aktivste Teichleben findet in einer Wassertiefe bis 40 cm statt. In diesem Bereich befindet sich die Kinderstube des Teichs mit vielen Lebewesen. Hier wachsen auch die meisten Arten der Wasserpflanzen.

> Für einen Naturteich ohne oder mit wenig Fischbesatz sind – vorausgesetzt es gibt genügend Wasservolumen im Tiefwasserbereich – 1,0 bis 1,2 m eine gute Tiefe. Beim Fischteich kann es sinnvoll sein, eine Teichtiefe von 1,20 m und mehr vorzusehen.

Wassertiefen von unter 40 cm werden z. B. im Winter zur Überwinterung und im Sommer als kühler Bereich und Sauerstoffspeicher benötigt (je kühler die Wassertemperatur, desto mehr Sauerstoff wird gespeichert). Weiterhin bietet der Tiefenbereich eine Ausweichmöglichkeit für die Wassertiere an.

Durch die flacheren und tieferen Zonen ist es möglich, dass sich im Teich Wasserschichten mit unterschiedlichen Temperaturen bilden können. Dies funktioniert natürlich nur in einem stehenden Gewässer.

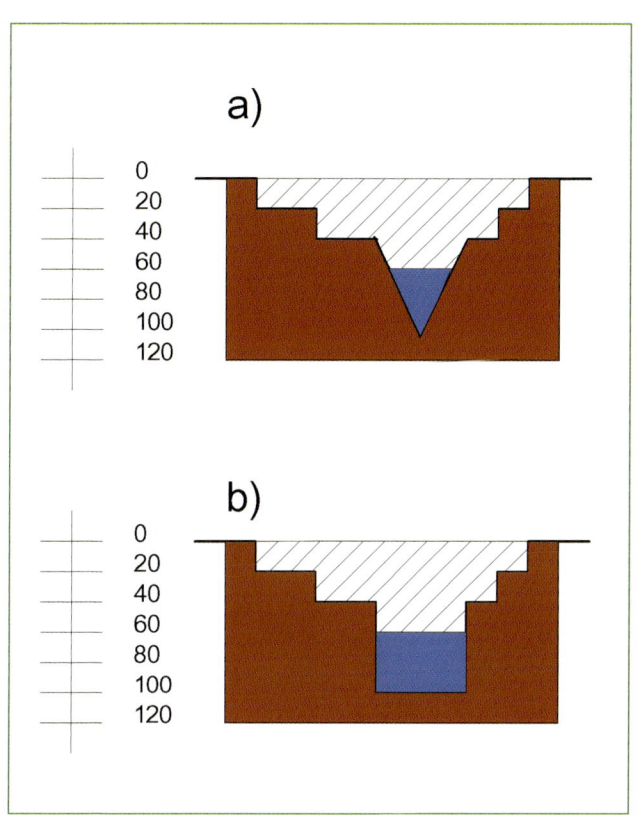

Abb. 1.4 – Beim gefrorenen Teich spielt neben der ausreichenden Teichtiefe auch das Volumen im Tiefwasserbereich eine wichtige Rolle. **a)** Teichprofil spitz, wenig eisfreies Wasservolumen, **b)** immerhin noch 25 % des Teichvolumens bleiben eisfrei.

> Kühleres Wasser kann mehr Sauerstoff binden als warmes Wasser. Daher sind die tieferen, kühleren Teichzonen auch wichtige Sauerstoff-Reservoirs.

1.4 Natürliche Umwälzung im Naturteich

Nur wenn ein Teich nicht künstlich umgewälzt wird, kann sich die natürliche Umwälzung einstellen. Der natürliche Umwälzungsprozess findet, je nach Jahreszeit, nach folgendem Prinzip statt:

Im Frühjahr, Herbst und Sommer erwärmt die Sonne das Teichwasser und es bilden sich Temperaturschichten aus. Das Wasser der oberen Schichten ist warm und wird nach unten hin immer kälter. Der Sauerstoffgehalt in den oberen Wasserschichten sinkt. Im unteren Bereich ist das Wasser kühler und der Gehalt (prozentuale Sättigung) an Sauerstoff somit höher.

Im Winter kann die Wassertemperatur aufgrund niedriger Lufttemperaturen so weit absinken, dass die obere Wasserschicht gefriert. Das Außergewöhnliche am physikalischen Verhalten des Wassers im Vergleich zu anderen Stoffen ist, dass es bei +4 °C am schwersten (Dichte) ist. Daher sammelt sich am Teichboden +4 °C warmes Wasser.

Das Wasser bleibt dadurch im tiefen Bereich eisfrei, wodurch die Teichtiere gefahrlos überwintern können. Im oberen Bereich befindet sich leichteres, kälteres

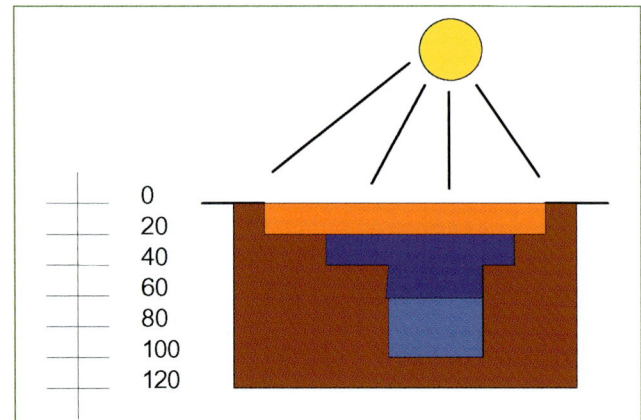

Abb. 1.6 – Bei der ungestörten Erwärmung bilden sich unterschiedlich temperierte Schichten im Teich aus.

Wasser, das an der Teichoberfläche bei Minustemperaturen zu Eis gefriert.

Wird das Teichwasser z. B. mittels einer Pumpe oder Luftsprudlers (Luftblasen aus dem Sprudelstein) bewegt, durchmischen sich die kalten, oberen Wasser-

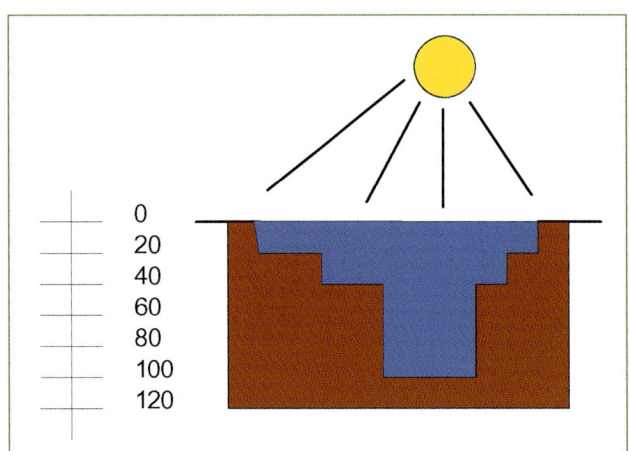

Abb. 1.5 – Das Teichwasser erwärmt sich durch die Sonneneinstrahlung.

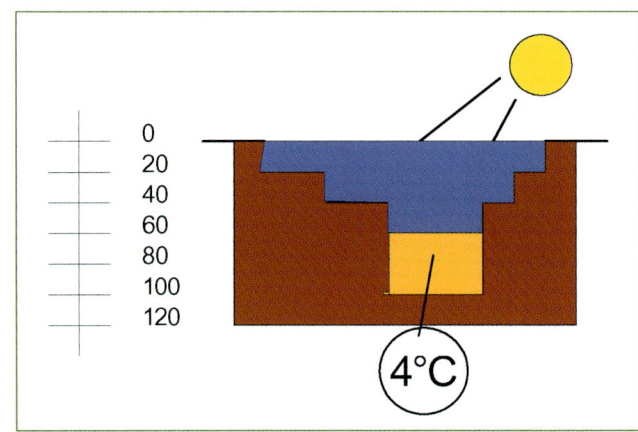

Abb. 1.7 – Natürliche Wasserschichtung im Winter. Am Teichgrund sammelt sich +4 °C warmes Wasser. Darin können die Teichtiere überwintern.

1.4 Natürliche Umwälzung im Naturteich

schichten mit den wärmeren, unteren Wasserschichten. Die Oberfläche vereist zwar zunächst nicht, aber es besteht bei weiterem Absinken der Temperaturen die Gefahr, dass der komplette Teich gefriert.

1.4.1 Künstliche Umwälzung, Vor- und Nachteile

Bei der künstlichen Umwälzung wird das Wasser mithilfe einer Pumpen- und Filteranlage durchmischt. Die Pumpe zieht das Wasser meist in der Nähe des Teichbodens ab und lässt das gefilterte Wasser an der Oberfläche wieder in den Teich strömen. Die gleichmäßige Wasserdurchmischung (Temperatur), die bei einem Swimmingpool erwünscht ist, stört die natürliche Schichtung und die Prozesse im Gartenteich.

Durch diese Durchmischung der Wasserschichten erwärmt sich das Teichwasser insgesamt. Bei im Hochsommer stark erwärmten Teichen entsteht dadurch Sauerstoffmangel und es besteht die Gefahr, dass der Gartenteich „umkippt". Somit kann die gut gemeinte Belebung des Wassers (auch durch einen Springbrunnen!) das Gegenteil bewirken. Hinzu kommt, dass in der durch die Durchmischung entstehenden „warmen Suppe" Algen besonders gut wachsen.

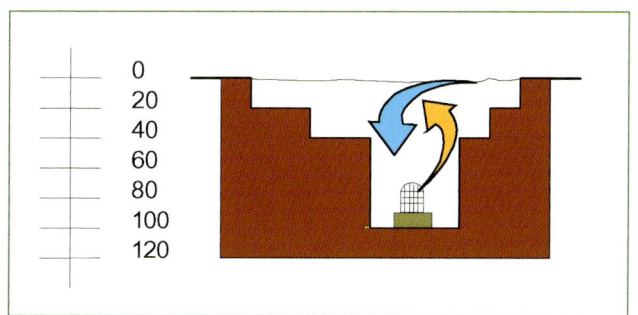

Abb. 1.9 – Werden die Teichschichten im Winter künstlich durchmischt, kann dies zum Gefrieren des kompletten Wasserinhalts führen.

Bei der künstlichen Durchmischung der Wasserschichten im Winter (durch eine Umwälzpumpe) wird das wärmere Wasser am Teichgrund abgekühlt und die Wassertemperatur im kompletten Teich sinkt unter +4 °C. Sinkt die Temperatur bis auf 0 °C, kann der ganze Teich in kurzer Zeit bis auf den Boden gefrieren, was bedeutet, dass dann alle Teichbewohner im Eis eingeschlossen werden.

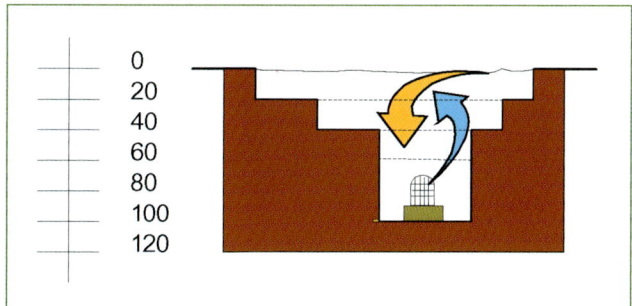

Abb. 1.8 – Durch die Pumpe wird die obere erwärmte Wasserschicht in die tieferen Bereiche gebracht. Die Wärmeschichtung wird zerstört und das Wasser durchmischt sich zu einer gleichmäßigen Temperatur.

Fazit

Wenn es nicht zwingend erforderlich ist, empfiehlt es sich, nicht umzuwälzen. Besteht aber doch die Notwendigkeit einer Filter- und Umwälzanlage, sollte diese zumindest so angeordnet werden, dass die natürliche Schichtung nicht gestört wird. Dies kann dadurch erreicht werden, dass der Ansaug- und Einspeisepunkt im Teich auf gleicher Höhe angeordnet und mit – die Strömung reduzierenden – Aufweitungen versehen werden, sodass möglichst wenig Durchmischung stattfindet.

1.5 Das ideale Teichprofil

Der nächste wichtige Schritt in der Planung ist das Aufzeichnen des Teichprofils. Dazu wird zeichnerisch durch die Mitte des Teichgrundrisses ein Schnitt gelegt und der Höhenverlauf profiliert. *Profil* bedeutet beim Teich, die Höhenabstufungen, ausgehend vom einen Ufer über den tiefsten Bereich bis zum gegenüberliegenden Ufer, darzustellen. Das Grundprinzip des Profils lässt sich nachvollziehen, wenn Sie einen Pudding in der Mitte durchschneiden und direkt auf die Schnittfläche schauen; dann sehen Sie das *Profil* der Puddingform.

Das Teichprofil entsteht durch die unterschiedlichen Wassertiefen, die für eine natürliche Bepflanzung mit Wasserpflanzen wesentlich sind, denn jede Pflanzenart bevorzugt ihren eigenen Wasserstand.

Wenn Sie Ihren Teich planen, zeichnen Sie zuerst einen für den Teichstandort passenden Grundriss maßstabsgetreu auf und fertigen jeweils einen Schnitt an der langen und der breiten Seite im gleichen Maßstab an. Dies tun Sie auch, um zu sehen und zu verstehen, welche Teichgröße erforderlich ist, um die vorgesehene Teichtiefe und die erwünschten Abstufungen im Uferbereich zu erreichen.

Sie können durch mehrere übereinanderliegende Lagen Transpa-

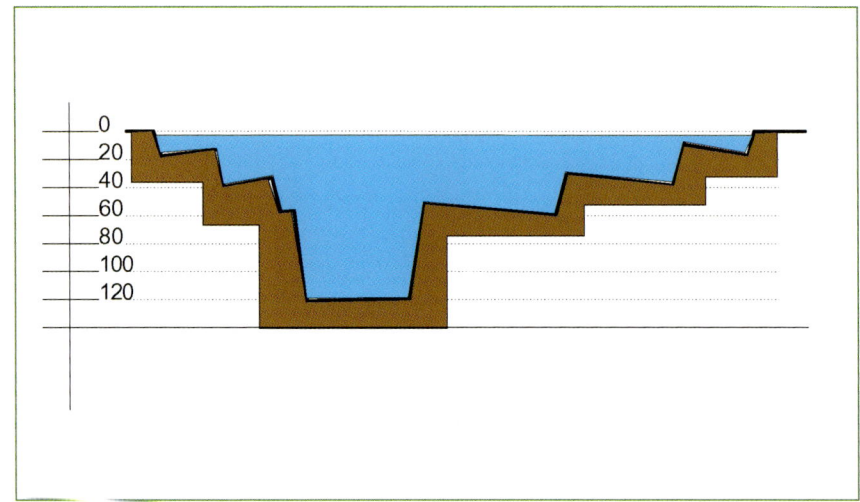

Abb. 1.10 – Beispiel: Schnitt eines Teichprofils

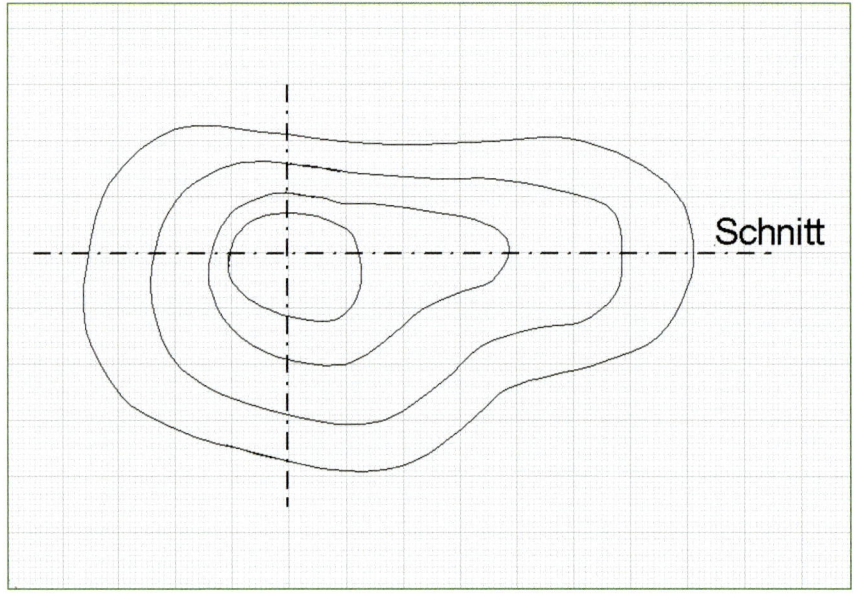

Abb. 1.11 – Grundriss mit der Lage des eingezeichneten Schnitts. Beim Maßstab 1:20 entsprechen 10 cm in der Wirklichkeit 5 mm auf dem Papier.

1.5 Das ideale Teichprofil

rentpapier (Butterbrotpapier) mehrere Entwürfe auf derselben Grundlage anfertigen und die dadurch entstehenden Varianten am Schluss miteinander vergleichen.

Für das baufertige Teichprofil können Sie Millimeterpapier verwenden, was die Übertragung in die Wirklichkeit erleichtert. Dazu sollte das Profil aber maßstabsgerecht, idealerweise 1:20, eingetragen werden. Natürlich können Sie auch andere Maßstäbe verwenden, wie z. B. den Maßstab 1:10 (dann entspricht 1 cm auf dem Papier einer Strecke von 10 cm in der Wirklichkeit).

Wird der Gartenteich ohne profilierte Abstufungen nur als Grube angelegt, fehlen die für die Pflanzen und Tiere erforderlichen unterschiedlichen Tiefenzonen und damit natürliche Regelmechanismen. Außerdem wirkt er so als tödliche Falle für Tiere, die hineingefallen oder -gerutscht sind. Sie kommen nicht mehr aus dem Teich heraus und ertrinken dann vor Erschöpfung.

Damit das auf den profilierten Etagen eingebrachte Bodensubstrat und die Pflanzen im Teich nicht abrutschen, ist es erforderlich, die Abstufungen so zu gra-

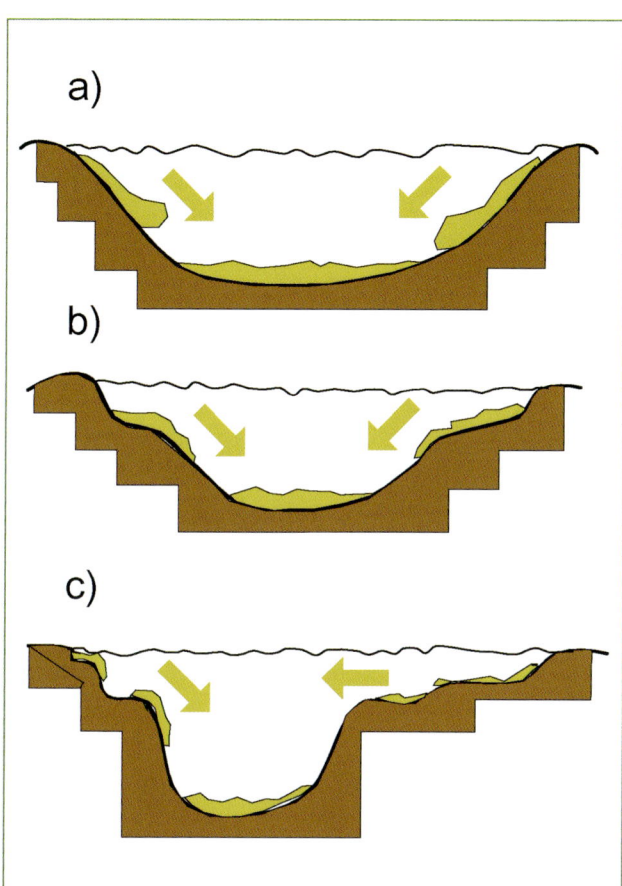

Abb. 1.13 – Ungünstige Profile für den Gartenteich. Grund: **a)** Die Wände sind zu steil, das Teichsubstrat rutscht ab, Amphibien kommen kaum mehr aus dem Teich heraus. **b)** Die Abstufungen im Uferbereich sind zu steil, Substrat und Pflanzen rutschen ab. **c)** Schon besser, Substrat und Pflanzen rutschen aber immer noch ab.

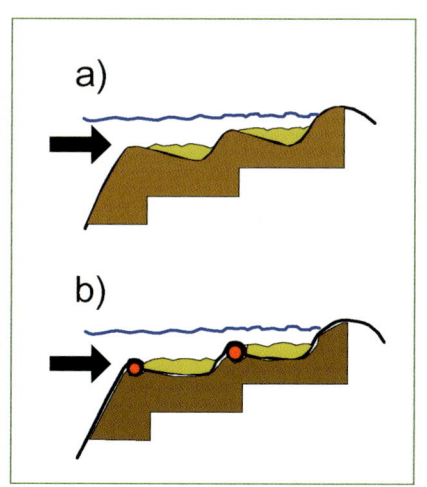

Abb. 1.12 – Richtig angelegte Abstufungen, **a)** beim Ausgraben profiliert, **b)** durch einen unter der Teichfolie eingelegten Drain-Schlauch hergestellt.

1.5 Das ideale Teichprofil

ben, dass diese nach hinten, also zum Teichufer hin, fallen.

1.5.1 Zoneneinteilung des Teichs

Die unterschiedlichen Zonen oder auch Lebensräume werden im Teich durch unterschiedliche Wassertiefen gebildet. Die Zonen sind dadurch zu erkennen, dass dort ganz bestimmte Pflanzenarten gedeihen. Die Wassertiefen ergeben sich durch die stufenförmige Profilierung des Uferbodens bis zum Teichgrund hin.

Im Wesentlichen können drei Zonen genannt werden.

1. Die Feuchtzone/Uferzone, Übergang zum Land
2. Flachwasserbereich
3. Tiefwasserbereich

Bei natürlich entstandenen Seen ist die Ufervegetation meist besonders vielfältig, stark wachsend und reich

> Bei größeren und tieferen Folienteichen ist es sinnvoll, auch in Bereichen von 60 cm, 100 cm, 120 cm und bei 150 cm usw. mindestens 40 cm breite Stufen einzubauen. In diesem Fall ist das nicht für die Teichfunktion vorrangig, sondern für Ihre eigene Sicherheit. Im Lauf der Zeit wird die Folie durch die Algen glitschig und rutschig. Wenn Sie sich einmal im Teich befinden, werden Sie froh darüber sein, mithilfe der Stufen wieder aus dem Wasser herauszukommen.

blühend. Dies kommt daher, dass in diesem Bereich der Nährstoffgehalt sehr hoch ist.

Für den Teichbesitzer mit seinem verhältnismäßig kleinen Gartenteich gibt es nun einen Interessenkonflikt. Das Teichwasser sollte nährstoffarm sein, damit sich möglichst wenig Algen bilden und die Wasserqualität ohne Filtersystem erhalten bleibt. Die Wasserpflan-

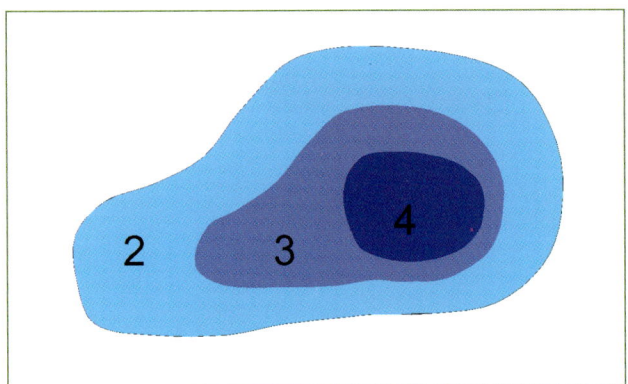

Abb. 1.14 – Zoneneinteilung eines Teichs mit **2)** Feuchtzone, **3)** Flachwasserzone, **4)** Tiefwasserzone

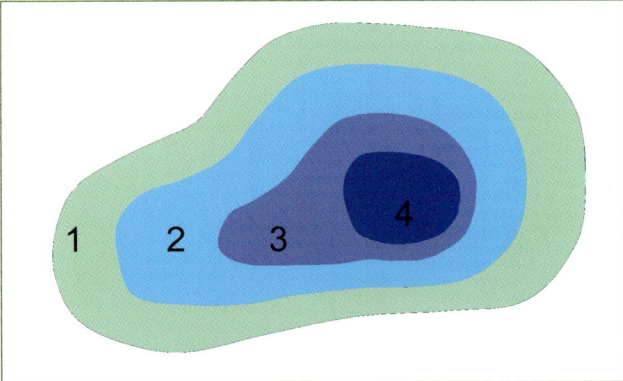

Abb. 1.15 – Zoneneinteilung mit einem weiteren Bereich Nr. **1)** blau, dem Pflanzbereich.

1.5 Das ideale Teichprofil

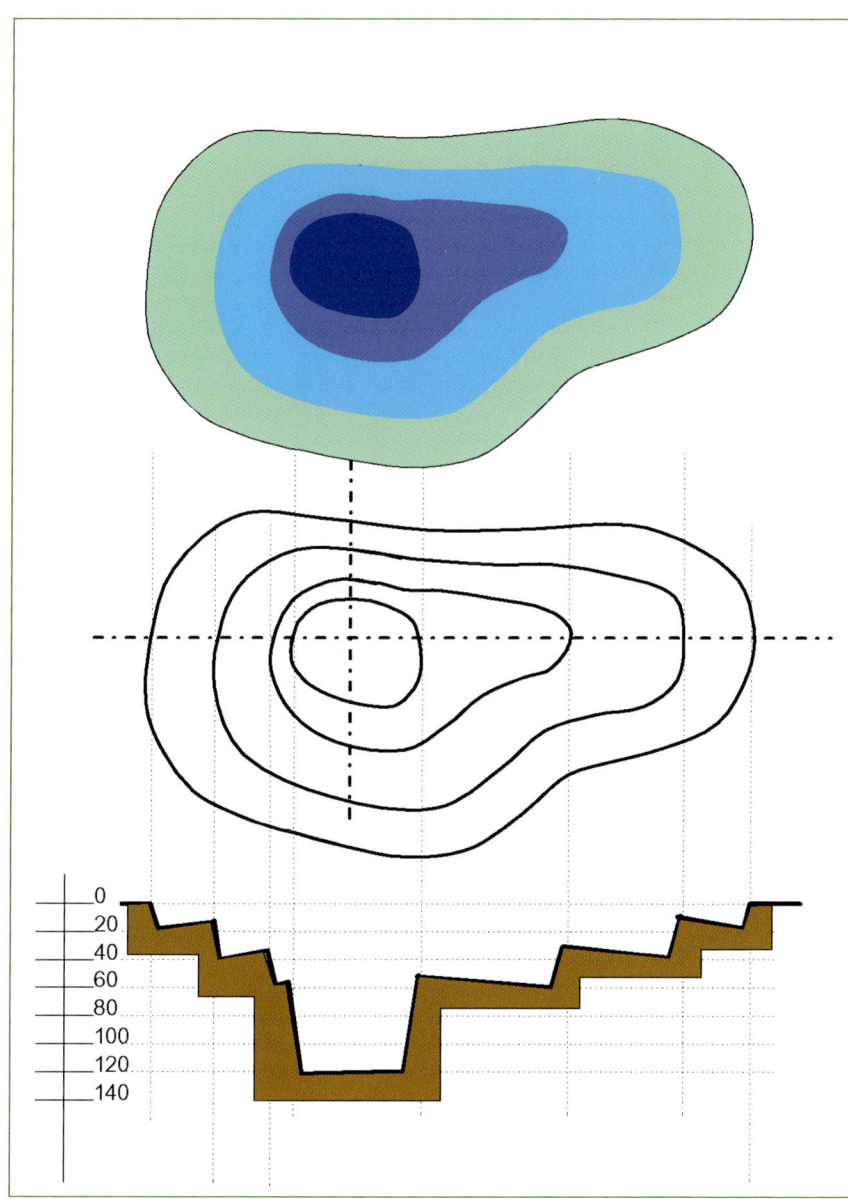

Abb. 1.16 – Oben die Grundrissdarstellungen, unten der Schnitt; Abstufungen mit Angabe der Wassertiefen in cm.

zen in der Randzone benötigen andererseits aber Nährstoffe, damit sie üppig wachsen und prächtig blühen können. Damit sowohl üppiges Pflanzenwachstum als auch ein nährstoffarmes Gewässer möglich sind, gibt es für den künstlich angelegten Gartenteich einen Trick: Der nährstoffarme Wasserbereich und der üppige Pflanzenbereich werden von der Wasserverbindung her getrennt so angelegt, dass die Trennung für den Betrachter nicht erkennbar ist. Damit entsteht ein duales System, auf das später noch näher eingegangen wird.

Faktoren in der Übersicht:

Ideal ist eine Gliederung des Teichs in mindestens drei Teichzonen:

1. Sumpfzone, 10 bis 20 cm tief. Rund 1/3 der Teichoberfläche.

2. Flachwasserzone: 30 bis 50 cm tief.

3. Tiefwasserzonen: bei Fischteichen mind. 80 cm, besser 100 bis 120 cm tief, damit der Teich sich im Sommer nicht so stark aufheizt und die Tiere bei zugefrorenem Teich überwintern können.

1.6 Teich absichern, wenn Sie kleine Kinder haben

Wasser zieht Kinder und Tiere magisch an. Gestalten Sie deshalb sichere Wege zum und am Teich, auch um Rutschgefahr zu vermeiden! Für den Teichbetreiber besteht übrigens eine gesetzliche Sicherungspflicht.

Grundsätzlich sollten die Ufer des Teichs so flach ausgebildet sein, dass Kinder nicht den Halt verlieren und zur Not auch selbst wieder herauskommen können. Das Vertrautwerden der Kinder mit dem Gartenteich in Anwesenheit Erwachsener dient der Sicherheit aller.

Im Bedarfsfall können Sie zur zusätzlichen Sicherheit ein stabiles, pulverbeschichtetes Gitter knapp unter der Wasseroberfläche anbringen, sodass Kinder und auch Haustiere problemlos wieder aus dem Teichbereich aussteigen können. Von verzinktem Metall sei abgeraten, da sich das Zink im Wasser lösen kann und dieses dann vergiftet.

Eine Umzäunung ist sowohl für die Sicherheit als auch zur Unfallvermeidung (und die Gestaltung) nicht die beste Lösung. Hier gibt es leider immer wieder Beispiele aus der Praxis, wo es gerade dann zu einem tragischen Unfall kam, als gerade das Türchen zum Teich offen stand.

> **Wichtiger Hinweis**
>
> Ein flacher Uferrand ermöglicht sowohl ins Wasser gefallenen Kindern als auch Tieren einen leichteren Ausstieg und somit das Überleben.

> **Empfehlung**
>
> Schaffen Sie für die Kinder zusätzlich einen eigenen gefahrlosen „Kinderteich" in der Nähe des Hauptteichs, können die Kinder dort problemlos in und mit dem Wasser spielen und ihre Erfahrungen machen. Er lässt sich oft mit Folienresten vom „großen" Teich und in Zusammenarbeit mit den Kindern realisieren. Die Folie des Kinderteichs sollte dabei so tief gelegt werden, dass sie durch Kinderschaufeln nicht beschädigt werden kann. Die Folie kann dazu mit einem Vlies abgedeckt werden, das zusätzlich mit einer dicken Sand- oder Mörtelschicht abgedeckt wird. Die Kinder können dann Seen und Wasserlandschaften im Sand bauen und allerlei Schwimmkonstruktionen zu Wasser lassen.

1.7 Damit sich alle mit dem Teich wohlfühlen

Ob sich Tiere und Pflanzen im Gartenteich wohlfühlen, hängt im Wesentlichen von der Qualität des Wassers und der naturnahen Gestaltung ab. Die Wasserqualität wiederum hängt davon ab, ob die natürlichen Prinzipien im Teich wirken können. Amphibien möchten aus dem Wasser kommen, ohne gesehen zu werden. Auch deshalb spielt die Gestaltung eine große Rolle, braucht es eine ufernahe Bepflanzung, Steinhaufen, Trockenmauern und Reisighaufen, in denen sich die Tiere verstecken oder unbemerkt auf Wanderschaft gehen können. Zumindest ein Uferteil sollte so an den Garten angebunden sein, dass versteckte Pfade für die Tiere möglich sind.

Wenn Sie einen Teich in Ihrem Garten anlegen, werden es nicht nur die Tiere begrüßen, die in dem Teich wohnen, sondern auch Vögel, die zum Baden und zum Trinken kommen, Igel, Schlangen, Bienen, Wespen und viele andere mehr. Neben der Gestaltung des Gartens in Teichnähe sollte der Platz auch so gewählt werden, dass es dort ruhige, ungestörte Bereiche und Zeiten ohne menschliche Aktivitäten gibt.

Je nachdem, ob Sie den Gartenteich nachträglich in den bereits angelegten Garten oder im Zuge einer Gartenneuplanung integrieren möchten, am Schluss sollte eine gestalterische Einheit herauskommen. Wesentlich ist dabei, dass die formalen Anschlüsse und die Einbindung in die Gartengestaltung stimmig gelöst werden. Neben Teichart und -form spielen dabei vor allem die Bepflanzung und die Ufergestaltung eine wesentliche Rolle. Die vorhandene Geländeform und der Stil des Hauses oder des bereits angelegten Gartens beeinflussen ebenfalls die Gestaltung.

Doch zunächst fragt sich, wie Sie sich Ihren Teich vorstellen und wie Sie ihn nutzen möchten.

Abb. 1.17 – Ein ungestörter Bereich in Teichnähe ist für die Tiere wichtig.

1.8 Der Gartenteich und seine Möglichkeiten

Der Gartenteich wird hier als Überbegriff verwendet, der die unterschiedlichen Teichtypen beinhaltet. Der im Buch des Öfteren verwendete Begriff *Naturteich* bezieht sich weniger auf die Baumaterialien als auf die Art, wie der Teich angelegt wird. Durch die Anlage des Teichs nach den natürlichen Prinzipien kann dieser mithilfe der Mitarbeit der Natur bestens funktionieren. Der Naturteich, wie er weiter unten beschrieben wird, hat zwar eine künstliche dichtende Schicht, doch durch eine entsprechende Ausgestaltung kann dieser Nachteil weitgehend ausgeglichen werden. Auch ein für den Menschen nutzbarer Schwimmteich kann so gebaut sein, dass er mit wenig oder keiner zusätzlichen Filtertechnik auskommt.

Eine einfache Einrichtung, um das natürliche Reinigungsvermögen des Naturteichs zu unterstützen, kann ein zusätzlicher Filterteich sein. Der Filterteich bietet die Möglichkeit, ohne viel Technik das Wasser des Hauptteichs natürlich zu reinigen. Ein technisches Filtersystem wird möglicherweise bei einem kleinen Teich oder einem Teich mit unverhältnismäßig viel Fischbesatz sinnvoll und erforderlich sein. Der Fischteich erfordert – je nach Absicht (Zierfische oder Fischzucht) – ganz spezielle technische Maßnahmen.

Sie merken sicher schon, wie vielfältig das Thema angegangen werden kann. Die verschiedenen Möglichkeiten werden in den Grundzügen noch ausführlich beschrieben. Schwerpunkt dieses Buchs ist eindeutig der natürlich angelegte Gartenteich, auch mit zusätzlichen technischen Möglichkeiten, wenn diese erforderlich sein sollten. Dieser hat bezüglich des geringen Pflegeaufwands, der geringeren Kosten und der Erlebbarkeit große Vorteile für die Gartenbesitzer.

1.8.1 Verschiedene Teicharten, Vor- und Nachteile

Bei der Planung Ihres Gartenteichs ist zunächst wichtig, wie er später genutzt werden soll. Mit *Nutzung* ist hier aber nicht die wirtschaftliche Nutzung im Sinne einer effektiver Fischzucht gemeint, sondern die Nutzung durch die Natur – durch die Pflanzen, Tiere und durch Sie.

Darüber hinaus braucht es Ihre Selbsteinschätzung. Möchten Sie künftig an Ihrem Teich „herumbasteln" oder liegt es Ihnen mehr, den

Abb. 1.18 – Ein größerer Gartenteich, der auch als Schwimmteich genutzt werden kann.

1.8 Der Gartenteich und seine Möglichkeiten

Teichart	Gestaltungprinzip	Pflegeaufwand	technischer Aufwand	Kosten
Naturteich	nach Naturprinzipien	gering	sehr gering	niedrig
Universalteich, mit geringer Teichtechnik	nach Naturprinzipien	mittelmäßig	mittel	niedrig bis mittelhoch
Filterteich, Fischteich, wenig Fische	mit eingeschränkten Naturprinzipien	hoch	hoch	hoch
Fischteich bei hohem Fischbesatz	stark eingeschränkte Naturprinzipien	hoch bis sehr hoch	sehr hoch	sehr hoch
Schwimmteich als Naturteich angelegt	nach Naturprinzipien bis zu eingeschränkten Prinzipien	mittelmäßig	niedrig bis mittel	auf die Wasserfläche bezogen niedrig
Wasserspiel	natürlich bis künstlich	niedrig bis mittelmäßig	hoch bis sehr hoch	mittel bis sehr hoch

Teich einmal anzulegen (oder anlegen zu lassen) und nach Fertigstellung dort die Seele baumeln zu lassen? Suchen Sie einen ruhigen, entspannenden Platz oder lieben Sie es, aktiv zu sein und den Gartenteich als Schwimmteich zu nutzen? Brauchen Sie eine attraktive und repräsentative Gestaltung, die möglichst wenig Arbeit machen soll, oder sehnen Sie sich danach, die Tiere und Pflanzen im und um den Teich zu beobachten und den Teich in der Nähe Ihres Lieblingssitzplatzes zu haben? Vielleicht gehen aber Ihre Wünsche auch zu mehreren Aspekten hin, die in einem oder auch mehreren Teichen realisiert werden sollen?

1.8.2 Der Naturteich, pflegeleicht und schön

Der Naturteich kann so angelegt werden, dass wenig Pflege und keine oder kaum technische Unterstützung erforderlich sind. Diese Teichart eignet sich vor allem dann, wenn Sie Ihren Teich genießen möchten, aber wenig Zeit und Lust haben, daran zu arbeiten.

Das Gestaltungsprinzip entspricht dem der Natur: Form und Ausgestaltung des Teichs sind so angelegt, dass die natürlichen Prinzipien optimal zusammenwirken können und damit für Sie die Hauptarbeit der Teichpflege erledigen.

Durch das Wissen um die Prinzipien und durch entsprechende Tricks können auch vorhandene Teiche in ihrer natürlichen Funktion verbessert werden, so z. B. die Problematik der Nährstoffanreicherung durch Pflanzsubstrate, was zu trübem Wasser und starkem Algenwachstum führt. Der Grund dieses Problems liegt

Die Gestaltungsprinzipien für den Naturteich werden in folgenden Kapiteln im Detail erläutert

- 1.1 Die Wahl des richtigen Standorts
- 1.2 Lage und Größe des Gartenteichs
- 1.3 Optimale Teich- und Pflanztiefe
- 1.4 Natürliche Umwälzung im Naturteich
- 1.5 Das ideale Teichprofil
- 1.5.1 Zoneneinteilung des Teichs

1.8 Der Gartenteich und seine Möglichkeiten

oft darin, dass die Pflanzen in der Uferzone mit einem „gut gedüngten Substrat" ausgestattet werden.

Die Nährstoffe kommen aber dadurch auch in die Hauptwasserfläche und führen dort zu starkem Algenwachstum und wuchernden Wasserpflanzen. Der Teich verkommt innerhalb kurzer Zeit zu einer grünen Brühe und verlandet langfristig, wenn keine Gegenmaßnahmen erfolgen. Also ist es für eine dauerhaft klare Wasserfläche wünschenswert, ein mageres, niedriges Nährstoffniveau aufrecht zu halten. Die Lösung – auch bei bereits vorhandenen Gartenteichen – besteht oft darin, den Gartenteich so aufzubauen, dass zwei getrennte Zonen entstehen, die als einheitliches Gestaltungselement erlebt werden. Dieses Gestaltungsprinzip wird als *duales System* bezeichnet und besteht aus:

1. der Zone für üppig blühende Wasserpflanzen
2. der Hauptwasserfläche mit klarem Wasser

Beim dualen Teichsystem ist der Wasserspiegel im Pflanzenbereich etwas niedriger als im Teich. Dadurch kann zu viel Wasser aus dem Teich in den Pflanzenbereich überlaufen, aber das nährstoffreiche Wasser aus dem Pflanzbereich gelangt nicht in den Hauptteich. Der Pflanzbereich hat für die unterschiedlichen Pflanzenarten auch unterschiedliche Tiefen. Es gibt tiefere Zonen und flachere Feuchtzonen. Im Sommer verdunstet im Pflanzbereich das Wasser stärker, sodass eine Nachspeisung aus dem Teich angebracht ist. Die Wassernachspeisung des Teichs wiederum erfolgt durch nährstoffarmes Regen- oder Leitungswasser.

Zwischen dem Teich und dem Pflanzbereich bedarf es einer Saugsperre (Folie), die verhindert, dass über den Kapillareffekt nährstoffangereichertes Wasser aus dem Pflanzbereich in den Hauptteich gelangt. Ist die Gestaltung gelungen, ist der Übergang zum Landbereich fließend und die angelegten Strukturen lassen sich optisch nicht mehr erkennen.

1.8.3 Filterteich – mit geringer Technik und hoher Filterwirkung

Der Filterteich ist von seiner Funktion her mit einem technischen Teichfilter zu vergleichen, hat aber den Vorteil, dass sich die technische Einrichtung auf eine kleine Umwälzpumpe reduziert und dadurch nur geringe Wartungsarbeiten anstehen. Die Filterwirkung wird durch natürliche Materialien, Mikroorganismen und Pflanzen übernommen.

Die Baumaterialien für einen Filterteich sind – bis auf das Substrat – weitgehend die gleichen wie beim Gartenteich: Teichvlies, Teichfolie, Kiese verschiedener Körnungen und Wasserpflanzen.

Das Wasser aus dem Teich soll zur Reinigung verschiedene Kiesschichten durchlaufen, in denen Mikroorganismen leben. Dazu eignet sich auch Filterlava. Ferner werden in den Kies bzw. die Filterlava verschiedene Pflanzen eingesetzt, die für eine weitere Verbesserung der Wasserqualität sorgen.

Mithilfe einer Teichpumpe und der Schwerkraft erzielt man somit einen Kreislauf. Das zu reinigende Was-

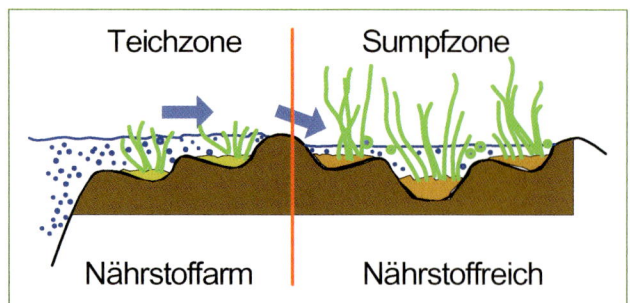

Abb. 1.19 – Duales System: Die Folie führt aus dem Teich heraus, läuft über einen Uferwall und bildet dahinter eine weitere Mulde für die üppige Vegetation in nährstofffreiem Substrat.

1.8 Der Gartenteich und seine Möglichkeiten

ser wird aus dem Gartenteich in den Filterteich gepumpt. Von dort läuft es gereinigt (per Schwerkraft) in den Gartenteich zurück. Dazu sollten die Ränder des Filterteichs etwas höher angelegt sein als die des Hauptteichs, damit das gereinigte Wasser in diesen überlaufen kann. Die Tiefe des Filterteichs sollte mindestens 80 cm, besser 1 m betragen.

Der Teichbau erfolgt in den Grundzügen wie beim Gartenteich. Anstatt des Teichsubstrats werden verschiedene Kiesfüllungen eingebracht. Im Filterteich wird das Wasser – vom Gartenteich kommend – über ein Dränagerohr eingespeist, das in Spiralform auf dem Boden des Filterteichs liegt. Die unterste Schicht besteht aus grobem Kies, der nach oben hin immer feinere Körnungen aufweist. Der Teich wird fast bis zum oberen Rand mit Kies gefüllt. Dort hinein werden dann die Pflanzen (z. B. Schilf) gesetzt.

Wird jetzt das Wasser durch das Dränagerohr eingeleitet, muss es die verschiedenen Kiesschichten von unten nach oben durchlaufen und wird dabei gereinigt. Die Pflanzen und die Mikroorganismen tun ihr Übriges und wandeln z. B. Nitrite um und entziehen viele Nährstoffe.

Damit der Filterteich gut funktioniert, sind folgende Bereiche richtig zu dimensionieren:

Das Wasservolumen des Filterteichs
Die Größe des Filterteichs ist vom Hauptteich abhängig. Als Faustformel gilt: eine Filterteichgröße von 20 – 25 %, bezogen auf den Gartenteich. Bei kleineren Teichen sollte der Filterteich im Verhältnis größer sein. Als Beispiel: Hat der Gartenteich 10 m³ Inhalt (10.000 Liter), sollte der Filterteich mindestens 2 m³ (2.000 Liter) fassen können. Auch ist es möglich, die Probe hinsichtlich der richtigen Dimensionierung über die Teichoberfläche zu machen: Filterteich mit ca. 20 – 50 % Wasseroberfläche im Verhältnis zum Hauptteich.

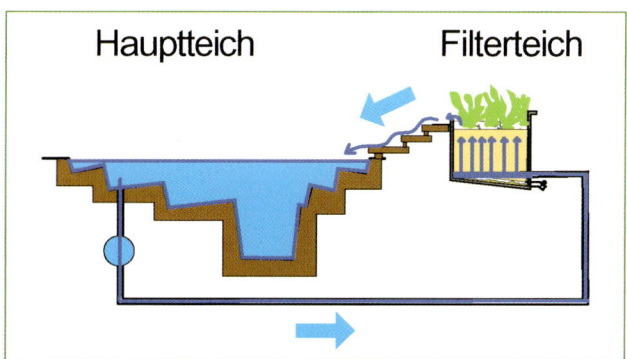

Abb. 1.20 – Prinzip Filterteich und Anordnung zum Hauptteich

Grundsätzlich gilt: Je größer der Filterteich, umso länger wird die Verweildauer des Wassers im Filterteich und desto besser ist die Reinigungswirkung.

Die Durchflussgeschwindigkeit
Optimal ist es, wenn das Wasser alle Filterschichten langsam durchläuft, damit sich in den Kiesschichten die unterschiedlich großen Schmutzteile absetzen und von den Mikroorganismen und Pflanzen langsam verdaut werden können.

Als Bezugsgröße gehen wir von einem Wassertauschfaktor des 3- bis 4-fachen, bezogen auf den Teichinhalt, aus. Das bedeutet: Wenn der Inhalt des Hauptteichs am Tag drei bis vier Mal über den Filterteich ausgewechselt wird, haben Sie die richtige Durchflussgeschwindigkeit eingestellt.

Die Teichpumpe muss für das angegebene Beispiel 40 m³ (40.000 Liter) am Tag umwälzen können. Sie be-

> Die Fließgeschwindigkeit sollte nicht mehr als 40–60 l/min betragen (je kleiner der Filterteich, desto geringer die Durchflussmenge).

1.8 Der Gartenteich und seine Möglichkeiten

nötigen dafür eine Teichpumpe mit einer Leistung von ca. 2.000 Litern pro Stunde (40.000 Liter geteilt durch 24 Stunden). Das Wasser hat dabei eine Verweildauer von ca. einer Stunde im Filterteich.

Inhalt und Aufbau des Filterteichs
Beim Bau des Filterteichs sollten Sie darauf achten, dass für die Mikroorganismen und reinigenden Pflanzen der geeignete Lebensraum vorhanden ist. Dazu braucht es verschiedene Kiesschichten und unterschiedliche Pflanzen. Je nach verwendeten Pflanzenarten erfordert es einen Wasserspiegel zwischen 10 und 80 cm. Auch der Einbau von Filtermatten (Vlies) kann sinnvoll sein.

Der Einlauf muss so gestaltet werden, dass das Wasser die Kiesschüttung von unten her durchströmt. Dies erreichen Sie durch einen eingeklebten Rohrflansch im Filterteichboden. Die Wasserverteilung am Boden wird durch sehr groben Kies (ca.10 cm Durchmesser) erleichtert, erst auf diese Schicht folgen dann die feineren Kiesschichten. Zwischen die Kiesschichten kann auch ein Glasfaservlies gelegt werden. Als Zwischenschicht sollte die Körnung 8 – 16 mm und als oberste Schicht die Körnung 2 – 8 mm eingebaut werden.

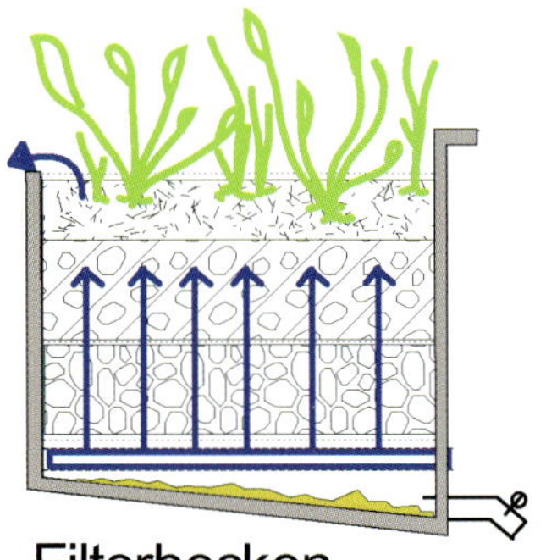

Die Sauerstoffanreicherung erfolgt über den Einlaufbereich vom Filterteich zum Hauptteich. Sprudelsteine können, besonders in den Nachtstunden, die Sauerstoffversorgung unterstützen. Der Nährstoffentzug findet im Filterteich in der oberen Kiesschicht statt. Diese wird mit stark zehrenden Pflanzen ausgestattet, die ohne Zugabe von Substrat in den feinen Kies gepflanzt werden. Die Bepflanzung sollte dicht erfolgen. Diese Pflanzen entziehen dem Wasser die Nährstoffe, durch regelmäßigen Rückschnitt der Pflanzen wird der Nährstoffentzug unterstützt. Die abgeschnittenen Pflanzenteile finden Verwendung im Kompost oder als Mulchmaterial. Zu den stark zehrenden Wasserpflanzen zählen Kolben- und Binsengewächse und z. B. die Wasserminze. Auf diese Weise kann der Filterteich auch optisch schön gestaltet werden.

Die Reinigung eines kiesbefüllten Filterteichs ist verhältnismäßig einfach zu lösen. Damit eventuell angesammelter Schlamm (am Grund) leichter entfernt werden kann, sollte der Teichgrund in Richtung eines zusätzlichen Auslaufs mit großem Querschnitt abfallen. Am tiefsten Punkt können Sie dazu einen Bodenablauf installieren und diesen mit einem entsprechenden Schlauch oder Rohr verbinden. Nun kann der Schlamm leicht mit einer geeigneten Pumpe und einem Schlammsauger von außen abgesaugt oder herausgespült werden.

Abb. 1.21 – Prinzipaufbau eines Filterbeckens mit den verschiedenen Filterschichten, Wasserdurchströmung und Reinigungsöffnung.

Filterbecken: Bepflanzung, Kies 2/8, Kies 6/16, Grobkies, Drainrohr, Bodenablauf zur Reinigung

> Für die Pumpe vom Haupt- zum Filterteich empfiehlt sich eine robuste Pumpe mit Asynchronmotor. Asynchronmotoren können über handelsübliche Leuchtendimmer auf den erforderlichen Durchfluss geregelt werden, wodurch auch der Stromverbrauch reduziert wird.

1.8 Der Gartenteich und seine Möglichkeiten

1.8.4 Ausführung als Fischteich

Ein künstlich gebauter Gartenteich kann sich weitgehend selbst regulieren, wenn er natürlich angelegt wird. Wird das Gleichgewicht z. B. durch starken Fischbesatz verschoben, ist zusätzliche technische Unterstützung nötig, um den Teich sauber zu halten. Fischteiche funktionieren nur dann auf natürliche Art dauerhaft gut, wenn der Teich sehr groß ist. Er muss mindestens 20 m² Wasseroberfläche und Tiefen von mindestens 1,50 m haben oder – bei kleineren Teichen – mit einer Filteranlage ausgestattet sein. Optisch sind Fischteiche für viele Gartenbesitzer nur dann wirklich erlebbar, wenn auffällige Zuchtformen wie z. B. Goldfische oder Kois eingesetzt werden. Die einheimischen Fischarten sind durch ihre Tarnung dagegen optisch kaum erlebbar.

Zierfische wie Goldfische überleben zwar sehr gut auch in kleineren Gartenteichen, wühlen aber bei ihrer Nahrungssuche ständig im Teichgrund und tragen dadurch zur Aufwirbelung und Trübung des Teichwassers bei. Durch die dann erforderlichen Filteranlagen wird der aufgewirbelte und das Wasser trübende Mulm aus dem Wasser herausgefiltert.

Zuchtfische, die in ihrer ursprünglichen Form aus einheimischen Gewässern stammen (z. B. Goldorfen), sind, was das Wühlen anbelangt, angenehmer. Sie wühlen nicht wie Goldfische im Untergrund, sind dafür aber sehr räuberisch und fressen viele nützliche Teichbewohner, stören das Gleichgewicht und reduzieren

> **Mulm**
>
> Als *Mulm* bezeichnet man die Vorstufe des Schlamms, der den Boden des Teichs bedeckt. Der Mulm besteht zu einem großen Teil aus Mikroorganismen, Bakterien und Mineralstoffen und kann auch abgestorbene Pflanzenteile enthalten.

> Sobald Fische im Teich eingesetzt werden und durch Fütterungen und den Kot der Fische zusätzlich Nährstoffe in das Wasser gelangen, sind zur Unterstützung des Gleichgewichts im Teich technische Filteranlagen erforderlich. Noch aufwendigere Filtersysteme werden erforderlich, wenn Fischzucht betrieben werden soll.

die Vielfalt im Teich, was für die dauerhafte Funktion abträglich ist.

Für den Fischteich sollte also schon in der Planungsphase ein Filtersystem vorgesehen werden. Dies kann sowohl ein zusätzlicher Filterteich als auch eine technische Filteranlage sein. Bezüglich der Filteranlagen finden Sie später im Buch Informationen.

1.8.5 Was ist ein Schwimmteich?

Ein Schwimmteich ist ein großer Teich zum Baden und Schwimmen, der aber mit wenig Technik auf natürliche Weise gereinigt wird. Er ist somit eine Verschmelzung aus Swimmingpool und ökologischem Gartenteich. Der Schwimmteich hat die attraktive Erscheinung eines natürlichen Gewässers mit Bepflanzung und kann für Ihren Badespaß auf eine dauerhaft klare Wasserqualität optimiert werden.

Zudem ist auch das Wasser eines Schwimmteichs „weicher" und angenehmer als das in gechlorten Becken. Im Gegensatz zum Swimmingpool ist dieser Teich auch bei schlechtem Wetter frei von unschönen Abdeckungen und im Winter ein schönes Element im Garten. Er eignet sich bei entsprechender Eisdicke und einer darauf ausgelegten Folienbefestigung am Rand sogar zum Schlittschuhlaufen. Die Gestaltungsmöglichkeiten beim Schwimmteich sind vielfältig.

Die Größe ist auch davon abhängig, wie viel Platz zur Verfügung steht. Die Reinigung erfolgt durch Pflan-

1.8 Der Gartenteich und seine Möglichkeiten

zen und Mikroorganismen. Bei einer richtigen Pflanzenauswahl entsteht ein funktionierender biologischer Kreislauf, sodass sich der Schwimmteich weitgehend von selbst reinigt. Die Oberfläche des Regenerationsbereiches sollte genauso groß wie die des Schwimmbereichs sein. Der für die Reinigung zusätzliche Filterteich sollte 10 % des Wasservolumens des Schwimmbereichs fassen können und muss in direkter Verbindung mit ihm stehen (Wasseraustausch mit kleiner Teichpumpe, kann auch eine Solarpumpe sein). Je besser die natürliche Reinigung funktioniert, desto weniger kostenintensive Teichtechnik ist erforderlich.

Als Teichsubstrat kann Kies in einer Körnung von 1 bis 8 mm als ca. 20 cm hohe Schicht eingebaut werden. Dort können sich Mikroorganismen ansiedeln, die zur Teichreinigung beitragen. In einen großen Schwimmteich können sogar Fische eingesetzt werden, in einen kleinen eher nicht, da sie zusätzlich das Wasser belasten. Als Fischart eignet sich beispielsweise der Gründling (Schwarmfisch).

> Achten Sie darauf, dass der Rand des Schwimmteichs ausreichend stabil ist und nicht abrutschen kann. Die Konstruktion eines Schwimmteichs wird wesentlich stärker beansprucht als ein normaler Gartenteich. Dies ist auch bei der Auswahl der Teichfolie zu berücksichtigen. So sollte im Schwimmbereich eine mindestens 1,5 mm dicke Teichfolie, z. B. eine EPDM-Kautschukfolie, verwendet werden.

Abb. 1.22 – Schwimmteich mit Überlaufeinrichtung in ein weiteres Reinigungsbecken

1.9 Kleintiere im und um den Teich

Betrachtet man einen Wassertropfen unter dem Mikroskop, entdeckt man darin viele kleine Lebewesen. Man kann davon ausgehen, dass in einem Wassertropfen eines Gartenteichs über eine Million Kleinstlebewesen enthalten sind. Sie alle tragen dazu bei, dass die natürlichen Prozesse der Umwandlungen ständig durchgeführt werden. Pflanzen und Tiere bilden eine Gemeinschaft, mit deren Hilfe das Leben im Teich funktionieren kann.

Neben den mit bloßem Auge nicht sichtbaren hilfreichen Bakterien, Krebschen und anderen Kleinstlebewesen tragen auch die sichtbaren größeren Tiere am Teich sowohl zum Funktionieren des Gleichgewichts als auch zu unserer Freude bei. Nachfolgend werden einige bekannte Tiere des Gartenteichs beschrieben.

1.9.1 Wasserschnecken

Wasserschnecken sind nützliche Tiere im Gartenteich. Sie ernähren sich von Algen, kleinen Wasserpflanzen und toten Wassertieren. Auf der Zunge haben sie eine Art Reibplatte, die mit vielen kleinen „Kalkzähnchen" besetzt ist. Damit raspeln sie den Algenbelag von Pflanzen und Steinen ab.

Die meisten Schneckenarten sind zweigeschlechtlich, also Zwitter. Sie legen eine Anzahl ihrer befruchteten Eier in einem Schleimpaket an Pflanzen ab, aus denen wenig später die Jungen schlüpfen.

Im Süßwasserteich gibt es mehrere Arten:

- Schlammschnecke
- Sumpfdeckelschnecke
- Posthornschnecke

Abb. 1.23 – Posthornschnecke beim Vertilgen der Algen.

Die Schlammschnecken kommen zeitweise zum Atemholen an die Wasseroberfläche. Sie atmen also wie die Posthornschnecken durch eine Lunge. Die Sumpfdeckelschnecke dagegen muss zum Atmen nicht an die Oberfläche kommen. Sie entnimmt dem Teichwasser den Sauerstoff, atmet also mit Kiemen. In größeren, mit Fischen besetzten Teichen gehört die Sumpfdeckelschnecke zum natürlichen Nahrungsangebot einiger Fische wie z. B. der Schleie (Tinca tinca).

1.9 Kleintiere im und um den Teich

1.9.2 Frösche und Kröten

Wenn sich der Teich von den Voraussetzungen her anbietet, kommen Frösche und Kröten von alleine und legen auch den Laich darin ab. Die aus dem Laich ausgeschlüpften Kaulquappen entwickeln sich – sofern sie überleben – zu erwachsenen Fröschen und Kröten, die dann immer wieder zu diesem Teich zurückkehren.

Amphibien halten in kalten Wintern Winterruhe. Dann suchen die Frösche und Kröten frostsichere Verstecke wie etwa Holz- und Laubhaufen oder Erdhöhlen auf. Sie können auch, wie einige Wasserfrösche, unter Wasser überwintern. Dabei halten sie keinen Winterschlaf, sondern verbringen eine Zeit der Ruhe, bei der die Aktivitäten stark herabgesetzt sind. Wird es im Winter zwischendurch warm, kann es sein, dass die Tiere aus ihren Verstecken kommen.

Im Frühjahr, wenn das Eis schmilzt und das Wasser sich mehr und mehr erwärmt, erwachen die Frösche aus ihrer Winterruhe und kommen an die Wasseroberfläche. Die Erdkröten erscheinen meist Ende Februar, in milden Wintern auch etwas früher.

Die Wanderung der Amphibien beginnt, je nach Witterung, Ende Februar bis Anfang/Mitte März. Bei mildem Wetter werden die Tiere aber schon früher aus ihren Verstecken gelockt.

1.9.3 Molche

Auch Molche siedeln sich von alleine an einem Naturteich an. Ist der Teich stark mit Fischen besetzt, werden sich die Molche darin weniger wohlfühlen.

Molche sind wechselwarme Tiere, d. h., je wärmer es ist, desto schneller können sie sich bewegen. An sehr warmen, sonnigen Tagen, wenn sie sich für einige Zeit im Sonnenschein aufgewärmt haben, können sie fast so schnell laufen wie Eidechsen.

Den Winter verbringen Teichmolche in frostfreien Verstecken, manchmal tief eingegraben und meist in

Abb. 1.24 – a) Kröte auf Wanderschaft, **b)** Frosch im Teich.

Achtung

Alle einheimischen Amphibien stehen unter Naturschutz. Das Fangen von Fröschen, Kaulquappen oder die Entnahme von Laich aus jeglichen Gewässern ist deshalb verboten!

1.9 Kleintiere im und um den Teich

Abb. 1.25 – Teichmolch auf einer Kinderhand Quelle (1)

Abb. 1.26 – Bei kleineren Teichen können wir diese beiden Libellenarten antreffen. Quelle (1)

der Nähe des Teichs. Oft überwintern jedoch die Tiere auch im Schlamm am Grund des Teichs. Larven, die sich bis zum Winteranfang nicht verwandelt haben, müssen in jedem Fall im Teich überwintern. Fast alle Moloharten sind erst nach zwei bis drei Jahren ausgewachsen und fortpflanzungsfähig. Die Länge erwachsener Teichmolche schwankt, je nach Art und Verbreitungsgebiet, zwischen 60 und 110 mm. Die Lebenserwartung könnte bis zu 20 Jahre betragen, endet aber meistens bereits nach der Hälfte der Zeit.

1.9.4 Libellen

Libellen legen ihre Eier unter Wasser ab. Die Libellenlarven entwickeln sich bis zu vier Jahre lang unter Wasser, bevor sie sich an einem Pflanzenstängel über dem Wasser verpuppen. Sie leben nur einen Sommer, um sich zu vermehren. Die Larven sind sehr gefräßige und aggressive Räuber. Insgesamt gibt es noch etwa 70 verschiedene Arten, von denen Sie aber nur einige wenige an Ihrem Teich antreffen werden.

1.9.5 Wasserkäfer

Viele Wasserkäfer unserer einheimischen Gewässer sind leider in den letzten Jahren fast ausgestorben oder wurden ausgerottet. Aus Unkenntnis werden auch heute noch alle Käfer und ihre Larven als angebliche Fischräuber von Fischteichbesitzern erbarmungslos verfolgt und getötet. Wasserkäfer siedeln sich dauerhaft an, wenn wenige oder keine Fische im Teich sind. Die Fische sind die Feinde der Wasserkäferlarven.

Gelbrandkäfer (Dytiskus marginalis)
Der Gelbrandkäfer ist einer der größten einheimischen Schwimmkäfer und wird fälschlich als Fischmörder gesehen. In Teichen und Seen übernimmt er die Aufgabe der Gesundheitspolizei, denn neben kleineren Wasserbewohnern frisst er die kranken oder gestorbenen Fische. Er frisst auch die Fische, die an einer der sehr vielen, nicht heilbaren Fischkrankheiten erkrankt sind.

1.9 Kleintiere im und um den Teich

So verhindert der Gelbrandkäfer, dass sich andere Fische anstecken.

1.9.6 Teichmuscheln
Teichmuscheln können Schwebstoffe aus dem Wasser filtern und sind somit ein biologischer Filter im Gartenteich. Die Teichmuschel gräbt sich in den Boden (Substrat) ein, sodass dann nur noch ein kleiner Teil aus dem Boden herausragt. Allerdings brauchen die Muscheln zum Überleben einen biologisch einwandfreien Teich. Manche Arten leben auch in Symbiose mit bestimmten Fischarten. Ist das Wasser klar, finden die Muscheln kaum noch Nahrung und verhungern. Sind zu viele Muscheln im Teich und das Wasser wird klar, sollte dringend ein Teil der Muscheln herausgenommen und an einen anderen Teichbesitzer weitergegeben werden.

1.9.7 Schildkröten
Es ist zwar sehr verlockend, Schildkröten im Gartenteich anzusiedeln, doch sollten Sie bedenken, dass Wasserschildkröten große Räuber sind und alles fressen, was sich im Teich befindet. Sie müssen daher gefüttert werden und belasten das Wasser stark durch Kot und Futter. Weiterhin können sie bei einer Übersiedlung in einheimische Gewässer überleben und dort großen Schaden anrichten, indem sie den natürlichen Teichbestand ausrotten. Daher ist abzuraten, Schildkröten im Gartenteich einzusetzen.

1.9.8 Fische
Wenn Sie, bitte wohlüberlegt, Fische in den Teich einsetzen möchten, sollten Sie eine gute Auswahl der Arten treffen. Allein die optische Wirkung der Fische im Teich reicht als Auswahlkriterium nicht aus. Sie sollten besser danach auszuwählen, ob die Fische auch zueinander und zur Teichgröße und -art passen. Um etwa große Kois zu pflegen, muss der Teich mindestens 100 cm tief und ausreichend groß sein. Manche Arten vermehren sich sehr schnell oder sind gar räuberisch. Daher sollten Sie den Fischkauf nicht überstürzen und sich vorher gut informieren bzw. beraten lassen.

Wenn möglich, sollten die Fische ohne zusätzliche Fütterung im Gartenteich leben können.

1.9.9 Goldfisch (Carassius auratus auratus)
Der Goldfisch ist der bekannteste und beliebteste Teichfisch. Es sollten nur kleine Tiere (6 – 8 cm) eingesetzt werden, damit diese sich an die natürliche Futtermenge im Teich anpassen können. Goldfische können in großen Teichen bis über 40 cm groß werden. Der graue Jungfisch färbt sich innerhalb von ca. 10 – 15 Monaten zum roten, erwachsenen Tier um. Aber nicht bei allen Tieren geschieht dies. Einige bekommen weiße Flossen, andere ein weißes Gesicht und wiederum andere einen weißen Körper oder eine Mischung aus den beschriebenen Formen.

> Das Teichvolumen und die Anzahl der Teichmuscheln müssen in einem guten Verhältnis stehen. Als Faustformel gilt: Bei trübem Wasser sollte maximal eine Teichmuschel auf 1 m³ (1.000 Liter) Wasser kommen. Ist das Wasser klar, erhöht sich das Verhältnis auf etwa das 5-fache, also maximal eine Muschel auf 5 m³ Wasser. Wenn ein Filtersystem und/oder eine UV-Lampe am Teich verwendet wird, dürfen keine Muscheln eingesetzt werden. Diese filtern das Futter der Muscheln heraus, was dazu führen würde, dass die Muscheln verhungern.

> Bei Fischbesatz muss das Verhältnis von Teichvolumen und Anzahl der Fische in einem guten Verhältnis zueinander stehen.

1.9 Kleintiere im und um den Teich

Faustregel

Ein Mindestteichvolumen von 2 m³ (2.000 Liter) sollte vorhanden sein und es sollten pro 1 m³ (1.000 Liter) Wasser nicht mehr als 2-3 Fische mit einer maximalen Länge von ca. 6 cm eingesetzt werden. Bei kleineren Fischarten können entsprechend mehr Exemplare verwendet werden. Bei Moderlieschen z. B. können es ca. 5 – 6 Fische pro 1.000 Liter Teichwasser sein.

Abb. 1.27 – Fische für den Gartenteich **a)** Goldorfe, **b)** Bitterling, **c)** Elritze. a) + b) Quelle (3)

1.9.10 Moderlieschen (Leucaspius cephalus)
Moderlieschen schwimmen meist dicht unter der Wasseroberfläche. Da sie Schwarmfische sind, sollten mindestens 10 kleine Fische eingesetzt werden. Sie werden bis zu 9 cm groß und können sich sehr stark vermehren. Wird nicht gefüttert, stellt sich ein Gleichgewicht ein, auch wenn im Winter Fische sterben. Wenn es ohne zusätzliche Fütterung nach einem Sommer einige Hundert Fische sind, ist es kein Problem, da der Teich sie ernährt hat. Im Winter sterben eventuell etliche und der Kreis schließt sich wieder im Sommer.

1.9.11 Graskarpfen
Der Graskarpfen ist ein hervorragender Algenvertilger und frisst vor allem Fadenalgen und Pflanzenreste. Er kann auch in mittelgroßen Teichen über 30 cm groß werden. Dies ist aber kein Problem, wenn er als kleiner Fisch (max. 8 cm) eingesetzt wurde. Wenn der Teich groß genug ist, sollten mindestens drei Fische eingesetzt werden.

1.9.12 Gründling
Der Gründling ist ein sehr nützlicher und scheuer Fisch. Er hält sich gerne auf sandigem Grund auf, den er dann auch sauber hält. Er muss nicht gefüttert werden und sucht seine Nahrung im Bodengrund, den er ständig leicht aufwühlt. Dadurch bildet sich kaum Bodenschlick und das Absaugen des Schlamms entfällt. Der Gründling eignet sich gut für den Schwimmteich. Es sollten mindestens drei Fische eingesetzt werden.

1.10 Pflanzen am und im Wasser

Die Auswahl an Wasserpflanzen ist ausgesprochen groß: Man unterscheidet zwischen Unterwasserpflanzen, Schwimmpflanzen sowie Pflanzen für tiefes, seichtes und flaches Wasser. Es sollten aber nicht zu viele Pflanzen eingesetzt werden, denn manche Wasserpflanzen wie etwa die Seerose haben ein starkes Wachstum.

Für flache Gewässer eignen sich u. a.: Blaugrüne Binse, Brennender Hahnenfuß, Fieberklee, Froschlöffel, Schwanenblume, Strauß- und Goldfelberich/Münzkraut (Lysimachia), Sumpfdotterblume, Sumpfvergissmeinnicht und Wasserschwertlilie.

In seichten Gewässern fühlen sich wohl: Igelkolben, kleinere Teichrosen, Pfeilkraut, Rohrkolbenarten, Seesimse, Wasserminze und Zungenhahnenfuß.

Für tiefes Wasser empfehlen sich: Große Teichmummel, Seekanne, Seerose (artenabhängig), schwimmendes Laichkraut und Wasserknöterich.

Zu den Schwimmpflanzen gehören z. B.: Froschbiss, Wasserlebermoos und Krebsschere.

Typische Unterwasserpflanzen sind: Hornblatt, Nadelkraut, Nadelsimse, Wasserhahnenfuß, Wasserquirl, Wasserstern und Tausendblatt.

Mehr über die Pflanzenarten und deren artengerechte Verwendung finden Sie in Kapitel 6 „Pflanzen selbst auswählen und einsetzen".

Abb. 1.28 – Sumpfdotterblume in voller Blüte im Frühjahr

1.11 Ökotipps

Damit ein künstlich angelegter Gartenteich als ökologisches System funktionieren kann, sollten Pflanzen und Tiere in ihrer Art, Größe und Anzahl so aufeinander abgestimmt sein, dass sich ein Gleichgewicht auch über einen längeren Zeitraum ohne jegliche Eingriffe erhalten kann. Eine große Anzahl von gleichzeitig wirkenden und voneinander abhängigen Organismen ist nötig, um ein solches biologisches Gleichgewicht über einen längeren Zeitraum aufrechtzuerhalten. Das Zusammenspiel ist so komplex, dass viele Zusammenhänge bisher nur ungenügend erforscht sind. Im Folgenden einige Erfahrungen und bekannte Parameter, die dazu beitragen, dass ein Gleichgewicht möglich ist:

- Die Bedingungen für ein ökologisches System werden umso leichter erfüllt, je größer ein Teich ist.
- Auch im kleinsten Teich wird sich ein ökologisches Gleichgewicht einstellen, wenn man ihn (nach der Bepflanzung) sich selbst überlässt und nicht versucht, ihn mit Tieren zu besiedeln, die nicht in ein Kleingewässer gehören (z. B. exotische Amphibien, Schildkröten oder Fische).
- Die Größe spielt dann eine untergeordnete Rolle, wenn der Teich ausreichend tief ist, damit das Wasser in kalten Wintern nicht bis zum Grund durchfrieren kann. Außerdem ist dafür zu sorgen, dass das Gewässer nicht austrocknet.
- Für den Frostschutz reicht normalerweise – in nicht zu kalten Gegenden – eine Tiefe von mindestens 80 cm bis zum Grund an der tiefsten Stelle aus. Daraus ergibt sich auch eine Mindestgröße für den Teich, die nicht unterschritten werden sollte.
- Der Teichrand sollte ähnlich gestaltet sein wie die Teichränder natürlicher Still- bzw. Kleingewässer in der Umgebung (soweit überhaupt noch vorhanden).
- Heimischen Wasser- und Sumpfpflanzen sollte der Vorzug gegeben werden. Sie dürfen jedoch nicht aus der Natur entnommen werden. Den heimischen Pflanzen ähnliche oder zumindest gleichwertige winterfeste Arten sind meist in Wasserpflanzengärtnereien zu bekommen.
- Auf exotische, Wärme liebende Wasserpflanzenarten sollte man verzichten, denn sie gehen im Winter ein und belasten so das Wasser zusätzlich. Alternativ müssten sie in einem warmen Zimmer überwintert werden.
- Ein natürliches Gleichgewicht wird durch Einsatz chemischer oder technischer Hilfsmittel gestört.
- Alle technischen oder chemischen Hilfsmittel (z. B. Filteranlagen, Springbrunnen, Umwälzpumpen, UVC-Geräte oder Algenkiller) sind meist nicht nur überflüssig und kostenintensiv, sondern können sogar schädlich sein, denn sie zerstören die Mikrofauna und Mikroflora und damit das biologische Gleichgewicht.
- Fische kommen aufgrund ihrer Größe und ihres Nahrungsbedarfs normalerweise in keinem natürlichen Kleingewässer vor und sollten deshalb auch nicht in einen naturnahen Gartenteich eingesetzt werden.
- Das Einsetzen heimischer Tiere wie z. B. Amphibien ist zwecklos und der Fang in natürlichen Gewässern obendrein streng verboten. Die Tiere finden sich von selbst ein und bleiben, wenn ihnen die Voraussetzungen entsprechen.
- Aus fremden Ländern (auch Europas) stammende Frosch- und Schwanzlurche dürfen wegen der Vermischungsgefahr mit heimischen Arten und den sich daraus ergebenden schädlichen Folgen nicht in Gartenteiche eingesetzt werden.
- Viele Fische vermehren sich trotz schlechtester Bedingungen mangels Feinden unkontrolliert. Sie bevorzugen selbst bei bester Fütterung mit Trockenfutter das Lebendfutter aus dem Teich. Dadurch können gleich mehrere Glieder der Nahrungskette vernichtet werden, was das ökologische Gleichgewicht zerstört.

1.12 Umgestaltung eines vorhandenen Teichs

Haben Sie bereits einen Teich, der entweder vergrößert werden soll oder bisher nur ungenügend funktioniert hat, stellt sich die Frage, ob er komplett zurückgebaut werden soll und man die Dichtungsmaterialien entsorgt, oder ob er in eine neue Teichkonzeption integriert werden kann.

Beim kompletten oder teilweisen Rückbau sind Kleintiere und ausgewählte Pflanzen vorübergehend in einer alten Badewanne oder Ähnlichem zu versorgen. Entsteht der neue Gartenteich an einem neuen Platz, können die Pflanzen und Kleintiere nach Fertigstellung umgesiedelt werden.

Vom Anbau und Ankleben weiterer Teichfolie sei abgeraten. Besser ist es dann, die alte Folie herauszunehmen und zu entsorgen und eine komplett neue Teichdichtung einzubauen. Der vorhandene Teich kann auch mit einer zusätzlichen Sumpfzone entsprechend des in diesem Buch beschriebenen dualen Systems erweitert werden.

Möglicherweise kann der vorhandene Teich auch als Filterbecken genutzt werden. Dazu sollte der neue Teich möglichst unterhalb des vorhandenen Teichs angelegt werden, damit das überlaufende Wasser des als Filterbecken umgebauten alten Teichs in den neuen Hauptteich gelangen kann.

2 Teichbaumaterialien, Auswahlkriterien, Vorplanung

Der nächste Schritt zum eigenen Gartenteich ist die konkrete Vorplanung und die damit einhergehende Materialauswahl. Je nachdem, wie der vorhandene Untergrund beschaffen ist, wird für einen Gartenteich eine mehr oder weniger künstliche Abdichtung erforderlich sein.

Neben Abdichtungsmaterialien wie Ton und Beton gibt es für den

2 Teichbaumaterialien, Auswahlkriterien, Vorplanung

Selbstbauer praktikablere Möglichkeiten, die Teichdichtung selbst einzubauen. Zum einen werden Teichschalen angeboten, zum anderen gibt es im Handel eine große Auswahl an flexiblen Teichdichtungsfolien. Die möglichen Materialien werden nachfolgend in ihrer Art und Anwendung beschrieben.

Die Wahl der richtigen Materialien
Bei der Planung des Gartenteichs ist es wichtig, das passende Material zu wählen. Als Entscheidungshilfe sollten Sie folgende Punkte beachten:

- Langlebigkeit
- Dichtigkeit
- Sicherheit
- Gestaltungsmöglichkeiten
- Pflege und Reparaturmöglichkeit
- ob das Material für die Verwendung im Eigenbau geeignet ist

Neben einem vorgeformten, fertigen Becken oder einer flexiblen Dichtungsbahn benötigen Teichbauer jede Menge Sand, Schaufeln, möglichst viele Helfer, eine Wasserwaage – oder noch besser – eine Schlauchwasserwaage und einen Meterstab. Zunächst müssen die einzelnen Zonen mit feinem Sand markiert werden. Je nachdem, ob der Teich aus Folie oder einem vorgefertigten Becken entstehen soll, sind die Umrisse zu markieren. Anschließend werden die Tiefen der einzelnen Zonen ausgemessen und markiert.

2.1 Gute und dauerhafte Möglichkeiten der Abdichtung

Auf den ersten Blick sehen sich die angebotenen Teichfolien meist sehr ähnlich. Entscheidend für die Haltbarkeit und die dauerhafte Verwendung sind aber die Zusammensetzung und die Inhaltsstoffe der Materialien. Der Preis allein ist bei der Auswahl ein schlechter Ratgeber. Entscheidend sind Haltbarkeit, gute Verarbeitbarkeit und Inhaltsstoffe, die dem Teichleben nicht schaden.

Sehen Sie sich den Ratgeber in Kapitel 9.2, „So testen Sie die Qualität", bezüglich der Qualitätshinweise an, bevor Sie sich für ein Produkt entscheiden. Damit können Sie sich viel Geld und Ärger ersparen. Schleuderpreise sind oft nur bei schlechter Qualität möglich oder die Materialien enthalten problematische Gifte (z. B. Cadmium).

2.2 Teichschalen und Fertigbecken

Übliche vorgefertigte Becken aus Kunststoff sind meist nur für Wassertiefen bis zu 1 Meter erhältlich und im Selbstbau auch nur bis zu einem Durchmesser von bis zu 3 Metern geeignet. Die Uferausbildungen sind in der Regel für ein gut funktionierendes Wasserbecken zu steil und zu klein.

Fertigbecken können in Ausnahmen sinnvoll sein, z. B. dann, wenn für einen Gartenteich oder zum Bau eines Miniwassergartens, eines Balkon- oder eines Terrassenteichs nur wenig Platz zur Verfügung steht.

Der Fachhandel bietet vielfältige Formen und Größen aus PE, GFK oder festem schwarzem PVC an.

PE(Polyethylen)-Becken werden in Tiefziehtechnik hergestellt. Dadurch sind Teile der Schale gedehnt und damit dünnwandiger als andere. Entscheidend für die Dichtigkeit ist die dünnste Stelle.

Größere Becken werden aus GFK (glasfaserverstärkter Kunststoff) im Laminierverfahren hergestellt. Je nach Situation werden die Becken in der Fabrik vorgefertigt oder vor Ort hergestellt. Eine gute Verarbeitung erfordert hohes Können und hochwertige Kom-

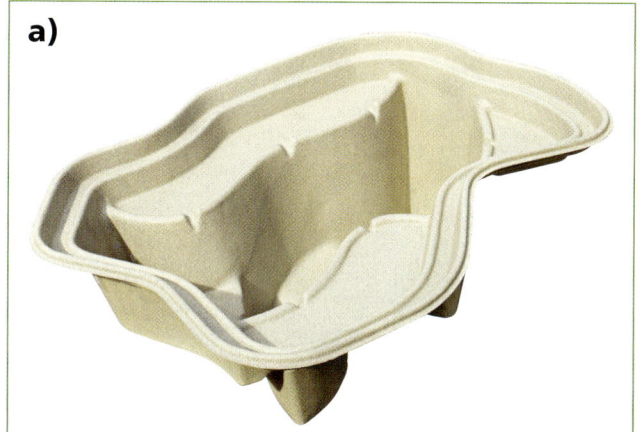

Abb. 2.1 – a) Teichschale, **b)** Randausrichtung mit Setzlatte und Wasserwaage, **c)** seitliches Einschwemmen mit Sand und Wasser. Quelle (1)

2.2 Teichschalen und Fertigbecken

ponenten. Für den Selbstbauer ist der Eigenbau nicht zu empfehlen.

Die Fertigbecken erwecken zunächst den Eindruck, beim Teichbau viel Arbeit zu sparen und eine sichere, dichte und dauerhafte Konstruktion zu bieten. Doch dieser Eindruck täuscht, zumindest was die optische Einbindung und die Teichfunktion anbelangt. Denn der Rand der Fertigteiche lässt sich optisch kaum einbinden und außerdem haben die Becken meist keine ausreichende Flachwasserzone im Bereich bis zu 40 cm Tiefe. Somit kann sich eine biologische Selbstreinigung kaum aufbauen, womit ein aufwendiges Filtersystem erforderlich wird. Weiterhin ist die Tiefwasserzone oft unzureichend, d. h., der tiefe Bereich von 1 m ist selten ausgebildet. Das Ergebnis: Fertigteiche können meist als diese erkannt werden und erfordern in der Regel jahrelang einen hohen Pflegeaufwand.

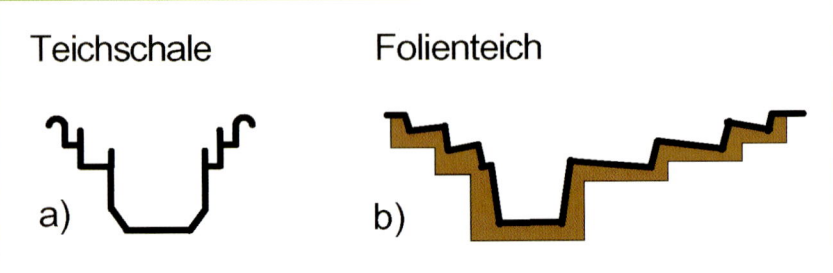

Abb. 2.2 – Vergleich: a) Fertigteich, b) Folienteich

Entscheiden Sie sich aber dennoch für einen Fertigteich, erhalten Sie nachfolgend einige Hinweise zum Einbau.

Grundsätzlich sollte die Grube knapp zehn Zentimeter breiter und tiefer ausgehoben werden, als die Außenabmessungen des Fertigbeckens sind. Bevor dieses eingesetzt wird, muss der Untergrund glatt mit Sand ausgefüttert werden, damit der Teich später auch wirklich gerade und stabil steht. Ist das Becken eingebaut, sollte geprüft werden, ob der Boden vollflächig aufsitzt und der Rand sich in der Waagerechten befindet (Wasserwaage). Schließlich soll der Wasserpegel später überall gleich hoch sein. Im nächsten Schritt können Sie das Becken bis zu einem Drittel mit Wasser befüllen, bevor der Zwischenraum zwischen Erdreich und Beckenwandung eingeschlemmt werden kann. Mit viel Sand und Wasser werden dann von den Seiten aus alle Hohlräume aufgefüllt. Die Bepflanzung sollte, wie beim Folienteich, mit steigendem Wasserspiegel erfolgen. Zum Schluss kann das Wasser ganz eingelassen werden.

> **Teichbecken einbauen in der Übersicht:**
>
> - Teichbecken auf den geplanten Standort Ihres Teichs stellen.
> - Umriss markieren (z. B. mit Sand oder Sägespänen).
> - Grube entsprechend der Teichform ausheben (seitlich und am Boden ca. 10 cm zugeben).
> - Boden der ausgehobenen Grube mit etwa 10 cm Sand bedecken.
> - Teichbecken einsetzen und zu einem Drittel mit Wasser befüllen.
> - Mit der Wasserwaage prüfen, ob das Teichbecken waagerecht positioniert ist.
> - Seitliche Hohlräume mit Sand und Wasser einschlämmen.
> - Teichbecken komplett befüllen und Pflanzen Zug um Zug einsetzen.

2.3 Dichtungsbahnen, PVC-Folien und Kautschukmaterial

Für die meisten Teichkonzepte sind Folien oder Gummidichtungsbahnen gut geeignet. Flexible Dichtungsbahnen lassen sich gut verarbeiten und haben ein gutes Preis-Leistungs-Verhältnis. Mit Folien können Sie fast jede Teichform und Größe bauen. Ob einen Bachlauf, einen Sumpf, variierende Ufergestaltungen oder Inseln – fast alles lässt sich umsetzen. Das formbare Material der Dichtungsbahnen passt sich jedem Niveau und fast jeder Profilierung an. Teichfolien gibt es im Fachhandel als Rollenware mit unterschiedlichen Materialstärken von 0,5 mm bis über 1 mm. Die Rollenware wird z. B. in Breiten von 2 m, 6 m und 8 m angeboten. Es ist aber auch möglich (und sinnvoll), Sondergrößen zu bestellen, die entsprechend Ihren Angaben vorkonfektioniert werden.

Teichfolien aus PVC
Teichfolien aus PVC (Polyvinylchlorid) sind besonders flexibel, weich und gut zu verkleben. Reparaturen an PVC-Folien sind leicht zu bewältigen. Übrigens: PVC-Folien gibt es in unterschiedlichen Farben (z. B. schwarz und grün). Nachteil: Je nach Qualität erfolgen Ausdünstungen ins Wasser.

Gartenteichfolien aus PE
Gartenteichfolien aus PE sind besonders preiswert und umweltverträglich. Diese Teichfolien sollten in der erforderlichen Größe an einem Stück bestellt und verwendet werden. Reparaturen und Verklebungen sind schwierig und unzuverlässig. PE ist relativ unflexibel und damit in der Verarbeitung für freie Formen schwieriger.

Gartenteichfolien aus Kautschuk (EPDM)
EPDM(Ethylen-Propylen-Dien-Kautschuk)-Teichfolien sind besonders belastbar und ähneln dem Material eines Gummischlauchs. Synthetische Kautschukfolien lassen sich zudem sehr gut verarbeiten und sind besonders für größere Teiche gut geeignet. Das Material hat eine hohe Dehn- und Reißfestigkeit, ist äußerst beständig gegen UV-Strahlung und zu jeder Jahreszeit gut einzubauen. Bei Übergrößen empfiehlt es sich, die Dichtungsfolie – unabhängig vom Material – auf Maß anfertigen zu lassen. Die Mehrkosten sind gering. Dafür sind undichte Stellen, z. B. durch Fehler beim Anschweißen eines weiteren Folienstücks, vermeidbar.

2.3.1 Die richtigen Folienstärken

Die Stärke bzw. Dicke einer Dichtungsbahn sollte mindestens 0,8 mm betragen. Bei dünneren Folien besteht die Gefahr, dass sie durch Wurzeln (Überdehnung) und Mäuse verletzt werden. Wenn Sie in Ihrem Garten viele Mäuse haben, können Sie die Folie mit einem feinen Maschendraht schützen. Dieser muss mit Kunststoff ummantelt sein. Er wird auf das Erdreich verlegt und mit Sand und Vlies abgedeckt. So kann die Folie nicht beschädigt werden. In der Praxis kommt es praktisch nicht vor, dass Mäuse Teichfolien von außen her durchnagen.

Bei qualitativ hochwertigen Teichfolien werden zwei dünnere Schichten vollflächig miteinander verschweißt, wodurch die dauerhafte Dichtigkeit noch besser gewährleistet wird. Die Verwendung solcher Folien ist vor allem dann sinnvoll, wenn eine nachträgliche Teichreparatur nur erschwert möglich ist.

> Die Folie muss dem Wasserdruck und allen mehr oder weniger spitzen Gegenständen innerhalb oder außerhalb des Teichs standhalten. Bei größeren und tieferen Teichen sollten Sie mindestens eine 1 mm dicke Folie verwenden. Bei kleineren Teichen bis 5 m² und 1 m Wassertiefe können auch Folien von 0,8 mm verwendet werden. Dünnere Folien sind dafür nicht zu empfehlen.

2.4 Abdichtung mit dem Naturbaustoff Lehm

Eine weitere mögliche Variante ist, einen Teich aus natürlichem Material zu formen, vor allem dann, wenn lehmhaltiges Material im Garten oder in der Nähe vorhanden ist. Es gibt verschiedene Verfahren. Folgend wird die Variante mit Lehm- oder ungebrannten Tonziegeln erläutert.

Die Tonziegel werden in zwei Schichten überlappend auf dem vorbereiteten Untergrund verlegt und mit Lehmschlempe verfugt. Das Material bleibt unter Wasser dicht und behält seine Struktur bei. Während des Einbaus ist der Lehm feucht zu halten, zur Not durch Abdecken mit einer Folie. Ist die Dichtungsschicht fertiggestellt, sollte sie mit nährstoffarmem Unterboden abgedeckt werden. Wie bei anderen Teichbaumaterialien gibt es auch hier Vor- und Nachteile.

Vorteile: Lehm- oder Tonziegel lassen sich gut formen, was vor allem in den Uferzonen des Teichs besonders schön ist.

Nachteile: Ton hat ein hohes Eigengewicht. Ein Tonziegel von 30 x 30 x 10 cm hat ein Gewicht von

Abb. 2.3 – Großer künstlich angelegter See in Portugal mit Naturdichtung. **a)** Wasserstand im ersten Jahr, Befüllung durch das im Gelände gesammelte Regenwasser **b)** gemauertes Überlaufbauwerk

2.4 Abdichtung mit dem Naturbaustoff Lehm

ca. 20 kg. Ein Quadratmeter Dichtungsfläche wiegt somit 180 bis 200 kg. Die Transportkosten können dadurch hoch sein. Beim Ausschachten muss man die Erde zudem 30 cm tiefer als bei einem vergleichbaren Folienteich ausheben. Gerade der Randbereich mit dem Wechselwasserstand ist besonders heikel, denn wenn er völlig austrocknet, bekommt die Lehmschicht Risse und die Dichtigkeit geht verloren.

Bei entsprechend lehmigem Untergrund reicht es, eine Teichgrube auszuheben und evtl. zusätzlich den Randbereich zu verdichten. Früher wurden diese Gruben im lehmhaltigen Bereich ausgehoben und anschließend ein paar Schafe zur Verdichtung der Oberfläche in die Grube getrieben. Diese haben dann mit ihren sehr schmalen Hufen eine hervorragende Verdichtung geschaffen. Heute gibt es dafür Maschinen wie z. B. die *Schafsfußwalze*.

> **Lehm** und **Tonziegel** sind das natürlichste, aber für Laien auch das schwierigste Material, das besser von Fachfirmen eingebaut werden sollte. So dürfen z. B. bei Wechselwasserstand die Ufer nicht austrocknen, was eine besondere Anforderung an die Ausführung stellt.

2.5 Wassernachspeisung für den Teich

Bei einem dichten und richtig angelegten Teich („richtig" bezieht sich vor allem auf die Randgestaltung) verdunstet nur im Sommer Wasser aus dem Teich, sodass ab und zu etwas Wasser nachgefüllt werden muss. Dies kann zum einen mit dem Gartenschlauch oder aber auch automatisch erfolgen.

Die automatische Wassernachspeisung kann mit einem Schwimmerventil, wie es in Toilettenspülkästen eingebaut wird, realisiert werden. Im Handel gibt es hierzu auch spezielle Ventile für Brunnentechnik und Wasserspiele. Das Ventil wird entweder direkt mit der Trinkwasserleitung (über eine Rücklaufsperre) gekoppelt und speist immer dann Wasser nach, wenn das Wasserniveau im Teich unter ein einstellbares Niveau abgesunken ist, oder das Nachspeiseventil wird aus einem Regenwasserspeicher gespeist, der möglichst höher steht als der Gartenteich. Des Weiteren kann die Nachspeisung auch aus einer regenwassergespeisten Zisterne erfolgen, hier dann mit Tauchpumpe und Niveauregelung über einen elektrischen Schwimmerschalter im Gartenteich.

2.5.1 Regenwassernutzung mit doppeltem positivem Effekt

Regenwasser kostet nichts und ist, je nachdem, wo Sie wohnen, meist relativ sauber – im Gegensatz zu Trinkwasser aus dem Wasserhahn, das in der Regel chemisch aufbereitet wird (Chlor, Fluor, usw.). Hinzu kommt die Wassertemperatur. Leitungswasser kommt sehr kalt aus der Leitung, was vor allem im Hochsommer einen extremen Temperaturunterschied zum im Gartenteich befindlichen Wasser bedeutet.

Trotzdem gibt es unterschiedliche Meinungen bezüglich der Verwendung des Regenwassers für den Gartenteich. Dies rührt vor allem daher, dass Regenwasser eher einen sauren pH-Wert hat.

Abb. 2.4 – Bespiel eines gebrauchten Nachspeiseventils

So empfiehlt es sich, die Erstbefüllung des Gartenteichs mit Leitungswasser durchführen. Die Nachspeisung kann dann mit Regenwasser erfolgen. So haben Sie immer kostenloses und nährstoffarmes Wasser als Zulauf. Wenn das Regenwasser von Dächern direkt in den Teich läuft, kann es bei anhaltendem starkem Regen vorkommen, dass der Teich überläuft. Dies muss aber kein Problem sein, wenn der Überlauf des Teichs in

2.5 Wassernachspeisung für den Teich

eine wie im Buch beschriebene Sumpfzone führt oder kontrolliert in einen für diesen Zweck gebauten Überlauf- und Sickerbehälter führt. Schlimmstenfalls wird der Überlauf des Teichs über einen Schlammfang in das für das Regenfallrohr vorhandene Abwassersystem zurückgeführt.

Die für das Grundwasser beste Möglichkeit der gezielten Regenwasserableitung ist die Versickerung über einen Sickerschacht. Am Boden durchlässige Rohre oder Betonringe werden unterirdisch eingebaut und mit Kiessand gefüllt. Überschüssiges Regenwasser wird in diesen Sickerschacht geleitet und kann dann langsam in das anstehende Erdreich versickern. Der Abstand zwischen der Oberkante der Sandschicht zum Grundwasser sollte mindestens 1,5 Meter betragen. Die Schachtversickerung kommt vor allem auch dort zum Einsatz, wo das Niederschlagswasser kleiner Dachflächen (z. B. von Einfamilienhäusern) versickert werden soll und wenig freie Grundstücksflächen dafür zur Verfügung steht.

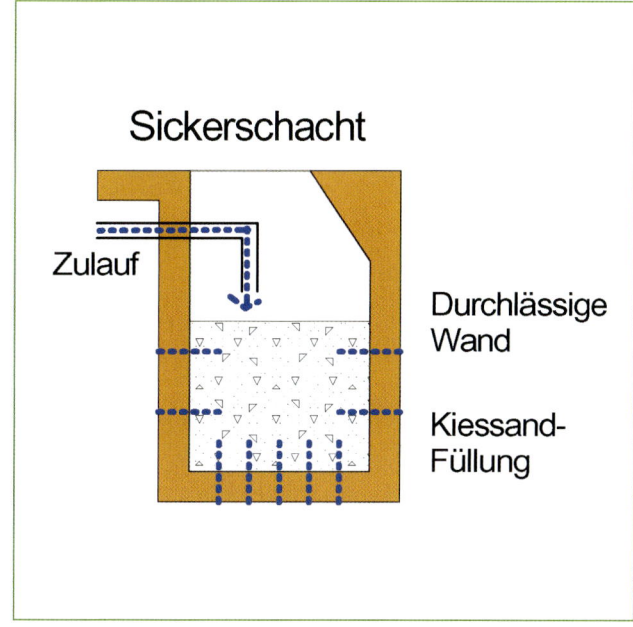

Abb. 2.5 – Konstruktionsprinzip eines Sickerschachts mit Betonfertigteilen

2.6 Teich- und Geländegestaltung bei Höhenunterschieden

Nicht jeder Gartenbesitzer hat ein ebenes Gartengrundstück, bei dem es auf den ersten Blick einfach erscheint, einen Teich anzulegen. Folgend wird die Möglichkeit beschrieben, einen Gartenteich in ein Hanggelände optimal zu integrieren. Bei guter Gestaltung kann sich die Hanglage dann sogar als Glücksfall erweisen, denn sie ermöglicht, dass der anfallende Aushub verwendet werden kann und man ihn nicht abfahren muss. Das Hanggelände kann man z. B. kompensieren, indem man den Aushub des Teichs leicht ansteigend auffüllt, einen Hügel modelliert oder eine Mauer aus Natursteinen oder ähnlichem Material anfertigt.

2.6.1 Gartenteich in schwierigem Gelände

Manch ein Gartenbesitzer glaubt, dass es nicht möglich ist, in einem abschüssigen Garten einen Teich anzulegen. Durch einen Hang sind aber bei kreativer Planung ganz besonders schöne Lösungen für die Teichgestaltung möglich. Es besteht die Möglichkeit, eine Wasserlandschaft über die verschiedenen Höhenebenen zu kreieren. Der Hauptteich muss natürlich teilweise in den Hang hineingearbeitet werden und zur anderen Seite durch Auffüllen und Abstützungen herausgearbeitet werden. Zumindest ist hier das Problem mit dem Bodenaushub bereits gelöst, denn der Aushub kann sofort für die talseitige Auffüllung verwendet werden. Wenn der Hang sehr steil ist, empfiehlt es sich, mehrere Teiche parallel zum Hang zu bauen, die kaskadenartig miteinander verbunden werden können. Dann kann z. B. der oberste Teich als Filterteich angelegt werden.

> Bitte prüfen Sie vor dem Ausgraben mit einer oder zwei Probegrabungen, ob der Hang felsigen Untergrund hat.

Abb. 2.6 – Teichanlage in leicht hängigem Gelände. Bereits beim Ausgraben wird die talseitige Abstützung eingebaut.

2.7 Bachlauf und Wasserfall zur Teichergänzung

Fließt ein natürlicher Bach durch Ihr Grundstück, kann das ein Glücksfall sein. Trotzdem sollten Sie aus den Erfahrungen, wie sich der Bach z. B. bei Hochwasser, bei der Schneeschmelze und in trockenen Sommern verhält, Schlüsse für Ihre Planung den neuen Gartenteich betreffend ziehen. Im Idealfall können Sie in der Nähe des Bachs Ihren Teich anlegen und einen Teil des Bachs durch den Teich fließen lassen (örtliche wasserrechtliche Belange beachten!). Dadurch gibt es einen ständigen Wasseraustausch und Frischwassernachspeisung.

Möglich ist es aber auch, einen künstlichen Bachlauf anzulegen, der – je nach Lage des Gartenteichs – aus diesem kommt oder in diesen hineinführt. Wenn Sie einen Bachlauf oder einen kleinen Wasserfall mit Ihrem Gartenteich kombinieren wollen, sollten Sie den Bachlauf in einem Zug mit dem Teich bauen. Zuerst den Teich zu bauen und ihn dann später um den Bachlauf ergänzen, schlägt meist fehl.

Weitere Ausführungen zum Bachlauf, zu Wasserfällen, Quellsteinen und Wasserspielen würden ein weiteres Buch füllen. Damit Sie für die Arbeiten am Gartenteich, bezogen auf den Bachlauf, trotzdem die richtigen Entscheidungen treffen können, finden Sie im Kasten die wichtigsten Punkte.

Abb. 2.7 – Einfacher kleiner Bachlauf zur Sauerstoffanreicherung

2.7 Bachlauf und Wasserfall zur Teichergänzung

Wichtige Kriterien für einen Bachlauf/Wasserfall

- Bachläufe und Wasserfälle leben durch Höhenunterschiede.
- Die Höhenunterschiede können Sie auch künstlich herstellen.
- Der Wasserfall sollte so angelegt sein, dass Sie von Ihrem Lieblingssitzplatz aus frontal darauf schauen können.
- Die Kunst besteht darin, mit möglichst wenig Pumpenleistung einen beeindruckenden Wassereffekt zu erreichen. Das spart Kosten und bringt viel Freude an Ihrem Bachlauf.
- Erreichen können Sie das, indem mehrere richtig dimensionierte kleinere Wasserfälle mit dünnem Wasserschleier in den Bachlauf integriert werden.
- Beeindruckende Wasserschleier erhalten Sie, indem Sie das Wasser des Bachlaufs über flache Überlaufplatten mit einer relativ exakten, waagerechten Abrisskante laufen lassen – so, dass Sie frontal darauf schauen können.
- Das Bachbett sollte sich möglichst weiträumig in die übrige Gartengestaltung verzahnen, sonst entsteht der Eindruck eines Kanals.
- Die Weiträumigkeit können Sie dadurch erreichen, dass sich die linear verlegte Bachfolie durch eine lebendige Steingestaltung optisch mit dem angrenzenden Gelände verbindet.
- Trotzdem sollte die „aktive" Wasserrinne so ausgebildet sein, dass so wenig Wasservolumen wie gerade erforderlich gepumpt werden muss.
- Je breiter das optisch angelegte Bachbett (Steingestaltung), desto weniger besteht die Gefahr, dass die Randbepflanzung aus dem Garten das Bachbett überwuchert.
- Sie sollten darüber nachdenken, was mit dem Bach im Winter passiert oder wenn die Pumpe nicht läuft – vor allem dann, wenn er mit Wasserpflanzen versehen ist, die im Winter vermutlich eingehen werden.
- Sind Wasserpflanzen erwünscht, sollten einzelne Wasserbecken für diese Pflanzen im Bachlauf integriert werden.
- Die Pumpe muss so dimensioniert sein, dass die Leistung für das Filtersystem und den Bachlauf ausreichend ist.
- Bach- und Teichgröße müssen im Verhältnis so sein, dass die Pumpe den Teich nicht leer pumpt, bevor das über den Bach laufende Wasser wieder im Teich ankommt.

Faustregel zur Berechnung der Pumpenleistung bei Bachläufen und Wasserfällen

Pro cm Bachlauf-/Wasserfallbreite benötigen Sie ca. 100 l/h gepumptes Wasser am Ursprung.

2.8 Passende Substrate und Pflanzgefäße

Das im Gartenteich verwendete Bodensubstrat entscheidet über das spätere Bioklima und den Algenwuchs im Gartenteich. Das Teichsubstrat muss so nährstoffarm wie möglich sein. Nährstoffe werden im Lauf des Teichlebens genug von außen eingetragen. Für die Herstellung dieses Teichsubstrats eignen sich Lehm und Sand (normaler Bausand) in einer Mischung von je 50 %. Sollten Sie einen Betonmischer haben, kann das Substrat damit gemischt werden. Es geht aber auch mit der Schaufel und von Hand. Der Lehm ist sehr nährstoffarm, aber stark bindend. Durch den Sand bleibt der Boden locker und sowohl die Pflanzen als auch die Kleinstlebewesen können sich ungestört ausbreiten. Die Abstufungen im Gartenteich werden mit dem Substrat befüllt. Nur im hinteren tieferen Bereich, nicht aber auf den vorderen Kanten sollte sich Bodensubstrat befinden. Die vierte Stufe, die z. B. für eine Seerose vorgesehen ist, benötigt kein Bodensubstrat, da die Seerose in einen Korb gepflanzt wird. Die tiefste Stelle im Teich wird mit maximal 5 cm Bodensubstrat befüllt.

Im Handel angebotene Teicherde ist in der Regel nährstoffarm und damit auch gut als Teichsubstrat geeignet. Weniger geeignet sind Teichsubstrate aus reinem Kies und Sand. Bei der Verwendung großer Kieselsteine, Kies oder reinem Sand dauert es sehr lange, bis sich ein funktionierendes Bioklima im Wasser entwickeln kann. Der Teichcharakter zeigt sich dann ähnlich wie bei frisch angelegten Baggerseen und Kiesgruben. Diese haben zusätzlich noch kaum Pflanzen im Randbereich, was die sterile Ausstrahlung verstärkt. Bei künstlich angelegten Teichen mit einem Substrat aus Kies oder Sand können Pflanzen eher schlecht als recht überleben. Erst wenn eine Verschlammung durch Eintrag organischen Materials (Blätter) eintritt, beginnen sich Kleinstlebewesen und die natürlichen Prozesse im Wasser zu entwickeln. Die Algenproblematik wird in einem solchen Teich über Jahre verstärkt auftreten, da die Wassergemeinschaft versucht, lebendige Strukturen zu schaffen. Je nach Kiesmaterial geben die Steine z. B. Kalk an das Wasser ab, was bei einem Teich, der nur mit Regenwasser gefüllt wurde, sogar positiv sein kann.

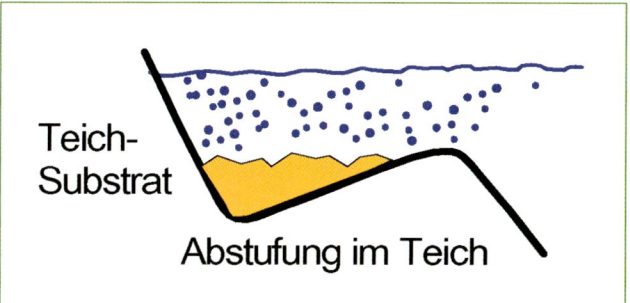

Abb. 2.8 – Befüllung der Abstufungen mit Teichsubstrat. Füllhöhe mit Substrat: Bei der ersten Stufe beträgt die Füllhöhe ca. 15 cm, bei der zweiten, dritten und vierten 10 cm. Die Zonen werden nicht bis oben mit dem Substrat gefüllt.

> Ober- oder Mutterboden ist als Teichsubstrat ungeeignet. Bei der Verwendung von nährstoffreichen Böden wird der Teich mit zu vielen Nährstoffen versorgt und vor allem die Algen verbreiten sich dann sehr stark.

2.9 Versorgungsleitungen für Pumpe und Beleuchtung

Für den Betrieb elektrischer Filtersysteme wird eine unterirdische Zuleitung benötigt. Bei der Neuplanung des Gartens kann man die Verlegung gut mit einplanen. Ist der Garten bereits fertig angelegt, kann z. B. der Rasen in einem schmalen Streifen mit einem Spaten entfernt (Rasensoden), ein kleiner Graben ausgehoben und darin das Stromkabel vom Haus aus in einer Kabelschutzhülle verlegt werden. Die Rasensoden können wieder oben aufgelegt, festgedrückt und gut gewässert werden.

Werden Gartenwege und Terrasse neu angelegt, lohnt es sich, die Leitungen für Beleuchtung und Außensteckdosen gleich mitzuverlegen. Wichtig ist auf jeden Fall, ein aus dem Wohnhaus kommendes Stromkabel so abzudichten, dass keine Feuchtigkeit in das Haus eindringen kann.

Das Kabel sollte ein spezielles Erdkabel sein. Optimal ist eine Verlegung im PVC-Leerrohr. Dabei sollten Sie im selben Arbeitsgang einen weiteren Zugdraht mit einlegen (für möglicherweise später einzubringende zusätzliche Kabel). Bei dem Bau eines Gartenwegs bietet es sich an, die Leerrohre unter der Wegtrasse zu verlegen, in die auch später noch Kabel eingezogen werden können. Diese Leerrohre werden am besten in einer Tiefe von 30 bis 50 Zentimetern verlegt.

Verläuft die Kabeltrasse im Erdreich, sollten Sie auf dem Leerrohr oder dem verlegten Erdkabel ein Kabelabdeckband auflegen, damit bei zukünftigen Erdarbeiten sofort ersichtlich wird, dass hier ein Stromkabel liegt.

Das Stromkabel ist je nach Verwendung mit einem ausreichenden Querschnitt zu wählen (z. B. 1,5 bis 2,5 mm²). Im Sicherungskasten des Wohnhauses sollte eine Extrasicherung für die Stromversorgung der gesamten Wassertechnik installiert werden. Zusätzlich kann die Gartenstromversorgung auch mit einem innerhalb des Hauses montierten Hauptschalter aktiviert oder gesteuert werden. Pflicht ist die Installation eines Fehlstromschutzschalters, der die Stromzufuhr bei Fehlströmen in Verbindung mit dem Gartenteich sofort unterbricht.

> Im Rahmen der Arbeiten im Umfeld des Gartenteichs sollten Sie daran denken, die Versorgungsleitungen und weiteren elektrischen Elemente für die Stromversorgung der Pumpentechnik und Beleuchtung zu verlegen: Leerrohre, Schalter an den richtigen Stellen, Bewegungsmelder, Absicherungen, wasserdichte Gehäuse z. B. für Pumpensteckdosen und Transformatoren der LED-Beleuchtung.
>
> Achten Sie bei elektrischen Verbrauchern für den Außenbereich auf die Schutzklasse. Im Außenbereich ist für die Beleuchtung mindestens die Schutzklasse IP 44, bei Pumpen und Unterwasserscheinwerfern die maximale Schutzklasse IP 68 erforderlich.

2.10 Welche Maschinen und Werkzeuge Sie brauchen

Der Aushub für die Teichgrube und die Leitungsgräben kann bei kleinen Teichen gut per Hand erfolgen. Wenn Ihnen die Erdarbeiten zu anstrengend sind, holen Sie sich Unterstützung. Mittelgroße Gartenteiche können mit einem Kleinbagger oder einem Profibagger ausgehoben werden. Dieser kann im Baustoffhandel ausgeliehen und meist auch mit einem zusätzlich geliehenen Anhänger zur Baustelle transportiert werden.

Bei größeren Gartenteichen und Geländeumgestaltungen lohnt es sich, bei einer Erdbaufirma nach einem Profibagger mit Baggerfahrer in Kombination mit Abtransport des Aushubs zu fragen und sich für die Aushubarbeiten einen Preis anbieten zu lassen. Dies kann im Endeffekt sogar preiswerter sein als ein geliehener Minibagger. Hierbei sind eine gute Vorbereitung und klare Anweisungen bezüglich des Aushubs, des Teichprofils und der Geländeanschlüsse wichtig. Baggerführer können ihr Gerät meist exakt bedienen. Bedenken sollten Sie dabei, dass Zeit Geld ist und es für einen Profi ein Leichtes ist, einen 20-m²-Teich in etwas mehr als einer Stunde auszuheben und zu profilieren. Bei den Anfragen sollten Sie vorab errechnen, wie viel Erdmaterial bewegt werden soll. Die Angabe kann in m³ oder auch in Tonnen erfolgen. Der Umrechnungsfaktor von einem Kubikmeter (m³) Erdreich zur Tonnenangabe ist 1,7 zu 1. Beispiel: 10 m³ Erdreich haben ein Gewicht von ca. 5,9 Tonnen (10:1,7). Bei der m³-Angabe ist es auch wichtig zu klären, ob es sich um gelockertes Material handelt. Der Lockerungsfaktor beim Ausheben kann bis zu 100 % betragen.

Zur Verdichtung des eingefüllten Aushubs oder des Untergrunds sowie des Unterbaumaterials können Sie sich Rüttelgeräte oder Erdstampfer leihen.

2.10.1 Hinweise und Tipps zum Maschinenleihen

Vergleichen Sie die Leistungen und Preise für die Maschinen. Manche können auch für halbe oder mehrere Tage zu einem Spezialpreis ausgeliehen werden, was für einige Arbeiten Sinn macht. Mitunter erhält man beim Ausleihen eines Geräts den Anhänger zum Transport gratis dazu.

Fragen Sie nach unterschiedlichen Gewichtsklassen für den Bagger und den entsprechenden Leihpreisen, alternativ auch mit Baggerführer. In der Regel können Ihnen die Verleihfirmen auch einen Spezialisten vermitteln, der die Teichgrube nach Feierabend oder am Samstag ausheben kann. Dadurch entfällt für Sie die Einarbeitungszeit in die Bedienung des Baggers und Sie können an der Teichgrube das exakte Aushubprofil angeben.

In den Hauptzeiten im Frühjahr und Sommer ist es sinnvoll, die Maschine mehrere Tage im Voraus zu bestellen bzw. sich reservieren zu lassen.

Bei Geräten mit Verbrennungsmotor sollten Sie vorher erfragen, welcher Kraftstoff erforderlich ist. Bei Zweitaktern (für Kleingeräte wie z. B. Rüttelplatte oder Stampfer) sind spezielle Mischungen aus Normalbenzin und Öl erforderlich. Bei Viertaktern sollten Sie nach dem Ölstand sehen und sich vorher vergewissern, ob Diesel oder Benzin getankt werden muss.

Abb. 2.9 – Kleinbagger für Aushub- und Grabarbeiten

2.10 Welche Maschinen und Werkzeuge Sie brauchen

2.10.2 Werkzeuge und Material auf einen Blick
Für die beschriebenen Arbeiten reichen, bis auf wenige Ausnahmen, gartenübliche Werkzeuge aus. Bevor Sie mit den Arbeiten beginnen, besorgen Sie sich die erforderlichen Materialien und sehen Sie auf jeden Fall die vorhandenen Werkzeuge und Maschinen durch.

Materialien:
- Teichdichtungsmaterial (Folie oder Wanne); Folie erst besorgen, wenn die Teichgrube steht!
- Installationsmaterial für Zulauf, Überlauf und Ablauf
- Kleber, Dichtungsmaterialien, Klemmschienen usw.
- Filtermaterialien (bei Filterselbstbau)
- Vlies; erst besorgen, wenn die Teichgrube steht!
- Sand
- Teichsubstrat
- Teichpflanzen, rechtzeitig besorgen, damit sie noch gewässert werden können!
- Wassertechnik wie z. B. Rohre, Leerrohre, Kabel, Pumpe, Unterwasserscheinwerfer

Nützliche Werkzeuge:
- Schnur
- Gartenschlauch
- Schaufel
- Spaten
- Spitzhacke
- Eimer
- Dielen (für Fahrrampen)
- Schubkarre
- Schuttmulde
- Minibagger
- Fäustel oder Vorschlaghammer
- Wasserwaage
- Schlauchwasser- oder Laserwasserwaage mit Stativ
- Geräte zur Folienbearbeitung (Schere, Messer und z. B. Heißluftfön)

Für die Übertragung des Höhenniveaus (Waagerechte) ist die *Schlauchwasserwaage* ein einfaches und hilfreiches Werkzeug im Teichbau. Die Schlauchwasserwaage können Sie im Baumarkt kaufen oder auch aus einem Stück Gartenschlauch selbst anfertigen (siehe Abb. 2.10). Sie besteht aus einem 10 bis 20 m langen, zweckmäßigerweise durchsichtigen Kunststoffschlauch mit einem Innendurchmesser von ca. 10 – 15 mm, an dessen beiden Enden eine Skala und evtl. Entlüftungsventile angebracht sind. Für die Funktionsgenauigkeit ist zu beachten, dass das Wasser (es muss in jedem Fall reines, klares Wasser sein) beim Füllen des Schlauchs so lange überlaufen muss, bis alle Luftblasen ausgetreten sind.

Die Schlauchwasserwaage nutzt das Prinzip der „kommunizierenden Röhren". Werden mit Wasser gefüllte Behältnisse jeweils an der niedrigsten Stelle durch Röhren miteinander verbunden, stellt sich in allen Behältern aufgrund der Schwerkraftwirkung der gleiche Wasserspiegel ein. Für die Anwendung wird das eine Ende der Schlauchwasserwaage an einem Festpunkt angehalten und das andere in der Höhe so lange verschoben, bis sich der Wasserspiegel auf die Höhe des Festpunkts eingestellt hat. Es ist darauf zu achten, dass der Schlauch nicht abknickt, da sonst das Messergebnis verfälscht wird.

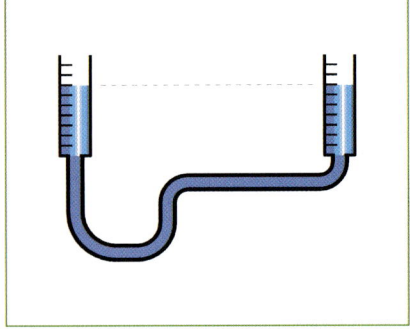

Abb. 2.10 – Das Prinzip der Schlauchwasserwaage ist die kommunizierende Röhre. Dadurch ist der Wasserstand an beiden Enden des Schlauchs exakt gleich hoch (daher der Ausdruck: „Beide Höhenpunkte sind im Wasser").

3 Den Gartenteich bauen, Schritt für Schritt

Die beste Zeit für das Anlegen eines Teichs ist das Frühjahr. Bis Mitte Mai sollte der Teich mit Wasser gefüllt sein. Der späteste Zeitpunkt ist Anfang August.

Die Baumaßnahme sollte gut vorbereitet sein. Am besten organisieren Sie für manche Arbeiten Helfer – und zusammen macht die Arbeit ohnehin mehr Spaß. Bauen Sie Ihren Teich mit Folie, brauchen Sie – je nach Teichgröße – mindestens drei Helfer. Die Schritte in der Übersicht:

1. Teichform mit Sand, Schlauch oder Schnur markieren.
2. Teichzonen von außen nach innen ausheben. Um den Teich einen ca. 15 cm tiefen Graben als Kapillarsperre ausheben.
3. Auf waagerechte Umrandung achten (Höhen waagerecht).
4. Steine und Wurzeln in der Grube entfernen.
5. Teichgrube mit ca. 5 cm feuchtem Sand befüllen und ausformen.
6. Grube mit Teichvlies auslegen.
7. Folienmaß bestimmen.
8. Teichfolie einlegen, Zug um Zug mit Wasser befüllen und bepflanzen.
9. Randbereich gestalten.

3.1 Abstecken und Markieren der Teichumrisse

Entsprechend Ihrer Vorüberlegungen und planerischen Vorarbeiten bezüglich Art und Lage des Gartenteichs werden die Umrisse am geeigneten Platz markiert. Am besten übertragen Sie den Teich aus Ihrer Planskizze in Bezug auf eine gebaute Kante wie eine Hauswand oder eine Mauer. Hierzu eignet sich ein Maßband, eine dicke, auffällige Schnur, ein Seil oder auch ein Gartenschlauch.

Zuerst muss die Außengrenze inklusive Feuchtzone, Sumpfzone, Steinanlage und eines möglichen Bachlaufs abgesteckt werden. Wird der Teich in Hanglage angelegt, kann die Absteckung auch mit Holzpfosten erfolgen, die waagerecht mit einer Schnur verbunden werden. Lassen Sie nun den abgesteckten Teichumriss einige Tage auf sich wirken und schauen Sie sich die Lage und den Umfang aus verschieden Perspektiven Ihres Gartens an. In diesem Zustand lassen sich Umgestaltungen noch mit wenig Aufwand vornehmen. Erst wenn der Platz, die Größe und die Form nach mehreren Tagen endgültig feststehen, sollten Sie mit den Arbeiten fortfahren.

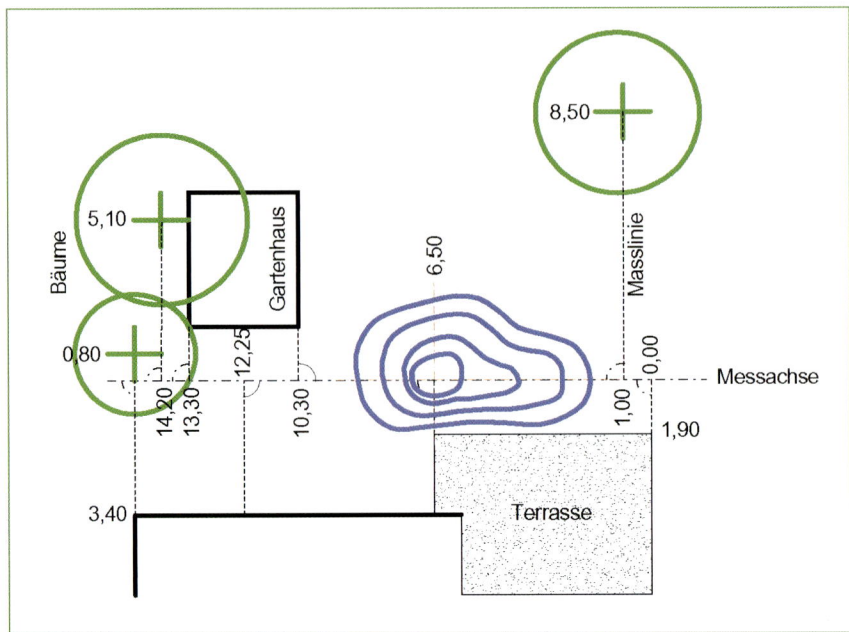

Abb. 3.1 – Übertragung des Teichgrundrisses aus der Skizze in die Wirklichkeit. Die Messachse kann in Bezug zu einer festen Kante (z. B. der Hauswand) stehen.

3.1.1 Bezugshöhe übertragen

Je nachdem, wo der Teich angelegt werden soll, gibt es eine zu berücksichtigende Bezugshöhe, z. B. von der vorhandenen Terrasse, bereits angelegten Wegen oder dem Hauszugang. Davon ausgehend werden die Teichhöhen festgelegt. Jetzt gilt es zu entscheiden, ob die Terrasse ein Stück weit über den Teich ragen oder der Weg knapp über dem späteren Wasserspiegel des Gartenteichs liegen soll.

Von der festgelegten Wasserstandshöhe aus werden dann die weiteren Teichabsätze gemessen. Daher ist es sinnvoll, wenn Sie an einem Platz – ganz in der Nähe des Teichrands – einen stabilen Pflock oder einen Eisenstab einschlagen, an dem die Wasserstandsbezugshöhe angetragen und für die gesamte Bauzeit gesichert wird. Da der Wasserstand meist unter dem vorhandenen Gelände liegt, kann der Höhenbezug auch mit einem Zuschlag von z. B. 1,00 m (100 cm höher) angetragen werden.

3.1.2 Aushubarbeiten

Eine gute Vorbereitung ist wichtig, doch irgendwann kommt dann der Zeitpunkt des Grabens und Aushebens. Bei größeren Teichen ist es

3.1 Abstecken und Markieren der Teichumrisse

auf jeden Fall sinnvoll, einen Bagger einzusetzen, bei einem kleineren Teich (einige Kubikmeter Erdaushub) lohnt sich der Maschineneinsatz meist nicht und die Aushubaktion kann von Hand erfolgen. Jetzt ist Organisationstalent gefragt, denn durch einen schnellen Baggereinsatz können Sie sehr viel Zeit sparen. Möglicherweise gibt es eine Baustelle in der Nähe und der Baggerfahrer kann für eine Stunde „vorbeischauen". Oder Sie fragen bei einer Baufirma nach, ob die etwas in der Nähe zu tun hat. Baggerfahrer sind meist Spezialisten, die mit ihrem Bagger wahre Aushubwunder vollbringen können. Mit einem professionellen Radbagger ist es für einen Könner möglich, wesentlich exakter zu arbeiten als mit einem Minibagger.

Natürlich stellt sich die Frage, wie der Bagger zu Ihrem Teichstandort kommt. Bei bestehenden Gärten ist alles fertig angelegt und der Bagger würde beim Durchfahren mehr zerstören als helfen.

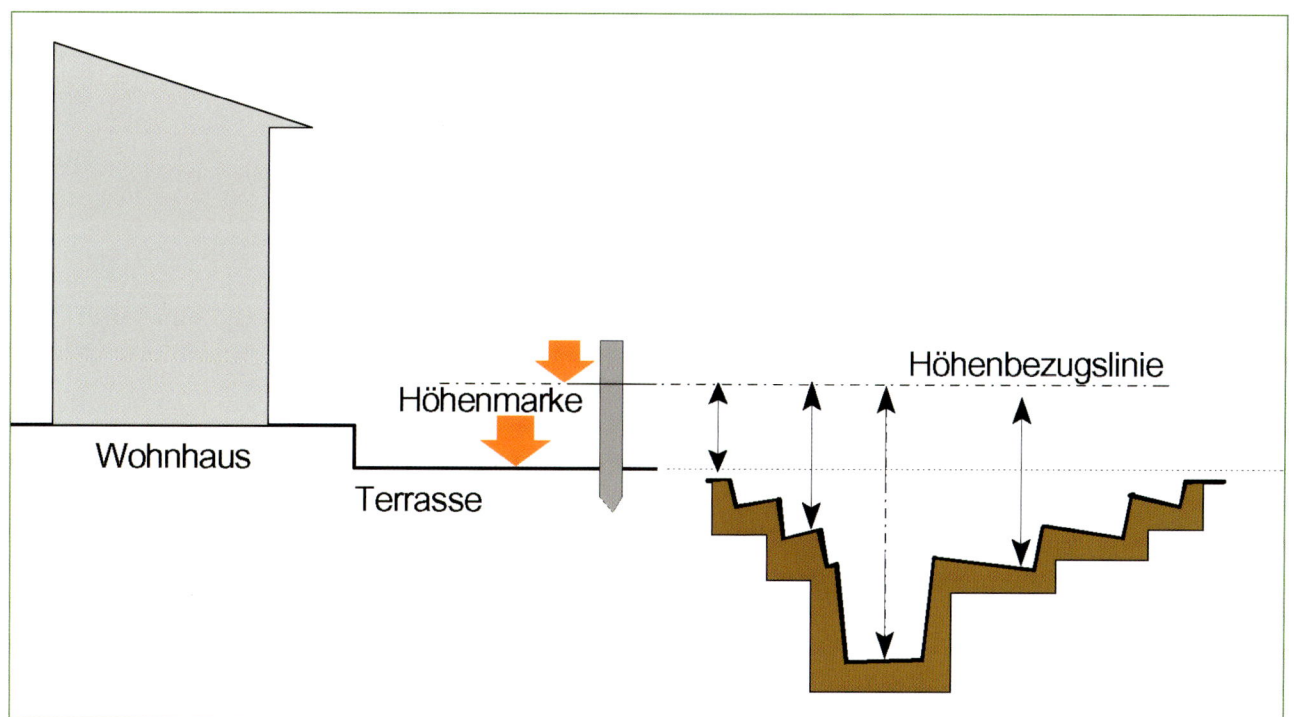

Abb. 3.2 – Höhenbezug und Teichrandhöhe über die waagerechte Höhenbezugslinie einmessen.

3.2 Tiefenzonen mit Sand markieren

Um die verschiedenen Wasserzonen zu gestalten, wird der Gartenteich mit Höhenabstufungen versehen. Die waagerechten Abstufungen werden beim Ausgraben am besten mit dem Spaten an den Kanten schräg ausgestochen und bleiben direkt stehen. Ein nachträgliches Modellieren mit Erde oder Sand ist ungünstig, da beim Verlegen der Folie das Material meist verrutscht.

Ob die Erdterrassen höhengerecht verlaufen, kann mittels einer Richtlatte mit Wasserwaage oder einem mit Wasser gefüllten Schlauch (Schlauchwasserwaage) geprüft werden. Dazu schlägt man am besten einen Holzpfosten ein, befestigt die Schlauchwasserwaage dort und überprüft die Höhen der Abstufungen rings herum an mehreren Punkten. Jeweils mit einem Holzpflock markieren Sie, wo und wie viel weiter abgegraben werden muss.

Die oberste Schicht des Erdaushubs wird als *Oberboden* bezeichnet. Dieser sollte, seitlich vom Teich-

Abb. 3.3 – Rasensoden und Oberboden abtragen. Quelle (1).

bereich, getrennt gelagert werden (z. B. auf einer Folie). Je nach Gestaltung kann der Oberboden für die Übergänge vom Teich zum bestehenden Gelände später noch verwendet werden. Die Oberbodenschicht ist meist 15 bis 20 cm dick und an der dunklen, durchwurzelten Erde zu erkennen.

Zwischendurch sollten die bereits ausgehobenen Bereiche immer wieder ausgemessen werden, damit am Ende nicht zu viel Erde ausgehoben ist. Bei einem vorgefertigten Becken ist es sinnvoll, es immer wieder probeweise einzusetzen, um zu sehen, ob es passt.

Wenn der Gartenboden eben ist, muss die erste Abtreppung nicht ausgegraben werden. Es werden einfach Grasnarben (Gras nach unten legen) bzw. Erdreich aus der Mitte des Teichs auf den späteren Randbereich des Teichs eingebaut. Somit liegt der Wasserspiegel des Teichs etwas höher als der umgebende Gartenbereich, was einiges an Grabarbeiten erspart. Dies hat auch den Vorteil, dass die Randzone (Sumpfzone) vom Wasserspiegel her gesehen tiefer als der Hauptteich angelegt werden kann (siehe *Duales System*).

Die erste Terrasse besitzt eine Aushubtiefe von 10 – 15 cm und

> **Tipp**
>
> Nach dem Abtrag der obersten Erdschicht (Oberboden) zuerst mit der tiefsten Zone anfangen und sich zum Rand hin vorarbeiten.

3.2 Tiefenzonen mit Sand markieren

Abb. 3.4 – Überprüfung der Höhen mittels Schnur und Wasserwaage oder Schlauchwasserwaage. Quelle (1)

3.2.1 Wohin mit dem Aushub?

Handelt es sich um ein Gelände in flacher Hanglage, kann der Bodenaushub zum großen Teil für eine Terrassierung eingebaut werden. Bei steiler Hanglage sollte dies nicht gemacht werden, da im ungünstigsten Fall und bei ungenügender Verzahnung der Teich samt Erdwall talwärts abrutschen kann. Überlegen Sie sich vorher gut, ob der Aushub im restlichen Garten genutzt werden kann, denn es ist immer wieder erstaunlich, welche Mengen anfallen. Allein durch die Lockerung der Erde beim Ausheben erhalten Sie nahezu eine Verdoppelung des Volumens. Berechnen Sie daher das Volumen des geplanten Teichs vorab grob und

eine Breite von max. 30 cm. Einen Spatenstich tiefer liegt die zweite Terrasse mit einer Aushubtiefe von max. 30 cm. Die dritte Terrasse besitzt eine Aushubtiefe von 45 cm, ca. einen Spatenstich tiefer als die zweite Terrasse. Eine vierte Terrasse für die Seerose besitzt eine Aushubtiefe von 70 – 90 cm. Jetzt schließt sich der tiefe Bereich schräg geböscht mit einer Ausgrabungstiefe von min. 120 cm an.

Abb. 3.5 – Graben der Abstufungen. Quelle (1)

3.2 Tiefenzonen mit Sand markieren

sorgen Sie dann für die Abfuhr der doppelten Menge, z. B. in Form einer Schuttmulde.

Suchen Sie in Ihrem Branchenbuch nach Erdbauunternehmern und erkundigen Sie sich nach Erd- bzw. Schuttmulden. Die Abfuhrpreise richten sich nach Menge (Gewicht) und nach Materialart. Erdabfuhr kostet in der Regel weniger als Schutt bzw. Bauschutt. Containergrößen gibt es von 5 m³ über 10 m³ bis 20 m³. Je nach örtlicher Gegebenheit sollte die Mulde möglichst so nah an die Teichbaustelle gestellt werden, dass Sie den Aushub mit der Schubkarre oder direkt einfüllen können.

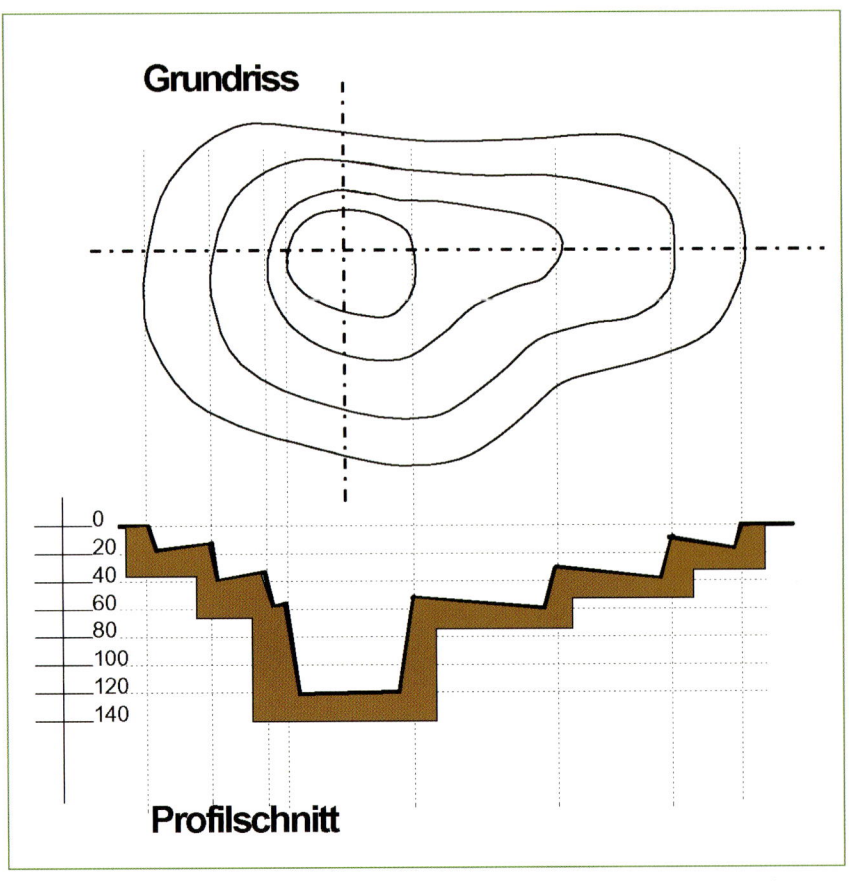

> Errechnen Sie vorab grob, wie viel Aushub anfallen wird. Wenn Sie die Erde ausgraben, müssen Sie mit einem Lockerungsfaktor rechnen. Sie können im Normalfall davon ausgehen, dass der Aushub durch die Lockerung im Volumen um ca. 100 % zunimmt.

Abb. 3.6 – Grundriss und Schnitt. Abstufungen mit Angabe der Aushubtiefe.

3.3 Vorbereiten des Untergrunds

Ist die Teichgrube vollständig ausgehoben und sind die Uferbereiche profiliert, geht es an die Feinarbeiten. Der Untergrund sollte so vorbereitet werden, dass die Teichfolie – ohne die Gefahr einer Beschädigung – eingebaut werden kann.

3.3.1 Steine und Wurzeln entfernen, Sandschicht

Beim Folienteich sollte alles Erforderliche unternommen werden, damit die Folie nicht beschädigt wird. Dazu gehört, dass spitze Steine und Wurzeln aus der Teichgrube entfernt werden. Dann wird die gesamte Grube samt der Abstufungen mit 3 – 5 cm dünnen Sandschichten ausgekleidet.

Bauen Sie einen Fertigteich (Teichwanne) ein, sollte die Teichgrube exakt dem Becken entsprechend mit einer allseitigen Zugabe von 5 bis 10 cm profiliert werden. Der Zwischenraum wird später, wenn das Becken eingelassen und ausgerichtet wurde, hohlraumfrei mit wässrigem Sand eingeschwemmt.

> Beim Auskleiden mit Sand diesen vorher anfeuchten. Dann bleibt die Schicht auch in Schräglagen besser haften.

3.3.2 Abmessungen für Vlies und Folie, Tricks und Tipps

Das Ausmessen von Länge und Breite der Teichfolie erfolgt am besten erst dann, wenn die Grube komplett ausgehoben und profiliert ist. Nehmen Sie dazu eine stabile, schwere Schnur, einen Schlauch oder ein Maßband. Die Schnur oder das Maßband wird einmal der Länge und einmal der Breite nach durch den Teich gelegt. Dabei muss sie auch in die Vertiefungen der profilierten Abstufungen gelegt werden. Anschließend wird die verwendete Länge gemessen. Als Sicherheit sollte jeweils ca. 1 m in der Breite und in der Länge zugegeben werden. Auch eine eventuelle Feucht- und Sumpfzone sowie der Überstand im Randbereich muss mitberechnet werden.

Seien Sie beim Abmessen lieber etwas großzügiger. Sollten später

> Überschlägige Schätzung von Folie und Vlies (besser mit Schnur oder Maßband nach dem Aushub der Teichgrube messen):
>
> Länge: Teichlänge + 2 x Teichtiefe + 2 x 50 cm Rand
>
> Breite: Teichbreite + 2 x Teichtiefe + 2 x 50 cm Rand

Abb. 3.7 – Erst nach dem Ausheben das Maß für die Teichfolie und das Vlies ermitteln. Quelle (1)

3.3 Vorbereiten des Untergrunds

Folienstücke übrig bleiben, kann mit den Resten noch ein kleiner Bachlauf gebaut werden. Auch ist es sinnvoll, einige Folienreste für möglicherweise anfallende Reparaturen aufzubewahren.

3.3.3 Aushubmulde mit Vlies auslegen

Auf die Auskleidung der Teichgrube mit dem Sand sollte zusätzlich ein Glasfaservlies gelegt werden. Es schützt die Folie vor allem vor spitzen und scharfkantigen Objekten und hilft, Beschädigungen zu vermeiden. Ziehen Sie die Glasvliesbahn über den Rand in die Mitte der Teichgrube und streichen Sie unebene Stellen glatt. Das Vlies muss (wie die Teichfolie auch) über den Rand der Teichgrube hinausragen. Vliese gibt es im Handel als Rollenware (z. B. 120 cm und weitere Breiten) und in unterschiedlichen Dicken, die in Gramm pro Quadratmeter (m²) angegeben werden. Sinnvoll ist es auch, eine Schicht Schutzvlies innerhalb des Teichs auf die Folie zu legen – vor allem dann, wenn Steine im Gartenteich eingebaut werden sollen. Beim Verlegen sollten die Bahnen jeweils 10 – 15 cm überlappen.

Für kleinere Teiche reichen Vliese ab 300 g/m², für größere Teiche empfiehlt es sich, ein Vlies von 900 g/m² zu verwenden. Bezüglich der Vliesqualität finden Sie weitere Hinweise in Kapitel 9.2 „So testen Sie die Qualität". Damit das Vlies gut liegen bleibt, und um die Folie zusätzlich zu schützen, können Sie darauf zusätzlich noch eine dünne Schicht Sand aufbringen.

> Die oft empfohlenen alten Teppichböden sind als Schutzschicht ungeeignet, da sie im Lauf der Zeit meist verrotten. Sie können auch chemische Stoffe enthalten, die die Folien schädigen.

Abb. 3.8 – Vlies auslegen und von unten nach oben glatt streichen. Quelle (1)

3.4 Verlegen der Folie

Das Einbringen der Teichfolie ist ein wesentlicher Arbeitsschritt und sollte daher gut geplant und vorbereitet werden. Sorgen Sie dafür, dass der Teich von allen Seiten gut begehbar ist. Notfalls sichern Sie die Ränder mit Dielen oder Brettern so, dass die Helfer sich darauf bewegen können.

Bei den meisten Folienarten sollten Verlegung und Verarbeitung nur bei Temperaturen ab +10 °C erfolgen. Ist die Außentemperatur niedriger, ist es zum einen sehr anstrengend, die Folie zu handhaben, zum anderen können beim Verarbeiten kleinste Risse entstehen, die später zu Dichtigkeitsproblemen führen. Optimale Verarbeitungsbedingungen herrschen ab Temperaturen um die 18 – 20 °C und Sonnenschein. Wärmen Sie vor dem Verlegen die Folie mindestens eine Stunde, notfalls in warmem Wasser in einer großen Wanne, auf damit sie flexibel und weich ist. Im Anschluss wird sie ausgebreitet.

Haben Sie die Folie bereits ausgebreitet, kann sie – falls erforderlich – folgendermaßen zu einem Folienpaket gefaltet werden: Zuerst wird die eine Hälfte der langen Seite zur Mitte hin gefaltet, anschließend die andere Hälfte.

Die so gerollte doppelte „Folienwurst" wird der Länge nach durch den Mittelpunkt der Teichgrube gelegt. Für den Fall, dass Sie die Folie allein auslegen wollen, ist es sinnvoll, die Folienwurst als Schnecke einzurollen und dann durch die Teichgrube wieder auszurollen. Nun werden die Hälften in umgekehrter Reihenfolge wieder aufgefaltet und so hingezogen, dass an allen Teichrändern genug Überstand ist.

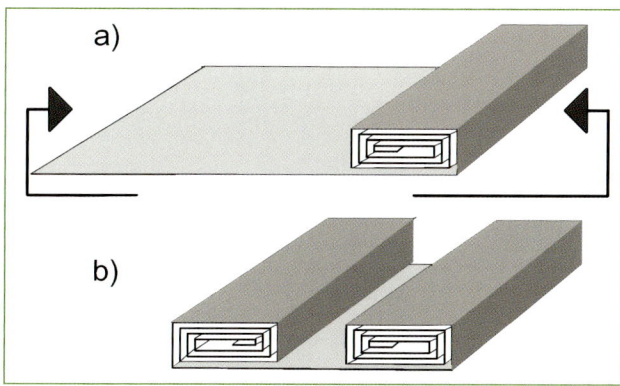

Abb. 3.9 – Prinzip Folie falten und ausrollen

> In allen Fällen gilt: Die Folie am Rand nicht abschneiden!

Verlegen Sie die Folie mit Helfern, wird sie an mehreren Ecken gehalten und dann in den Teich abgelassen. Dann sollten Sie zunächst ohne weiteres Auskleiden ein wenig Wasser einlaufen lassen. Beim Einlassen selbst begibt sich eine Person an die tiefste Stelle und fängt von dort aus an, die Folie so zu ordnen, dass möglichst wenige Falten entstehen. Diese Arbeit sollte sorgfältig ausgeführt werden, damit man keinen „Knitterteich" bekommt.

Die Bearbeitung des Randbereichs sollte frühestens nach 3 – 4 Wochen erfolgen, da sich die Folie durch Anpassvorgänge noch weiter in den Teich zurückzieht.

Die überstehende Folie an den überstehenden Rändern sollte man nicht abschneiden. Nun wird der Teich im Bereich der Tiefwasserzone mit Wasser befüllt.

> Achten Sie beim Ausbreiten der Teichfolie auf die Faltanweisungen (Verlegeplan) des Herstellers. Je nachdem, wie die Folie beim Hersteller gefaltet wurde, wird sie entweder von einem Ende oder von der Mitte aus entfaltet.

3.5 Teich mit Wasser füllen

Nun wird es spannend! Endlich kann der neu angelegte Gartenteich mit Wasser gefüllt werden! Die Befüllung erfolgt am besten von der tiefsten Stelle des Gartenteichs aus. Damit dabei möglichst wenig Bodensubstrat aufgewirbelt wird, kann das Schlauchende in einen Eimer gelegt und daran festgebunden werden. Dieser Eimer muss zusätzlich mit einem Stein beschwert werden, damit er – solange gefüllt wird – unten bleibt. Durch die Verbindung des Eimers mit dem Schlauch kann der Eimer nach dem Befüllen vorsichtig wieder aus dem Teich herausgezogen werden.

> Für die Erstbefüllung sollte kein Regenwasser benutzt werden, weil es zu weich ist (pH-Wert) und der Teich dadurch übersäuert würde.

3.6 Die Randgestaltungen – sorgfältig planen und ausführen

Die Randgestaltung ist ein weiterer wichtiger Schritt und muss ebenfalls sorgfältig geplant und ausgeführt werden. Vor allem die optische Ausführung trägt dazu bei, in wieweit sich der Teich später natürlich in den Garten einfügt. Der Randbereich sollte also so gestaltet werden, dass die Folie oder ein aufgebrachtes Schutzvlies nicht sichtbar ist.

Nach der vollständigen Befüllung mit Wasser darf die ausgelegte Folie am Rand nicht sofort abgeschnitten werden. Sie kann sich, durch weiteres Angleichen an die Teichgrube, noch weiter in den Teich zurückziehen und wäre dann am Rand zu knapp. Somit wird die Folie nur eingerollt und frühestens nach 2-3 Wochen weiterbearbeitet.

In der Zwischenzeit können Sie den Untergrund für die Randgestaltung und den Folienabschluss vorbereiten. Die verschiedenen Gestaltungs- und Ausführungsmöglichkeiten werden später erläutert.

3.6.1 Kapillarsperre herstellen

Mithilfe einer Kapillarsperre wird der Kontakt der Gartenerde zum Teich unterbrochen, sonst würde durch die Kapillarwirkung das Wasser aus dem Teich herausgesaugt werden.

Der Grund: In feinen Strukturen (Kapillaren), wie sie z. B. im Gartenboden vorhanden sind, steigt Wasser auch entgegen der Schwerkraft nach oben, da die Bindungskräfte zwischen der Oberflächenspannung des Wassers und den Seitenwänden der Bodenstrukturen größer sind als der darauf einwirkende Luftdruck.

Für mit Folie ausgekleidete Gartenteiche kann die Kapillarsperre prinzipiell so angelegt werden, dass am äußersten Teichrand ein Wulst mit anschließendem Graben angelegt wird. Der Wulst sollte ca. 15 cm hoch sein, der Graben ca. 15 cm tief und 15 – 20 cm breit. Hinter dem Graben endet dann die Folie und der Graben kann z. B. mit Kies gefüllt werden. Der Kies verhin-

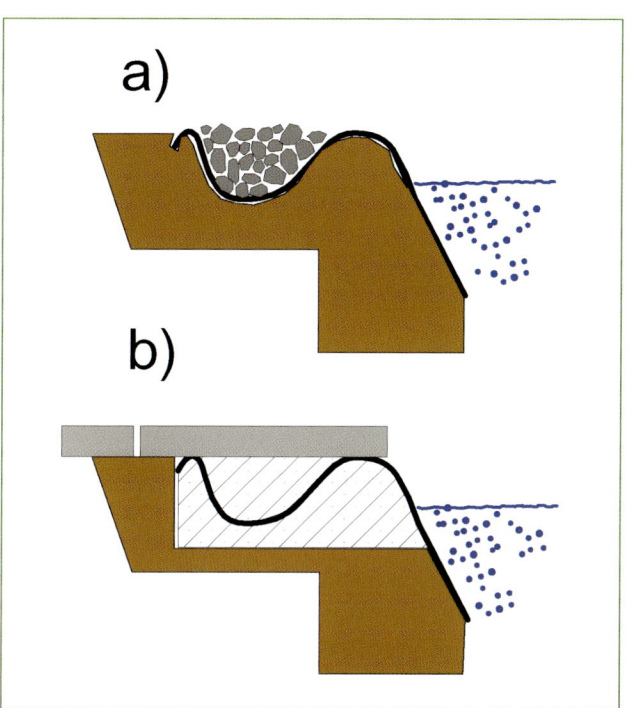

Abb. 3.10 – Prinzipausführung der Kapillarsperre. Variante **a)** im Grünbereich mit Kiesschüttung, Variante **b)** mit Plattenbelag und Magerbeton.

dert, dass durch die Kapillarwirkung Wasser aus dem Teich zum Erdreich gezogen wird.

3.6.2 Ausführungsvarianten der Randgestaltung

Grundlage für jede sinnvolle Randgestaltung ist eine technisch konstruktiv durchdachte Lösung. Ein blankes Folienufer ist optisch und technisch unbefriedigend. Zudem wird die Haltbarkeit der Folie durch UV-Strahlung reduziert. Geröll und Grobkies für die Abdeckung der Folie am Rand Ihres Gartenteichs ist auch keine gute Lösung (obwohl oft praktiziert). Die Kaschierung mit Pflanzen ist schon besser, sollte aber erst der zweite Schritt und nicht die einzige geplante Möglichkeit sein.

3.6 Die Randgestaltungen – sorgfältig planen und ausführen

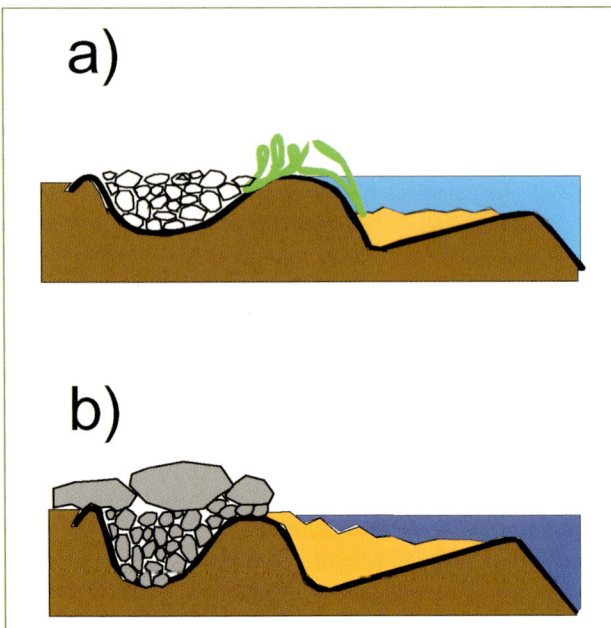

Abb. 3.11 – Randgestaltungen **a)** mit Kapillarsperre und pflanzlicher Lösung: Pfennigkraut ist ideal, um einen herausschauenden Folienrand verschwinden zu lassen, **b)** technisch gute Randgestaltung.

Wenn der Teich überdurchschnittlich viel Wasser verliert, überprüfen Sie zuerst die Randgestaltung. Oft ist es nicht ein „Loch im Teich", sondern eine Verbindung zwischen Teichwasser und Gartenerde, die z. B. durch überhängende Pflanzen oder eine eingeknickte Folie hergestellt wurde. Wasser fließt in diesem Fall auch bergauf (Kapillareffekt). Solche Stellen müssen umgehend beseitigt werden.

3.6.3 Weicher, begehbarer Teichrand

Bei einem weichen Teichrand in der Art eines Kies- oder Sandstrands ist es besonders wichtig, dass die Profilierung des Teichufers sehr flach angelegt wird. Das gelingt bei sehr großen Teichen besonders gut, da hier genügend Fläche vorhanden ist, um auch bei einem ausreichend tiefen Teich eine flache Uferausbildung zu bauen.

Eine brauchbare Möglichkeit, die Folie im Randbereich abzudecken und zu bepflanzen, bieten im Handel angebotene Böschungs- und Ufermatten. Bei ihnen ist die Machart entscheidend. Viele aus Kokos oder Jute hergestellte Matten sehen zwar naturnah aus, verrotten aber recht schnell. Dann sieht man am Teichrand wieder die unansehnliche Folie. Empfehlenswerter sind Kunststoffmatten oder Krallengewebe, die zum Teil auch aus Recyclingkunststoff hergestellt werden.

Der Teichrand muss auch statisch so ausgebildet sein, dass Sie beim Drauftreten nicht in den Teich abkippen oder abrutschen. Und es braucht Bereiche, wo Tiere die Möglichkeit haben, in und aus dem Teich zu kommen – am besten ohne gesehen zu werden.

Die Matten werden als Rollenware in verschiedenen Breiten angeboten und können entlang des Uferstreifens ausgerollt und eingebaut werden. Die Zwischenräume können z. B. mit einem Substrat zu gleichen Teilen aus grobem Sand und Lehm gefüllt und bepflanzt oder mit Kräutern eingesät werden. Eine Einsaat mit Gräsern ist nicht zu empfehlen, da

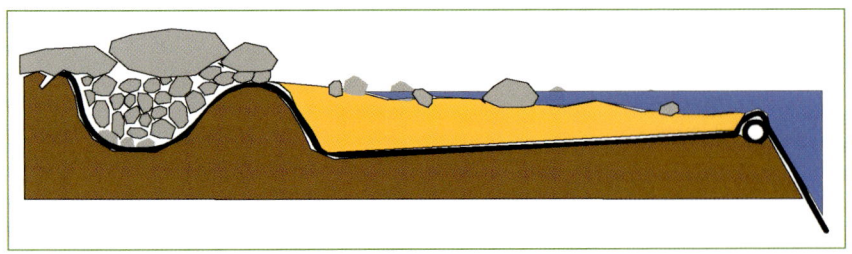

Abb. 3.12 – Flach ausgebildeter Uferbereich

3.6 Die Randgestaltungen – sorgfältig planen und ausführen

Abb. 3.13 – Steinfolie im unmittelbaren Uferbereich eingebaut, zur Abdeckung der Teichfolie. Quelle (1)

beim Mähen immer ein Teil des Grasschnitts in den Teich fallen wird.

Wenn der Randbereich zu steil wird, gibt es auch Möglichkeiten, durch spezielle im Handel angebotene Materialien wie z. B. Steinfolie zu tricksen. Mit Stein-

Häufiger Fehler

Vor lauter Bemühen, den Teich so groß wie möglich ausfallen zu lassen, werden oft die ufernahen Abstufungen vernachlässigt oder sogar gänzlich vergessen. Dadurch ist ein weicher Übergang vom Gartenteich in den Garten fast unmöglich.

folie können Sie die Uferzonen Ihres Teichs oder Ihres Bachlaufs auf täuschende Art „naturnah" gestalten.

Die Steinfolie besteht aus einer Basisfolie mit aufgeklebter Steinstruktur in unterschiedlichen Farben. Das

3.6 Die Randgestaltungen – sorgfältig planen und ausführen

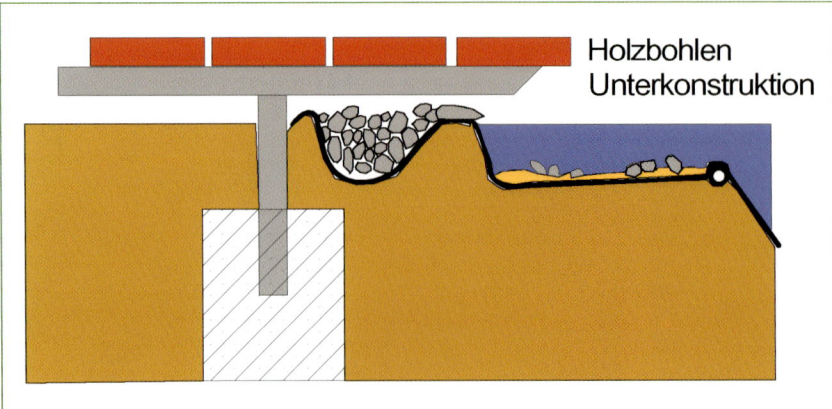

Abb. 3.14 – Prinzipschnitt: Terrassenbelag aus Holzbohlen über den Teich ragend.

Trägermaterial ist meist aus schwarzer PVC-Folie, die mittels einer speziellen Technik mit einer Beschichtung aus feinem Kies versehen wurde.

Wurde für den Gartenteich ebenfalls PVC-Folie verwendet, kann die Uferfolie im Randbereich direkt mit Teichfolienkleber (Quellschweißverfahren) verklebt werden.

3.6.4 Stabiler, begehbarer Teichrand

Im Anschlussbereich an Terrassen und Wege kann es formal und technisch sinnvoll sein, den Teichrand an einer oder zwei Seiten mit festen, exakt bekanteten Materialien zu bauen. Besonders angenehm wirkt das, wenn der befestigte Rand ein Stück weit über die Wasserfläche hinausragt. Es gibt das Gefühl, ganz nah am Wasser zu sein. Außerdem lässt sich dadurch die Folie oder das Vlies der Teichkonstruktion im Randbereich unsichtbar einbauen. Damit ein fester Rand bautechnisch dauerhaft funktioniert, bedarf es besonderer Konstruktionen.

Die einfachere Variante ist, den Belag einer Holzterrasse ein Stück über den Teich ragen zu lassen. Hier können stabile Aluminiumprofile den herausragenden Bereich tragen. Die Raffinesse liegt darin, die erforderliche Unterkonstruktion so dünn wie möglich zu gestalten, damit der Wasserspiegel möglichst nah am Terrassenbelag erlebbar ist.

Schwieriger wird es, wenn Sie stabile Naturstein- oder Betonplatten so am Teichrand anordnen möchten, dass sie ein Stück überragen. Ist die Konstruktion schlecht gemacht, kann es passieren, dass Sie mit dem Belag beim Betreten der vorderen Kante in den Teich abkippen. Schlimmer noch ist es, wenn Ihre Kinder um den Teich herumlaufen und sich die Uferbefestigung plötzlich löst.

Bei richtiger Konstruktion muss der Teichrand bereits bevor die Folie eingebaut wird stabil vom Untergrund her aufgebaut werden. Hier empfiehlt es sich, stabile Kantensteine einzubauen oder eine Ortbetonlösung zu wählen. Die Teichfolie und das Schutzvlies kön-

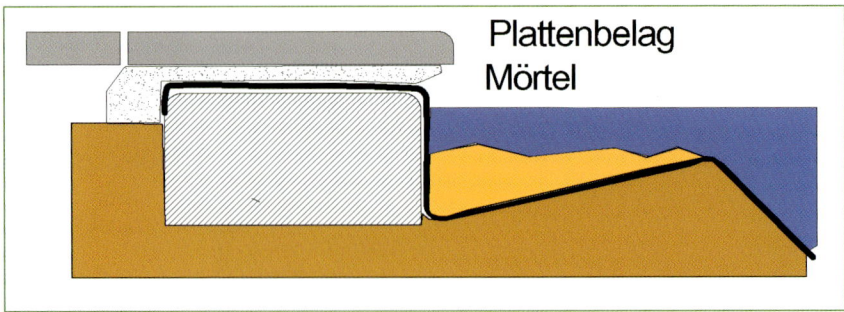

Abb. 3.15 – Prinzipschnitt Teichrand mit leicht überhängendem Plattenbelag.

3.6 Die Randgestaltungen – sorgfältig planen und ausführen

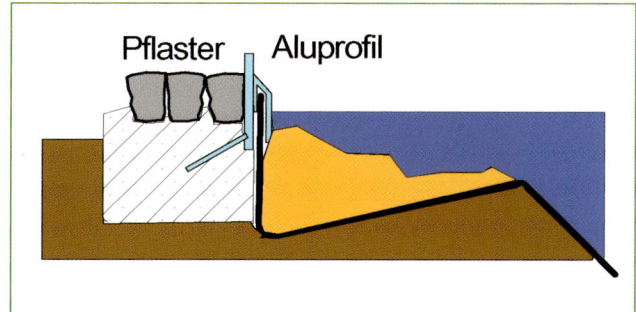

Abb. 3.16 – Aluminiumkonstruktion im Übergangsbereich von Pflasterweg und Gartenteich.

nen dann, wie in Abb. 3.15 dargestellt, zwischen stabilem Unterbau und Plattenbelag als Dichtungsschicht durchgeführt und evtl. verklebt werden. Der Plattenbelag wird in flexiblem frostfestem Mörtel auf die Folie geklebt. Der Überhang ist abhängig von der Gesamtplattengröße – vor allem von der Fläche, die auf dem Mörtel sitzt. Die Platten sollten eine leichte Neigung von 1 bis 2 % (1 – 2 cm pro 100 cm Länge) vom Teichweg haben, damit nährstoffreiches Gartenwasser nicht in den Teich abfließen kann.

Die Qualität des Mörtels ist hierbei besonders wichtig, da ungeeigneter Mörtel bei Frost Risse bekommen und im Lauf der Zeit zerbröseln kann. Auch sollten Sie den Wasserstand so wählen, dass die Eisschicht im Winter genügend Platz unter dem überstehenden Plattenbelag hat. Das muss auch sein, weil sich das Eis ausdehnt und den Plattenbelag nach oben wegsprengen kann.

Oft ist der Anschluss der Teichfolie an einen gepflasterten Weg oder eine Naturstein- oder Betonterrasse unbefriedigend gelöst. Hier kann der bautechnisch sinnvolle Anschluss mit speziellen Aluminium- oder Edelstahlprofilen erfolgen, die eine integrierte Klemmschiene haben und dem Pflasterbelag gleichzeitig eine Kantenbefestigung bieten.

Besonders schwierig und kritisch (für die Folie) wird es, wenn die Folie an senkrechte Wände anschließt. Für die bautechnische Lösung gibt es zwar spezielle Alu- oder Edelstahlprofile, mit denen die Dichtungsbahn an die senkrechte Wand angeschlagen wird, optisch ist dies für den Gartenteich indes wenig befriedigend. Als Lösung kann man mit dem Anklemmen der Teichfolie auch eine Böschungsmatte (Stein- oder Krallenmatte) hinzufügen. Diese kann dann nach der Montage rückwärts über die Montageschiene und die noch sichtbare Teichfolie überhängen und bis unterhalb des Wasserspiegels die Teichfolie verdecken (siehe Abb. 3.17).

3.6.5 Teichrand als Sumpfgarten

Um im Anschluss an den Teichrand einen Sumpfgarten anzulegen, brauchen Sie lediglich die überstehende Folie des Teichrands zu einem weiteren Teichgraben auszubilden. Das ansteigende überschüssige Teichwasser kann so in den Sumpfbereich fließen. Der Trennungswall (Folie) zwischen Hauptteich und Sumpfgar-

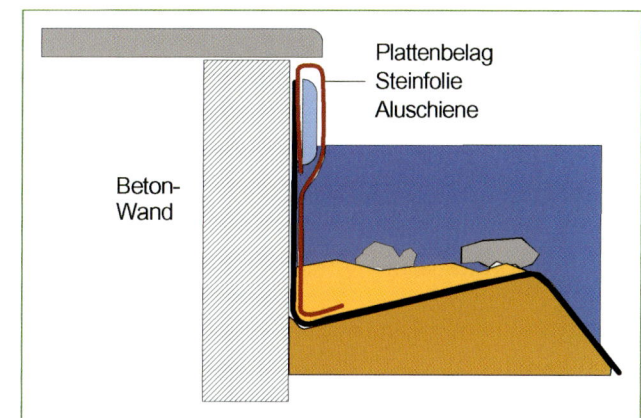

Abb. 3.17 – Teichfolienbefestigung an senkrechten Wänden mit eingebauter Steinfolie (dunkelrot). Klemmschiene und Folie werden im Fertigzustand durch die Böschungsmatte abgedeckt.

3.6 Die Randgestaltungen – sorgfältig planen und ausführen

ten sollte nur minimal über dem normalen Wasserstand des Teichs liegen. Auf der Wasseroberfläche schwimmende nährstoffreiche Pflanzen- und Tierteile werden so – wie bei einem Skimmer des Schwimmbads – in den Sumpfbereich geschwemmt, wo die Pflanzen dankbar für Nährstoffe sind.

Die Lage des Sumpfbereichs kann in der Sonne oder im Halbschatten sein. In der Sonne haben Sie die Chance, üppig blühende Pflanzen zu erleben, dafür trocknet dort das Wasser schneller aus.

Das Substrat im Sumpfbereich sollte keine normale Gartenerde sein. Besser ist es, wenn Sie sich ein spezielles Substrat besorgen oder es selbst mischen. Wichtig für das Gemisch ist eine gute Wasserspeicherfähigkeit. Als Beispiel können Sie folgende Materialien verwenden:

- 2 Teile tonhaltigen Lehm
- 1 Teil Sand (Maurersand, Brechsand Körnung 2 – 4 mm)
- 2 Teile halb verrotteter Kompost (kein Torf)

Dabei fungieren der Ton als Träger, der Sand als Drain-Material und der Kompost für die Speicherfunktion.

3.6.6 Gestaltung mit Findlingen

Im Uferbereich einzelne dekorativ platzierte und beleuchtete große runde Kiesel oder bizarre Granit- oder Sandsteinfindlinge können bei guter Positionierung im Zusammenspiel mit einer interessanten Pflanzung gelungene Komponenten sein. Die Steine sollten dabei nicht zu klein sein und es ist eine Kunst, sie dezent, wie zufällig anzuordnen. Beim Einbauen ist es immer wieder gut, etwas auf Abstand zu gehen und die Gestaltung und das Gesamtbild aus der Entfernung zu überprüfen. Werden zu viele Steine verwendet, verliert das Gestaltungselement an Wert und die Gestaltung sieht banal aus. Interessant sind auch Kombinationen mit Holzstegen oder Terrassen, Beleuchtung und Staudenpflanzungen.

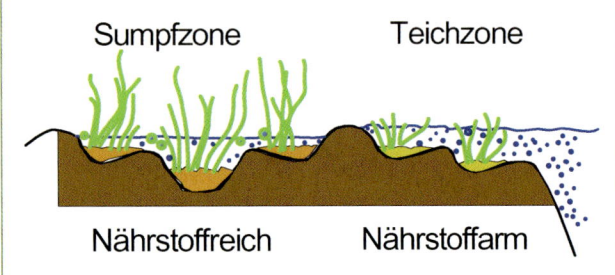

Abb. 3.18 – Teichrand angelegt als Sumpfgarten. Der Trennungswall ist vom Niveau her so angeordnet, dass überschüssiges Wasser aus dem Teich in den Sumpfbereich fließen kann.

> Unabgängig von der Detailgestaltung sollte der Folienrand entweder 3 cm senkrecht über dem Boden stehen oder die Folie über den Wasserbereich hinaus flach verlegt werden. Dieser Bereich wird z. B. mit Steinen so gestaltet, dass keine kapillare Verbindung zum umliegenden Erdreich geschaffen wird. Liegt eine Verbindung vor, wird das Wasser aus dem Teich in das umliegende Erdreich gesogen und kann so zu erheblichem Wasserverlust beitragen. Die Kapillarwirkung funktioniert auch entgegen der Schwerkraft, also auch bergauf.

4 Abdichtungsmaterialien – Hinweise und Tipps

In diesem Kapitel erhalten Sie Hinweise und Tipps für den Umgang speziell mit Teichfolien und erfahren, wie Zu-, Ab- und Überläufe in den Folienbereich integriert werden können. Ebenso werden Möglichkeiten beschrieben, wie man die unterschiedlichen Folienmaterialien repariert und verklebt. Achten Sie bei den Materialien auf eine gute Qualität (siehe auch Kapitel 9.2: „So testen Sie die Qualität").

4.1 Zu- und Abläufe

Durch anfallendes Regenwasser, z. B. über einen Bachlauf, kann dem Gartenteich frisches Wasser zugeführt werden. Um dabei das unkontrollierte Überlaufen des Gartenteichs zu verhindern, braucht es eine konstruktive Lösung. Sie sollten sich Gedanken darüber machen, wie und wo der erforderliche Teichüberlauf ausgebildet werden soll. Auch gibt es verschiedene Möglichkeiten, das überschüssige Wasser in ein Sumpfbeet mit einem einfachen Überlauf zu leiten oder einen technischen Überlauf mit Flanschen in die Dichtungsbahn einzubauen.

Die technische Ausführung lässt sich z. B. mit einem Einlauf realisieren, wie er für Flachdächer angeboten wird. Die Teichfolie wird zwischen den Flanschen abgedichtet und verschraubt oder verklebt, sodass man einen dicht schließenden Abfluss erhält. Damit das Entwässerungsrohr nicht verstopft, kommt eine Schmutzkappe, wie sie an Regenabflussrohren verwendet wird, zum Einsatz. Möglich ist für kleinere Teiche auch die Verwendung eines Badewannenablaufs mit einem Standrohr, durch das die Wasserstandshöhe geregelt werden kann. Um ein Verstopfen zu verhindern, erhält der obere Einlauf eine Glocke.

Der untere Anschluss des Überlaufs kann dann mit einem 70-mm-HT-Rohr oder einem 100-mm-KG-Rohr, z. B. bis zu einem Sickerschacht, der das Wasser in das Erdreich übergibt, weitergeführt werden.

An der tiefsten Stelle des Teichs kann, um eine spätere Reinigung zu erleichtern, sicherheitshalber ein

> Die Teichfolie im Randbereich erst dann endgültig befestigen, wenn die Höhe des Überlaufs und damit des Wasserstands feststeht.

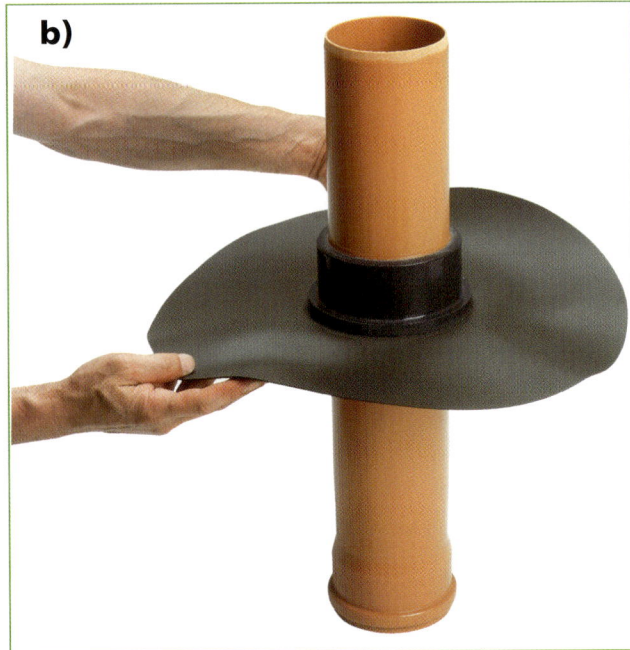

Abb. 4.1 – Rohrflansch **a)** zum Einkleben in die Teichbahn und **b)** mit passendem Standrohr. Quelle (1)

4.1 Zu- und Abläufe

Abb. 4.2 – Links ein KG-Rohr, rechts ein HT-Rohr

Bodenablauf installiert werden. Der Bodenablauf endet in einem KG-Rohr, das außerhalb des Teichs aus dem Boden kommt. Da damit zu rechnen ist, dass sich dort auch Schlamm sammelt, sollte der Rohrdurchmesser mindestens 70 mm betragen.

> KG-Rohre sind die grauen Rohre, die in der Haustechnik als Abwasserleitungen mit Durchmessern von 40 mm, 50 mm und 70 mm verwendet werden. Es gibt sie als orangefarbene und graue Rohre mit Durchmessern ab 100 mm.

Abb. 4.3 – Abstellhahn und Schieber, die sich für große Rohrdurchmesser eignen.

4.1 Zu- und Abläufe

4.1.1 Folienanschlüsse und dichte Durchführungen

Bei Zu- , Über- und Abläufen wird es manchmal erforderlich, Foliendurchführungen abzudichten. Im Handel werden dafür Tank- und Foliendurchführungen mit einer doppelten Klebemuffe und acht Schrauben angeboten.

Die Arbeitsschritte:
Bodenabläufe und Rohre müssen vor dem Auslegen der Teichgrube mit Sand und Vlies eingebaut werden. Die Stelle der Durchführung (des Bodenablaufs) kann mit Kreide angezeichnet werden. Danach wird ein kreisrundes Loch in die Folie geschnitten. Der Schnitt sollte ohne Zacken erfolgen, da die Folie bei einer Auszackung schneller einreißen kann.

Fixieren Sie Flanschbohrungen mit Nägeln oder Spaxschrauben zur ausgeschnitten Öffnung, indem Sie die Folie passgenau aufdrücken. Dann heben Sie sie wieder ab. Nun bestreichen Sie Folie und Flansch mit Kleber und drücken sie passgenau zu den Fixierungen (Nägel, Spax) zusammen. Der innere Gegenflansch wird jetzt mit den Bohrungen passgenau auf die Schrauben gelegt und verschraubt.

Wichtig: Die Schrauben über Kreuz gleichmäßig leicht anziehen und mindestens 12 Stunden warten, bis der Kleber abgebunden hat. Dann können die Schrauben vollends angezogen werden.

> Um eine fachlich richtige Verklebung zu erhalten, müssen die zu verklebenden Teile vorher mit Reiniger gesäubert werden.

Abb. 4.4 – Schraubmuffe mit 75-mm-Flansch

4.2 Ein Loch im Teich – was ist zu tun?

Die Vorstellung, einen undichten Teich zu haben, ist unangenehm, die Situation ist aber nicht ausweglos. Wurde die Beschädigung der Teichdichtung durch ein Werkzeug (z. B. beim Herausfischen der Fadenalgen mit dem Rechen) versehentlich herbeigeführt, sollten Sie sich die Stelle merken, das Loch ausfindig machen und reparieren. Verliert Ihr Teich aber aus unerklärlichen Gründen plötzlich unverhältnismäßig viel Wasser, sollten Sie zuerst den Teichrand überprüfen, ob das Wasser dort durch Kapillarwirkung abgezogen wird.

Sowohl am Teichrand anstehender Gartenboden als auch in das Wasser hängende Pflanzenwurzeln können dem Teich große Mengen Wasser entziehen. Ständiger Wasserverlust und ein feuchter Teichrand sind deutliche Anzeichen dafür. Gerade Pflanzen, die in der Nähe des Teichs angesiedelt sind, bewegen ihre Wurzeln gern zum Wasser hin. Der Vorgang ist schleichend und wird irgendwann entdeckt. Um den Wasserverlust über die Kapillarwirkung zu verhindern, sollte eine Kapillarsperre eingebaut werden (siehe Kapitel 3.6.1 „Kapillarsperre herstellen").

Sind Sie beim Überprüfen des Teichrands auf keine Schwachstelle gestoßen, liegt der Verdacht nahe, dass es eine Undichtigkeit im Teich gibt. Um herauszufinden, wo diese ist, gehen Sie folgendermaßen vor:

Ist der Wasserverlust nur sehr gering, hoffen Sie darauf, dass Schlamm und Sedimente das Loch wieder abdichten. Wichtig ist jedoch, den Wasserverlust zu beobachten und durch Markierungen – z. B. an einem im Wasser liegenden Stein – bezogen auf Stunden oder Tage zu messen und zu protokollieren. Dies mit zwischenzeitlichem Auffüllen des fehlenden Wassers.

Ist der Wasserverlust sehr stark, sollten Sie sich um Ihre Wasserpflanzen und Teichtiere Gedanken machen und möglicherweise eine provisorische Zwischenlösung organisieren. Auch hier markieren und protokollieren Sie den Verlust und füllen den Wasserverlust zunächst nach. Die Markierungen können z. B. mit 1, 2, 3 für jede Stunde usw. bezeichnet sein. Gibt es nach einem kontinuierlichen starken Wasserverlust über einen längeren Zeitabstand nur noch ein unmerkliches Absinken des Wasserspiegels, können Sie davon ausgehen, dass die undichte Stelle oder das Leck in diesem Höhenniveau zu finden ist. Entweder entdecken Sie nun die undichte Stelle durch Sichtprüfung oder es braucht einen weiteren Schritt. Füllen Sie dazu den Wasserspiegel wieder einige cm auf und streuen etwas Mehl oder Holzmehl auf die Wasseroberfläche. Beobachten Sie nun, wohin die Strömung das Mehl führt. Diese Prüfung sollte natürlich bei Windstille erfolgen. Mit etwas Glück finden Sie das Loch und können es reparieren.

Bevor Sie mit der Reparatur beginnen, sollten Sie – falls Sie es nicht wissen – herausfinden, aus welchem Material die Teichfolie besteht, um den passenden Kleber auswählen zu können. Dann erst ist es sinnvoll, die Stelle gründlich zu reinigen und mit dem passenden Klebeverfahren und einen Flicken aus dem gleichen Material zu reparieren.

> **Kapillarwirkung**
>
> In feinen Strukturen (Kapillaren) sind die Bindungskräfte zwischen der Oberflächenspannung des Wassers und den Seitenwänden der Strukturen größer als der darauf einwirkende Luftdruck. Dadurch steigt Wasser entgegen der Schwerkraft auch nach oben. Dies können Sie experimentell mit einem im Wasserglas hängenden Wollfaden nachvollziehen. Gleiches kann passieren, wenn Erdreich oder Pflanzenteile direkt an den Wasserrand angebunden sind.

4.2 Ein Loch im Teich – was ist zu tun?

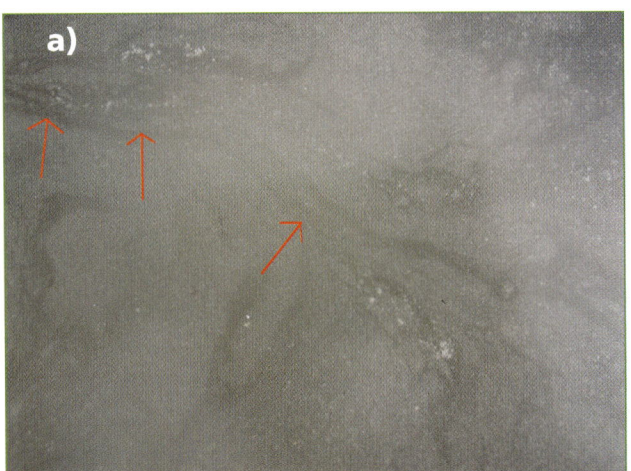

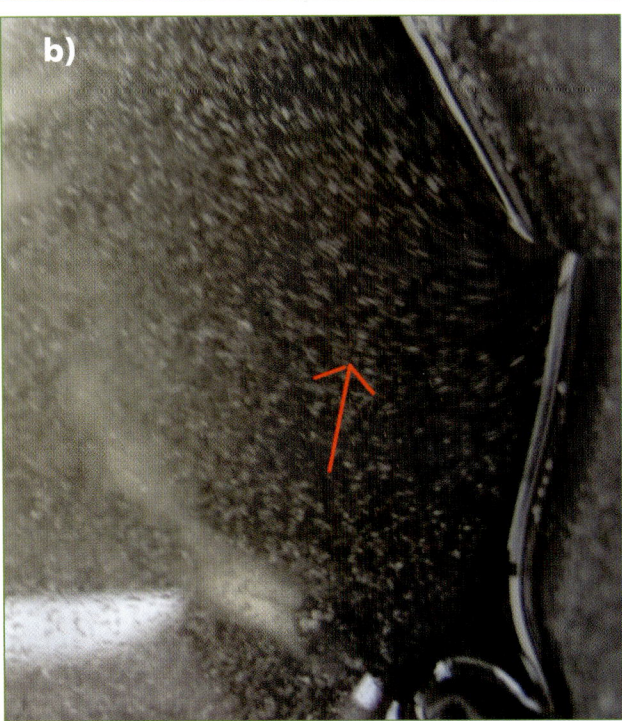

Abb. 4.5 – Mehltest zur Auffindung von Lecks im Teich:
a) die roten Pfeile zeigen den Strömungsverlauf in Richtung Loch, **b)** die Mehlteilchen richten sich in der Strömung aus.

4.2.1 Klebe- und Schweißverfahren

Wenn trotz guter Planung die Teichfolie nicht ausreicht, der Teich an einer Seite erweitert werden soll oder sich gar ein Loch im Teich befindet, kann es sinnvoll sein, Folien anzukleben oder anzuschweißen. Dabei gibt es, je nach Material, unterschiedliche Verfahren.

Vor dem Verkleben sollten die Untergründe gut gereinigt werden, möglichst glatt und sauber sein und eine ebene Unterlage haben.

Die meisten Teichfolien sind aus PVC, daher hier zuerst die zwei Hauptverfahren zur Verklebung dieser Folie:

- Verkleben lassen sich PVC-Folien mit einem Quellschweißkleber. Die eingestrichenen Oberflächen der Folie quellen von dem im Kleber enthaltenen Lösungsmittel auf und verbinden sich durch Anpressen miteinander.
- Die Folienteile werden mit einem Heißluftstrom von 350 – 450 °C angeschmolzen und dann zusammengepresst.

> **Testverfahren, um die Art des Folienmaterials herauszufinden**
>
> Schneiden Sie am Teichrand ein kleines Stück Folie ab und halten Sie es über ein brennendes Feuerzeug. Durch die Art der Flamme und des Rauchs können Sie das Material identifizieren:
>
> PVC-Folie (Polyvinylchlorid) zeigt eine gelb-orange Flamme mit schwarzem beißendem Rauch. Das Material schmilzt und tropft herunter.
>
> PE-Folie (Polyethylen) verbrennt mit blaugelber Flamme und riecht wie eine Kerze, wenn man sie ausbläst.
>
> EPDM-Folie (Synthesekautschuk) qualmt sehr stark und riecht nach verbranntem Gummi.

4.2 Ein Loch im Teich – was ist zu tun?

Abb. 4.6 – Testverfahren, um herauszufinden, um welche Folie es sich handelt. Feuertest mit Folienrest aus PVC.

> **Achtung**
>
> Quellschweißkleber ist leicht entzündlich, leicht flüchtig, kann beim Einatmen Übelkeit hervorrufen und sich gesundheitsschädlich auswirken.

Verarbeitung mit Quellschweißkleber
Die Folienränder der zu verbindenden Teile sollten mindestens 5, besser 10 cm überlappen. Im Überlappungsbereich müssen die Folien sauber und staubfrei sein. Nun wird der Quellschweißkleber mit einem breiten Flachpinsel dick zwischen die Folienränder gestrichen.

Da der Kleber schnell trocknet, sollten Sie immer nur kurze Stücke einstreichen. Nach dem Einstreichen und Zusammenfügen der zu verklebenden Teile müssen Sie diese mit einem Gewicht (z. B. einem Sandsack) beschweren und fixieren.

Verfahren mit Heißluftschweißen
Der Vorteil des Heißluftverfahrens ist, dass kein Kleber benötigt wird und dass die Verschweißung auch an senkrechten Bereichen vorgenommen werden kann.

Wie beim Klebeverfahren muss man die Folienränder zuerst reinigen, dann den oberen überlappenden Folienrand mit der Luftdüse des Heißluftgerätes anheben und die Folienränder erhitzen, sodass sich die Wärme zwischen den Folienrändern anstaut und die Ränder leicht schmelzen. Wenige Zentimeter neben der Düse drückt man die Folien mit der Silikonrolle zusammen. Bewegen Sie nun das Heißluftgerät und die Rolle langsam und ohne Unterbrechung entlang der Verbindungsnaht. Zur Sicherheit werden zwei Schweißnähte nebeneinander angeordnet. Beim zweiten Schweißdurchgang sollte die verflüssigte Folie durch das Anpressen aus dem Zwischenbereich herausquellen.

Nach der Fertigstellung können Sie zur Sicherheit im Bereich der Schweißnaht Flüssigfolie auftragen. Hierbei handelt es sich um flüssiges PVC.

Kleben von PE-Folie:
PE-Folien lassen sich nur mit einem speziell dafür angebotenen doppelseitigen Klebeband verbinden und reparieren. Die Klebeflächen müssen dafür absolut sauber sein. Die Klebeverbindung eignet sich nur für kleinere Reparaturen und kurze Stöße und ist nicht sehr zuverlässig und dauerhaft.

4.2 Ein Loch im Teich – was ist zu tun?

Kleben von EPDM-Folien

Das Klebeverfahren ähnelt dem Flicken eines Fahrradschlauchs und ist problemlos und zuverlässig durchzuführen. Im Handel wird spezieller Kleber angeboten, der sich auch dazu eignet, Flansche oder sonstige Verbindungsteile mit dem EPDM zu verkleben. Die zu flickende oder zu klebende Stelle wird gereinigt und mit feinem Sandpapier aufgeraut. Dann wird auf beide zu verklebenden Teile Kleber mit einem Pinsel aufgetragen und einige Minuten gewartet, bis dieser scheinbar trocken (berührungstrocken) ist. Nun sollten beide Teile fest zusammengedrückt werden, wobei nicht die Dauer der Fixierung, sondern mehr der Anpressdruck für die Festigkeit der Klebeverbindung entscheidend ist.

Abb. 4.7 – Reinigungsflüssigkeit zum Entfetten und Reinigen von Teichfolie. Quelle (1)

5 Kompakte und preiswerte Pumpen- und Filterlösungen

Zunächst sollten Sie prüfen, ob für Ihre Teichkonzeption überhaupt ein Pumpen- und Filtersystem erforderlich ist. Planen Sie einen funktionierenden Naturteich mit geeigneten Pflanzen und nur wenigen oder gar keinen Fischen, können Sie auf eine Pumpe und ein aufwendiges Filtersystem verzichten. Damit sparen Sie viel Geld und Zeit für die Wartungsarbeiten. Zusätzlich bringt das künstliche Umwälzen des Teichwassers die natürliche Schichtung und die natürliche Sauerstoffspeicherung im Teich durcheinander. Wenn Sie befürchten, dass der Gartenteich ohne Pumpe nicht funktioniert, starten Sie zumindest einmal einen einjährigen Versuch und bereiten aber alles dafür vor, nachträglich doch noch ein Pumpensystem einbauen zu können. Dazu braucht es nicht viel – bei einer Solarpumpe nicht einmal einen Stromanschluss.

Die im Handel angebotenen Pumpen- und Filtersysteme sind für den Teichbesitzer einfach einzubauen. Sowohl die strom- als auch die wasserseitigen Anschlüsse sind so vorbereitet, dass sie ohne Spezialwerkzeuge mit haushaltsüblichen Werkzeugen zusammengefügt werden können.

5 Kompakte und preiswerte Pumpen- und Filterlösungen

Tauchpumpen können direkt in den Gartenteich gestellt werden. Damit kein Schlamm angesaugt wird, sollte die Pumpe im Teich auf einen Stein als Erhöhung gestellt werden. Bei Folienteichen sollte unter der Steinbasis ein Vlies liegen, damit evtl. scharfe Kanten nicht in die Folie einschneiden können.

Bei einem Fischteich kann die Filteranlage (das Filtergehäuse mit eingebauten Filtern) in einem kleinen zusätzlichen Schacht außerhalb des Teichs angeordnet sein. Die Abdeckung des Filterschachts kann optisch so gestaltet werden, dass sie sich unauffällig in die Randgestaltung einfügt.

Außerhalb des Teichs angeordnete Pumpensysteme werden z. B. für größere Fisch- oder Badeteiche verwendet. Die Pumpenstation mit Filtereinrichtungen sollte dann in einem extra gebauten Pumpenhäuschen oder einem geräumigen Schacht untergebracht sein, der für regelmäßige Wartungsarbeiten gut zugänglich ist. Außerdem ist es hilfreich, hier einen Ablauf zur Entleerung des Pumpsystems vorzusehen.

Abb. 5.1 – Künstlicher Stein als Abdeckung für die Filtertechnik: **a)** geschlossen, **b)** geöffnet

Abb. 5.2 – Prinzip eines einfachen Pumpen-/Filtersystems. Quelle (1)

5.1 Auswahlkriterien und -hilfen für Pumpen und Filter

Im Handel werden meist Tauch- oder Saugpumpen mit oder ohne integrierten Filter angeboten. Die Ausführung der elektrischen Maschine für den Anschluss an das 230-V-Netz kann mit unterschiedlichen Motorenarten wie z. B. Allstrom- oder Asynchronmotor arbeiten. Es gibt auch Solarpumpen mit 12 oder 24 Volt Niedergleichspannung. Solarpumpen werden meist gleich mit dem passenden Solarmodul angeboten und haben einen Gleichstrommotor oder eine dauerhaftere Membrantechnik.

Für die Umwälzpumpen können „Dauerläufer" als Tauchpumpe empfohlen werden. Sie fördern eine hohe Wassermenge und verbrauchen wenig Energie.

Der Vorteil der Tauchpumpe: Sie ist ohne lästige Schlauchverbindungen im Teich aufgeräumt, im Sommer wird sie durch das umgebende Wasser des Teichs gekühlt (dafür wird der Teich wärmer) und im Winter wird sie nicht so schnell einfrieren. Außerdem arbeitet sie sehr geräusch- und vibrationsarm und ist nahezu wartungsfrei.

Das leidige Problem bei fast allen Pumpen (eine Ausnahme bildet die Membranpumpe) ist, dass die meisten Kleinstlebewesen aus dem Wasser, die in den Kreiselmechanismus einer Pumpe hineingesaugt werden (z. B. Kleinstkrebse, Wasserflöhe usw.), verletzt oder zerstört werden. Alle größeren Organismen, die nicht durch den Grobfilter vor dem Ansaugstutzen durchpassen, werden eingeklemmt und meistens durch den hohen Druck langsam zerquetscht oder lebensgefährlich verletzt.

Bei den Filtersystemen werden mehrere Arten unterschieden.

> **Faustregel zum Stromverbrauch einer Pumpe für das 230-V-Netz:**
>
> Für die Förderung von 10 m³ Wasservolumen werden pro Stunde ca. 180 bis 250 Watt verbraucht (höhenabhängig). Am Tag kommen so etwa 4 bis 5 kWh Stromverbrauch zusammen.

- Filterteich: Ein zusätzlicher kleiner Teich mit Kies und Pflanzen übernimmt die natürliche Filterung des Hauptteichs (mehr dazu in Kapitel 1.8.3 „Filterteich – mit geringer Technik und hoher Filterwirkung"). Diese Lösung hat viele Vorteile und kommt mit einem Minimum an Technik aus.
- Biologische Filter: Ein Filtersystem mit Filtereinsätzen aus Lehm, Zeolith, Aktivkohle usw., in dem zusätzlich unterstützend hilfreiche Bakterien wirken. Das System wandelt schädliche Gase und Nitrite (in das unschädliche Nitrat) um. Die Pumpe muss ständig und ununterbrochen das Teichwasser durch den

5.1 Auswahlkriterien und -hilfen für Pumpen und Filter

Filter pumpen. Bei biologischen Filtersystemen können zusätzlich UV-Leuchten eingebaut werden. Durch das ultraviolette Licht werden die Algen besser herausgefiltert.
- Mechanische Filter: Das Teichwasser wird durch spezielle Filtereinsätze vor allem von Algen und Schwebstoffen gereinigt. Die Pumpe kann dann in Betrieb genommen werden, wenn es die Wasserqualität erfordert.

Gartenteichfilter mit den erläuterten Filtersystemen gibt es in mehreren Varianten. Zum einen sind es die bewährten *Teichfilter*, die direkt ins Wasser des Gartenteichs gestellt werden. Dadurch sind sie dem Blick des Betrachters mehr oder weniger entzogen. Zum anderen gibt es Filterlösungen zur Aufstellung im Uferbereich des Teichs. Sie haben in der Regel eine größere Filterleistung, sollten aber hinter den Uferpflanzen versteckt werden. Zudem haben Sie die Möglichkeit, komplette Sets, bestehend aus Teichfilter, UV-Wasserklärer und allen Filtermaterialien, inklusive Filterbürsten und Filterschwämmen, aufzustellen.

> *Zeolith* ist Kalziumsilikat und Aluminiumsilikat. Es absorbiert und vernichtet hauptsächlich das für Pflanzen und Tiere giftige Ammonium. Im Gartenteich sind Zeolithe wirksame Biokatalysatoren, also Filter auf biologischer Basis. Zeolithe können in einer Kochsalzlösung wieder regeneriert werden.

Abb. 5.3 – Produktbeispiel für biologisches Filtersystem (Biotec). Quelle (1)

5.2 Wann Filtersysteme erforderlich werden

Wenn der Teich als Naturteich angelegt wurde, ist normalerweise die Filterung des Teichwassers für die Stabilisierung des biologischen Gleichgewichts nicht erforderlich. Ungleichgewichte im Gartenteich entstehen erst dann, wenn die Nährstoffe so zunehmen, dass sie das Teichsystem überfordern. Dies kann z. B. durch zu großen Fischbesatz, große Mengen Futter, Laub und abgestorbene Pflanzenteile, nährstoffreiches Teichsubstrat oder unzureichende Bepflanzung des Teichs geschehen.

Die ungenutzten Nährstoffe führen zunächst zu starkem Algenwachstum, wodurch sich das Teichwasser grün färbt. Man spricht dann von einer *Algenblüte*. Nachdem die vorhandenen Nährstoffe durch die Algen verbraucht wurden, kommt es zu einem teilweisen Absterben der Algen. Bei diesen Prozessen wird sehr viel Sauerstoff verbraucht, der dann den anderen Lebewesen nicht mehr zur Verfügung steht. Die Folge ist akuter Sauerstoffmangel, der den Tod von Fischen und anderen Lebewesen zur Folge haben kann.

Bei Teichen mit hohem Nährstoffgehalt, z. B. durch Fischbesatz, werden Filteranlagen erforderlich. Für die meisten Anwendungen kann das Standardfiltermodell, bestehend aus Außenfilter, UVC-Klärer und einer leistungsstarken Teichpumpe, verwendet werden. Die meisten Firmen geben auf ihre Systeme eine Klarwassergarantie.

Die wichtigste Komponente im Filtersystem ist der Filter selbst. Er entfernt über verschiedene Stufen wie grobem und feinporigem Filterschaum, Zeolith und/oder Lavagranulat und Siebeinsätzen (auf denen sich die Mikroorganismen ansiedeln können) Nährstoffe und Verschmutzungen aus dem Teichwasser. Danach läuft das Wasser zurück in den Teich. Dabei sollten die Pumpe und der Einlauf in den Teich so weit wie möglich auseinander liegen, damit das gesamte Teichwasser durch den Filter gepumpt wird.

Die zweite Komponente in diesem System ist das UVC-Gerät. In diesem Gerät werden durch UV-Strahlen die Algen, die sich im Wasser befinden, mit UV-Licht beleuchtet. Daraufhin verklumpen sie und können vom Teichfilter besser ausgefiltert werden. Das Wasser darf nicht zu schnell durch dieses Gerät fließen, da sonst der gewünschte Effekt ausbleibt. Einmal im Jahr sollte die UV-Röhre erneuert werden.

Die Pumpe fördert das Wasser über eine Schlauchleitung durch das UVC-Gerät in den Filter. Die Pumpe sollte Schmutzteile bis 8 mm Größe transportieren können und darf nicht über einen Filterschwamm verfügen. Ansonsten würde sie verstopfen und die Feinteile, die aus dem Teichwasser entfernt werden sollen, kämen nie im Filter an.

> Biologische Teichfiltersysteme sollten rund um die Uhr (24 Stunden/Tag) in Betrieb sein. Wird der Teichfilter nur wenige Stunden am Tag betrieben, sterben die Mikroorganismen in den Filtereinsätzen aufgrund mangelnder Sauerstoffversorgung ab. Bei erster Inbetriebnahme sollte der Filter mit geeigneten Filterstartern eingefahren werden.

5.3 Skimmerprinzip zur Teichreinigung

Um die in den Teich ständig eingetragenen organischen Materialien wie Blätter, Früchte und Blütenstaub abzufischen, bevor sie auf den Teichgrund absinken und zu Schlamm und Nährstoffen umgewandelt werden, bietet sich das *Skimmerprinzip* an.

Beim Naturteich mit separatem Sumpfbereich (duales System) besteht auf natürliche Art der Skimmereffekt. Sobald dem Gartenteich Wasser zugeführt wird (z. B. über einen Bach oder wenn es regnet) und der Wasserspiegel über den Trennungswall ansteigt, werden Blütenstaub und Blätter usw. in die Sumpfzone geschwemmt, um dort den Pflanzen als Dünger zu dienen. Wassertiere, die von der Wasserfläche versehentlich in die Sumpfzone gespült werden, können aus eigener Kraft wieder in den Hauptteich zurückkommen.

Der Skimmer kann aber auch als Zubehörteil in Verbindung mit allen weiter oben beschriebenen Filtersystemen verwendet werden. Der große Vorteil ist, dass die natürliche Wasserschichtung kaum gestört wird, da das Wasser in der gleichen oberen Wasserschicht angesaugt und wieder in den Gartenteich eingespeist wird. Der biologische Nachteil bei diesem System ist, dass auf der Wasseroberfläche schwimmende Tiere und Pflanzen in den Skimmer gezogen werden und spätestens im Filter absterben.

Die im Handel angebotenen Skimmersysteme saugen den auf der Wasseroberfläche schwimmenden Schmutz ab und leiten ihn über mechanische Filter wieder in den Teich zurück. Die angebotenen Modelle unterscheiden sich in der Ausführung. So gibt es Skimmer mit einer fixen und solche mit einer variablen Wasserniveaueinstellung. Die letzteren haben einen einfachen Regulierungsmechanismus, der sich innerhalb eines schwankenden Wasserspiegels automatisch einstellt.

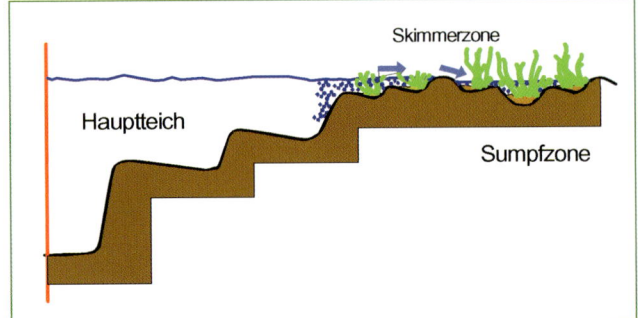

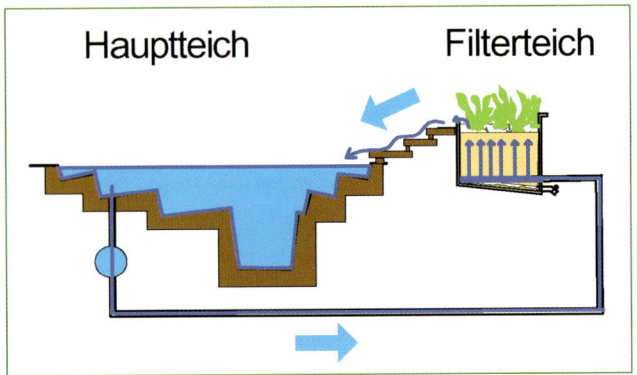

Abb. 5.5 – Skimmerprinzip in Verbindung mit dem dualen System und einem Filterbecken.

5.3 Skimmerprinzip zur Teichreinigung

Abb. 5.6 – a) Skimmerprinzip in Verbindung mit einem konventionellen Filtersystem, **b)** am Rand eingebauer Skimmerkasten, **c)** Rohrskimmer. Quelle (1)

5.4 Umwälzung mit Solarenergie

Einen großen Vorteil haben Pumpen, die mit Solarenergie betrieben werden. Zum einen ist es nicht erforderlich, ein Stromkabel zum Teich zu legen, zum andern sparen Sie Stromkosten. Die Pumpe läuft (je nach System) in der Regel aber nur, solange auch die Sonne scheint. Das Solarmodul, das das Sonnenlicht in elektrischen Strom umwandelt, der die Pumpe antreibt, sollte an einem möglichst sonnigen Platz aufgestellt sein. Die im Handel angebotenen Solarpumpen wurden in der Regel nur für Springbrunnen konstruiert. Die Leistungen der Pumpe und des Solarmoduls werden deshalb eher in geringeren Leistungsbereichen angeboten, um die Anschaffungskosten niedriger zu halten. Im Vergleich zu Pumpen, die mit dem Stromnetz betrieben werden, kommt bei der Solarpumpe das Solarmodul hinzu. Die Umwälzung mit einer solarversorgten Pumpe eignet sich aber dann sehr gut, wenn ein Teichsystem mit Filterteich angelegt werden soll. Hier kann die Solarpumpe das Wasser aus dem Haupt- in den Filterteich pumpen. Der Rücklauf zum Hauptteich erfolgt dann pumpenlos über die Schwerkraft.

5.5 Solartechnologie für Belüftung

Belüftungspumpen, die durch Solarenergie versorgt werden, gibt es derzeit noch kaum. Der Grund: Im Winter steht oft zu wenig Sonnenenergie zu Verfügung, um die Belüftungspumpe so zu betreiben, dass der Teich lange (auch bei Nacht) belüftet wird. Im Sommer ist es dagegen sinnvoller, die Sauerstoffanreicherung von den Unterwasserpflanzen übernehmen zu lassen. Diese arbeiten natürlich ebenfalls mit Sonnenenergie und haben den Vorteil, dass der Sauerstoff „extrem fein" an das Wasser abgegeben und vom Wasser besser aufgenommen wird als durch den Sprudelstein der Belüftungspumpe.

Abb. 5.7 – Luft aus dem Sprudelstein: Die meiste Luft geht an die Wasseroberfläche.

6 Pflanzen selbst auswählen und einsetzen

Die beste Pflanzzeit für Wasserpflanzen ist, im Gegensatz zu den Landpflanzen, im Sommer. Ende Mai bis Mitte Juli ist die günstigste Zeit, in der auch das Angebot an Wasserpflanzen sehr umfangreich ist. Im zeitigen Frühjahr werden Sie kaum geeignete Pflanzen bekommen.

Durch die Bepflanzung werden sowohl die natürliche Funktion als auch die optische Ausstrahlung des Gartenteichs wesentlich beeinflusst. Für ein optimales Wachstum der Wasserpflanzen ist die Einhaltung der passenden Wassertiefe wichtig. Dabei gilt es zu beachten, dass es unterschiedliche Pflanzzonen im Teich gibt (die Ufer- und Tiefwasserbereiche), die von unterschiedlichen Arten der Wasserpflanzen bewachsen werden.

6.1 Wasserpflanzen vorbereiten

Vor dem Setzen sollten Sie die vorhandene Erde um und im Wurzelballen der Wasserpflanze entfernen, da sie sehr nährstoffreich ist und somit zum Ungleichgewicht des Gartenteichs beiträgt. Das Reinigen der Wurzeln erfolgt mit einer Gießkanne oder – noch besser – mit einem Gartenschlauch unter fließendem Wasser. Die so vorbereiteten Pflanzen werden nun direkt im Bereich der Abstufungen entsprechend der Zugehörigkeit (Uferbereich, Wasserstand) gepflanzt, bevor die Abstufungen vom Wasser überflutet werden. Wüchsige Pflanzen können im Grünbereich um etwa die Hälfte gekürzt werden, damit der Wind weniger Angriffsfläche hat.

Das Bodensubstrat auf den Abstufungen sollte vor dem Bepflanzen leicht angefeuchtet werden. Ansonsten vermischt sich das Pflanzsubstrat mit dem Teichwasser und trübt die Sicht.

Alle Pflanzen müssen rechtzeitig, bevor der Teich gefüllt wird, eingekauft und gehältert werden. Ein nachträgliches Pflanzen ist meist schwierig und sollte, wenn doch erforderlich, mit Kokostöpfen erfolgen, damit das Teichsubstrat möglichst wenig aufgewirbelt wird.

> *Gehältert* wird als Begriff hauptsächlich in der Fischzucht, aber auch bei Wasserpflanzen verwendet und bedeutet, dass die Wurzel der Wasserpflanze in einem Eimer mit frischem Wasser ausgewässert wird.
>
> Um die Nährstoffanreicherung und das Algenwachstum möglichst gering zu halten, dürfen Sie weder Humus noch Mutterboden in den Teich einbringen!

6.2 Pflanzenauswahl für die unterschiedlichen Teichzonen

Die Zonen werden vom Land her kommend in Richtung Teichmitte beschrieben. Es beginnt also mit der Landzone, dann kommt die Uferzone und schließlich folgen die Flachwasserzonen mit bis zu 40 cm Tiefe. Eine weitere Abstufung gibt es als Mittelwasserzone auf ca. 50 – 60 cm Tiefe. Dort können z. B. Seerosen gepflanzt werden. Die Tiefwasserzone beginnt bei ca. 80 cm Tiefe.

6.2.1 Landzone und Übergangsbereich zum Garten

Die Landzone befindet sich streng genommen außerhalb des Gartenteichs und hat keine Verbindung mit dem Wasser. Dafür geeignet sind bei größeren Teichen z. B. alle Schilfsorten von klein bis groß. Besonders reizvoll und geeignet sind Chinaschilf, Bambus (zwingend mit Wurzel- bzw. Rhizomsperre, da sonst die Teichfolie von den Bambuswurzeln durchbohrt wird), Zebragras, Farne und Schwertlilien. Um den Folienrand zu verdecken, eignet sich Pfennigkraut besonders gut. Es wächst sehr schnell, aber in Kontakt mit Teichwasser wird das Wachstum der Triebe gestoppt. Bodendecker aller heimischen Arten eignen sich für den Vordergrund. Hohe Pflanzen sollten in den Hintergrund gesetzt werden, damit die Sicht auf die Wasserfläche erhalten bleibt.

Gefällig sind auch die unterschiedlichsten Iris-Arten um den Teich. Sie wachsen auch, wenn es nicht so feucht ist. Der Frauenmantel ist sehr robust. Er wächst im Schatten und in der Sonne und verbreitet sich durch Aussaat weiter. Ziergräser eignen sich vor allem in Verbindung mit Steingestaltungen sehr gut.

Für den Randbereich eine Liste aufzustellen hat wenig Sinn, da die meisten der im Garten verwendeten Stauden und niedrigen Gehölze in diesem Bereich angesiedelt werden können. Wichtig ist jedoch, darauf zu achten, dass der zu bepflanzende Standort bezüglich Sonne, Halbschatten und Schatten mit den ausgewählten Pflanzen harmoniert.

6.2.2 Pflanzenvielfalt im Ufer- und Sumpfbereich

Auch in dieser Zone ist eine große Vielfalt an Pflanzen möglich. Es handelt sich dabei um eine Zone, in der kein bis einige Zentimeter Wasser über dem Erdsubstrat steht, die Erde aber feucht ist. Die Feuchtzone kann eine direkte Verbindung mit dem Hauptteich haben, besser ist es aber, wenn sie vom Wasser des Gartenteichs abgetrennt angelegt wird (duales System). In der Feuchtzone mit einer Bodensubstrathöhe von ca. 15 cm befinden sich Pflanzen, die sehr langsam wachsen. Dies sind z. B. Primeln, Wollgras, Schwertlilien und die Sumpfdotterblume.

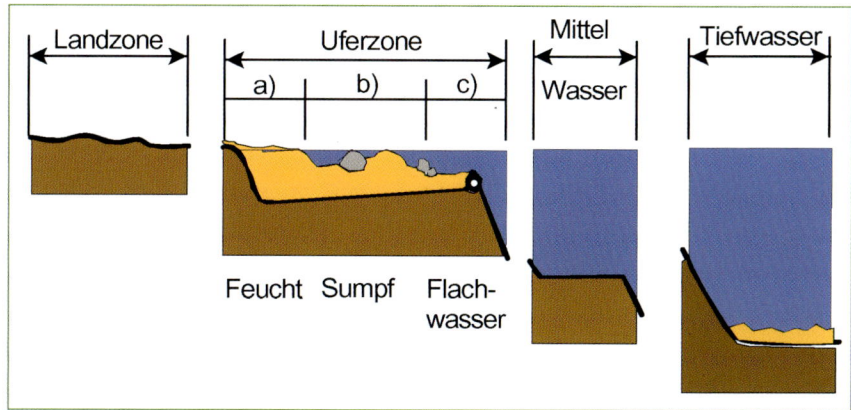

Abb. 6.1 – Die Hauptzonen des Teichs unterteilt in Landzone, Uferzone mit Feuchtsumpf und Flachwasserbereich (bis zu 40 cm tief), Mittelwasserzone (z. B. für Seerosen) und Tiefwasserzone mit mindestens 80 cm.

6.2 Pflanzenauswahl für die unterschiedlichen Teichzonen

Die folgenden Pflanzen gedeihen in speziellem Substrat, aber auch in normaler Gartenerde, die überwiegend feucht ist. Bei normaler Gartenerde sollte keine direkte Verbindung zwischen Sumpfzone und Teich bestehen.

> Um eine überdurchschnittliche Ausbreitung einzelner Pflanzenarten zu verhindern, ist es ratsam, die Blüten vor der Samenbildung abzuschneiden.
>
> Beispiele: Froschlöffel (Alisma plantogo-aquatica), Blutweiderich (Lythrum salicara)

6.2.3 Tiefwasserzone und Unterwasserpflanzen

In der Tiefwasserzone leben die verschiedenen Unterwasserpflanzen. Sie können in allen Wassertiefen, d. h., von der zweiten Terrasse an bis zur tiefsten Stelle, direkt in das Bodensubstrat eingepflanzt werden. Dabei ist es wichtig, dass jeder Stängel einzeln gesteckt wird. Die Unterwasserpflanzen vermehren sich im ersten Jahr sehr stark und nehmen dabei viele überschüssige Nährstoffe aus dem Teichwasser auf. Durch einfaches mechanisches Entfernen (per Hand) werden die überschüssigen Pflanzen und damit auch ein Teil der gebundenen Nährstoffe aus dem Teich entfernt. Die Unterwasserpflanzen sind neben den Algen der Hauptsauerstofflieferant im Gartenteich. Daher ist es auch wichtig, dass das Sonnenlicht in die tiefen Wasserschichten gelangen kann.

Die folgenden Pflanzen sind ausgewählte Beispiele für gute Sauerstofflieferanten. Zudem nehmen sie den Algen die Nahrungsgrundlage und wirken dadurch auch dem übermäßigen Algenwuchs entgegen.

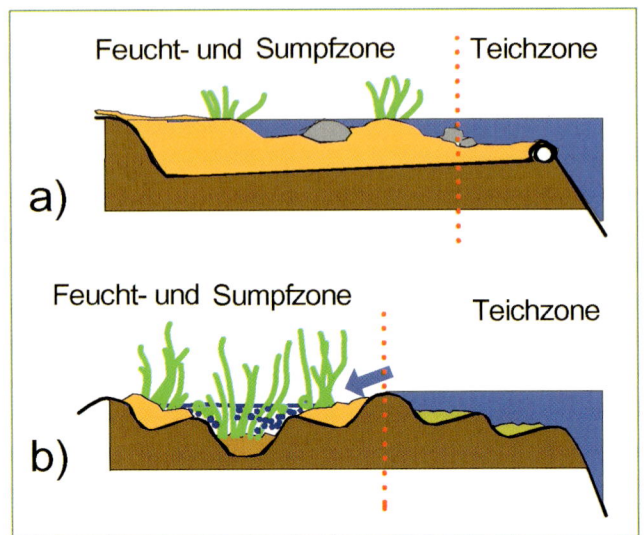

Abb. 6.2 – Profil der Feucht- und Sumpfzone, **a)** flacher Teichrand, **b)** Sumpfzone als duales System angelegt.

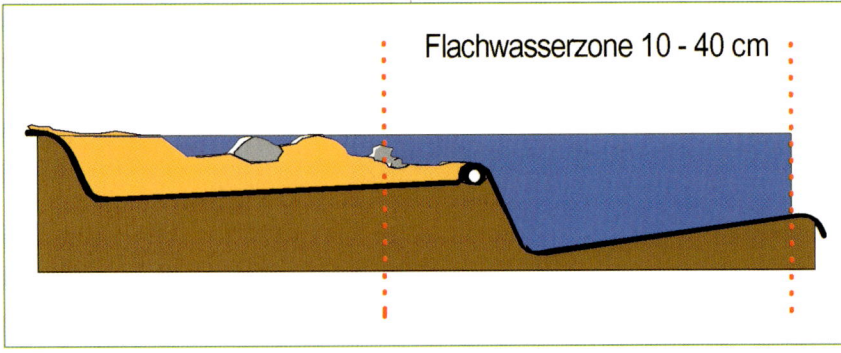

Abb. 6.3 – Profil der Flachwasserzone im Bereich von 10 bis 40 cm Wasserstand.

Pflanzenübersicht Uferbereich (mehr trocken als sumpfig):

deutscher Name	botanischer Name	Eigenschaft	natürlicher Standort	Wuchshöhe Durchschnitt in cm	Blüte-zeit *)
Sumpfdotter-blume	Caltha palustris	horstartiger, buschiger Wuchs, blüht dicht gefüllt, goldgelb; für Teichrand oder Bach	teilweise austrocknender Sumpf oder flaches Wasser	20	III - V
Mädesüß	Filipendula rubra „Venusta"	Blüten in endständigen Doldenrispen, rosarot: Rabatten in Wassernähe, auch am feuchten Gehölzrand	nährstoffreiche, lehmig-humose, frische bis feuchte Böden in voller Sonne	150	VI - VII
Japanische Sumpfiris	Iris laevigata	Wuchs aufrecht, Wurzelstock kriechend, Blüte aufrecht und schmal, blau mit gelber Mittelrippe; an Teich- und Bachrändern, in Kübeln und in Wasserbecken	saure, dauernasse Böden in voller Sonne	70	VII - VIII
Sumpf-schwertlilie	Iris pseudacorus	Wuchs aufrecht buschig, Wurzelstock kriechend; Blüte gelb, in der Mitte schwarz: an Teichen und Bachrändern	Sümpfe, Altwasser, feuchte bis dauernasse Böden in voller Sonne und im Halbschatten	80	VI - VII
Blutweiderich	Lythrum salicara	aufrecht, wenig verzweigt. Blüten in langen schmalen Rispen, violett-rot; an Teichufern und Bächen	nährstoffreiche, lehmige Böden, frisch bis feucht, volle Sonne	100	VI - VIII
Perlfarn	Onoclea sensibilis	Blatt: hellgrüne, fiederschnittige Wedel; am Bachrand, unter Gehölzen im Schatten	Bachtal, humose, frische bis feuchte Böden im kühlen Schatten	40	-
Königsfarn	Osmunda regalis	Wedel, doppelt gefiedert, hellgrün; am Teichrand, im Schatten, zwischen und vor Gehölzen	moorige Wälder für kalkfreie, nährstoffreiche feuchte bis frische Böden in wechselsonniger Lage	150	-
Schildblatt	Peltiphyllum peltatum	blüht rosa in Doldentrauben; vor Gehölzen im Halbschatten bis Sonne, an Wasserbecken, beim Teich oder Bach	feuchte bis frische, nährstoffreiche Böden in wechselsonniger Lage	80	IV - V
Wiesenknöterich	Polygonum bistorta	Blüten auf festen Stielen in großen Ähren, leuchtend rosa; für Teich- und Bachränder, wüchsiger Bodendecker	frische bis feuchte Böden in voller Sonne	80	V - VIII
Trollblume	Trollius europaeus	Blüten einzeln, zitronengelb; Wuchs dichthorstig; am Uferrand von Teichen	nährstoffreiche, humose, frische Böden in Sonne bis Halbschatten	60	V - VI

*) Bei der Blütezeit werden die Monate in römischen Ziffern angegeben. Beispiel: III - V= März bis Mai

6 Pflanzen selbst auswählen und einsetzen

deutscher Name	botanischer Name	Eigenschaft	natürlicher Standort	Wassertiefe in cm	Wuchshöhe in cm	Blütezeit *)
Echter Kalmus	Acorus calamus	heimischer grüner Kalmus mit schwertförmigen Blättern und kolbenartigen Blüten; die Wurzelrhizome riechen aromatisch	am Ufer von stehenden Gewässern, Flüssen und Sümpfen	0 bis 30	80 bis 150	VII – VIII
Rundblättriger Froschlöffel	Alisma parviflora	große, langstielige, löffelartige Blätter mit lanzettlicher Form, darüber eine zierliche Blütenrispe mit kleinen weißen Blüten	schlammige Uferzonen langsam fließender Gewässer	0 bis 20	30 bis 80	VII – IX
Blumenbinse	Butomus umbellatus	schön blühende Binse, die sich für das Moorbeet genauso eignet wie für den Gartenteich	Nasswiesen, Ufer, Sumpfbereich	0 bis 20	60 bis 100	VI – VIII
Wasserdost	Eupatorium cannabinum	größere Wildstaude für den feuchten bis sumpfigen Boden, belebt den Wassergarten durch wochenlang anhaltenden Blütenflor	Nasswiesen, Bachufer, Waldränder	0 bis 2	100 bis 150	VII – X
Schilfrohr	Phragmites australis	sehr hochwüchsiges Schilfrohr, das sich zur Randgestaltung am Gartenteich eignet; auch für Sichtschutz am Teich	Sümpfe, Gewässerufer, Uferröhricht, Ränder von Seen, Verlandungszonen, Schilfgürtel	0 bis 30	300 bis 400	VII – IX
Hechtkraut	Pontederia cordata	längliche, herzförmige Blätter, lichtblaue Blütenähren; sehr schöne Sumpfpflanze.	Sümpfe, Moor, Ufer von Teichen	0 bis 30	50 bis 80	VII – IX
Pfeilkraut	Sagittaria sagittifolia	Blätter schmalpfeilförmig, Blüten weiß, im Grund purpurrot gefleckt, Ausläufer treibend	schlammige Uferzonen, Teiche, Gräben, nährstoffreiche, langsam fließende Gewässer	2 bis 30	30 bis 100	VI – VIII
Igelkolben	Sparganium simplex	lange, oft aufrecht wachsende, breite, an der Basis dreikantige Blätter; unscheinbare Blüte, dafür sehr auffällige, morgensternartige Fruchtstände	Ränder von Gräben, Teichen und Flüssen, auch im seichten Wasser; verbreitet	0 bis 20	40 bis 70	VI – VIII
Breitblättriger Rohrkolben	Typha latifolia	Blätter breit, kräftige braune Kolben, sehr wuchsfreudig, bildet kräftige Wurzeln	Sümpfe, Gewässerränder, Teichränder	0 bis 30	100 bis 200	VI – VII
Bachbunge	Veronica beccabunga	im flachen Wasser der Uferzone wächst die Pflanze zu einem guten Bodendecker heran; eignet sich, um größere Flächen (z. B. am Bachlauf) zu begrünen	Ufer, Gräben, Wasserlachen, Quellen, Bäche	0 bis 5	5 bis 10	VI – VIII

*) Bei der Blütezeit werden die Monate in römischen Ziffern angegeben. Beispiel: VII – VIII = Juli bis August

6.2 Pflanzenauswahl für die unterschiedlichen Teichzonen

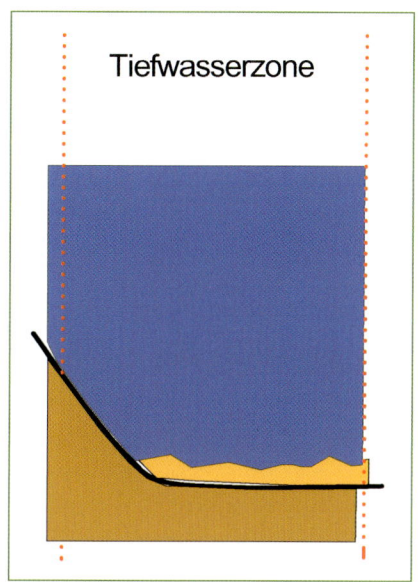

Abb. 6.4 – Die Tiefwasserzone im Bereich ab 80 cm Wassertiefe.

Abb. 6.5 – Dickblättrige Wasserpest (Egeria densa)
An der gestreckten Sprossachse sitzen dichte Quirle aus 3 bis 5 Blättern, bis 3 cm lang, 5 mm breit, mit leicht gezähnten Rändern. Die männlichen Blüten bilden eine auffällige weiße Krone und 9 keulenförmig verdickte Staubblätter. Die Pflanze ist wuchskräftig und wächst frei auf der Wasseroberfläche treibend oder eingewurzelt. Sie überdauert im tiefen Wasser den Winter.
Tiefe: 20 bis 50 cm, Standort: sonnig/halbschattig, Blütezeit: VI bis VII

Abb. 6.6 – Hornblatt oder Hornkraut (Ceratophyllum demersum)
Gestreckte, recht spröde, meist bräunliche Sprossachse, bis 200 cm lang und reichlich verzweigt. Die Quirle aus 6 bis 10 Blättern erreichen 4 cm Durchmesser. Mehrere ins Wasser gelegte Triebe entwickeln sich bald zu einem stattlichen Bestand, der viel zur Selbstreinigung des Wassers beiträgt. Meist sinken die Sprosse zu Boden und verankern sich dort durch Rhiziode, mitunter schweben sie auch frei im Wasser.
Tiefe: 50 bis 100 cm, Standort: sonnig, Blütezeit: VI bis VII

6.2 Pflanzenauswahl für die unterschiedlichen Teichzonen

Abb. 6.7 – Tausendblatt (Myriophyllum verticillatum) Stängel aufrecht, später liegend, bildet in der Regel Quirle aus 5 Blättern, bis 4,5 cm lang, kammartig aufgeteilt. Segmente fadenförmig, bis 3 cm lang. Über dem Wasser trägt die etwa 25 cm hohe Ähre Quirle mit männlichen und zwittrigen Blüten. Im weichen Wasser wachsen schöne, kräftige Girlanden. Die Pflanze überdauert mit Winterknospen. Tiefe: 30 bis 100 cm, Standort: sonnig, Blütezeit: VII bis VIII

> Bei der Wasserpest (Elodea sp.), ist es wichtig, dass jeder Stängel einzeln gepflanzt wird.

6.2.4 Die Seerose

Seerosen verdienen ein eigenes Kapitel. Ihre Verwendung und Pflege erfordert besondere Zuwendung. Wenn Sie Seerosen lieben und anpflanzen wollen, sollten Sie sich über das hier Beschriebene hinaus mit diesen Pflanzen beschäftigen. Die vielfältigen Züchtungen und Eigenarten der Seerosen können ein ganzes Buch füllen.

Wenn Sie eine Sorte ausgewählt haben, mussten Sie sich bereits über die Sortenvielfalt, das Wachstum (stark- und schwachwüchsig), die Blütenfarbe und die

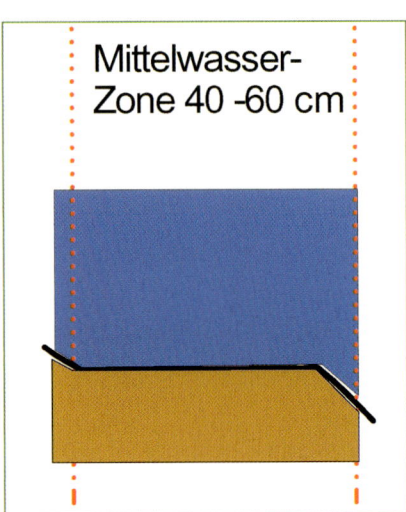

Abb. 6.8 – Im Wasserstandsbereich, Mittelwasser von ca. 40 – 60 cm fühlen sich die meisten Seerosensorten wohl. Es gibt aber auch Sorten, die es tiefer mögen.

Pflanztiefe (Wasserstandshöhe) informieren. Die meisten Sorten wachsen bei einem Wasserstand (zwischen Wurzel und Blatt) von ca. 40 – 60 cm. Die Angaben finden Sie meist auf dem Etikett beschrieben und sollten – sofern Sie sich an Ihrer Seerose freuen möchten – dringend eingehalten werden.

Seerosen vermehren sich sehr stark und müssen deshalb in einen Pflanzkorb gesetzt werden. Sie sollten auch nicht in der Mitte des Teichs und an der tiefsten Stelle gepflanzt werden, da sie dort mitten im nährstoffreichen Sediment des Teichbodens sitzen. Der Stickstoff im Sediment führt wie bei gedüngtem Salat vor allem zu Blattwachstum. Die erwarteten Blüten bleiben dann eher aus. Es ist besser, kleinere Seerosen-

> Im Handel erhältliche Seerosenkörbe sind meist zu klein. Für eine mittelwüchsige Seerose sollte der Korb zwischen 8 und 15 Liter Inhalt haben. Die Löcher der Körbe dürfen nicht verschlossen werden, es muss Luft bzw. Wasser an die Wurzel dringen.

6.2 Pflanzenauswahl für die unterschiedlichen Teichzonen

Abb. 6.9 – Seerosenfläche im großen Naturteich

6.2.5 Schwimmpflanzen auf der Wasseroberfläche

Schwimmpflanzen haben in der Regel keine Verbindung zum Teichboden und schwimmen frei auf der Wasseroberfläche. Die vor allem wegen ihrer attraktiven Blätter geschätzten Schwimmpflanzen nehmen über ihre kleinen Wurzeln Nahrung aus dem Wasser auf. Sie stehen in Nahrungskonkurrenz zu unerbetenen Gästen wie Algen und können diese dadurch zurückhalten. Sie dürfen jedoch nicht zu viel von der Wasseroberfläche bedecken, da auch die Sauerstoff bildenden Unterwasserpflanzen Licht benötigen.

Viele der im Handel angebotenen Schwimmpflanzen kommen aus den Tropen und müssen bei uns im warmen Zimmer überwintern.

Im Folgenden werden winterfeste und für den Gartenteich geeignete sowie ungeeignete Schwimmpflanzen aufgeführt:

Die Krebsschere (Stratiotes aloides) ist in stehenden Gewässern Europas und Westasiens beheimatet. Die ca. 15 – 20 cm hoch wachsende Schwimmblattpflanze hat schwertförmige, grüne Blätter, die sich während der Blütezeit aus dem Wasser erheben. Die weißen Blüten sitzen auf dicken Stängeln. Die Wurzeln der Krebsschere können freischwimmend oder fest im Bodengrund verankert sein. Die Ausläufer bildende Pflanze steht unter Naturschutz. Die winterharte Krebsschere bevorzugt kalkarme, nährstoffreiche Wasserzonen mit einer Tiefe bis 2 m in sonniger bis halbschattiger Lage und ist für den Gartenteich sehr gut geeignet.

arten zu pflanzen. Sie wuchern nicht so stark, die Blätter sind kleiner und die Blüten farbintensiver.

Am Pflanzkorb der Seerose sollten Sie eine wasserbeständige Schnur befestigen. Damit bekommen Sie die Pflanze später leichter aus dem Teich heraus. Um unmäßiges Wuchern zu verhindern, sollten die Seerosen alle zwei bis drei Jahre aus dem Teich herausgenommen werden. Der Pflanzkorb ist nach dieser Zeit am Verrotten und die Wurzeln der Seerose breiten sich, sofern ihnen nicht Einhalt geboten wird, im ganzen Teich aus. Haben Sie die Pflanze aus dem Teich geborgen, sollten Sie einen Teil der Wurzeln (Rhizome) separieren und in einen neuen Korb setzen.

Um Enttäuschungen vorzubeugen, sollten Sie keine exotischen Sorten kaufen. Diese sind oft nicht winterhart. Das bedeutet, dass sie im nächsten Jahr nicht mehr austreiben.

> Torfhaltige Teicherde ist für Seerosen nicht geeignet. Besser ist ein Gemisch aus 50 % Lehm und 50 % Sand.

> Für alle Schwimmpflanzen gilt, dass sie zur Massenvermehrung neigen und deshalb gelegentlich abgefischt werden sollten. Ansonsten nehmen sie den Unterwasserpflanzen das Licht und erschweren den Sauerstoffaustausch des Wassers.

6.2 Pflanzenauswahl für die unterschiedlichen Teichzonen

Abb. 6.10 – Die kleine Wasserlinse (Lemna minor) ist in stehenden oder langsam fließenden Gewässern Europas, Vorderasiens, Afrikas, Amerikas, Mauritius´ und Australiens zu finden. An dem linsenähnlichen Schwimmblattgebilde sitzt eine einzelne kleine Wurzel. Durch Teilung und Sprossung vermehrt sich die Pflanze ständig, sodass sie rasch große Wasserflächen bedeckt. Im Spätherbst lagert sie vermehrt Stärke ein. Dadurch werden die Blätter schwerer und sinken zu Boden, wo die Wasserlinse im Teichsubstrat überwintern kann.

Abb. 6.11 – Der Wassersalat (Pistia stratiotes) kommt in den Tropen und Subtropen vor. Die Pflanzen sind meist in stehendem Frischwasser und am Rand von Seen und Teichen zu finden. Sie sind für den Gartenteich nur bedingt geeignet.

7 Gestaltung von Licht und Wassereffekten

Die Abende am Gartenteich können noch intensiver werden, wenn die Wassergestaltung dezent beleuchtet wird. Im Handel gibt es eine Vielzahl von Produkten, die in und um den Gartenteich eingebaut werden können. Es gibt sowohl Unterwasserscheinwerfer als auch Strahler oberhalb der Wasseroberfläche, z. B. in LED-Technologie.

7.1 Leuchtenarten

LED-Leuchten eignen sich sehr gut für die dekorative Beleuchtung von Gestaltungselementen wie Bachläufen und Findlingen am Teich. In Verbindung mit sprudelndem Wasser werden faszinierende Lichtspiele erzeugt. Schöne Lichteffekte am Uferrand lassen sich mit Kugel- und Zylinderleuchten oder Strahlern kreieren. Aber auch den Teich selbst können Sie in ein dezentes Lichtermeer verwandeln. Mit Schwimmleuchten und farbigen Unterwasserstrahlern gestalten Sie Ihr ganz eigenes Wasserkunstwerk.

Bei aller Begeisterung sollte die Beleuchtung aber so gestaltet werden, dass die Wassertiere nicht unnötig gestört werden. Solarleuchten haben da den Vorteil, dass sie irgendwann in der Nacht von alleine ausgehen – nämlich dann, wenn der Akku leer ist.

Abb. 7.1 – Dezente Beleuchtung am Wasser. Quelle (1)

7.1.1 Beleuchtung mit LEDs

Lichtquellen mit LEDs sind effizient und brauchen wenig Strom. Der Wirkungsgrad einer weißen 1-W-LED kommt heute bereits an die Effizienz üblicher Energiesparlampen heran. Gleichzeitig ist aber die Schaltungstechnik wesentlich einfacher und damit die Haltbarkeit auch dauerhafter.

LEDs sind für den Einsatz in und um den Gartenteich gut geeignet, da sie eine extrem lange Lebensdauer haben – die Hersteller sprechen von 50.000 bis 100.000 Stunden. Das wäre eine Lebensdauer von 17 bis über 30 Jahre bei einer täglichen Nutzungszeit von acht Stunden. Diese Haltbarkeit hängt aber auch von verschiedenen Faktoren wie z. B. der Betriebstemperatur ab.

Unauffällig eingebaut, strahlen LED-Leuchten die Ufergestaltung des Gartenteichs bei Dunkelheit zauberhaft an und verbrauchen dabei nur wenige Watt Energie. Sie können durch Dämmerungssensoren geschaltet werden und sind für viele Jahre nahezu wartungsfrei.

Die Niedervolt-LED-Technik hat im Garten entscheidende Vorteile. Die Leuchtkörper sind sehr klein und unauffällig. Sowohl die Leuchtenposition als auch die Beleuchtungsstärke und der Strahlungswinkel können problemlos an die gewünschte Situation angepasst werden.

Die Niedervolttechnik erlaubt vor allem im Wasserbereich einen gefahrlosen Umgang. Selbst wenn die Zuleitung versehentlich beschädigt wird, besteht keine Gefahr, dass Sie einen Stromschlag bekommen.

7.1 Leuchtenarten

Abb. 7.2 – a) Teichleuchte in Position bringen, **b)** Kugelteichleuchten, **c)** beleuchteter Wasserfall. Quelle (1)

7.1.2 Beleuchtung mit Solarenergie

Die Solartechnik bietet Ihnen eine ganze Reihe von Vorteilen. Mit ihr können Sie die drahtlose Energie zum Nulltarif für Ihren Gartenteich mit meist vorkonfektionierten Modellen aus Leuchte und Solarmodul nutzen. Entweder wählen Sie das in der Leuchte integrierte Solarmodul oder ein separates steckfertiges Modul für die optimale Energieernte.

Wichtig ist, darauf zu achten, dass die Solarmodule eine gute Qualität haben und damit einen hohen Wirkungsgrad erzielen. Einfache Steckverbindungen helfen dabei, die Leuchten unkompliziert verdrahten zu können. Dank der Niedervoltausführung haben Sie einen sicheren Betrieb speziell in Verbindung mit Wasser. Nicht zuletzt ist die Unabhängigkeit vom Stromnetz und die damit verbundene Flexibilität bei der Wahl des Aufstellungsorts ein weiteres wichtiges Argument.

7.2 Wassersprudler und Zubehör

Je nach Teichart gibt es einfache Wassersprudler in Verbindung mit netzbetriebenen oder solarbetriebenen Tauchpumpen. Zu bedenken ist jedoch, dass sich der bepflanzte und mit Wassertieren belebte Naturteich eher weniger für die Ausstattung mit einem Wassersprudler eignet. Dieser kann aber z. B. besser seitlich des Teichs oder im Bereich des Bachs sinnvoll eingebunden werden. Die im Handel angebotenen Tauchpumpen sind meist mit allem erforderlichen Zubehör, wie Rohraufsätzen und unterschiedlichen Düsen sowie ausreichend langem Kabelanschluss, ausgestattet. Sie sollten aber darauf achten, ob die Pumpe auch trocken laufen kann, ohne dabei Schaden zu nehmen.

Mit ferngesteuerten Steuergeräten können z. B. einzelne Wasserspielpumpen vom Terrassenstuhl aus ein- und ausgeschaltet oder Wassersprudelfontänen stufenlos gesteuert werden. Aber auch über Zeitschaltuhren mit elektronischem Timer mit 24-h-Zeitschaltprogrammen und Bewegungsmelder lassen sich Wasserspiele und Lichtgestaltungen bewusst regeln.

Abb. 7.3 – Solarbetriebener Wassersprudler. Quelle (2)

8 Die Pflege des Teichs

In diesem Bereich herrscht sehr viel Verunsicherung und so kommen die Empfehlungen zur Teichpflege oft von den Herstellern der Teichtechnik und den Herstellern biologischer und chemischer Mittel. Diese wollen ihre Produkte so gut wie möglich verkaufen.

8.1 Teichpflege einfach und angemessen

Erinnern Sie sich an die weiter oben beschriebenen natürlichen Eigenarten und Funktionen eines Teichs. Lassen Sie sich nicht verunsichern und orientieren Sie sich an Ihren Beobachtungen und Ihrem Wissen über die Natur. Manchmal bedeutet weniger Einflussnahme mehr Unterstützung der natürlichen Prozesse. Gerade im Frühjahr ist das Teichgefüge hochsensibel. Im Winter geht der Sauerstoffvorrat stark zurück und im zeitigen Frühjahr ist das Teichsystem an der Belastungsgrenze. Wenn Sie zu viel darin herumrühren, absaugen und pumpen, schaden Sie Ihrem Teich mehr, als Sie ihm helfen. Einige Beispiele werden das verdeutlichen:

Das Beste ist, wenn Sie sich zuerst einmal an Ihrem Gartenteich erfreuen und dann entscheiden, welche der aufgeführten Arbeiten nun erforderlich sind.

Arbeiten im Frühling:
Bis Ende Februar sind, bis auf die Kontrolle des *Eisfreihalters*, keine pflegerischen Maßnahmen erforderlich. Ab März steigen meist die Temperaturen an und das Lichtangebot nimmt zu.

Jetzt können abgestorbene Pflanzenteile ca. 5 – 10 cm über der Wasseroberfläche abgeschnitten werden. Bei Bedarf sind tote Fische herauszunehmen.

Auch wenn es schwerfällt, sollte man den Teich am besten so weit wie möglich in Ruhe lassen.

Arbeiten im Frühsommer – Sommer:
Wenn erforderlich, kann man nun neue Pflanzen einsetzen.

Als Ausgleich zum verdunsteten Wasser ist Regen-/Leitungswasser nachzufüllen. Ferner sollte man den pH-Wert und den Härtegrad des Wassers testen. Bei Sauerstoffmangel ist der Teich eventuell zusätzlich zu belüften.

Abgestorbene Pflanzenteile sollte man abschneiden. Die Fische sind möglichst wenig bis gar nicht zu füttern.

Aktion	Biologische Reaktion
Bioteichreiniger gegen Algenbildung wird ins Wasser gegeben.	Die Algen sterben ab, statt Sauerstoff entstehen vermehrt Faulgase.
Tauchpumpen zur Wasserumwälzung werden eingeschaltet, sobald der Schnee schmilzt.	Das im oberen Bereich noch eiskalte Wasser wird mit dem unteren, wärmeren Wasser vermischt. Dadurch wird die natürliche Schichtung zerstört.
Ein Wasserspiel-Pumpenset wird eingesetzt.	Der im Wasser befindliche Sauerstoff wird zerstört.
Teichschlamm wird abgesaugt.	Ablagerungen werden aufgewühlt, Faulgase verseuchen das Wasser.
Teichpflegemittel für akute Wasserprobleme werden eingebracht.	Der natürliche Reinigungsprozess wird ausgebremst.

8.1 Teichpflege einfach und angemessen

Arbeiten im Spätsommer (August/September):
Schwimmpflanzen sind abzuschöpfen, stark wuchernde Pflanzen auszulichten und bei Bedarf Algen abzuschöpfen. Bei starkem Nährstoffeintrag muss man Schlamm und Algen absaugen.
Wenn es erforderlich ist, ist jetzt der richtige Zeitpunkt, den Teich auszuräumen und neu anzulegen.

Arbeiten im Herbst/Winter:
Schwimmpflanzen sind abzuschöpfen und stark wuchernde Pflanzen auszulichten. Unterwasserpflanzen sollte man belassen (sie liefern im zeitigen Frühjahr den Sauerstoff). Den Schlamm sollte man jetzt nicht mehr absaugen, denn es könnten darin sich Wassertiere befinden (Überwinterung).
Dafür ist aber Laub abzufischen bzw. ein Laubschutznetz über den Teich zu spannen und am Rand zu befestigen. Filterpumpe und Bachlauf (wenn vorhanden) werden so lange wie möglich betrieben (Sauerstoffeintrag), entstehende Faulgase können entweichen.

Frostgefährdete Pflanzen und empfindliche Tiere sind zu entnehmen. Fische dürfen nur im Teich bleiben, wenn dieser tiefer als 80 cm ist.

Eisfreihalter sind einzusetzen (siehe auch die folgenden Kapitel). Das vollständige Zufrieren der Teichoberfläche wird dadurch verhindert und es können entstehende Faulgase entweichen.

Ein richtig geplanter und angelegter Teich bereitet meist weniger Probleme als Ihr Computer. Voraussetzung dafür ist natürlich ein gut funktionierendes biologisches System.

> **Achtung**
>
> Wenn die Wassertemperatur unter 12 °C sinkt, dürfen Fische nicht mehr gefüttert werden, da sie das Futter nicht mehr verdauen können und zugrunde gehen können.

8.2 So bringen Sie den Teich gut über den Winter

Meistens gibt es ab Dezember die ersten strengen Bodenfröste, die die Teichoberfläche zufrieren lassen. Die Wassertemperatur liegt, vor allem bei größeren Teichen, in Bodennähe oft noch weit über +5 °C. Das bedeutet, dass die im Teich überwinternden Tiere (z. B. Amphibien) noch nicht in Winterstarre verfallen sind und noch nicht vollständig auf Hautatmung umgestellt haben. Daher sollte auf jeden Fall ein Teil der Wasseroberfläche eisfrei gehalten werden, damit die Amphibien Luft atmen können.

Bei zunehmend kälteren Außentemperaturen sinkt auch die Wassertemperatur. Das besondere am Element Wasser ist, das es bei +4 °C am schwersten ist und sich dadurch am Teichboden sammelt. Somit bleibt das Wasser am Grund eisfrei, während es im oberen Bereich gefriert. Durch ausreichende Wassertiefen von mindestens 1 m können die Teichbewohner somit gut überwintern. Im Winter arbeiten aber die Bakterien im Teichsubstrat weiter und dabei entstehen giftige Gase (z. B. Schwefelwasserstoff, riecht nach faulen Eiern). Diese sammeln sich unter der geschlossenen Eisschicht und können zu Vergiftungen führen, an denen die Fische, Kröten und Frösche dann sterben.

Wird das Teichwasser z. B. mittels einer Pumpe umgewälzt oder bewegt, durchmischen sich die oberen eiskalten mit den wärmeren darunterliegenden Wasserschich-

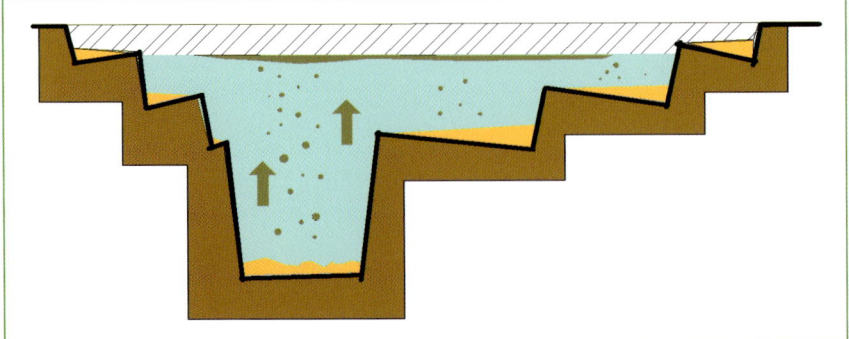

Abb. 8.1 – Vergiftung durch Faulgase, die nicht entweichen können. Von oben nach unten: Eisschicht, Faulgas, Wasser, Schlamm mit Faulgasen.

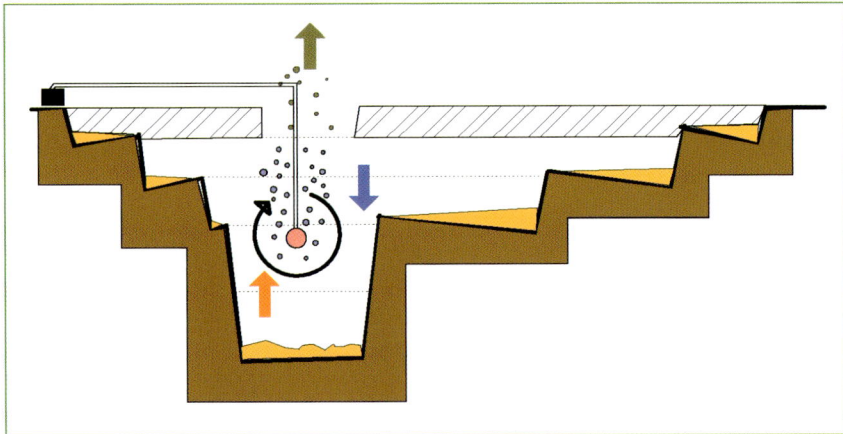

Abb. 8.2 – Durchmischung der Wärmeschichtung durch Umwälzung oder künstliche Belüftung.

> Die oft empfohlene Verwendung von Strohbündeln als Öffnung durch das Eis ist ungeeignet, da sie sich mit Wasser vollsaugen und somit durchfrieren. Weiterhin belasten sie bei ihrer faulenden Zersetzung durch Bakterien das Wasser zusätzlich.

8.2 So bringen Sie den Teich gut über den Winter

ten. Dies trägt dann dazu bei, dass die Oberfläche an dieser Stelle zunächst nicht vereist.

Dabei wird aber das warme Wasser aus den tieferen Wasserschichten abgekühlt und die Wassertemperatur im gesamten Teich sinkt auch dort unter +4 °C. Sinkt die Temperatur auf 0 °C oder noch tiefer, kann der ganze Teich in kurzer Zeit bis auf den Boden gefrieren und vereisen und die am Teichgrund überwinternden Wassertiere werden eingefroren und sterben.

Wenn Sie eine Öffnung in der Eisschicht erhalten wollen, hilft bei nicht zu tiefen Außentemperaturen ein *Eisfreihalter*, den Sie sich auch selbst anfertigen können. Er besteht aus einer min. 5 cm dicken Styropor- oder Styrodur-Platte (Baumarkt), die in der Mitte ein Loch erhält, und einem passenden Deckel (luftdicht!) mit einer weiteren Platte. In dem Hohlraum der ringförmigen oder vieleckigen unteren Platte können sich die Faulgase sammeln. Wenn Sie nun hin und wieder den oberen Deckel ein Stück anheben, können die Gase entweichen. In der Regel reicht es, dies alle 1-2 Wochen einmal zu tun, wenn die Wasseroberfläche gefroren ist. Wenn möglich, sollte der Eisfreihalter an einem auch im Winter sonnigen Bereich des Gartenteichs verankert werden.

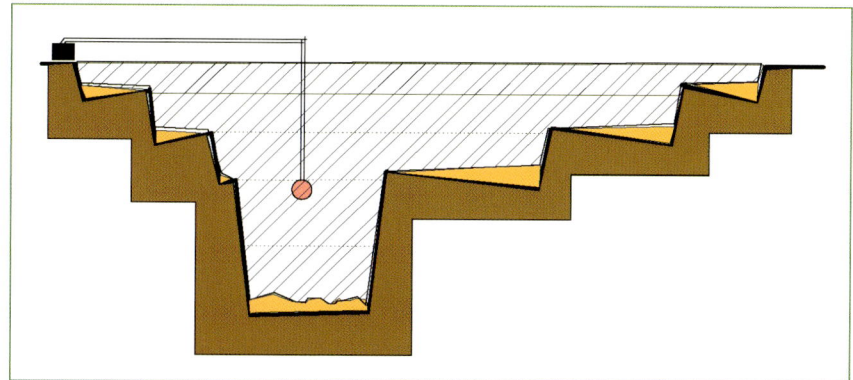

Abb. 8.3 – Wenn das Teichwasser komplett durchfriert, müssen die am Teichgrund überwinternden Tiere sterben.

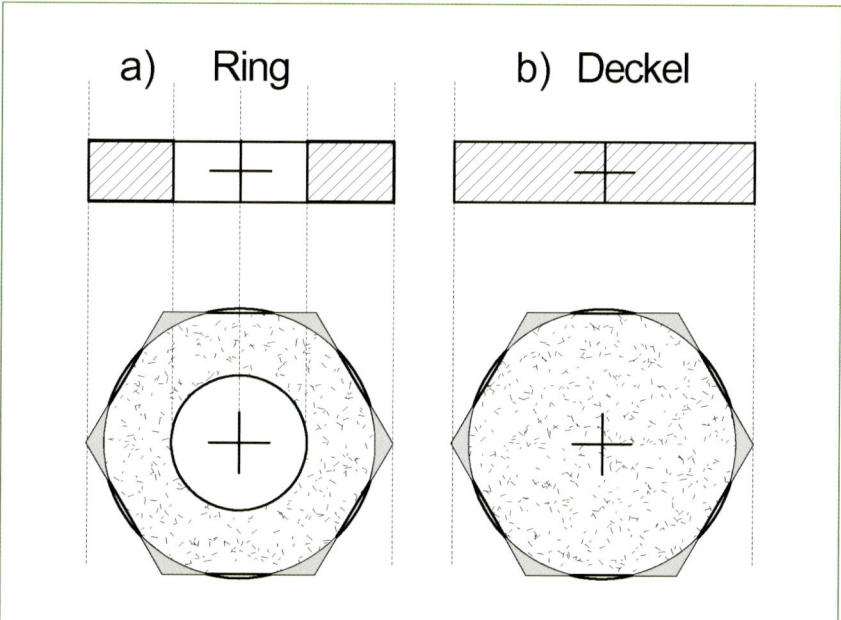

Abb. 8.4 – Eisfreihalter im Selbstbau: **a)** Styroporring oder Vieleck, ca. 5 – 10 cm hoch, **b)** Deckel, 10 cm dick. Der Durchmesser sollte mindestens 50 cm betragen, die Wanddicke des Rings mindestens 10 cm. Durch die Verwendung eines Eisfreihalters aus Styropor können die im Teich entstehenden Faulgase auch bei gefrorener Eisschicht entweichen.

8.2 So bringen Sie den Teich gut über den Winter

Der Eisfreihalter wird auf der Wasseroberfläche über der tiefsten Stelle im Teich mit Schnüren oder einem Anker fixiert, damit er – solange das Wasser noch nicht gefroren ist – nicht wegtreiben kann. Ein Stein verhindert das Abheben des Deckels bei Herbststürmen. Für den Fall, dass Sie mit dem Deponieren des Eisfreihalters zu spät dran sind, sollten Sie kein Loch in die Eisschicht schlagen, da dadurch die in der Winterruhe befindlichen Tiere gestört werden. Besser ist es, Sie setzen einen großen Topf mit heißem Wasser auf die Eisschicht und schmelzen so ein Loch hinein.

In Gegenden mit milden Wintern kann man, wenn die Temperaturen nicht zu tief sinken und die Frostperiode nicht zu lang andauert, auch ein Loch in die dünne Eisdecke schmelzen (nicht schlagen!) und etwas Wasser herausnehmen oder abpumpen, sodass eine Luftschicht zwischen Wasser und Eis entsteht. Das Loch im Eis sollte dann ebenfalls mit einer Styroporplatte abgedeckt werden.

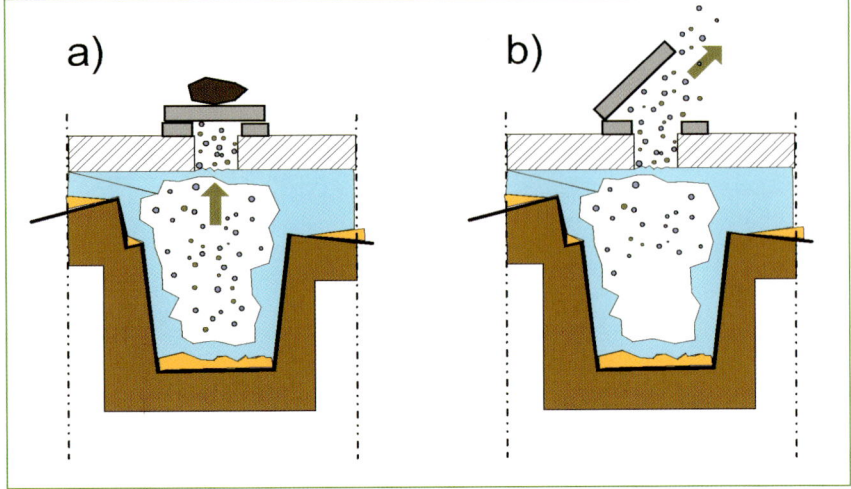

Abb. 8.5 – Prinzip und Funktion des selbst gebauten Eisfreihalters. **a)** Die Faulgase aus dem Schlammgrund sammeln sich unterhalb des Eisfreihalters. **b)** Durch Anheben des Deckels können sie entweichen. Eine permanente Öffnung zur Entlüftung der Faulgase würde das Wasser im Behälter früher gefrieren lassen.

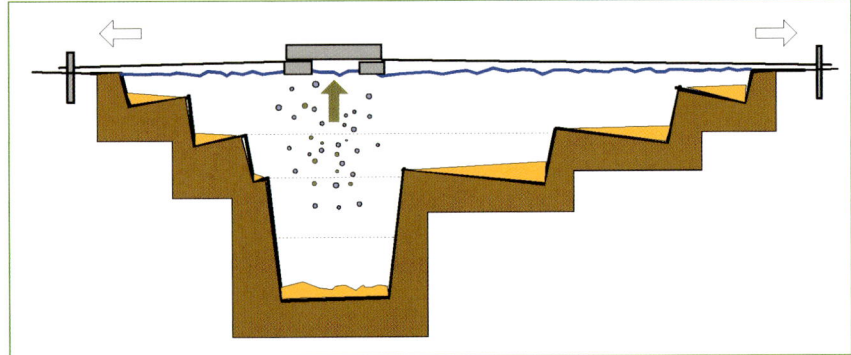

Abb. 8.6 – Eisfreihalter über der tiefsten Stelle des Gartenteichs, mit Schnüren fixiert.

8.3 Der richtige Zeitpunkt für die Reinigung

Gartenteiche können etwa alle 5 bis 7 Jahre einer Grundreinigung unterzogen werden. Dabei geht es vor allem um die Entfernung des Schlamms, der sich am Teichgrund angesammelt hat. Dort bilden sich aufgrund von Vergärungsprozessen Faulgase, die sich auf Dauer negativ auf alle biologischen Prozesse im Teich auswirken können. Die optimale Zeit ist von September bis Oktober, denn während der Vegetationszeit sollte diese Maßnahme nicht durchgeführt werden. Gerade im Sommer kämen dabei zu viele der ökologisch wichtigen Libellenlarven zu Schaden. Selbst im Spätsommer ist das leider nicht ganz zu vermeiden. Die Verluste können jedoch relativ einfach so gering wie möglich gehalten werden. Wenn man den aus dem Teich entfernten Mulm einen Tag lang auf einer Folie direkt neben dem Teich lagert (möglichst im Schatten), haben die meisten Libellenlarven die Möglichkeit, wieder von selbst in den Teich zurückzukehren.

8.4 Grünes und trübes Wasser – häufige Ursachen

Oft liegt es an Fischen, dass das Teichwasser trüb bleibt, denn bei Fischbesatz ist es schwieriger, eine gute Wasserqualität zu erreichen und zu erhalten. In einem Teich ohne Fische stellt sich rasch ein biologisches Gleichgewicht ein. Daher muss bei Fischteichen die Wasserqualität das ganze Jahr überprüft und der Fischbestand kontrolliert und entsprechend reduziert werden.

Im Teich spielen zwei Algenarten eine Rolle: *Schwebealgen* und *Fadenalgen*. Schwebealgen sind winzige Algen, die sich durch einen Filter aus dem Wasser herausfiltern lassen. Meist ist das jedoch nicht nötig, denn nach Einstellen eines biologischen Gleichgewichts verschwinden die Schwebealgen von alleine wieder.

Das Vorhandensein von Fadenalgen ist ein durchaus positives Zeichen. Es spricht für die biologische Qualität und Stabilität eines Teichs. Darüber hinaus sind Fadenalgen aber auch ein Indikator für einen Überhang an Stickstoff. Diese Algenart findet sich immer nur im Randbereich der Teiche. Das restliche Wasser ist klar. Treten Fadenalgen übermäßig auf, müssen sie aus dem Teich entfernt werden. Beim Absterben geben sie Stickstoffverbindungen an den Teich zurück, wodurch sich die Nährstoffkonzentration im Teich erhöht. Zersetzende Fadenalgen lassen sich an der Bildung grünlichen Schaums erkennen.

Durch Filtersysteme lassen sich Fadenalgen nicht aus dem Teich entfernen. Hier bleibt nur das manuelle Entfernen. Im Sommer sollten Sie alle drei bis vier Wochen alle Algen abfischen. Dazu eignen sich Kescher, wie sie vom Fachhandel angeboten werden, am besten. Setzen Sie keinen Rechen oder andere spitze Werkzeuge ein. Dabei könnte die Teichfolie beschädigt werden.

Durch eingesetzte Wasserpflanzen wie Wasserhyazinthe, Wassersalat und andere freischwimmende Pflanzen und Unterwasserpflanzen reduziert sich der Stickstoffgehalt und die Algen gehen zurück. Sie entziehen dem Teich Nährstoffe und beugen so indirekt einer Fadenalgenverbreitung vor.

> Algenprobleme treten – wenn der Teich richtig angelegt wurde – nur in den ersten zwei Jahren auf. In dieser Zeit befinden sich noch zu viele Nährstoffe im Wasser, die erst abgebaut werden müssen. Algen weisen immer auf einen Überhang an Stickstoff hin.

> Präparate gegen Fadenalgen auf Kupferbasis, wie z. B. *Algen-Killer*, verändern den pH-Wert des Wassers. Sie hemmen so kurzfristig die Fadenalgenvermehrung, schädigen aber die Teichbiologie. Es gibt Flockungsmittel, die auf die Fadenalgen aufgestreut werden. Dadurch kommt es zur Zerstörung der Zellstruktur (und damit der Fadenalgen). Leider ist danach das Abfischen der zerstörten Algen sehr mühsam. Außerdem können Mikroorganismen gegen Fadenalgen eingesetzt werden. Die Wirkung ist sehr gut und hält ca. 2 bis 3 Monate an. Es ist allerdings Vorsicht geboten, denn sie benötigen Sauerstoff. Infolge der Zersetzung der Fadenalgen wird Nitrat freigesetzt, das im Teich verbleibt.

> Der Einsatz chemischer Substanzen und Medikamente (z. B. zur Algenbekämpfung oder zur Behandlung von Fischkrankheiten) greifen in das biologische Gleichgewicht des Teichs ein und schaden mehr, als sie nutzen. Selbst wenn ein Teil des Fischbesatzes durch Krankheiten verloren gehen sollte, werden die Fische meist durch die natürliche Vermehrung anderer Fische im Gartenteich wieder ersetzt.

> Algen sind meist ein Übergangsstadium oder weisen auf zu viele Nährstoffe im Gartenteich hin.

8.4 Grünes und trübes Wasser – häufige Ursachen

Auf keinen Fall dürfen chemische Präparate zur Algenbekämpfung verwendet werden. Die Algen sollten zur Not per Hand oder mit einem Stock entfernt werden. Weiterhin sollte zuerst das Teichgleichgewicht verbessert werden. Dies kann z. B. durch Reduzieren der Futtermenge oder durch den Bau einer Sumpfzone geschehen. Auch Algen fressende Teichtiere (z. B. Wasserschnecken) sind hilfreich.

Hausmittel zur Reduzierung von Fadenalgen

Stopfen Sie Gerstenstroh vom Ökobauern (ohne Spritzmittel) zusammen mit einem Stein in einen wasserdurchlässigen Kunststoffsack und versenken Sie ihn im Teich. Die im Wasser lebenden Bakterien brauchen zum Verarbeiten von Stickstoff auch Kohlenstoff und können ihn nun aus den Zersetzungsprodukten des Gerstenstrohs beziehen. So arbeiten sie besser und effektiver an der Umsetzung. Dadurch gibt es weniger Nitrat im Teichwasser und die Fadenalgen „verhungern". Ein 25-kg-Kartoffelsack ist groß genug für Gerstenstroh für ein Wasservolumen von 15 – 20 m³.

Abb. 8.7 – Teich mit starkem Algenwachstum

Durch Füttern der Fische und/oder durch eine falsche Bauweise des Teichs kommt es immer wieder zu Algenproblemen – auch nach vielen Jahren.

Wenn der Teich zu viele Nährstoffe enthält, vermehren sich Algen übermäßig stark. Das Wasser wird grün. Die Algenbekämpfung ist dann oft schwierig und zeitaufwendig.

Das Beste ist die Vorsorge: Den Teich mit Trinkwasser auffüllen, keinen Torfboden verwenden und Blätter und abgestorbene Pflanzen entfernen.

Ansonsten gilt es, die Ursache für das Algenwachstum anzupacken. Das Nährstoffüberangebot im Teich muss abgebaut werden. Eine Sumpfbeetkläranlage (Filterteich) kann wirkungsvoll den Nährstoffgehalt im Teich senken und sogar trübe, grüne Teiche reinigen.

Das schmutzige, warme und veralgte Wasser wird aus dem Teich in den Filterteich gepumpt, der reinigende Pflanzen beinhaltet. Diese nehmen dort die Nährstoffe auf und geben Sauerstoff ins Wasser ab. Sand und Wurzelwerk filtern zudem Schmutzstoffe heraus. Über den Überlauf des Filterbeckens läuft das gereinigte Wasser von selbst über einen Bach mit kleinen Wasserfällen (die den Sauerstoffgehalt erhöhen) in den Teich zurück.

8.5 Biochemie im Gartenteich

Der Kreislauf im Teich beginnt damit, dass absterbende Pflanzenteile und eventuelle Ausscheidungen der Fische auf den Teichgrund absinken. Im Wasser befinden sich nützliche Bakterien, die aus diesen Reststoffen Eiweißbausteine herstellen. Dieses Eiweiß wird durch Mikroorganismen unter Sauerstoffverbrauch in Ammonium (NH_4^+) und einen geringen Teil Ammoniak (NH_3) umgewandelt. Während dieses Vorgangs, der als *Nitrifikation* bezeichnet wird, entsteht über die Zwischenstufe Nitrit (NO_2^-) und der Pflanzennährstoff Nitrat (NO_3^-). Dieser ist für Fische ungiftig und wird von den Teichpflanzen gern als Nährstoff aufgenommen. Dieser chemische Prozess entzieht dem Wasser Sauerstoff. Solange ausreichend Sauerstoff vorhanden ist und nicht zu viele Abfallstoffe umzusetzen sind, funktioniert dieser sich ständig wiederholende Vorgang problemlos.

Das Dilemma beginnt, wenn der Sauerstoff knapp wird. Dann fängt das große Sterben an und die Bakterien versuchen, all die anfallenden Stoffe gut zu „versorgen".

Der Teich ist ein sensibles Gesamtsystem. Normalerweise merken wir nicht, durch welche komplexen, komplizierten Prozessen es funktioniert.

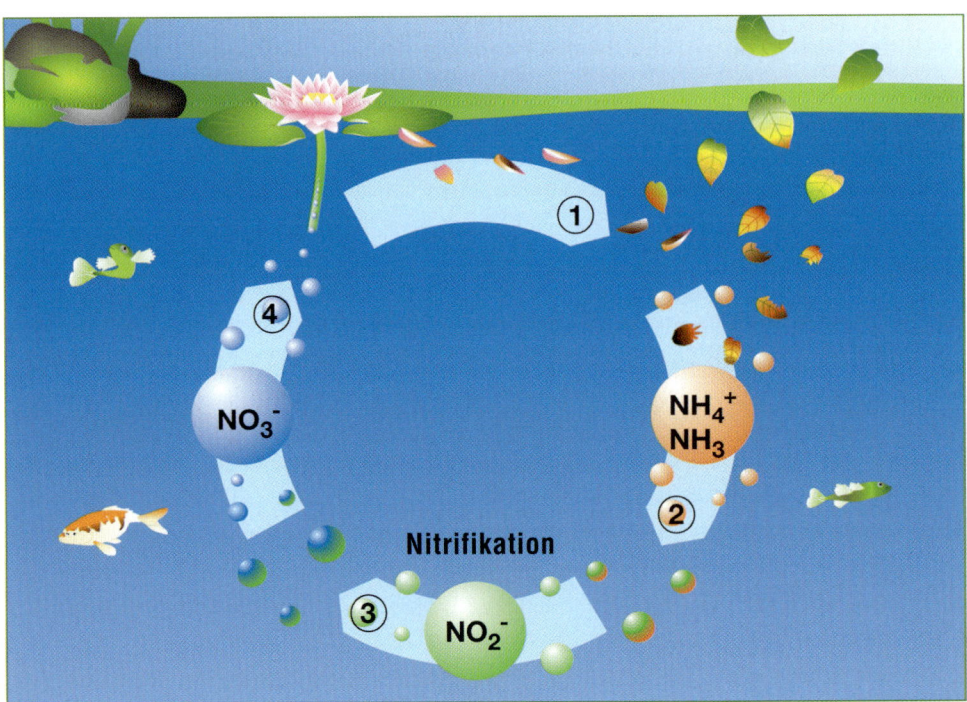

Abb. 8.8 – Der Kreislaufprozess im Gartenteich. Quelle (3)

8.6 Feststellen der Wasserqualität

Grünes Wasser muss nicht zwangsläufig von schlechter Qualität sein. Wasser hat ein ganz spezielles Eigenleben mit Eigenschaften, die nicht auf den ersten Blick erkennbar sind. Es ist hart oder weich, sauer oder alkalisch und enthält Stoffe, die für Tiere und Pflanzen nützlich oder schädlich sein können. Unser Geruchs- und Geschmackssinn verrät viel über gute und schlechte Wasserqualität. Wasser kann energetisch aufgeladen und lebendig sein, aber auch tot.

Damit Sie etwas gegen schlechtes Teichwasser unternehmen können, ist es sehr wichtig für Sie zu wissen, wovon zu viel oder zu wenig im Wasser enthalten ist.

8.6.1 Härtegrad des Wassers

Die Gesamthärte des Wassers wird durch unterschiedlich hohe Anteile verschiedener Salze (z. B. Kalzium- und Magnesiumsalze) definiert. Bei einem hohen Anteil an gelösten Salzen wird Wasser als *hart*, bei niedrigem Gehalt als *weich* bezeichnet. Der normale Wert liegt zwischen 6 °dH und 16 °dH (°dH = Grad deutscher Härte).

Der im Wasser gelöste Anteil dieser und weiterer Salze (Bikarbonate) wird als *Karbonathärte* bezeichnet. So enthält das Wasser in Gebieten mit natürlich anstehendem Kalkgestein vermehrt Kalzium- und Magnesiumsalze, die an Kohlensäure (H_2CO_3) gebunden sind. Für die Analyse stehen geeignete und preiswerte Messverfahren zu Verfügung. 1 °dH entsprechen 10 mg Kalziumoxid pro Liter Wasser.

8.6.2 Karbonathärte (KH) des Teichwassers

Es ist wichtig, die Karbonathärte des Teichwassers zu kennen, da dieser Wert mit dem Kohlendioxidgehalt (CO_2) und dem pH-Wert des Wassers eng verknüpft ist. Ein niedriger KH-Wert von unter 3 °dH kann dazu führen, dass die zu geringe Menge an Bikarbonat den pH-Wert nicht ausreichend puffern kann und somit ständig Veränderungen des pH-Werts auftreten. Bei einer KH von 1 sind nur geringe Mengen an Karbonaten gelöst und es handelt sich um weiches, für den Gartenteich ungeeignetes Wasser. Bei 15 KH handelt es sich um sehr hartes Wasser. Die Karbonathärte in Teichen sollte bei mittleren Werten zwischen 4 °dH und 8 °dH liegen.

> **Einflussnahme auf die Karbonathärte**
>
> Die Gesamthärte und die Karbonathärte können Sie senken, indem Sie Ihrem Gartenteich sauberes Regenwasser beimischen. Der Wert sollte dabei nicht unter 4 °dH abgesenkt werden. Umgekehrt können Sie einen zu geringen Härtegrad durch Zugabe von Wasser, das eine höhere Karbonathärte aufweist (z. B. Leitungswasser), erhöhen oder zusätzlich kalkhaltiges Gestein (z. B. Marmor- bzw. Dolomitsplitt) in den Gartenteich einbringen.

8.6.3 Der pH-Wert des Wassers

Der pH-Wert zeigt die im Wasser gelösten sauren und basischen Stoffe an, die das Wasser entweder durch eine Säure ansäuern oder durch eine Lauge alkalisch werden lassen. Chemisch reines Wasser weist einen pH-Wert von 7 auf und wird als *neutral* bezeichnet.

Je mehr Säuren im Wasser vorhanden sind (z. B. durch den sauren Regen), desto stärker sinkt der pH-Wert (eine Änderung von pH 7 auf pH 6 bedeutet eine Verzehnfachung der Säuremenge). Bei Werten unter pH 7 ist das Wasser somit im sauren Bereich, über pH 7 im alkalischen Bereich (Lauge).

Sämtliche Wassertiere, Pflanzen und Mikroorganismen reagieren sehr empfindlich auf starke Veränderungen des pH-Werts. Dieser kann z. B. durch einen ungeeigneten Karbonatwert stark schwanken und un-

8.6 Feststellen der Wasserqualität

terliegt dazu Einflüssen, die durch jahreszeitliche Veränderungen im Wasser hervorgerufen werden. Wenn die Bikarbonate als Puffer aufgebraucht sind (KH kleiner als 1 – 2 °dH), kann sich der pH-Wert in kurzer Zeit auf problematische Werte unter pH 5,5 (z. B. bei Nachfüllen mit saurem Regenwasser) verändern. Dem gegenüber kann im Hochsommer bei starkem Algen- und Pflanzenwuchs der pH-Wert auf über 9 – 10 ansteigen. Das liegt daran, dass die Pflanzen dem Wasser durch Fotosynthese CO_2 entziehen.

Der pH-Wert kann mit Wassertests (z. B. Lackmuspapier) einfach nachgewiesen werden. Auch elektroni-

Abb. 8.9 – Wassertest-Set in der Anwendung. **a)** Dose mit Teststreifen, **b)** Teststreifen in einer Wasserprobe, **c)** und **d)** Auswertung der Wasserwerte anhand der Farbskala.

8.6 Feststellen der Wasserqualität

sche Geräte liefern genaue Ergebnisse bei einfachster Anwendung. PH-Werte zwischen 7 und 7,5 sind ideal, bis 8,5 können sie noch akzeptiert werden.

8.6.4 Kohlendioxid und Sauerstoff des Wassers

Im Gartenteich ist ein ausreichender Sauerstoffgehalt lebenswichtig. Wassertiere, Mikroorganismen und Pflanzen benötigen Sauerstoff (O_2). Durch den Bewuchs des Teichs mit Wasserpflanzen (tagsüber O_2-Abgabe, nachts O_2-Verbrauch), Art und Anzahl der Wassertiere (O_2-Verbraucher) wird die Sauerstoffbilanz beeinflusst. Infolgedessen schwankt der Sauerstoffgehalt innerhalb von 24 Stunden stark. Pflanzen und Algen erzeugen tagsüber bei Licht viel mehr Sauerstoff, als sie nachts verbrauchen. Dadurch kann mittags bis abends eine O_2-Übersättigung, morgens aber ein Sauerstoffdefizit im Gartenteich gemessen werden.

Die Sättigungskonzentration, die sich im Wasser bei Kontakt mit atmosphärischer Luft (ca. 20 % O_2) einstellt, ist im Wesentlichen von der vorherrschenden Wassertemperatur abhängig. Sie wird in mg/l O_2 angegeben.

Testen Sie den O_2-Gehalt vor allem dann, wenn Anzeichen für einen Sauerstoffmangel erkennbar sind, z. B. bei verstärkter Notatmung der Fische an der Was-

Wassertemperatur °C	mg O_2 pro Liter
5	12,8
10	11,3
15	10,1
20	9,1
25	8,3
30	7,6
35	6,9

Abb. 8.10 – Sauerstoffkonzentration (100 % Sättigung) abhängig von der Wassertemperatur. Die in der Tabelle angegebenen Sättigungswerte sollten möglichst nicht um mehr als 25 % unterschritten werden.

Einflussnahme auf den Sauerstoffgehalt

Fördern Sie das Unterwasserpflanzenwachstum (z. B. mit dem Tausendblatt), denn Unterwasserpflanzen sind neben Algen die Hauptsauerstofflieferanten. Reduzieren Sie gegebenenfalls zu hohen Fischbesatz und die Fütterung. Achten Sie darauf, dass so wenig organisches Material wie möglich in den Teich gelangt.

Kohlendioxid

Kohlendioxid (CO_2) ist eine wichtige Grundlage für Pflanzen und Wasserpflanzen (Fotosynthese). Die Pflanzen nehmen tagsüber CO_2 auf und geben Sauerstoff ab. In der Nacht kehrt sich der Prozess um. Zu niedrige Konzentrationen beeinträchtigen das Wachstum der Unterwasserpflanzen, zu viel CO_2 ist ungesund für die Wassertiere. Die optimale Konzentration von CO_2 im Gartenteich liegt bei 5 bis 15 mg/l.

seroberfläche und bei besonders hohen Wassertemperaturen.

8.6.5 Nitrit

Auch den Nitritwert können Sie durch einfache Messverfahren bestimmen. In einem Gartenteich sollte bei guter Funktion kein Nitrit nachweisbar sein. Hohe Nitritwerte weisen auf eine Störung des biologischen Gleichgewichts hin. Zum einen kann die Anzahl nützlicher Bakterien zu gering sein oder die Abbaufähigkeit reicht durch zu hohen Fischbesatz/häufige Fütterung nicht aus. Zum anderen wird möglicherweise die Bakterientätigkeit durch zu wenig Sauerstoff im Wasser gehemmt.

8.6 Feststellen der Wasserqualität

Die Nitritkonzentration im Gartenteichwasser sollte 0,3 mg/l nicht überschreiten. Bereits ein Gehalt von 1,6 ist für Teichtiere bedenklich.

> Organische stickstoffhaltige Substanzen im Teich wie Fischkot, Futter- und Pflanzenreste werden durch spezielle Mikroorganismen in verschiedenen Stufen von Ammoniak/Ammonium über Nitrit zu Nitrat abgebaut. Nitrate und Phosphate sind in geringen Dosen für Fische unschädlich, führen aber zu starkem Algenwachstum.

Eine wöchentliche Kontrolle des Nitritgehalts ist dann sinnvoll, wenn ein Verdacht auf erhöhte Werte besteht. Ist die Konzentration zu hoch, sollten Sie zuerst die Sauerstoffversorgung erhöhen. Im Notfall kann ein sofortiger Wasseraustausch (ca. ein Drittel bis zur Hälfte des Gesamtvolumens) erforderlich werden.

Auf dem Markt sind Teichtest-Sets erhältlich, mit denen Sie problemlos die meisten wichtigen Wasserwerte wie Wasserhärte, Nitrat-, Nitrit- und pH-Wert ermitteln können (z. B. von der Firma Tetra der Tetra-Pond-QuickTest, siehe Liefernachweis im Anhang).

> **Wasserqualität in der Übersicht**
>
> Ausschlaggebend für die messbare Wasserqualität sind die Wasserhärte, der Säuregrad (pH-Wert) und der Nitrit/Nitrat-Gehalt (Stickstoffverbindungen). Optimalbedingungen für Fische und andere Wasserlebewesen sind eine Wasserhärte von 5 – 15 °dH Gesamthärte (GH), eine Karbonathärte von 5 – 15 Grad dH, ein pH-Wert von pH 6,8 bis pH 7,5, das Fischgift Nitrit (NO_2^-) <1 mg/l und die Nährstoffkonzentration Nitrat (NO_3^-) <50 mg/l.

8.7 Checkliste für die Pflege

Ein natürlich angelegter Gartenteich braucht sehr wenig Pflege. Je weniger Voraussetzungen für das biologische Gleichgewicht geschaffen wurden, desto mehr müssen Sie manuell oder mit technischen Hilfsmitteln eingreifen.

> Algenprobleme und trübes Wasser sind im ersten Jahr nach der Neuanlage normal. Sollten nach dieser Zeit noch immer Algen im Überschuss vorkommen, ist etwas nicht in Ordnung. Vielleicht sind zu viele Fische und/oder zu viele Nährstoffe im Teich.

8.7 Checkliste für die Pflege

Problem	wahrscheinlicher Grund	Abhilfe
Gartenteich ist grün	Teich wurde neu angelegt – Gleichgewicht konnte sich noch nicht einstellen	abwarten und beobachten – wenn alles richtig gemacht wurde, verändert sich die grüne Erscheinung von selbst
	zu wenig Pflanzen/falsche Bepflanzung	Bepflanzung ändern (siehe Kapitel 6 „Pflanzen selbst auswählen und einsetzen")
	pH-Wert zu hoch	Regenwasser zugeben
	flacher Teich (Wasser kann sich stärker erwärmen) – dadurch gefördertes Algenwachstum	Teichanlage überdenken und evtl. ändern, Wasser umwälzen
	Algenteppiche (durch Fadenalgen)	Algen abfischen/Teichfilter mit UVC
	Laubeinfall und abgestorbene Pflanzenreste	Laub und Pflanzenreste abfischen/absaugen Teichfilter einsetzen
	zu hoher Fischbesatz und übermäßige Fütterung führen zu Nährstoffüberhang im Wasser	keine Fische, weniger Fische, kein Futter
Starker Wasserverlust	Verdunstung evtl. Wasserverlust durch undichten Bachlauf?	beobachten
	Teich undicht	Wasserströmung ohne Umwälzpumpe beobachten und – wenn möglich – Leck orten und dichten. Ansonsten abwarten (siehe Kapitel 4 „Abdichtungsmaterialien – Hinweise und Tipps"). Notfalls Teich leeren und reparieren (Leck flicken).
	Kapillarsperre funktioniert nicht oder keine Kapillarsperre (Dochtwirkung durch ans Wasser angrenzende Bepflanzung, Erde)	Teichrand auf Wasserverlust überprüfen, Kapillarsperre herstellen, indem Sie eine Barriere zwischen Wasser und Gartenbepflanzung schaffen (siehe Kapitel 3.6.1 „Kapillarsperre herstellen")
Geruch/Gestank	Teich ist umgekippt bzw. aus dem Gleichgewicht geraten	Eintrag von Biomasse überprüfen, belüften, beschatten, Bepflanzung überprüfen, Wasserwechsel, Fischbesatz/Bepflanzung überprüfen, Teich ausräumen und neu anlegen
Wasser ist trüb	Teich wurde neu angelegt – Gleichgewicht konnte sich noch nicht einstellen	abwarten
	Schwebestoffe	abwarten, bei Teich mit Fischbesatz Umwälz anlage mit Teichfilter verwenden
	zu hoher Fischbesatz/übermäßige Fütterung	weniger Fische, Fütterung einstellen
	Eintrag von Huminstoffen	Oberboden austauschen und dafür nährstoffarmes Sandgemisch verwenden
	Schwebealgen	Abwarten, wenn Teich mit Fischbesatz, Teichfilter und UVC-Licht
Schaum auf der Wasseroberfläche, Fadenalgen zersetzen sich	grüner Schaum = Algenblüte	überprüfen, ob Sauerstoffgehalt ausreichend. Sauerstoff zu gering: zuführen, ansonsten abwarten.
	Dünger oder Mist im Teichsubstrat (Biogasanlage)	Teichsubstrat austauschen
	zu hoher Eiweißgehalt oder zu hoher Phosphatgehalt	Analysieren, woher der Düngereintrag kommen könnte, und diesen vermeiden
		Fischbesatz, Menge und Art der Fischfütterung überprüfen
		nach Beseitigung der Ursachen Wasser austauschen

8.8 Die Pflegemaßnahmen im Jahr

Die alljährlich anfallenden Pflegemaßnahmen lassen sich grob auf das Frühjahr und den Herbst aufteilen. Für Umgestaltungsmaßnahmen am Teich ist der Spätsommer am besten geeignet.

8.8.1 Pflege im Frühjahr

Im Frühjahr erwacht der Gartenteich aus dem Winterschlaf. Nun sind die ersten Pflegemaßnahmen nötig. Dies betrifft sowohl den Bereich um den Gartenteich als auch den Teich selbst.

Bevor der Teich gesäubert wird, sollten Schilf und Randpflanzen abgeschnitten werden. Entfernt man die vertrockneten Blätter, erkennt man den grünen Stängel. Die Pflanze hat über den Herbst und Winter die Nährstoffe aus dem Stängel genutzt. Deshalb dürfen diese Pflanzen nicht im Herbst, sondern erst im Frühjahr abgeschnitten werden. Die von außen scheinbar abgestorbenen Pflanzenstängel haben immer noch Leben in sich.

Als Erstes werden alle Pflanzenteile, die sich über Wasser befinden, abgeschnitten. Hier kann eine Heckenschere die Arbeit beschleunigen. Die Stängel der Uferpflanzen werden ca. 10 cm über dem Boden abgeschnitten, damit die neuen Triebe Platz haben.

Im nächsten Schritt werden die trockenen Pflanzenteile im Uferbereich und im Teich abgeschnitten. Dabei können Pflanzenreste ins Wasser fallen. Nach dem Schnitt sollten Sie jedoch alle Pflanzenteile – auch die auf der Wasseroberfläche schwimmenden – mit einem Netz vorsichtig entfernen.

Nun geht es an die abgestorbenen Pflanzenteile, die sich unter der Wasseroberfläche befinden. Auch diese sollten so weit wie möglich entfernt werden. Werden die Pflanzenreste nicht herausgeholt, tragen sie zur Nährstoffanreicherung des Wassers bei und sind damit Dünger für die Algen. All diese Arbeiten müssen erfolgen, bevor die Pflanzen austreiben.

Achten Sie beim Herausnehmen der Pflanzenteile auf kleine Teichtiere und befördern Sie diese gegebenenfalls vorsichtig in den Teich zurück.

8.8.2 Pflege im Herbst

Bevor der Winter einbricht, sollten die Blätter der Seerosen inkl. Stängel entfernt werden. Sie verrotten im Winter, belasten das Wasser und es entstehen giftige Faulgase. Von Bäumen und Sträuchern ins Wasser gefallenes Laub und Früchte müssen so schnell wie möglich entfernt werden. Auch sie belasten das Wasser bereits nach zwei Tagen. Speziell die Blätter von Nussbäumen und alle Arten von Nadelbäumen sind besonders schädlich für den Teich. Um den Laub- und Nadeleinfall zu verhindern, kann ein Netz über den Gartenteich gespannt werden. Dabei darf es nicht im Wasser liegen. Um das zu verhindern, werden zwei oder drei Stangen kreuzweise über den Teich gelegt oder man baut eine andere tragende Konstruktion auf.

Die am und im Teich stehenden Pflanzen werden nicht abgeschnitten. Jetzt wird auch der Eisfreihalter (siehe Kapitel 8.2 „So bringen Sie den Teich gut über den Winter") auf der Wasseroberfläche über der tiefsten Stelle verankert.

8.9 Gleichgewicht im Teich, Teichbiologie

Wird ein Teich frisch angelegt, braucht es einige Zeit, bis sich die Qualität des Wassers so stabilisiert hat, dass kein übermäßiger Algenwuchs mehr vorkommt. Oft funktionieren Teiche deshalb nur ungenügend, weil zu wenig Wasservolumen für die natürlichen Umwälz- und Ausgleichsprozesse vorhanden ist.

> In einem kleinen Teich sollten eher keine Fische gehalten werden. In mittelgroßen Teichen allenfalls kleine Fische wie z. B. Moderlieschen, Stichlinge, Bitterlinge usw. Auch ein gut funktionierendes Teichgewässer wird von den Fischen schnell leergefressen. Die natürlichen Fischarten sind aufgrund ihrer Tarnfarbe kaum zu sehen und dann für den Teichbesitzer kaum wahrnehmbar.

Sind die Randbedingungen des Teichs gut gestaltet, findet die natürliche Teichpflege weitgehend ohne menschliches Zutun statt. Mikroorganismen ernähren sich von Pflanzenresten, Fischkot, Blättern und Gräsern, die im Teich zu Boden sinken. Dazu brauchen sie Sauerstoff und es entsteht Ammoniak. Ammoniak ist für Fische giftig, aber lebensnotwendig für Bakterienstämme, die sich im Teich aufhalten. Die Mikroorganismen siedeln sich von selbst an, ohne dass Sie dafür etwas tun oder Geld ausgeben müssen. Auch die Bakterien brauchen zur Verdauung Sauerstoff. Sie hinterlassen Nitrit, was wiederum von anderen Bakterien mithilfe von Sauerstoff in Nitrat umgewandelt wird. Die Bakterien sind wichtige Helfer für die Teichpflege. Sie sorgen dafür, dass die Fische nicht an Nitrit erkranken und sterben und die Pflanzen, die den lebensnotwendigen Sauerstoff produzieren, optimal gedeihen können.

8.9.1 Wenn der Teich umkippt
Ein verbreitetes Problem aller Teiche ist eine zu hohe Nährstoffversorgung, insbesondere mit Stickstoff und Phosphor. Durch Einschwemmung organischer Materialien aus dem Garten, abgestorbene Pflanzenteile, Fischexkremente und -futter erfolgt bei vielen Teichen ständig eine ungewollte „Überdüngung". Dabei kommt es zu verstärktem Pflanzen(Algen-)wachstum. Sterben diese Pflanzen jahreszeitlich bedingt ab, sinken sie auf den Teichgrund und verrotten dort. Dieser Prozess setzt wieder Nährstoffe frei, verbraucht dabei aber gleichzeitig Sauerstoff. Bei ungünstigen Bedingungen kann es deshalb im Sommer zu Sauerstoffmangel und damit zum „Umkippen" des Gewässers kommen, der Teich stinkt und viele Teichtiere sterben. Bevor es so weit kommt, sollte entweder der übermäßige Nährstoffeintrag gestoppt, das Teichwasser ausgetauscht oder der Teich künstlich belüftet werden.

8.9.2 Sauerstoffversorgung, Teichbelüfter
Die Hauptsauerstoffversorgung im Teich erfolgt durch (Unter-)Wasserpflanzen und Algen. Daher ist es besonders im Frühjahr und im Sommer wichtig, dass das Sonnenlicht tief in den Teich gelangen kann und die dort lebenden Unterwasserpflanzen mit Licht versorgt. Diese wiederum wandeln das CO_2 in den für die meisten Prozesse wichtigen Sauerstoff um.

Bei einem richtig angelegten Naturteich braucht es somit keinerlei zusätzliche Technik für die Sauerstoffversorgung. Bei unverhältnismäßig kleinen Teichen oder Teichen mit hohem Fischbesatz kann es aber zu einer Unterversorgung mit Sauerstoff kommen. Gerade im Sommer, wenn die Wassertemperatur über 30 °C ansteigt, geht die Sauerstoffsättigung im Teich stark zurück. Das lässt eingesetzte Fische an die Oberfläche kommen und nach Luft schnappen. Das Phänomen ist besonders morgens zu beobachten und durch den nächtlichen Sauerstoffverbrauch der Pflanzen zu erklären. Das Phänomen ist im Sommer auch über Mittag zu beobachten. Abhilfe lässt sich mit Bachläufen und/

8.9 Gleichgewicht im Teich, Teichbiologie

oder mehreren kleinen Wasserfällen schaffen, die dem Teich wieder Sauerstoff zuführen.

Neben elektrischen Belüftungspumpen gibt es noch eine ganze Reihe angebotener Mittel und Möglichkeiten (von der Sauerstofftablette bis zum energetisierten Quarzmehl), den erforderlichen Sauerstoff in den Gartenteich zu schaffen. So wird im Handel z. B. ein *Oxidator* angeboten. Zur Funktion dieses Geräts wird stabilisiertes Wasserstoffperoxid (H_2O_2) verwendet, das durch Reaktion mit dem im Gerät eingebauten Katalysator Sauerstoff abscheidet. Der Katalysator baut das H_2O_2 zu Wasser (H_2O) und Sauerstoff (O_2) ab. Der Sauerstoff steht dann dem Gartenteich zur Verfügung.

Solche Geräte sind möglicherweise gut geeignet, um eine vorübergehende Notsituation zu überbrücken, sollten aber nicht als Dauerlösung vorgesehen werden.

8.9.3 UV-Reinigung

In viele Filtersysteme sind eine oder mehrere UV-Lampen zur „Algenreduzierung" integriert. UV-Licht (ultraviolettes Licht, auch von der Sonne) hat eine desinfizierende Wirkung. Die UV-Technik wird gerne in Zierfischteichen zur Algenreduzierung genutzt, die winzig kleinen Algenzellen werden durch die konzentrierte UV-Bestrahlung geschädigt und verklumpen mit anderen Algenzellen. Dadurch vergrößert sich der Umfang der „Algen" und diese können durch das Filtersystem besser ausgefiltert werden.

Das Teichwasser wird dazu durch eine wasserdichte, lichtdurchlässige Vorrichtung mit eingebauter UV-Lampe gepumpt. Zu bedenken ist, dass hierbei nur eine symptomatische Behandlung stattfindet, die einen zusätzlichen Stromverbrauch zur Folge hat. Außerdem werden durch das desinfizierende UV-Licht auch nützliche Mikroorganismen vernichtet.

> Faustregel zur Dimensionierung: 1 Watt pro 1 m³ (1.000 l) Wasservolumen. Wartungsarbeiten an einem UVC-Gerät sollten einmal im Jahr, am besten im zeitigen Frühjahr, erfolgen.

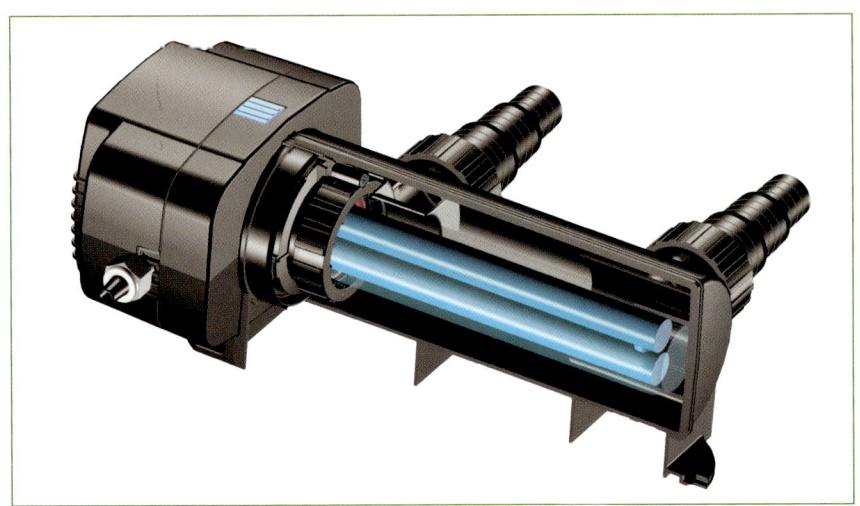

Abb. 8.11 – UVC-Gerät mit Innenansicht der UV-Leuchtstoffröhren. Quelle (1)

9 Wissenswertes

Wollen Sie Ihren Traumteich Realität werden lassen, stellt sich die Frage, welche Firma (z. B. aus dem Garten- und Landschaftsbau) dafür infrage kommt. Schauen Sie sich in Ihrer Umgebung die Gartenteiche an, die Ihren Vorstellungen am ehesten entsprechen. Dann können Sie eventuell die Eigentümer fragen, ob diese von einer Firma gebaut wurden, wie zufrieden sie sind und welche Probleme es beim Aufbau gab.

Haben Sie vor, den Teich komplett oder in Teilbereichen selbst zu bauen, ist es wichtig, die Preise der Lieferanten, Baustoffhandel, Baumärkte und Firmen von Teichbaukomponenten für die erforderlichen Materialien anzufragen. Machen Sie sich dazu am besten eine Liste, in die Sie die Materialien und die Maße und/oder Mengen eintragen.

9.1 Handwerker, Lieferfirmen und Hersteller

9.1.1 Vergabe von Arbeiten
- Bei einer Beauftragung vereinbaren Sie eindeutige Termine für Arbeitsbeginn und Fertigstellung von Teilarbeiten und der kompletten Maßnahme.
- Vereinbaren Sie Leistungsumfang und Preise in einem Auftragsschreiben.
- Alle Vereinbarungen sollten unbedingt in Schriftform gemacht werden. Lassen Sie das Auftragsschreiben vom Auftragnehmer gegenzeichnen.
- Vereinbaren Sie den Fertigstellungsstandard (z. B.: „Naturteich entsprechend beiliegender Detailbeschreibung mit Dichtungsart, Abstufungen, Zoneneinteilungen, Teichtiefe und Bepflanzung.").
- Wichtiger sind Gewährleistungsfristen über mindestens 5, besser 10 Jahre – vor allem bei der Teichfolie.
- Vereinbaren Sie die Zahlungsweise, möglicherweise auch Zahlungsmodalitäten wie Skonto, Nachlässe oder die Höhe der Abschlagszahlungen.
- Der Endbetrag sollte einschließlich der derzeit gültigen Mehrwertsteuer ausgewiesen sein.
- Klären Sie, ob die ausführende Firma während der Bauzeit Vesperräume, Lagerflächen und eine Toilette benötigt.

9.1.2 Bauleitung und Abnahme
- Überprüfen Sie, ob im Zusammenhang mit der Baumaßnahme rechtliche Genehmigungen erforderlich sind (je nach Umfang der Geländeveränderung). Wenn Sie unsicher sind, fragen Sie einen Fachmann (z. B. einen Landschaftsarchitekten) um Hilfe. Informieren Sie sich und lassen Sie sich beraten.
- Achten Sie auf die gegenseitige Verträglichkeit der verwendeten Materialien. Es gibt z. B. Probleme, wenn Teerprodukte und Teichfolien zusammen verwendet werden.
- Dokumentieren Sie den Arbeitsablauf mit Fotos und einem Bautagebuch – vor allem bei Stellen, die nach der Fertigstellung nicht mehr sichtbar sind.
- Machen Sie Teilabnahmen (z. B. beim Untergrund unter der Teichfolie), solange diese noch nachzuvollziehen sind, und schreiben Sie die festgestellten Punkte in einem Protokoll auf, das von allen Beteiligten unterzeichnet werden muss. Wenn Sie die fachliche Ausführung nicht beurteilen können, holen Sie sich Hilfe (z. B. von einem Landschaftsarchitekten).
- Testen Sie die Dichtigkeit und überprüfen Sie, ob das Teichprofil und die Ufergestaltung Ihren Wünschen entsprechen.
- Überprüfen Sie, ob die Technik funktioniert. Sind Einlauf, Überlauf, Ablauf fachlich in Ordnung? Überprüfen Sie bei Wasserzulauf.
- Behalten Sie von der letzten Rechnung (Schlussrechnung) genügend Geld zurück, bis die Endabnahme durchgeführt wurde.
- Führen Sie die Endabnahme mit einem Protokoll durch, in dem Datum, teilnehmende Personen, alle Punkte und die Zusagen zur Behebung eines festgestellten Mangels einschließlich des Zeitpunkts der Behebung eingetragen werden. Lassen Sie alle Anwesenden das Protokoll unterschreiben.

9.2 So testen Sie die Qualität

Die Herstellung von Bauprodukten und die Anwendung von Bauarten sollen auf der Grundlage technischer Regeln (z. B. DIN-Normen) oder anderer Verwendbarkeits- bzw. Anwendbarkeitsnachweise erfolgen. Als äußeres Merkmal einer ordnungsgemäßen Herstellung gilt das europäische CE- oder das RAL-Zeichen, mit dem jeweils bestätigt wird, dass Übereinstimmungen mit den technischen Regeln bestehen.

Haben Sie eine Firma für den Bau Ihres Teichs beauftragt, können Sie die Ausführung anhand der im Buch aufgeführten Qualitätsmerkmale prüfen. Einer der wichtigsten Aspekte ist natürlich die Dichtigkeit Ihres Gartenteichs.

Speziell bei Abdichtungsmaterialien sollten Sie, über die Normen hinausgehend, auf gute Qualität achten.

9.2.1 Qualität der Teichdichtung

Materialstärke, Folienstärke
Je dicker das Abdichtungsmaterial angeboten wird, desto höher auch sein Preis. Die Foliendicke wird oft damit begründet, dass bei dünneren Folien Pflanzenwurzeln die Folie durchdringen würden. Das Problem ist aber eher, dass sich dünnere Folien bei Ausdehnungen durch Sackungen oder andrückenden Wurzeln ausdehnen und dann schneller reißen. Bei dickeren Materialien ist der mögliche Ausdehnungsfaktor wesentlich größer und damit das Material dauerhafter. Der beste Vergleich sind aufgeblasene Luftballons in unterschiedlicher Materialqualität. Geprägte Folien machen oft einen stabileren Eindruck, von dem Sie sich aber nicht täuschen lassen sollten. Das eingeprägte Muster bringt bei der Teichfolie keine Vorteile.

Im Buch werden bei den entsprechenden Verwendungen passende Folienstärken empfohlen. Diese Stärken sollten eingehalten werden, um nachträglichem Ärger zu entgehen.

Temperaturangabe
Nach der DIN-Norm reicht es aus, wenn Teichfolien eine Temperaturbeständigkeit bis -20 °C haben, was bedeutet, dass die Folie bei einer Temperatur bis -20 °C beim Einknicken nicht brechen darf. Durch Alterungsprozesse reduziert sich dieser Wert im Lauf der Zeit, selbst wenn er beim Verkauf gewährleistet wurde. Eine der wichtigsten Eigenschaften ist daher die Kältebeständigkeit einer Folie. Achten Sie deshalb auf einen möglichst umfangreich garantierten Temperaturbereich bzw. auf eine garantierte Belastbarkeit des Abdichtungsmaterials.

Inhaltsstoffe
Leider gibt es noch immer Folien, die mit Giften wie Cadmium stabilisiert werden. Cadmium schädigt extrem die Umwelt und über den Umweg von Gemüse unsere Nieren. PVC-Wannen und -Folien sind in der Herstellung und im Verkauf preiswerter, aber in der Entsorgung problematisch.

Preise der Dichtungsmaterialien
Abhängig von Qualität und Beständigkeit der Grundmaterialien kosten Folien zwischen wenigen Euro bis zu 20 Euro pro Quadratmeter (m²). Zu beachten ist beim Kauf die Garantieleistung. PE-Folien sind zwar in der Anschaffung preiswert, lassen sich aber schlecht verlegen und kaum reparieren. PVC-Material hingegen kann schlecht entsorgt werden, weil es nicht verrottet. Wenn Sie Ihren Teich aber dauerhaft bauen, kann dieser Aspekt auch von Vorteil sein.

> In und um den Teich dürfen keine kontaminierten (mit Schadstoffen belastete) Materialien verwendet werden.

9.2 So testen Sie die Qualität

EPDM ist ein gummiartiges Material, das Materialdehnungen gut mitmacht und auch gut zu reparieren ist. Schwachstelle ist hier, dass ölhaltige Stoffe das Material angreifen können. Bei älteren Teichen kann davon ausgegangen werden, dass Kohlenwasserstoffe im Bodenschlamm entstehen, wodurch der synthetische Kautschuk angegriffen werden könnte.

UV-Stabilität
Die Ankündigung von absoluter UV-Stabilität – gerade bei Billigprodukten – hält leider oft nicht das, was sie verspricht. Die Labortests werden so durchgeführt, dass die Belastung einigen Tausend Sonnenstunden entspricht, nicht aber einem Teichleben von 20 oder mehr Jahren. Auch ist der Begriff „Teichfolie" gesetzlich nicht geschützt und damit nicht an Richtlinien geknüpft. Objektiv lässt sich das Folienmaterial nur im Labor mit aufwendigen Messmethoden auf Qualität prüfen.

Sie als Verbraucher können daher nur Referenzen einholen und nachfragen, wie alt der Teich und in welchem Zustand die Teichdichtung nach vielen Jahren ist.

Qualität des Vlies
Vliese haben die Aufgabe, gefährliche Kanten und Spitzen von der Folie abzuhalten. Eine auftretende Punktlast (z. B. eine Wurzel oder ein Stein) mit hohem Druck soll durch das Vlies auf eine größere Fläche verteilt werden.

Vliese werden in *g/m²* angeboten. Je schwerer das Gewebe ist, desto stabiler ist es auch. Als Unterlage für Teichfolien werden Vliese ab ca. 300 g/m² empfohlen. Grundsätzlich gilt: Je dicker desto besser. Wenn das Vlies aber zu dick ist, stimmt das Preis-Leistungs-Verhältnis nicht mehr und Sie werden sich bei der Verarbeitung schwer tun. Die Verwebung der Fasern soll so kompakt sein, dass spitze Gegenstände das Vlies nicht durchdringen können.

Test: Nehmen Sie einen spitzen Bleistift oder einen Kugelschreiber und versuchen Sie das Vlies zu durchstechen. Gelingt es Ihnen auf Anhieb, ist das Material nicht geeignet.

Abb. 9.1 – Qualitätsvergleich beim Vlies mit gleicher g/m²-Angabe. Bild **a)** mit dem Testgerät Kugelschreiber, **b)** das Vlies hält, **c)** das Vlies hält nicht, die Fasern sind nicht gut verwebt.

10 Anhang

10.1 Quellenverzeichnis

Mit freundlicher Genehmigung der angegebenen Firmen und Institutionen wurden die mit Quelle (x) versehenen Abbildungen zur Veröffentlichung in diesem Buch freigegeben und von den Firmen zur Verfügung gestellt.

Quelle Nr.	Firma
(1)	Oase GmbH
(2)	Conrad Electronic
(3)	Gardena Central Service

10.2 Adressen, Produkt und Liefernachweise

Die folgenden Verbände, Hersteller und Anbieter können Sie per E-Mail anschreiben, um weitere Informationen, Prospekte, Kataloge, Broschüren, Datenblätter und Preise anzufordern.

Conrad Electronic
elektrische und elektronische Geräte, z. B. Solarbeleuchtung, Solarpumpe
Hotline:0180 53121
www.conrad.de

Gardena Central Service
alles um Teich und Garten
0731 490-246
www.gardena.de/Teichberater
www.gardena.com
info@gardena.com

Heißner GmbH
alles um Teich und Garten
06641 86-0
www.heissner.de
info@heissner.de

Oase GmbH
Teichprodukte
05454 80-0
www.oase-livingwater.com
info@oase-livingwater.com

Re-Natur
Teich und Garten
Baumhauer@re-natur.de

Saatkontor
Samen z. B. auch von Teichpflanzen
sattkontor@t-online.de

Tetra GmbH
Teichprodukte Teich-Test Sets
05422 105 -0
www.tetra.net

Stichwortverzeichnis

A
Ablauf 82, 122
Abschlagszahlungen 122
Aktivkohle 83
Algenblüte 85
Algenkiller 40
Algenvermehrung 13
Aluminium 84
Aluminiumprofile 70
Ammoniak 112, 116, 119
Ammonium 84, 112, 116
Ansaugstutzen 83
Asynchronmotor 30

B
Bachbunge 94
Bambus 91
Baugesuch 12
Bautagebuch 122
Beauftragung 122
Bestandsaufnahme 12
Beton 41
Bewegungsmelder 54, 102
Bienen 25
Bikarbonat 113
Binsengewächse 30
Bioteichreiniger 104
Blaugrüne Binse 38
Blumenbinse 94
Blutweiderich 92-93
Bodenablauf 30, 75
Bottich 15

C
Cadmium 42, 123
Chinaschilf 91

D
Dämmerungssensoren 100
Dauerläufer 83
Dichtungsmaterialien 39, 56, 123
Dickblättrige Wasserpest 95
DIN-Normen 123
Dränagerohr 29
Duales System 23, 28, 60, 86, 91

Durchflussgeschwindigkeit 29
Durchmischung 19

E
Echter Kalmus 94
Edelstahlprofile 71
Einlaufbereich 30
Einspeisepunkt 19
Eisfreihalter 105, 107-108, 118
Eiweiß 112
Endabnahme 122
EPDM 32, 45, 78, 80, 124
Erdhöhlen 34
Erdkabel 54
Erdkröten 15, 34
Erdstampfer 55
Erstbefüllung 48, 66

F
Fadenalgen 37, 77, 110-111, 117
Faltanweisungen 65
Farne 91
Faulgase 104-107, 109, 118
Fertigbecken 43-44
Fertigstellung 27, 39, 79, 122
Filterbürsten 84
Filterlava 28
Filtermaterialien 56, 84
Filtermatten 30
Filterschaum 85
Filterteichboden 30
Filterwirkung 28, 83
Fischkot 116, 119
Fischkrankheiten 35, 110
Fischräuber 35
Fischzucht 26, 31, 90
Flachpinsel 79
Flansche 80
Flockungsmittel 110
Flüssigfolie 79
Foliendurchführungen 76
Folienpaket 65
Frauenmantel 91
Froschbiss 38
Frösche 34

Froschlöffel 38, 92, 94
Frostfaktor 17
Frostschutz 40

G
Gartenelement 13
Gase 14, 83, 106-107
Gefahrenquelle 15
Geländeanschlüsse 55
Genehmigungen 122
Gerstenstroh 111
Gewährleistungsfristen 122
GFK 43
Gitter 24
Gleichstrommotor 83
Goldfische 31, 36
Goldorfen 31
Graskarpfen 37
Grundform 16
Grundlagenplan 12
Gründling 32, 37
Grundregeln 11

H
Haltbarkeit 42, 67, 100
Hanggelände 50
Hauptschalter 54
Hechtkraut 94
Heißluftgerät 79
Hornblatt 38, 95

I
Igel 25
Igelkolben 38, 94
Integrative Planung 12

J
Japanische Sumpfiris 93

K
Kabelabdeckband 54
Kabelschutzhülle 54
Kalziumoxid 113
Kalziumsilikat 84
Kantensteine 70
Kapillareffekt 28, 68

Stichwortverzeichnis

Kapillarsperre 57, 67-68, 77, 117
Karbonathärte 113, 116
Kaulquappen 34
Kautschukfolie 32
Kiemen 33
Kinderteich 24
Klebeband 79
Kleber 56, 77-79
Kleinbagger 55
Kleingewässer 40
Kleinstkrebse 83
Klemmschienen 56
Kohlensäure 113
Kohlenstoff 111
Kohlenwasserstoffe 124
Kois 15, 31, 36
Königsfarn 93
Krallengewebe 68
Krebsschere 38, 97
Kreiselmechanismus 83
Kröten 34
Kunststoffmatten 68

L
Lackmuspapier 114
Lageplan 12
Laich 34
Laminierverfahren 43
Langlebigkeit 42
Larven 35
Laubeinfall 117
Laubhaufen 34
Laubschutznetz 105
Lauge 113
Lavagranulat 85
Lebendfutter 40
Lebensräume 22
LED-Leuchten 100
LED-Technologie 99
Lehm 46-47, 53, 68, 72, 83, 97
Leuchtkörper 100
Libellen 15, 35
Libellenlarven 35, 109
Lockerungsfaktor 55, 62
Luftblasen 18, 56

M
Mädesüß 93
Mäuse 45
Membrantechnik 83
Mikrofauna 40
Mikroflora 40
Mikroskop 33
Millimeterpapier 21
Miniwassergarten 15
Moderlieschen 37, 119
Molche 34
Mörtelschicht 24
Mulchmaterial 30
Mulm 31, 109
Muscheln 36

N
Nadeleinfall 118
Nadelkraut 38
Nadelsims 38
Nährstoffentzug 30
Nährstoffüberschuss 11
Naturgesetze 12
Netz 83, 118
Niedervolttechnik 100
Nitrifikation 112

O
Oberboden 60, 117
Oxidator 120

P
Papier 11, 21
PE 43, 45, 78-79, 123
Perlfarn 93
Pfeilkraut 38, 94
Pfennigkraut 68, 91
Pflanzenwachstum 14, 23
Pflegeaufwand 27, 44
Phosphor 119
pH-Wert 115
Plangrundlage 16
Polyethylen 43, 78
Polyvinylchlorid 45, 78
Posthornschnecke 33
Primeln 91

Profibagger 55
Pumpenhäuschen 82
Pumpensteckdosen 54
PVC 43, 45, 54, 70, 78-79, 123

Q
Quellschweißkleber 78-79

R
RAL-Zeichen 123
Rasensoden 54, 60
Regelmechanismen 21
Regenwasserableitung 49
Reinigungsvermögen 26
Reisighaufen 25
Reparaturmöglichkeit 42
Rohrflansch 30, 74
Rohrkolben 94
Rohrkolbenarten 38
Rücklaufsperre 48

S
Sandsteinfindlinge 72
Sauerstoffbilanz 115
Sauerstoffgehalt 18, 111, 115
Sauerstoffmangel 13, 19, 85, 104, 115, 119
Saugpumpen 83
Säure 113
Säuregrad 116
Schadstoffe 11
Schildblatt 93
Schildkröten 36, 40
Schilfrohr 94
Schlammsauger 30
Schlammschnecke 33
Schlangen 25
Schlauchwasserwaage 42, 56, 60-61
Schleie 33
Schuttmulde 56, 62
Schutzklasse 54
Schwanenblume 38
Schwanzlurche 40
Schwebealgen 110
Schwebstoffe 36
Schwefelwasserstoff 106

Stichwortverzeichnis

Schwerkraft 28, 67, 72, 77, 88
Schwertlilien 91
Schwimmerschalter 48
Schwimmerventil 48
Schwimmkonstruktionen 24
Schwimmleuchten 100
Sediment 96
Seekanne 38
Seerose 15, 38, 53, 61, 96-97
Seesimse 38
Selbstreinigung 44, 95
Sicherheit 24, 42, 63, 79
Sicherungskasten 54
Sickerbehälter 49
Silikonrolle 79
Skimmer 72, 86
Skonto 122
Solarleuchten 100
Solarmodul 83, 88, 101
Sprudelstein 18, 88
Staudenpflanzungen 72
Steinfolie 69, 71
Steinhaufen 25
Stickstoff 96, 110-111, 119
Strahler 99
Strahlungswinkel 100
Stromschlag 100
Styrodur-Platte 107
Styroporring 107
Sumpfbeetkläranlage 111
Sumpfdeckelschnecke 33
Sumpfdotterblume 38, 91, 93
Sumpfschwertlilie 93
Sumpfvergissmeinnicht 38
Synthesekautschuk 78

T
Tauchpumpen 82, 102, 104
Tausendblatt 38, 96, 115
Teerprodukte 122
Teichdichtungsmaterial 56
Teicherde 53, 97
Teichmummel 38
Teichmuscheln 36
Teichpflegemittel 104

Teichreparatur 45
Teichschalen 42-43
Teichschlamm 104
Temperaturbeständigkeit 123
Temperaturschwankungen 15
Tiefwasserbereich 17, 22
Tiefziehtechnik 43
Ton 41, 46
Transparentpapier 20
Trockenfutter 40
Trockenmauern 25
Trollblume 93

U
Überdüngung 13, 119
Überlauf 48, 56, 74, 111, 122
Überlaufbauwerk 46
Überlaufplatten 52
Uferausbildung 68
Ufermatten 68
Ufervegetation 22
Uferwall 28
Umkippen 13, 119
Umzäunung 24
Unterwasserscheinwerfer 56, 99
UVC-Geräte 40
UV-Strahlung 45, 67

V
Verlanden 12
Verlegeplan 65
Versickerung 49
Versumpfen 12

W
Wasseraustausch 32, 51, 116
Wasserdost 94
Wasserdruck 45
Wasserfall 51-52, 101
Wasserflöhe 83
Wasserfrösche 34
Wasserhahnenfuß 38
Wasserhärte 116
Wasserhyazinthe 110
Wasserkäfer 35
Wasserknöterich 38

Wasserlandschaft 50
Wasserlebermoos 38
Wasserloch 12
Wasserminze 30, 38
Wassernachspeisung 28, 48
Wasserpegel 44
Wasserqualität 11, 22, 25, 28, 31, 84, 110, 113, 116
Wasserquirl 38
Wassersalat 110
Wasserschichten 17-19, 92, 106
Wasserschildkröten 36
Wasserschleier 52
Wasserschnecken 33, 111
Wasserschwertlilie 38
Wasserspiel 27, 51, 104
Wassersprudelfontänen 102
Wasserstern 38
Wassertemperatur 17, 19, 48, 105-107, 115, 119
Wassertropfen 33
Wassertrübung 13
Wasserverlust 72, 77, 117
Wechselwasserstand 47
Wespen 25
Wiesenknöterich 93
Windschatten 14
Winterruhe 34, 108
Winterschlaf 34, 118
Wollgras 91
Wurzelballen 90
Wurzeln 45, 57, 63, 77, 90, 97, 123

Z
Zebragras 91
Zeitschaltuhren 102
Zellstruktur 110
Zeolith 83-85
Zierfische 26, 31
Ziergräser 91
Zulauf 48, 56
Zungenhahnenfuß 38
Zylinderleuchten 100